高等学校工程管理专业规划教材

市政与园林工程项目管理

王慧忠 编著

中国建筑工业出版社

图书在版编目（CIP）数据

市政与园林工程项目管理/王慧忠编著. —北京：中国建筑工业出版社，2017.8
高等学校工程管理专业规划教材
ISBN 978-7-112-20919-4

Ⅰ.①市… Ⅱ.①王… Ⅲ.①市政工程-工程项目管理-高等学校-教材②园林-工程项目管理-高等学校-教材 Ⅳ.①TU99②TU986.3

中国版本图书馆 CIP 数据核字（2017）第 152305 号

　　本书共分为九章，包括绪论、市政与园林工程项目立项管理、招标与投标管理、合同管理、造价管理、施工阶段项目管理、验收管理、竣工移交与备案管理以及其他项目管理等内容。同时，本书包含了较多案例，能够强化读者对内容的理解和掌握。

　　本书既可以作为高等院校本科市政、园林和土木工程等专业的基本课程教材，也可以作为职业院校土木、工程管理等专业的教材，同时也可以供企业经营管理和专业技术人员培训和学习使用。

　　为更好地支持相应课程的教学，我们向采用本书作为教材的教师提供教学课件，有需要者可与出版社联系，邮箱：cabpcm@163.com。

＊　　　＊　　　＊

责任编辑：刘晓翠　张　晶　王　跃
责任校对：王宇枢　刘梦然

高等学校工程管理专业规划教材
市政与园林工程项目管理
王慧忠　编著
＊
中国建筑工业出版社出版、发行（北京海淀三里河路 9 号）
各地新华书店、建筑书店经销
北京红光制版公司制版
北京君升印刷有限公司印刷
＊
开本：787×1092 毫米　1/16　印张：27¼　字数：675 千字
2017 年 8 月第一版　2017 年 8 月第一次印刷
定价：**55.00** 元（赠课件）
ISBN 978-7-112-20919-4
（30562）

前　言

建设工程项目管理作为建筑领域内一门管理科学，在工程建设领域日益受到广大从业人员和企业经营者的重视，在许多大型工程建设中都发挥出了积极的作用。项目管理自在美国原子弹研制的"曼哈顿计划"中开始采用以来，经过多年的发展，已经渗透到航空航天、国际建设工程等行业，且取得了积极的成果。进入 20 世纪 90 年代后，随着知识经济时代的来临和高新技术产业的迅猛发展，项目管理的优势得到了各行业充分的重视和体现，从根本上改善了各行业管理人员的工作效率，并成为企业管理的主要手段。项目管理是企业项目策划、项目组织才能和智慧的综合体现，通过项目管理手段可以极大地调动企业员工的积极性，并提高企业的经济效益。随着经济全球化的发展，项目管理在全球经济领域、工程领域中的作用日益显现，并在行业中发挥着巨大的作用。项目管理在当今经济社会中的作用正如美国项目管理协会的 PMP 资格认证委员会主席 Paul Grace 所说的"当今社会，一切都是项目，一切也将成为项目"。

随着我国经济发展体量的不断壮大，大型综合性企业、建设项目等不断涌现，外资或外商性企业在我国注册经营已经是非常普遍的现象，随着外商、外资不断进入我国，项目管理的模式也悄然传入中国。尤其在加入 WTO 后，我国国内企业传统的管理模式面临严峻挑战，他们必须调整自己的经营模式，更新经营理念、管理机制，才能增强企业竞争力。随着城镇化建设的不断发展，国家每年都会花巨资投入到高铁、高速公路、机场等基础设施建设领域，在中小城市城镇化建设步伐不断加快的过程中，大量 BOT 项目和 PPP 项目不断渗透到城市基础设施建设中。大型建设工程项目数量不断增加、投资呈现出多元化趋势，迫切需要企业管理者不断加强工程项目的科学管理水平，提高资金的应用效率，工程项目专业人才，尤其是基础人才的培养，对于满足国家基础建设中对合格管理人才的需求极为重要。

编者在长期的教学实践和工程项目的实际管理中发现，目前在工程建设领域相关教学中使用的部分教材内容老旧，基本脱离了工程实践现状。鉴于此，根据应用性本科教学对教学知识体系的基本要求，以现行法律法规和行业标准为依据，通过学习本书内容使读者直接掌握工程项目立项建议书与可行性研究报告、工程项目的招标投标、工程项目合同、工程造价、工程质量、工程的竣工验收、工程移交等工程项目管理基本知识和规范性管理文件的编写技能，并根据案例指导读者能够编写出相关工程项目管理文件。在教材编写中，参考了美国项目管理委员会相关文件和我国建设部颁布的《建设工程项目管理规范》GB/T 50326—2006，结合应用型高等院校教学的基本要求，合理安排相关章节的编写，力求能全面反映建设工程项目管理的内容。

本教材共分九章，内容详尽地论述了工程项目的立项、招标投标、合同中的项目管理方法，工程施工阶段的进度、质量、安全和成本管理，以及工程项目的其他管理等内容。

本书既具有一定的理论性，又具有较强的实用性，不仅可以作为高等院校本科市政、园林和土木工程等专业的基本教材，也可以作为职业技术院校土木、工程管理等专业的教材，同时本书也可以供企业经营管理和专业技术人员培训和学习使用。

编者花费近四年时间，完成了本书的编写工作，在编写过程中密切关注行业规范和学术研究的最新动态和成果，并努力将它们反映在本书的内容中。这里，编者要对行业内和学术界的专家学者为本书提供的知识和案例表示由衷地感谢。此外，编者在编写过程中感到自身的学术知识和视野有限，以至于存在很多的疏漏和错误。为此，衷心希望广大专家和读者对本书提出宝贵的批评和建议，以便编者对本书进行修订，不断提高本书的质量。

编者

2017 年 3 月

目　　录

第一章　绪论 ·· 1
第一节　市政与园林工程项目管理概述 ·· 1
第二节　市政与园林工程项目管理特色 ·· 14
思考题 ·· 17

第二章　市政与园林工程项目立项管理 ·· 18
第一节　市政与园林工程项目立项概述 ·· 18
第二节　市政与园林工程的项目建议书 ·· 20
第三节　建设项目的可行性研究报告 ·· 36
第四节　项目的论证与评估 ··· 50
思考题 ·· 55

第三章　市政与园林工程招标与投标管理 ··· 56
第一节　建设工程招标投标概述 ··· 56
第二节　市政与园林工程招标 ·· 59
第三节　市政与园林工程投标 ·· 104
思考题 ·· 160

第四章　市政与园林工程合同管理 ·· 161
第一节　建设工程合同基本概念 ··· 161
第二节　市政与园林工程常见的承包合同 ·· 166
第三节　市政与园林工程承包合同的签订 ·· 168
思考题 ·· 201

第五章　市政与园林工程造价管理 ·· 202
第一节　建设工程造价概述 ··· 202
第二节　建设工程造价费用组成及分类 ·· 207
第三节　工程量清单计价文件的编制 ·· 217
思考题 ·· 249

第六章　市政与园林工程施工阶段项目管理 ·· 250
第一节　工程施工阶段项目管理概述 ·· 250
第二节　市政与园林工程施工阶段的项目管理文件及其编写 ···················· 253
第三节　市政与园林工程项目管理文件编制示例 ···································· 261
思考题 ·· 317

第七章　市政与园林工程项目验收管理 ·· 318
第一节　建设工程验收概述 ··· 318
第二节　建设工程验收实例及计量检验 ·· 325

第三节　市政与园林工程验收中的分项工程 ………………………………… 343
第四节　市政与园林工程的竣工验收 ………………………………………… 370
思考题 ………………………………………………………………………… 375
第八章　市政与园林工程的竣工移交与备案管理 ………………………… 377
第一节　市政与园林工程移交与备案概述 …………………………………… 377
第二节　市政与园林工程项目各阶段的资料 ………………………………… 379
第三节　市政与园林工程项目的移交与回访保修 …………………………… 382
第四节　市政与园林工程项目竣工后备案 …………………………………… 390
第五节　市政与园林工程施工总结 …………………………………………… 395
思考题 ………………………………………………………………………… 403
第九章　市政与园林工程其他项目管理 …………………………………… 404
第一节　市政与园林工程项目管理特点 ……………………………………… 404
第二节　市政与园林工程其他项目管理主要内容 …………………………… 406
思考题 ………………………………………………………………………… 425
参考文献 …………………………………………………………………… 426

第一章　绪　　论

美国项目管理协会的 PMP 资格认证委员会主席 Paul Grace 认为"项目管理如狂潮般席卷整个经济领域，而且在越来越多的领域中体现着非凡的生命力，到处都可见它的影子。因此在当今社会，一切都是项目，一切也都将成为项目。"项目管理人才已经成为我国最稀缺的人才资源之一，这是近年来我国人才市场不断传递出的信息。从建设工程领域看，由于市政与园林工程项目的特点，其工程中包含的工程专业门类、设备种类繁多，因此市政与园林工程实施过程管理比较复杂，然而这类工程项目的管理人才在整个建设工程领域中却是最缺乏的。随着市政与园林工程项目中市政基础设施工程建设在国家新型城镇化建设中所占比重的不断加大，市政与园林工程领域项目管理人才培养的重要性越发突出。利用管理学中的项目管理知识体系结合市政与园林工程特色，培养本专业的项目管理人才就显得非常必要。

第一节　市政与园林工程项目管理概述

一、市政与园林工程概念

建设工程（Construction Project）是指为人类生活、生产提供物质和技术基础的各类建筑物和工程设施的统称，是人类社会文明发展进程中人类认识自然、改造自然的必然产物。人类通过有组织、有目的的大规模的经济建设活动，将人类认识自然与改造自然的能力通过投资方式进行固定资产再生产，并通过这类活动使之形成综合生产能力或发挥工程效益的工程项目。

从工程建设的属性看，市政与园林工程属于市政公用工程的范畴，但市政与园林工程仍有其特殊的内涵，其将多门类建设工程项目的内容综合到工程项目建设中，因此市政与园林工程项目具有一定的综合性。同时，市政与园林工程包含的专业工程的专门化程度又比较浅，没有形成一定的专业体系，各专业的设计、施工环节除了要遵照市政与园林工程施工质量和验收标准外，还要参考其他相关专业工程的施工质量和验收标准。

市政工程（Municipal Engineering）是指城市市政基础设施建设工程。我国市政设施主要指在城市区、镇（乡）规划建设范围内，设置基于政府责任和义务为居民提供有偿或无偿公共产品和服务的各种建筑物、构筑物、设施等。广义的市政工程包含城镇道路工程、桥梁工程、给水排水工程、城市防洪工程、园林与道路绿化工程、地下管廊工程、道路交通工程、环境卫生工程等城市公用事业工程的内容，工程的目的是使城市发挥其综合功能，更好地满足人民生活、工作的需要。狭义的市政工程主要指城市道路、广场、环境卫生工程，街道绿化工程等，一般可以作为一个独立的建设工程项目组织实施。

园林工程（Landscape Engineering）是指以工程技术为手段，塑造园林艺术形象的过程。广义的园林工程除园林建筑和园林绿化工程外，还包含市政工程、道路工程、水利工程、农林工程、机械工程等工程的部分内容，这与园林属于城市绿地生态系统有关，园林建设的目的是让城市绿地系统发挥供人类休闲、娱乐活动的功能。通过园林工程实践构建出包括仿古建筑工程、水景工程、假山与置石工程、园路工程与广场工程、建筑小品和园林绿化等实体，满足城市绿地生态系统的功能。狭义的园林建设工程主要指园林理水、掇山置石、园路和种植工程等。在现代房屋建筑工程、市政工程、农林工程，甚至铁路工程、公路工程等其他工程中，已经将园林建设工程中的部分内容纳入其建设工程活动的范畴之内，成为其他建设工程中的一个附属工程。

从工程的概念及其属性上可以看出，市政与园林工程与传统的土木工程、房屋建筑工程和农林工程等存在密切的关系，其基本属性与这类工程一致。土木工程作为建设工程的基础学科已发展成为内涵广泛、门类众多、结构复杂的综合体系，其分支包含了如工业与民用建筑工程、铁路工程、道路工程、机场建设工程、桥梁工程、隧道及地下工程、特种结构工程、给水和排水工程、城市供热供气工程、港口工程、水利工程等学科。工业与民用建筑工程（简称建筑工程）除了房屋建筑工程外，还包含了配套附属设施和配套的线路、管道、设备安装、室内外装修工程和园林绿化工程。

二、项目管理概念及其发展史

项目管理是一门新兴的管理科学，已经被广大的企业经营者和教育工作者所认可并应用。由于科学技术的发展，项目的开发与经营管理均发生了很大的变化，传统的项目管理模式已经无法适应发展需要，为了使项目高效、低成本运行，一种新兴的管理模式——项目管理便应运而生。

（一）工程项目的概念

所谓项目就是指在特定条件下，具有特定目标的、一次性的任务。项目具有显著的寿命周期，即每个项目的全过程必然经过"启动、成长、成熟、终止"四个阶段，并且每个项目的寿命周期都是独一无二的。

项目的寿命周期一般具有开始时期进展缓慢、实施期进展快速，以及后期进展迟缓到结束的特点，在项目中被形象地总结为项目的"慢——快——慢"的进展方式。建设工程项目就具备了项目的"启动、成长、成熟、终止"这四个阶段的典型特征，尽管有人对此提出异议，认为工程建设的寿命周期实际上可以划分为几个阶段，即项目的前期策划和决策阶段、项目的设计与计划阶段、项目的实施阶段和项目的使用阶段，认为在工程项目寿命周期中少了终止阶段而多了一个"项目的使用阶段"，因而对建设工程的项目属性有所疑问。但是，如果从工程项目建设者的角度看，建设工程项目仍然满足项目寿命周期的属性，即从建设工程项目的策划、实施到竣工验收和移交使用，整个过程还是经历了项目的启动、成长、成熟和终止四个阶段。在建设工程项目的拟建策划、设计、施工、竣工后交付正常使用过程中，每个参与主体都会经历各自的项目周期过程。例如，工程项目承包单位中标后，承包单位的工程项目寿命周期表现为：根据投标文件和承包合同要求组建项目经理部并选派项目经理（项目启动），工程开工各类生产要素迅速运作，逐渐形成工程项目施工成果（项目成长），直到项目竣工验收（项目成熟），工程验收并移交使用、项目经理部开始解体（项目终止），项目经理的主要责任转入工程的结算与决算环节。建设工程项目除具备项目的上述特征外，还具备了项目实施的一次性、项目过程的独特性、项目管理目标的明确性、项目组织的临时性和开放性、项目成果的不可挽回性的基本属性。

（二）项目管理的概念

项目管理是项目管理者（或参与者）运用各种知识、技能、方法与工具，为满足或超越项目有关各方对项目的要求与期望所展开的各种管理活动。

项目管理具有明显的主体和客体，项目管理的主体即为项目管理组织。项目管理组织实施或参与项目的管理工作，且有明确的职责、权限和相互关系的人员及设施的集合，包括发包人、承包人、分包人和其他有关单位为完成项目管理目标而建立的管理组织。对于建设工程项目承包单位来说，根据承包合同由公司派驻到施工现场的项目经理就是施工承包企业在施工现场的管理主体，项目经理在企业法定代表人授权和职能部门的支持下，按照企业相关规定组建进行项目管理的一次性的现场组织机构。相应的，企业承建的建设工程就是项目管理的客体。

一般项目管理中，施工项目部主要对项目施工进度、安全和文明施工、质量、项目经营的成本和环境等进行科学地管理。项目管理组织中的其他主体机构，如建设单位项目负责人、监理单位派驻工地的监理部等作为项目管理的主体也会对施工项目进行管理，但是他们的管理与承包企业项目经理的管理侧重点略有不同。总体而言，项目管理主要包含项目的进度管理、项目的质量管理、项目的安全管理、项目的环境管理、项目的成本管理、项目的合同管理、项目的信息管理和项目的风险管理等具体内容。

项目管理的相关利益者对于项目需要满足或超越的愿望，使项目管理具有如下特性：①项目本身的共同要求与期望。所有项目参与者从各自的利益点出发对项目本身存在共同的要求或期望。如对项目的范围、项目实施的工期、项目进行中的成本、项目最终产品的质量等；②项目有关各方不同的需求和期望。所有项目参与者因其团体利益诉求不同，就会产生各自的要求与期望，有时还会产生矛盾，需要通过一定方式协调；③项目已识别的需求与期望。在项目进行过程中形成的各种文件明确规定的项目需求和期望，如已经明确的工程工期、项目成本控制和项目质量的约定等；④项目尚未识别的要求和期望。项目实施中未明确通过文件规定，但是项目相关利益者却存在某些需求和期望，如项目实施中存在潜在的环保要求、建设者更低的项目成本诉求和更高的质量要求、承包者更大的利润期望等。

项目管理的上述特性决定了项目管理的五大基本特性：①项目管理的普遍性，从小的个人婚礼到阿波罗登月计划都需要项目管理，建设工程项目同样需要开展项目管理；②项目管理的目的性，一切项目管理活动的目的都是为了实现"满足或超越项目有关各方对项目的要求与期望"的目的；③项目管理的独特性，建设工程项目管理既不同于商业运营管理，也不同于行政管理，它有其独特的管理对象（项目），独特的管理活动、方法和工具；④项目管理的集成性，虽然项目管理也存在一定的分工，但是项目管理要求参与各方、各专业管理之间实现集成，如各方对工程工期、造价和质量的集成管理，工程项目中单位工程、分部工程的集成管理；⑤项目管理的创新性，包括项目管理方法模式上的创新，新材料、新工艺、新方法、新设备、新的建设地点、新业主等差异促使项目管理不断创新，不断适应新项目的发展。

（三）项目管理发展史

项目管理是第二次世界大战的产物，美国的"曼哈顿计划"首次应用了项目管理体系。20世纪50年代，美国杜邦公司开始把项目管理理念用于民用企业的管理中，但总体上项目管理的应用还是集中在航空航天领域。其间，在国际上大型建筑施工管理领域中项目管理逐步得到推广，并以其高效率和节省投资等优势获得首肯。

随着我国经济体制的不断改革和对外开放水平的提高，项目管理理念被管理学学者引入到管理学领域，项目管理模式在工程建设领域逐渐得到重视。中国建筑业协会工程项目管理专业委员会于1992年成立，成为建筑行业总结和推广实施工程项目管理理论、政策和经验的社会团体。早在20世纪80年代中期，我国部分重点项目建设就开始采用项目管理模式。如二滩水电站、三峡水电站、小浪底工程等都开始聘请外国专家参与工程项目的管理，在项目运作上也逐步采用国际标准，运用项目管理模式进行建设，并取得了巨大的成功。

进入20世纪90年代后，随着知识经济的提出和高新技术产业的飞速发展，项目管理的优势得到了充分的体现和发挥，项目管理的模式从根本上改善了企业中层管理人员的工作效率，成为企业管理的主要手段。据来自美国著名商学院MBA核心课程的资料显示，项目管理是企业策划、组织才能和智慧才能的综合体现，它既有利于调动企业员工的积极性，又有利于公司效益的提高。随着全球经济一体化的发展，项目管理犹如狂潮席卷了整个经济领域，并且在越来越多的行业中发挥着巨大的作用。

在当前的经济转型期，国内企业发展面临前所未有的挑战，国家强调以"供给侧"改革为核心的经济发展新常态模式，"去产能、去库存、调结构"成为中央政府头等大事，并以此为契机督促地方政府经济发展模式的改革。新型企业的引进以及新型城镇化建设项目的开展，已经成为地方政府经济政策的新导向，国家层面上的项目投资逐渐偏向于铁路、公路和机场基础建设领域，地方经济发展提倡采用外资、民间资本和合资为主导的发展模式。目前，在房屋建筑工程、市政公用工程等领域的项目经营中存在着大量的BOT项目，他们在解决地方政府资源开发和城镇化发展中将发挥巨大作用。伴随着国家引导民间资本进入地方小型公用基础建设项目步伐的不断加快，大量PPP项目已经在污水处理、二级公路和自来水供应等行业落户。在新的资金供应和新的经济发展模式下，更需要有全新的管理模式，使具备系统管理知识的管理者参与到新型城镇化建设中。作为教育机构，也要顺应这种发展模式的变化，大胆改革现有的教育体系，改变传统的教育体系忽视社会发展对人才的需求。当下的教育改革应将培养社会发展、企业经营所需的人才切实放在首位，使学校培养的人才满足企业经营战略，满足对管理型人才的需求。这种模式的改变在技术领域和管理领域的人才培养中显得更加重要，通过改革使学校培养的人才，能够满足当前国家城镇化发展和国家战略，对企业项目管理能力和人才的迫切需求。

三、建设工程中的项目管理

项目管理的主要内容无非就是管理主体对客体进行的科学论证与管理，使客体更好地发挥其投资效率，更好地为社会创造价值。在建设工程的项目管理中，管理主体应用一系列手段，借助法律法规的力量，使整个建设过程依照规划设计意图进行并严格执行国家标准，通过使用合格的材料、规范地施工、精细化的管理使投资发挥最佳效果，最终使建设项目形成满足设计和安全要求的产品。

（一）项目管理的主要内容

从现代项目管理的内容看，国际上存在两大管理体系，即以欧洲国家为主体的国际项目管理协会（International Project Management Association，简称IPMA）和以美国为主体的美国项目管理协会（Project Management Institute，简称 PMI），他们都为项目管理的理论体系发展作出了贡献，为现代项目管理的发展发挥了积极的作用。本书编者采用的是美国 PMI 编著的《项目管理知识体系》（PMBOK）一书中的知识体系，将项目管理的主要内容划分为项目的范围管理、项目的时间管理、项目的成本管理、项目的质量管理、项目的人力资源管理、项目的沟通管理、项目的采购管理、项目的风险管理和项目的整体管理九个领域。编者认为市政与园林工程的项目管理内容与这九种知识体系是一脉相承、高度契合的。下面对上述九种知识体系作一简单介绍。

1. 项目范围管理

主要指项目管理中需要全部完成的工作，项目范围管理的内容包括项目启动、范围规划、范围定义、范围核实和范围变更控制。具体到市政与园林工程项目范围管理就是该项目从策划、立项，到项目验收并投入使用期间相关的项目规划与设计、施工到项目竣工验收过程中的全部工作。

2. 项目时间管理

主要指为确保项目按时完成的工作，管理的目的就是创造项目按约定交付成果的所有活动，包括活动排序、时间估算、确定时间进度表和时间的控制。具体到市政与园林工程项目中的时间管理就是合同约定工程全部完成的日历天数，以及管理主体确定项目进行工期、确保工期完成的各项资源需求计划、过程中对工期进度的控制。

3. 项目成本管理

主要指为确保项目在批准的预算内完成所必需的所有的管理活动，包括确保项目完成的资源规划、费用估算和预测，以及过程中对费用的控制。具体到市政与园林工程项目中的成本管理就是项目概算、预算、决算和结算等相关造价控制活动，以及为完成项目成本管理所制定的资源供应计划。

4. 项目质量管理

主要指为确保项目实施后能够满足项目原来设定的质量要求的管理活动，以使项目发挥其预定的功能，包括质量规划、质量控制、质量保证。具体到市政与园林工程项目中就是为了达到项目设计要求和相关专业施工与验收标准的工程活动，包括合同中质量标准的约定和施工方案中质量控制措施。

5. 项目人力资源管理

主要指为确保项目实施过程中的参加者能有效发挥其能力的管理活动，包括人力资源的组织规划、人员招聘与培训、项目管理班子组建及发挥功能的所有活动。具体到市政与园林工程项目中就是实施方案中劳动力资源的组织、项目管理班子组织和为保证项目按时完成与质量保障而进行的人员调配过程。

6. 项目沟通管理

主要指为确保项目管理中的信息能够及时准确地提取、收集、传播、存贮和处置的活动，在工程项目的管理中沟通管理对于项目的时间、成本、质量、采购等影响极大，合格的项目管理者必须具备强大的沟通能力，包括沟通规划、信息分发、进度报告和善后收尾工作。具体到市政与园林工程项目中就是项目经理部、监理部和业主等管理主体对项目运行中产生的各类变更、进度控制、质量控制中发现的问题及时沟通和处理的过程，这种管理一般会形成周例会纪要、月度进度报告等管理文件。

7. 项目采购管理

主要指项目管理主体从外部获取货物或服务的活动，主要包括采购规划、询价规划与询价、招标投标活动、合同管理与合同收尾等过程。具体到市政与园林工程项目施工过程中包括原材料、半成品的采购计划编制、业主或承包人采购物品的询价、供应合同的签订等活动。

8. 项目风险管理

主要指项目在实施过程中，对某些不确定因素的识别、分析和判断过程，包括风险识别、风险的量化判断、对风险提出应对措施的控制活动。具体到市政与园林工程项目中包括项目实施中的投资风险、内外部抗拒或不可抗拒风险、工期风险等的预防、控制措施。

9. 项目整体管理

主要指为确保项目能正确协调，以使各部分工程完成并发挥作用的管理活动，项目管理是一个综合性的过程，其核心就是在多个互相冲突的目标和方案之间做出权衡，满足项目利害关系者要求的管理过程。包括项目计划的制订、项目计划的执行、项目整体变更控制，这三个过程贯穿了项目管理的全过程，但是其目标还是集中在项目的高效和顺利完成上。市政与园林工程项目管理中的项目实施组织计划大纲、规划等文件的制订与执行，就属于这类整体管理工作。

（二）建设工程项目管理中的工作内容

建设工程项目的属性完全满足 PMI 和 IPMA 中的项目属性的内涵，所以项目管理理论在国际建筑行业得到了广泛的应用。我国加入 WTO 后，大型建筑项目或政府主导投资的市政基础设施建设项目等，无论是其资金来源还是工程项目本身都有外商或外资的参与，这类工程的项目管理要适应新的形势，调整经营战略，更新经营理念和管理机制是必然的选择。

根据 PMI 编著的《项目管理知识体系》，结合我国市政与园林工程项目以政府为主导、各方参与投资的工程项目特性，编者总结了我国市政与园林工程项目管理中的主要内容，包括项目立项、项目招标投标、项目的造价控制、项目施工管理、项目的验收与移交使用等环节。它们组成了市政与园林工程项目"启动、成长、成熟、终止"的项目寿命周期。

1. 项目立项启动期间的主要工作内容

（1）项目建议书与可行性研究报告阶段

项目法人根据项目所在地国民经济发展、国家和地方中长期规划、产业政策、生产力布局，国内外市场以及项目所在地的内外部条件，就某一项具体新建（或扩建）项目而提出的项目建议文件，以及项目可行性研究报告。

（2）项目的评估与审核阶段

对于进入立项评估阶段的市政与园林工程项目，国家或地方建设项目主管部门将通过特定平台对项目建议可行性研究报告进行论证、评价，只有通过评估、审核同意，或备案确认的项目才能正式进入项目的启动阶段。

（3）项目的招标投标阶段

本阶段的建设项目通过政府招标投标管理平台，利用市场经济的方法由建设方对建设项目的参与方进行招标投标活动，通过评标专家对投标文件进行评议，择优选择中标人。

项目通过招标投标活动将项目招标控制价（或中标价）、项目质量标准、项目工期等确定下来，完成项目本身的范围管理、时间的初步管理，并确定项目的成本、质量管理目标。

2. 项目成长期间的主要工作

通过招标投标过程将项目的勘察单位、设计单位、招标造价及代理机构确认后，项目管理开始进入项目启动阶段。施工承包单位、监理单位等通过招标确定后，随着项目经理部和项目监理部的组建和入驻工地现场，整个项目管理进入正常的管理模式。该阶段的项目管理主要内容包括：项目的承包与分包管理、项目管理组织机构的组建、项目经理与项目总监理工程师为首的项目经理部和项目监理部的组建并入驻工地进行的项目管理。

在项目成长环节中，项目参与各方将会依据合同约定和国家建设工程相关的法律法规编制大量与项目施工管理有关的文件，如工程项目承包人编制的项目管理规划大纲、项目管理实施规划，项目经理部编制的施工组织设计与专项施工方案，监理部编制的监理实施细则、监理旁站方案等项目管理文件。

3. 项目成熟期间的主要工作

经过工程项目管理参与主体的共同管理，市政与园林工程项目逐渐成熟起来，工程项目部分或全部地发挥出设计的功能，产生其应有的社会、经济效益。

项目成熟期间的主要工作是通过对项目工期、投资成本、质量，以及安全文明施工的控制过程，对施工过程中的分项工程、分部工程、单位工程（或单项工程）以及全部工程进行逐级施工与质量验收，使整个建设工程满足设计要求并符合国家相关专业施工质量与验收规范。经过这样的程序和建设过程，工程承包单位逐步完成施工合同工程量清单中的任务。随着各分部工程、单位工程施工任务的逐步完成并验收合格，整个投资项目的功能逐步发挥出来，工程项目进入成熟期。

4. 项目终止期间的主要工作

当整个项目施工任务完成并验收合格后，承包单位将工程项目移交给建设单位并投入使用，即标志着项目建设周期进入终止阶段。工程竣工验收并移交给建设单位，就意味着建设工程依照国家有关法律、法规及工程建设规范、标准的规定完成了设计文件和合同约定的所有工程内容，也意味着建设单位对工程项目管理工作的终止。

随着项目的投入使用，项目最终进入工程项目的审计和项目总结阶段，各类工程档案资料开始归档，此时在早期成立的相关管理组织进入遣散和奖励阶段，项目管理正式进入终止期。

（三）建设工程项目管理的主体

在项目管理中诸多利益主体会对项目的成败产生影响，项目管理者必须全面地识别出项目中的相关利益主体，并明确这些利益主体的需求和期望是什么，进而通过管理来影响他们的需求与期望，使项目获得成功。

在建设工程项目管理中，项目的相关利益主体通常包括项目的业主、项目的客户、项目经理、项目实施组织、项目管理团队和项目的其他相关利益主体。

市政与园林建设工程项目中参与各方主体包括建设项目的投资单位、规划设计单位、工程承包建设单位和工程建设监理单位等，有时候还包括项目的跟踪审计单位。

投资方也叫建设单位、业主单位，它们是市政与园林建设项目的主体参与单位，它们具有对建设工程经费投入、使用和项目进度、投资控制等方面的主导权。但是，我国最新的建筑法和相关建设规章中也明确规定，由政府主导的建设项目和企业投资的大型建设项目在执行过程中，对于经费使用、工程质量控制、进度控制等项目管理事宜，必须有工程监理单位的参与，建设单位对建设工程施工单位、监理单位和设计规划单位实施监管。

勘察、设计规划单位通过项目招标投标方式参与工程竞标，并获得工程项目的勘察、设计规划资格后，才能承担项目的勘察和各阶段的设计、规划、施工图设计以及在施工过程中相关设计变更的任务。

工程项目承包单位通过项目的公开投标方式参与工程建设竞标，获得项目建设承包权后方可进入施工场地进行工程建设。承包方承担整个项目的施工工作，施工项目完成后及时进行工程验收和后期维护保养任务，并获得相应的施工建设费用。

工程监理单位作为工程建设的管理一方，也必须参与项目招标投标过程，他们取得参与工程建设的资格后，才能够进入工地对项目建设进行管理，并全权向业主单位负责。

我国大型市政建设项目还引入了第五方参与主体，即项目审计单位。审计组入驻建设工地无疑对建设工程资金使用安全与规范提供了强有力的保障。

（四）工程建设阶段项目管理特点

1. 工程项目管理的参与主体多

相关参与主体众多是市政与园林建设工程项目的特点之一，由于市政与园林工程项目大都是国家、政府投资主导的基础建设项目，在项目生命周期内涉及的部门众多。从前期阶段项目的项目建议书、可行性研究报告，主管部门的评审、评议，项目立项或备案后的招标投标等环节涉及的参与方，以及招标投标环节确定的勘察、设计单位和工程项目承包单位等，到工程项目施工阶段的材料供应单位、政府主管部门，都是工程项目管理中显性或隐性的参与主体。

2. 工程项目管理的主体与项目阶段关联

市政与园林工程项目在寿命周期的不同阶段，其参与主体会发生一定的改变。项目管理模式中的项目启动阶段一般以项目建设单位为主导，而在项目中后期则以承包企业的项目经理部为主导，该阶段建设单位仅作为业主代表监督工程项目，项目经理部通过工程项目的合同授权关系实现对参与项目的其他团体和个人的管理工作。

3. 工程项目管理周期长、内外因素对项目管理影响大

市政与园林工程项目的建设周期变化较大，由于受到各关联方的制约，工程项目的周期往往会被人为地延长，进而影响到项目经济效益和投资效益的发挥。

市政与园林项目往往是一项综合性较强、功能齐全的工程，工程实施中涉及的组织众多。除总承包商外，还要包括各专业的分包商或班组，施工中因工程内涵变化会有多种不同的项目组织参与其中。如园林工程中就涉及园林绿化工程、建筑或仿古建筑工程、道路工程、桥梁工程、市政管道工程等，业主往往会通过总包方式进行项目管理，或通过分包的方式签订多个合同来进行项目管理。

施工过程中，项目经理部除了与工程施工密切相关的勘察设计单位、监理单位、审计部门等进行沟通外，还要与项目所在地政府质监站、安监站、社会团体与个人等其他相关利益主体进行沟通。这些因素对于项目管理的影响较大，导致经常会出现一些突发事件而影响项目工期、质量等。

4. 工程项目进入终止期后的工作特点

市政与园林工程项目全部完成工程建设任务，经过工程的竣工验收后即进入项目的终止期阶段。也会出现工程项目初期进展顺利，到工程项目结束阶段进展缓慢的过程。

建设工程施工过程中，项目承包单位通过组织管理和施工完成承建工程中各分部工程，期间所有重要工序和分项工程在实施过程和完成后，项目经理部及时向监理单位或业主汇报，发现问题及时整改。受业主授权的监理单位负责建设项目的投资控制、质量控制、进度管理和建设现场的安全管理等事宜，分部工程完工后监理单位及时组织进行验收，确保工程项目顺利进行。当所有工程内容完成后，工程项目建设单位按期主持完成项目的竣工验收，并为项目投产做好准备。

在工程项目后期或终止期，会出现项目业主资金支付困难而引发的工程结算与决算、工程交付使用期间的维护费用问题等。我国建设工程采用质量保修金制度，对于工程项目结束后的保修期内工程项目的质量维护，承包单位必须留有项目维护小组进行工程项目的维护与保修，直至保修期结束后才能支付预留的保修金。

四、建设工程项目管理的方法

根据 PMI 的《项目管理知识体系》的内容，项目管理的方法主要包括三个方面：项目目标的管理、项目过程的管理和项目层次的管理。

1. 项目目标的管理

在实现项目的目标管理时，首先根据项目的目的确定项目的内容，然后推导出项目的组织，明确项目技术规格或质量标准要求，进行项目费用的估算，最后计算项目执行的时间进度、成本和质量目标，以及实现这些目标时的风险水平。

2. 项目过程的管理

项目的过程管理分为体现项目管理过程传统的管理方式、解决问题的循环方式和项目管理生命周期方式三类。其中，传统的管理方式在计划经济时期使用得比较多；解决问题的循环方式在商业、财务投资等领域使用得较多；工程建设领域因其项目的特性，项目管理生命周期方式使用得较为普遍。

项目管理生命周期方式分为四个阶段：萌芽期（项目建议和开始）、生长期（设计和评价）、成熟期（实施和控制）和衰亡期（结束和停止），这四个阶段的项目管理对象和管理目标等各不相同，这与市政与园林工程项目的周期基本是吻合的，下面结合市政与园林工程项目特点对这种管理方式进行介绍。

（1）项目的萌芽期

项目萌芽期的主要工作是项目的建议，通过项目定义、确定项目的范围和经营目标，对项目进行可行性研究、项目的初步估算和项目的评估决策等。结合市政与园林工程项目的建设周期，项目萌芽期与建设工程项目程序中的项目策划、评估、决策、设计阶段是一致的。该阶段提供项目的建议、项目可行性研究及其报告，项目管理主体通过招标确定项目规划设计方案并进行投资估算，形成几种可能的方案及方案的初步估算，这种估算的投资造价范围在±30%以内，项目主体单位将拟建项目上报上级主管部门（或投资银行）进行审核、评估、决策，建设项目正式进入启动的阶段。

（2）项目的生长期

项目生长期的主要工作是进行项目的设计和评价，通过对建设项目方案的系统设计，对计划和资源进行管理，审核项目投资估算价和批准基建计划。结合市政与园林工程项目的建设周期，项目成长期主要是进行拟建项目的扩大或施工图设计，并对施工方案进行投资造价的估算或预算，形成项目的投资控制价、项目的工期和质量目标，通过招标投标平台确定项目建设的承包单位。同时项目业主完善项目土地使用许可和项目建设许可，以及土地征用和建设场地的"三通一平"等前期准备工作，为项目的正式开工做好准备。

（3）项目的成熟期

项目成熟期的主要工作是项目实施过程中对各项目标的控制，通过对项目的进一步优化设计或变更、承包单位项目实施计划的确定、投资估算或预算，确定项目的资金利用情况，对项目过程进行监督和完成情况的预测、控制和矫正。结合市政与园林工程项目的建设周期，该阶段主要是项目经理部和项目监理部等项目管理主体入驻工地现场，进行施工的过程。该阶段承包单位通过任命或授权将工程项目管理的目标落实于项目经理，项目经理部和项目监理部通过制定详细的项目实施细则和管理方案对工程项目的施工进行全方位的管理，力争项目的工期、投资、质量、安全文明施工等管理目标得到实现，通过项目参与者的共同努力逐渐完成项目合同中约定的工作任务，直至工程完工。

（4）项目的衰亡期

项目衰亡期的主要工作是使项目结束和停止，通过对项目的验收合格，保证项目工作完成，使产品投入使用，并达到项目预期的效益目标，遣散和奖励项目工作组，对项目执行情况进行审计和总结，以及相关档案的整理入档。结合市政与园林工程项目的建设周期，该阶段主要是工程项目建设单位对工程项目进行竣工验收并使工程项目投入使用的过程，使工程发挥其应有的投资效益。承包单位则通过对项目的移交、工程的结算与决算获得自己的劳动价值，并协助业主完成工程施工过程中的文件整理和归档，必要时对设备的使用与维护的（业主单位）相关人员进行培训。随着项目进入尾声，项目经理部和项目监理部开始撤出工地，承包单位对项目进行总结，承包工程项目进入维修保护期。

3. 项目层次的管理

项目管理的层次是指对于管理主体从项目管理角度出发，界定管理主体的管理方式或力度。一般分为项目的总体管理、项目的具体管理两个层次，其中项目的总体管理是从项目的整体角度进行的宏观管理，项目的具体管理则体现出项目执行过程中的微观管理。项目的总体管理是对项目整体和全面的管理，是项目管理的总指挥和总引导，项目的总体管理通常包括九大部分内容：项目的空间管理、项目的定位管理、项目的结构管理、项目的路线与系统管理、项目的节点与区域管理、项目的关联与关系管理、项目的资源管理、项目的状态与形态管理和数字化管理；后者是项目运行各阶段的管理主体对各自负责领域内具体工作内容的过程管理，目的是确保项目执行得畅通和高效。

五、工程项目建设的基本程序

工程项目建设程序是指建设工程项目从策划、评估、决策、施工到竣工验收、投入生产或交付使用的整个建设过程中，工程项目管理主体在项目实施期间必须遵循的先后次序。工程项目建设程序是工程建设过程客观规律的反映，是建设工程项目科学决策和顺利进行的重要保证。

（一）工程项目建设基本程序

国家根据宏观经济发展计划、地方政府根据国民经济发展规划，对政府投资主导的项目从项目立项、建设、验收并使其发挥效益，会严格执行以下工程项目建设的程序。

1. 项目建议书撰写

该阶段的主要工作内容就是编制项目建议书，通过对拟建项目立项的必要性和可行性进行初步研究，提出拟建项目建设的轮廓设想。项目建议书需上报到国家或地方政府投资主管部门，供上级主管部门进行评估、决策，商业投资项目还需要编制项目建议书供商业银行或投资主体进行评估。原则上，建设工程项目建议书需报请政府主管部门或投资银行等部门进行审批或备案。

2. 进行项目可行性研究

如果项目建议书内容入围投资主体投资规划，则项目可进入可行性研究阶段。项目的建设单位根据国家或地方国民经济发展中长期规划，以及项目对地方经济发展所产生的效果等对拟建项目进行可行性研究。通过论证和评价拟建项目的建设目的、建设规模、项目地点及自然资源与人文资源状况，需要投资的额度、项目建设的进度和工期，投资估算和资金筹措方式、投资的经济效益和社会效益等指标分析，判断拟建项目在技术和经济上是否可行。并对不同的方案进行比较分析和论证审核，对于审核通过的项目其可行性研究报告可以作为设计任务书（也称为项目计划任务书）的附件，成为今后设计的参考依据。

3. 进行项目设计工作

如果拟建项目获批，建设单位将通过招标或委托方式，让专业设计院（或研究院）对拟建项目在技术和经济层面进行全面而详尽地设计，对拟建工程做出详细规划设计。设计过程一般分为三个阶段，即初步设计、技术设计和施工图设计，初步设计提出方案并对方案进行投资概算，供投资方选择或对方案提出修改意见。技术设计对确定的建设项目提出建设方案，并指导施工图设计的顺利进行。

市政与园林建设项目中的大中型项目一般采用两阶段设计，即初步设计和施工图设计。对于技术复杂的项目可以增加专项技术设计，按三个阶段进行设计。

4. 前期工作项目建设

项目建设被批准立项，且按计划进行设计时，建设项目投资单位就要进入项目建设的准备阶段，依法成立建设法人单位。该阶段的主要任务是对完成可行性研究和初步设计后项目可能产生的投资成果进行评估，评估认可后报请国家相关部门或银行投资机构审核，从而进行建设项目资金的筹措。

项目实施地点的征地与拆迁，经具备专业资质的工程咨询机构的评估，以及对所有项目的综合平衡，根据国家或地方经济发展规划要求列入年度计划或五年经济发展规划。

5. 进行项目建设的准备工作

准备工作包括征地与拆迁，办理项目地土地使用许可和施工许可，做好项目建设地的"三通一平"（通水、通电、通道路和平整土地）工作，为项目的正式开建做好各项准备。

6. 项目的招标投标

项目完成施工设计、资金准备等前期准备工作后，就要进行招标。通过招标公告和招标文件的发布，征集符合要求的工程承包商、设备供应商等，经评标最后确定项目中标人，并在规定的时间内签订施工合同，为进行项目建设和管理提供法律保证。

7. 组织施工

项目建设的各项准备工作就绪后，项目建设各方主体单位根据合同要求进入工地施工现场。施工单位提交开工报告，经过建设工程管理者审核批准即可开工兴建。在整个项目建设活动中对施工项目进行科学合理的组织是项目管理的重要内容，在施工过程中所有项目建设者都应遵循施工程序，按照设计要求和相关施工技术规范施工，并进行相应的设备安装工作。

8. 生产准备

对于生产性建设项目，在其相应设备安装到位并进行试车验收后，项目建设企业应该及时组织专门力量，有计划、有步骤地开展生产准备工作。房建或市政工程项目无需进行生产准备，直接进行项目运行使用的验收准备工作，为发挥项目的社会、经济效益奠定基础。

9. 验收投产

按照规定的标准和程序，对已竣工工程进行验收，并根据验收结果进行竣工验收报告撰写和竣工决算。施工单位向建设单位移交工程，并协助建设单位办理固定资产使用的相关手续，而对于小型的建设项目或园林建设工程，其建设程序可以作适当的简化。

上述九项工程项目建设的基本程序如图 1-1 所示。

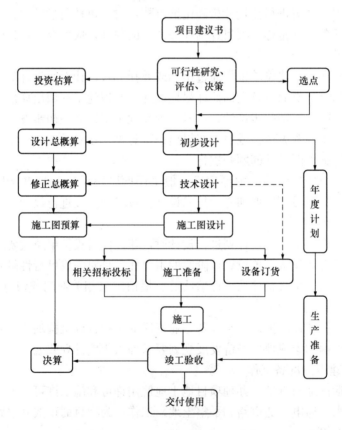

图 1-1　工程项目建设的基本程序

（二）工程项目建设的基本程序流程

工程项目建设的基本程序流程主要按四条线路进行，即：

1. 前期阶段基本程序

该阶段主要任务是对拟建项目的计划及审批，其工作顺序是：项目建议书→可行性研究（可行性研究→可行性研究报告编制→可行性研究报告审批）→设计工作（初步设计→

施工图设计）。

2. 建设实施阶段基本程序

该阶段主要是拟建项目完成审批且完成各项前期准备工作后，建设单位通过招标投标平台确定相关各施工参与主体，施工单位进场后进行施工准备与建设的阶段。其主要工作顺序是：施工准备（建设开工前的准备→项目开工审批）→建设实施（项目新开工建设时间→年度基本建设投资额→生产或使用准备）。

3. 竣工验收阶段基本程序

建设项目施工完成后，即进入项目的竣工验收阶段。该阶段的主要工作顺序为：竣工验收的范围→竣工验收的依据→竣工验收的准备→竣工验收的程序和组织。

4. 后评价阶段基本程序

项目验收后，进入生产阶段。该阶段主要进行生产线试车与投产后对项目经济效益等考核指标的评估。

如果将上述四个阶段按其流程中的主要工作内容串联起来就可以组成建设工程项目的建设总程序，即建设工程项目在建设过程中各项工作开展的先后顺序。它们一般按项目建议书、可行性研究、立项、征地、拆迁、勘察与设计、施工安装、竣工验收和交付使用的顺序进行，各阶段的工作内容有其内在的联系，不可随意颠倒。工程项目的总体建设程序如图 1-2 所示。

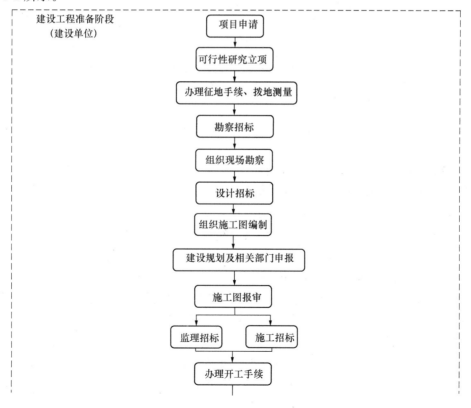

图 1-2　建设工程项目的总体建设程序（一）

（引自江苏省建设教育协会）

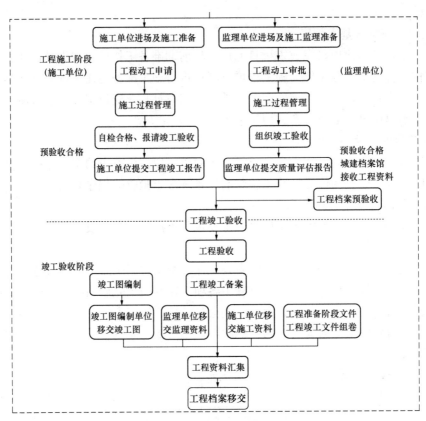

图 1-2　建设工程项目的总体建设程序（二）
（引自江苏省建设教育协会）

第二节　市政与园林工程项目管理特色

一、市政与园林建设工程的参与主体

市政与园林工程项目一般都是由国家或政府投资主导的建设项目，在市政与园林工程项目发展周期中的项目建议书、可行性研究报告及其评审、评议都是严格按国家发展和改革委员会的要求进行并撰写报告的。当项目已经被国家或县级以上主管部门审核立项或备案后，整个项目管理就进入建设工程的招标投标环节，通过招标确定勘察、设计单位和承包企业等，并进入建设项目的中后期管理阶段。

市政与园林工程项目中参与各方主体包括建设项目的投资单位、规划设计单位、工程建设承包单位和工程建设监理单位等，其中的建设承包单位具有典型的阶段承包和分包承包的特征，尤其是绿化分部工程甚至有个人分包的现象，这种参与主体的多样化某种程度上加大了上层项目管理者的管理成本。为了更好地控制市政与园林工程的投资，有时候市政与园林工程的管理主体还要增加项目的跟踪审计单位，它们负责、参与市政与园林工程项目的投资控制。

工程项目承包单位通过项目的公开投标方式参与工程建设竞标，获得项目建设承包权后方可进入建设项目。项目完成后及时进行项目的工程验收和后期维护保养任务，并获得相应的工程建设费用。

二、市政与园林工程的建设程序与内容

市政与园林工程作为建设项目中的一个类别，必须遵循工程建设的相关程序，即设想、选择、评估、决策、设计、施工到竣工验收、投入使用，发挥社会效益的整个过程，其中各项工作必须遵循先后次序。一般而言，建设工程的基本建设程序为：

（1）根据地区发展需要提出项目建议书；

（2）在勘察、现场调研的基础上，提出可行性研究报告；

（3）有关部门进行项目立项；

（4）根据可行性研究报告编制设计文件，进行初步设计；

（5）初步设计批准后做好施工前准备工作；

（6）组织施工，竣工后经验收并交付使用；

（7）经过一段时间的运行，一般是1～2年应进行项目后评估。

市政与园林工程建设程序如图1-3所示。

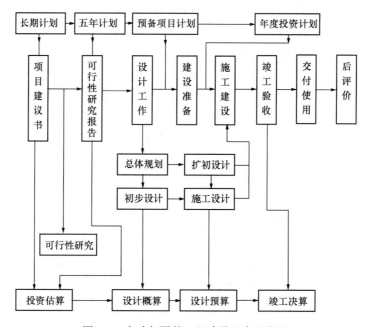

图1-3　市政与园林工程建设程序示意图

市政与园林工程各阶段的工作内容和程序各不相同，参与管理主体单位也不相同。市政与园林工程因其政府投资的公益性质，其项目运行的各阶段将严格执行项目周期中对应的程序和工作内容，其主要内容如下：

（一）项目建议书阶段

项目建议书主要说明项目立项的必要性、条件的可行性、市政与园林建设项目建成后可获取社会效益和经济效益的可能性，供上级管理机构或部门进行决策之用。

（二）可行性研究报告阶段

市政与园林建设工程项目建议书一经批准，项目的建设单位即可根据国民经济和社会发展计划以及地方经济发展中长期规划等文件，对项目着手进行可行性研究。市政与园林工程项目涉及内容多、专业性很强，一般都委托有资质的规划设计院或专业机构进行研究并撰写报告。

（三）设计工作阶段

设计是对拟建设工程从技术和经济角度所做的全面而详尽的安排，是建设工程正式进入具体施工的前奏。设计过程一般分为三个阶段，即初步设计、技术设计和施工图设计。但对于一些小型的园林建设工程一般仅需要进行初步设计和施工图设计。

（四）建设准备阶段

建设单位在项目准备阶段主要进行建设项目的招标工作，通过招标投标平台完成对施工承包单位和监理单位以及设备供应及安装单位的招标。同时，在开工建设前要切实做好征地、拆迁、平整场地，施工所用的供电、供水、道路设施工程，设备及材料的订货等各项准备工作。

（五）建设工程的组织实施阶段

项目的施工组织管理可以来自于建设单位或其代表、现场监理部、施工承包方组建的项目部，其中以项目部施工管理为基础，三方从不同角度对施工过程进行组织管理。

项目部施工管理是项目经理负责在现场具体实施建设和在现场协调施工中各方关系的一种管理方式。项目经理对施工现场的管理主要体现在以下几点：

（1）工程管理。项目开工后，工程现场实行自主施工管理，施工参与各方在合同约定的权限范围内行使各自权利。对建设单位而言，主要是在确保工程质量的前提下保证工程顺利进行，以便在规定的工期内完成建设项目。对施工承包单位而言，则是在规定的工期和满足质量要求的情况下，以最少的投入获得最大的利润。工程管理的重要指标是工程施工安全、施工质量和施工进度，目标是在满足施工质量要求的前提下，通过管理求得切实可行的最佳工期。

为保证如期完成工程项目，工程承包方应编制出合理的施工计划，包括合理的施工顺序、作业时间和均衡的作业量等。在制订施工计划时，将上述有关数据图表化。在工程施工过程中如果出现预想不到的情况，应及时予以补充或修正，以灵活应用。

（2）质量管理。质量管理的目的是为了建造出符合要求的高质量的工程，通过合理的测定、测算与分析，确定施工现场作业标准量，将数据填入图表中加以研究运用。施工过程中有关管理人员和技术人员应正确掌握质量标准，根据质量管理图进行质量检查及生产管理，确保质量稳定。

（3）安全管理。施工现场应由专人（安全组织）进行管理，制订安全管理计划，杜绝劳动伤害，创造秩序井然的施工环境。

（4）成本管理。通过建立与施工现场参与者个人相关的成本控制目标责任制度，来控制施工过程中的成本。制度建立前应对项目的成本进行合理地预测和计划，在过程中定期以例会的方式分析成本组成，找出问题并及时整改。对各种材料进行定额管理，对周转材料按摊销等方式达到节约成本、增加效益的目的。

（5）劳务管理。属于劳动力资源管理的范畴。在施工过程中，施工前期要根据施工进度计划，依照劳动力定额制订用工计划；在开工后要严格控制劳动力定额，解决施工中用工不合理的现象，降低人工成本。必要时也可以在施工前由项目经营部与班组负责人签订责任书及承包书等。工程部内部也可以引入竞争机制，或不定时举行一些小型的集体活动，增进人员间的感情和加强团队意识，以提高劳动效率。

（六）竣工验收阶段

竣工验收是建设工程的最后一个环节，是全面考核建设成果、检验设计和工程质量的重要步骤，也是建设工程建成并转入对外开放及使用的标志。

1. 竣工验收的范围

根据国家现行规定，所有建设项目需按照上级批准的设计文件所规定的内容和施工图纸的要求全部建成。

2. 竣工验收的准备工作

主要有整理技术资料、绘制竣工图纸，符合档案要求，编制竣工决算。

3. 组织项目验收

按施工图纸要求，当所有建设工程项目全部完工，且各项分部工程已经通过监理单位组织的验收合格后，经承包单位自验合格，可报请监理部进行初验并就发现的问题进行整改。工程项目符合施工图纸质量要求，达到项目正常运作的条件后，由监理单位报请建设单位开始进行项目的竣工验收。同时，应按规范要求进行项目的决算、工程总结等工作，整理必需的文件资料，项目主管单位向负责验收的单位提出竣工验收申请报告，由验收单位组织相应的人员进行审查、验收，作出评价。

（七）后评价阶段

建设项目的后评价是工程项目竣工并使用一段时间后，对立项决策、设计施工、竣工使用等工程内容进行系统评价的一种技术经济活动，也是固定资产管理的一项重要内容。目前我国开展的建设项目的后评价一般按三个层次组织实施，即项目单位的自我评价、行业评价、主要投资方或各级计划部门的评价等。

思 考 题

1. 为什么说项目具有生命属性？工程项目管理一般包含哪些内容？
2. 一般建设工程的建设程序是什么？其中最重要的内容是什么？
3. 园林建设工程可分为哪两部分？其中各部分主要由哪些分部工程组成？
4. 项目评估与审核分别在项目管理的哪些阶段使用？
5. 建设项目建设的基本流程有哪些？
6. 建设项目管理的核心任务有哪些？

第二章　市政与园林工程项目立项管理

【本章主要内容】

1. 介绍了拟建工程项目立项审核过程中的相关步骤和基本概念。

2. 简单介绍了拟建项目可行性研究报告的具体内容及报告的撰写。

3. 拟建项目的论证过程和项目的评估相关事宜。

【本章教学难点与实践内容】

1. 拟建项目可行性研究报告的撰写是本章的教学重点；要求在教学过程中详细介绍可行性研究过程及中间论证的方法，可行性研究报告呈交后对报告的评估审核方式等。

2. 教学中可以利用多媒体手段介绍项目可行性研究报告及其撰写格式。

项目按其发展规律，必然要经历"启动、成长、成熟、终止"四个阶段，并且每个项目的寿命周期都是独一无二的。市政与园林工程项目作为以国家投资为主导的工程建设项目，要想获得政府有关部门的支持，首先必须要有项目建议书。项目建议书是项目发展周期初始阶段基本情况的汇总，是选择和审批项目的依据，也是编制可行性研究报告的依据。项目建议书通过筛选后，再进行项目的可行性研究，可行性研究报告经专家论证后，最终进行审定。

根据《中华人民共和国行政许可法》第十二条、第十四条相关条款和《国务院对确需保留的行政审批项目设定行政许可的决定》（国务院令第412号）等法律文件规定，凡是由国家投资建设、境外机构在国内投资建设并需由政府配套投资的重大建设工程项目，均符合"直接涉及国家安全、公共安全、经济宏观调控、生态环境保护以及直接关系人身健康、生命财产安全等特定活动，需要按照法定条件予以批准的事项；有限自然资源开发利用、公共资源配置以及直接关系公共利益的特定行业的市场准入等，需要赋予特定权利的事项等"条款，依照国家法律规定工程投资项目核准和备案要求，建设单位必须报经国家发展和改革委员会或地方县级以上人民政府主管部门审核或备案，并办理相关批准立项手续。本章主要就拟建工程在项目立项报批过程中涉及的几个重要程序，项目建议书、项目的可行性研究报告的编制做重点论述。

第一节　市政与园林工程项目立项概述

一、建设工程项目立项活动基本概念

1. 项目

项目是指在特定条件下，具有特定目标的、一次性的任务。项目是一种实现创新的事业，创新的成分越多越需要项目管理。项目具有一次性、独特性、目标的明确性、组织的临时性和开放性、项目成果的不可挽回性等基本特性。

2. 工程项目

工程项目是以工程建设为载体的项目，是作为被管理对象的一次性工程建设任务。它是以建筑物或构筑物为目标产出物，需要支付一定费用、按照一定的程序、在特定的时间内完成，并符合质量要求的事业。

3. 项目周期寿命

项目周期寿命是指项目从启动开始，到逐渐成长、成熟和项目完成并终止所历经的时间段。项目周期寿命发展同样符合自然界事物发展的基本规律。每个项目的寿命周期都是独一无二的。

4. 项目管理

项目管理是指运用各种知识、技能、方法与工具，为满足或超越项目有关各方对项目的要求与期望所开展的各种管理活动。

5. 项目建议书

项目建议书又称项目立项申请书或立项申请报告，是指由项目筹建单位或项目法人根据国民经济的发展情况、国家和地方中长期发展规划、产业政策、生产力布局、国内外市场、所在地的内外部条件，就某一具体新建、扩建项目提出的建议文件。

6. 项目可行性报告

项目可行性报告是用一种格式化书面文件，向国家项目审核部门（国家发展和改革委员会）或商业银行审核部门进行项目立项申报的商务文件。该文件主要用来阐述项目在各个层面上的可行性与必要性，对于项目审核通过、获取资金支持、理清项目方向、规划、抗风险策略等都有着相当重要的作用。

7. 项目论证

项目论证是指对拟实施项目在技术上是否可能、经济上是否有利、建设上是否可行所进行的综合分析和全面科学论证的经济研究活动，目的是为了避免或减少项目决策的失误，提高投资效益和综合效益。

8. 项目评估

项目评估是指专业评估人员根据项目主办单位提供的项目可行性研究报告，通过对目标项目的全面调查分析和科学判断，确定目标项目是否可行的技术经济文书。它是项目主管部门确定项目取舍的重要依据，也是银行向项目主办方提供资金保障的有利凭证，是项目建设过程中必需的指导文件。

二、市政与园林工程项目立项基本知识

1. 建设项目审批管理制度

我国对于项目审批立项实行审批制、核准制和备案制。

国家规定凡使用政府性资金的建设项目都使用审批制，这部分工程项目主要属于国家重大项目和限制类项目，包括政府直接投资或资金注入的项目、企业投资但使用政府补助、转贷、贴息的工程项目。通俗讲，凡是使用了政府性资金（包括政府财政预算投资资金、国际金融组织和外国政府贷款等主权外债资金、纳入预算管理的专项建设资金、法律法规规定的其他政府性资金）的建设项目都要采取审批制。市政与园林工程属于市政公用基础性建设项目，这类项目一般都属于由政府主导投资的公用基础设施建设项目，即便是现阶段国家大力提倡的 PPP 项目也属于政府参与投资的项目。因此，这类项目在建设程序中属于必须审批的建设项目。

项目立项适用于核准制的是指企业不使用政府性投资的重大和限制类固定资产投资项目，仅需要提交申请报告，由政府相关部门核准即可。

除上述两种情况外的项目一律实行备案制，从维护社会公共利益的角度进行核准，其他项目无论规模大小，均改为备案制。

2. 建设项目备案流程

对于企业投资建设实行备案制的项目，仅需向政府提交项目申请报告，不再经过批复项目建议书、可行性研究报告和开工报告的程序。一般备案流程为：项目单位先向发改委备案，然后根据备案批复申请办理规划、国土、环评等审批手续。

3. 项目建设审批程序

项目建设审批程序一般分为：立项审批、规划审批、施工许可。其中在立项阶段，投资人需要编制项目可行性研究报告并向环保部门和土地部门申请办理环保预审和用地预审，预审过后再报送国家或地方发改委办理立项审批。规划阶段，投资人需要到土地部门办理建设用地规划许可、到规划部门办理工程规划许可，某些大型房屋建筑项目还需要办理人民防空和消防审批。施工阶段，投资人需要向建设主管部门申请办理施工许可。

4. 工程项目论证

工程项目及相关的技术改造与设备更新项目、产品开发项目及技术发展项目等在实施前，都要通过项目论证来证明这个项目建设的条件是可靠的，采用的技术是先进的，经济上是有较大利润可图的。市政与园林工程项目是政府投资建设的基础项目，论证后形成的论证报告也是工程项目筹措资金、银行贷款、开展招标投标、签订合同和进行施工准备的重要依据，只有通过项目论证认为可行的项目，才允许一次进行设计、实施和运行。

第二节　市政与园林工程的项目建议书

项目建议书是项目投资人就拟立项的建设项目提出的建议文件，是对拟建项目提出的框架性的总体设想。项目建设单位可自行编制，也可以委托有资质的社会服务机构承担项目立项前期的市场、产业发展前景等调研，并撰写出拟建工程的项目建议书。项目建议书主要从宏观上论述项目设立的必要性和可能性，把项目投资的设想变为概略的投资建议。

一、市政与园林工程的项目建议书

市政与园林工程项目基本上都属于基础设施建设项目，其投资资金来源完全符合我国对项目立项并进行审批的特征。由于这类工程项目建议书的编制往往是在项目立项的早期，工程项目筹建单位仅根据政府建设项目发展规划来编制项目建议书，该阶段对项目建设的具体方案还不明晰，与项目建设有关的规划、环境保护等专业部门的咨询尚未办理。所以，项目建议书主要是论证项目建设的必要性和可行性，其中涉及的项目建设方案和投资估算都比较粗糙，其投资误差率容许在±30%。

市政与园林工程项目建设可能涉及的外部环境，如项目地周围的企业、居民较多，动迁的规模较大，导致其对地方经济发展的影响可能在较长时间后才能体现出来。其他一些大中型项目和一些工艺技术复杂、涉及面广、协调量大的工业项目，因对环境、社会经济发展的影响比较大，在申请项目立项时还需要编制项目的可行性研究报告，作为项目建议书的主要附件，供国家有关投资审批部门审查，只有项目建议书被批准后，项目才可以进入正式启动阶段。

项目建议书的研究内容包括市场调研、拟建项目的必要性和可行性研究、项目产品的市场分析、项目建设内容、生产工艺技术和设备及重要技术经济指标等，并对项目建设与实施中涉及的主要原材料的需求量、投资方式、资金来源、经济效益等进行初步估算和确定。同时，项目建议书需进一步对拟建项目的社会效益、环境影响、投资成本、回收期及其投资利润率等进行估算。

二、项目建议书的作用

拟建项目的建设单位为推动政府投资或政府资金参与项目的立项，通过以项目建议书的形式提出项目建议，对拟建项目提出框架性的总体设想。其目的是为了让项目投资决策者对项目建议书中的内容进行综合评估，对项目作出批准与否的决定。综合来看，项目建议书具有下述四个主要作用：①作为项目拟建主体上报审批部门审批决策的依据；②作为项目批复后编制项目可行性研究报告的依据；③作为项目的投资设想变为现实的投资建议的依据；④作为项目发展周期初始阶段基本情况汇总的依据。

三、项目建议书的编制要求

项目建议书编制单位在撰写建议书前，首先应该就建设项目的初步设想方案，包括项目建设总投资、拟建项目类型、项目建设的成本、所需设备的来源及数量清单，项目建设的技术及工艺的来源、专利使用情况，项目建设及投产后对环境产生的影响，项目建设地环境状况以及项目建成对环境的后期影响，项目建设涉及的房建或市政工程对土地征用的范围及影响等进行预先评估。同时建议书需要对建设单位或企业近三年的审计报告，包括企业财务报告、应收账款、预付款周转次数等财务情况进行评估，如果是工业、市政与园林等工程项目还需要就企业新增人数规模、项目拟增设的管理部门和工资水平等财务情况作出说明，建设单位还要对公司近三年的营业费用和管理费用，对于项目运作的各项费用的估算值及其占总收入的比例等作出详细说明。

（一）关于项目建设的必要性和依据要求

目的主要是要阐明拟建项目提出的背景、拟建地点，出具与项目有关的长远规划或行业、地区规划资料，说明项目建设的必要性；对改扩建项目要说明现有企业的情况；对于引进技术和设备的项目，还要说明国内外技术的概况与差距，以及引进新技术和设备的理由，项目采用的工艺流程和生产的概要条件等。

（二）关于产品方案、拟建项目规模和建设地点的初步设想

产品的市场预测包括国内外同类产品的生产能力、销售情况分析，产品的销售方向预测和销售价格的初步分析；初步确定产品的年产值，一次建成规模和分期建设的设想，如果是改扩建项目还要说明原有生产情况及条件，对拟建项目规模经济的合理性进行评价；产品方案设想包括产品和副产品的规模、质量标准等；建设地点论证主

要包括项目拟建地点的自然条件和社会条件分析，论证建设地点是否符合地区布局的要求。

（三）关于资源、交通运输以及其他建设条件和协作关系的初步分析

包括拟利用的资源供应的可行性和可靠性；主要协作条件情况、项目拟建地电力及其他公用设施、地方材料供应情况；对于技术引进和设备进口项目应说明主要原材料、电力、燃料、交通运输、协作配套等方面的近期和远期要求，以及目前已具备的条件和资源落实情况。

（四）关于主要工艺技术方案的设想

包括主要生产工艺和技术，对拟引进国外技术的说明以及与国内技术的异同，技术来源、技术鉴定及转让等情况；主要专用设备来源，如计划采用国外设备应说明引进理由以及拟引进设备的国外厂商的情况。

（五）关于投资估算和资金筹措的设想

根据掌握数据的情况，可以进行详细估算，也可以按单位生产能力或类似单位生产能力或类似企业情况进行估算或匡算。投资估算应包括建设期利息、固定资产投资方向调节税测算，并考虑一定时期内的涨价影响因素，流动资金可参考同类企业条件及利率，说明偿还方式、测算偿还能力。对于技术引进和设备进口项目应估算项目的外汇总用汇额及其用途，外汇的来源与偿还方式，以及国内费用的估算和来源。

（六）关于项目建设进度的安排

包括前期工作的安排，如项目的询价考察、谈判、规划设计等；项目建设需要的时间和生产经营时间。

（七）关于经济效益和社会效益的初步估算

估算中需要计算项目全部投资的内部收益率、贷款偿还期等指标以及其他必要的指标，进行盈利能力、偿债能力的初步分析；对项目的社会效益和社会影响作初步分析。上述估算中涉及的指标及其计算方法读者可以参考《经济学》相关内容，必要时可以自学。

（八）项目建设的初步结论和建议

对于技术引进和设备进口的项目建议书还应有邀请外国厂商来华进行技术交流的计划、出国考察计划以及可行性分析工作的计划等（如聘请外国专家指导或委托咨询的计划等）。

四、项目建议书编制案例

编者将××市城乡规划设计院编制的该市某道路工程建设项目建议书，作适当精简后编制成××市××路道路工程建设项目建议书作为本节案例，重点说明市政与园林工程项目开发项目建议书的写作格式，供读者参考。

【案例一】项目建议书

××市××路道路工程建设项目建议书

一、封面（内容占一页）

××省××市××道路工程

项　目　建　议　书

项目建设单位：<u>××省××市投资发展有限公司</u>（法人章或电子印章）

（或委托机构）：<u>××城乡发展规划设计研究院</u>（法人章或电子印章）

编制日期：____年____月____日

二、目　录

目　　录

第一章　项目概述 …………………………………………………………… 24

第二章　项目建设现状及建设条件 ……………………………………… 26

　一、项目所在地概况 ……………………………………………………… 26

　二、项目区道路现状 ……………………………………………………… 26

　三、项目开展的自然条件 ………………………………………………… 26

第三章　项目地交通分析与预测 ………………………………………… 27

　一、交通量调查与分析 …………………………………………………… 27

　二、项目道路交通量预测 ………………………………………………… 27

第四章　工程建设的必要性 ……………………………………………… 28

第五章　工程总体方案 …………………………………………………… 29

　一、项目概况及设计范围 ………………………………………………… 29

　二、项目的规划设计 ……………………………………………………… 29

第六章　项目环境评价 …………………………………………………… 32

　一、沿线环境特征 ………………………………………………………… 32

　二、建设项目工程环境影响分析 ………………………………………… 32

　三、环境保护措施 ………………………………………………………… 33

第七章　项目节能分析 …………………………………………………… 34

第八章　项目进度安排 …………………………………………………… 35

第九章 投资估算、征地拆迁及资金筹措 ·· 35

　一、工程投资概况 ·· 35

　二、估算依据 ·· 35

　三、编制办法 ·· 35

　四、材料单价 ·· 35

　五、征地拆迁 ·· 35

　六、估算总投资 ·· 36

　七、资金筹措 ·· 36

第十章 问题与建议 ·· 36

三、项目建议书正文

第一章 项 目 概 述

一、项目背景

　　××市琅琊风景区位于我国华东地区，为国家 AAAA 级风景名胜区，在国家产业由沿海向中部转移中，该市因其独特地理位置受到商家的青睐，琅琊风景区也因其独特的地理与文化氛围受到游客的好评。根据市政府规划，××市政府风景区管委会为了打通风景区西部花山乡与北部城郊交通道路，计划按城市道路 I 级道路规格建设该道路，使本道路作为未来××市西部第二外环线的组成部分。该道路的修建为提升风景区旅游能力，扩大该市西部交通网路具有重要价值。

　　××路道路工程位于××市西郊，项目起点为现 S007 县道花山段、终点为北部滁定路城郊段，项目线路总长为 12.054km。

二、编制依据

　1. 项目委托书；

　2.《投资项目可行性研究指南》；

　3.《××市城市总图规划（2008～2025）》；

　4.《工程建设标准强制性条文》（城市建设部分）；

　5.《城市道路和建筑物无障碍设计规范》CJC 50—2001；

　6.《城市工程管线综合规划规范》GB 50289—98；

　7.《公路路基设计规范》JTG D30—2004；

　8.《城市道路路基设计规范》CJJ 37—2012；

　9.《道路沥青路面设计规范》JTG D50—2006

　10.《城市交通标志和标线》GB 5768—1999；

　11.《城市道路绿化规则与设计规范》CJJ 75—97；

　12.《城市道路照明设计规范》CJJ 45—2006；

　13. 项目建设单位提供的其他相关基础资料。

三、主要设计标准与设计规范

　　道路等级设计为：城市主干路 I 级，车行速度设计为 60km/h，路面设计标准轴载设计为 BZZ-100；道路交通量达到饱和状态的设计年限为 20a、路面结构达到临街状态的设计年限为 15a。

抗震设防：根据《中国地震参数区划图》GB 18306—2001，本项目线路经过地区，地震动峰值加速度为 0.05g，地震动反应谱特征周期为 0.35s，相当于地震基本烈度 Ⅵ度，本次设计按地震基本烈度 Ⅵ度设防计算。

四、本研究的主要内容

根据委托协议内容，本项目的主要研究及建议书内容包括：项目背景、项目的现状评价及建设分析、交通量分析及预测、技术标准、项目建设的必要性、工程总体方案、环境评价、节能分析、项目进度安排、投资估算及资金筹措和问题与建议等。

五、项目建议书主要结论

1. 项目建设的必要性

根据《××市发展规划》和《××市琅琊风景区发展五年纲要》，××市作为长三角经济区新成员，融入长三角世界级城市群为××市社会经济发展带来了新的机遇，作为该城市群二级中等规模城市，未来城市规模的扩大、人口增加成为必然趋势，城市建设用地的扩大和发展势必将琅琊风景区西部作为未来开发建设的重点区域。琅琊风景区是华东地区著名的旅游地，深厚的文化底蕴和独特的地形地貌成为该区域旅游文化发展的重点区域。

本项目为××市旅游的窗口，也是风景区西部社会经济发展的重要通道，项目建成后将成为××市琅琊风景区一道靓丽的风景线，并使××市西部的交通道路网更加的完善，解决项目沿线人民群众交通问题，尤其是作为风景区旅游线路，这对于××市城市形象特征的塑造、城市繁荣发展有着举足轻重的作用。

2. 项目建设规模

根据××市规划部门意见，本项目道路工程建设规模如下：道路全长 12km，道路建设宽度 48m，按城市主干路 Ⅰ级标准建设，计算行车速度为 60km/h。

本工程主要由道路工程、桥涵工程、排水工程、交通设施工程、照明工程和道路绿化景观工程组成。除部分原有支线道路路基可以利用外，基本上属于新建道路。

3. 项目投资估算及资金筹措

本项目总投资为 2.5 亿元人民币。

本项目资金筹措方式为采用 BOT 方式中的工程款延期支付的方式。

4. 项目经济评价

本项目作为城市道路，对过往车辆不收取过路费用，为非营利项目。因此，在项目建设建议书阶段按规定不做经济评价。

5. 项目建设期限

根据××市规划会议要求和建设单位的具体项目工期设想，本项目实施进度安排如下：

（1）2012 年 8 月—12 月完成工程项目的地质勘察和工程前期设计工作；

（2）2013 年 1 月—8 月完成工程施工相关招标工作，并使施工单位进场；

（3）2013 年 8 月—2014 年 8 月竣工，项目投入使用。

第二章 项目建设现状及建设条件

一、项目所在地概况

1. 地理位置

项目所在地地处长江下游北岸，长三角西端，琅琊风景区位于××省××市古城西南约 5km、现主城西郊，总面积 240km²。景区境内有"醉翁亭"、"大丰山"等景点，属于国家重点风景名胜区，也是国家林业局确定的国家森林公园。

2. 行政区及人口

全市辖三区二县二市，土地总面积 1.33 万 km²，常住人口 400 万。

3. 自然资源

××市域跨长江、淮河两大流域，主体为长江下游平原区及江淮丘陵地区。全市地貌大致可分为丘陵区、岗地区和平原区，地势西高东低。风景区位于低山丘陵地带，山体的主体为熔岩且熔岩露出地面较大，有崖溶沟槽、石芽及小型岩溶洼地。

气候属于北亚热带向暖温带过渡的湿润季风气候区，雨量充沛，季风明显，四季分明，景区平均气温 16℃、冬季最冷月气温 2～4℃、夏季最热 27～28℃，平均降雨大约 1050mm。植被为天然次生林——属于中国北亚热带向温带过渡地带石灰岩地区保存最完整的天然次生林。

4. 经济发展状况

××市属于长三角地区，经济依托长三角经济向西转移优势，以项目发展为载体，通过对外开放和承接长三角产业转移，近年来其经济总量和城市功能提升方面取得较好发展。2012 年全年实现生产总值（GDP）1180.4 亿元，全市工业化水平达到 47.5%，实现全年财政总收入 205 亿元。

××市交通四通八达，京沪铁路、宁西铁路、京沪高铁、沪汉蓉高铁贯穿境内，所辖各县（市、区）均通高速公路。水运干线航道连通长江、淮河水道。

二、项目区道路现状

本项目属于新建道路，规划线路内有部分老旧道路与本项目重叠。与本项目道路相交的有 S311 省道、X007 县道和部分景区内某节能电站厂区道路，其余均为县乡机耕道路。通过本道路建设可以打通 S311 省道城郊段与 X007 县道花山段，可极大地改善区域内道路结构，并对于风景区开发具有重大推动作用，在××市道路规划中拟将本道路建设成琅琊风景区景观观光大道。

三、项目开展的自然条件

本项目属于低丘陵山地，地质结构略为复杂，主要岩性为石灰岩和花岗岩岩石风化石，土壤主要为黄壤栗钙土，部分地段为水稻土，地基允许承载力为 0.18～0.28MPa。

山区地下水位一般在 15～30m 之间，全市范围内地震活动较弱，历史上无强地震记载。

本项目周围建筑材料及运输条件便捷，建筑材料中用于道路基层、面层的建筑材料——砂、石料和水泥、沥青、钢材等资源丰富，建筑材料生产厂家均来自××市区，用汽车运输至工地现场。

本项目区域内现有水、电等供应条件均可满足项目建设需要。项目区无活动性断裂构造通过，无不良工程地质构造和水文地质现象，项目地地质条件较好。建设所需的钢材、水泥及其他建筑材料当地市场供应充足，均可用汽车运输至施工现场，项目施工条件很好，对保证工程的建设进度和降低工程造价可起到一定的积极作用。

第三章　项目地交通分析与预测

一、交通量调查与分析

（一）交通调查综述

本项目位于××市西郊，项目起点（K0+000）与滁梁路（X007县道）、终点与滁定路（S311省道）首尾相连，项目总长为12.054km。

本项目建设后，将极大地改善××市西部交通网路，激活西郊社会经济发展，提升风景区开发，对于改善××市城市面貌、拉动城市经济的快速发展和带动西部丘陵区经济发展具有重大作用。

该路段是××市西部郊区发展规划中的干线道路，建成后的交通量组成近期主要为当地农业和工业用交通产生的交通量和风景区旅游产生的交通量，未来可以作为××市辖×× 县与××区之间连接二线的交通量，可极大地分流目前该市××大道和西环线的交通运输量。

（二）预测的远景交通量构成

本项目交通量表现为旅游交通运输产生的交通量以及沿线工农业生产和居民出行产生的交通量等，可选择的交通工具基本为机动车。

正确预测未来交通区域内的交通量及其流向，才能使拟建道路的等级、技术标准、建设规模及交通的布局、形式适应道路交通发展的需求，在通行能力上能够与现有道路衔接并相互协调，与道路自身的服务水平要求相协调，为项目的决策提供科学依据。根据项目所在地社会经济和交通运输调查资料分析，本项目属衔接本市未来北部区域与南部两区的第二外环线主要工程，也是××市的主要干线道路。随着××市正式融入长三角经济圈，××市经济和旅游发展十分迅速，但由于目前市域西部交通基础设施发展相对落后，严重制约着××市琅琊风景区旅游资源的开发和西郊区人民生活水平的提高。本项目建成后必然促进××市旅游资源优势的发挥，推动地方经济发展。根据对建设项目在未来道路网中的地位和作用，拟建项目预测的远景交通量构成有以下三部分：

1. 基于现状路网条件下而发展的趋势型交通量；

2. 本项目建成后产生的诱增交通量；

3. 本项目建成后本地出行交通量。

根据规定，预测年限确定为建成后20年。根据本项目的实施计划，预测的特征年设定为2013年、2015年、2020年、2025年、2030年、2032年。

二、项目道路交通量预测

本项目交通量预测采用简化预测的方法，根据预测方法得出的交通量分别为：

1. 趋势型交通量

根据预测获得的该条道路沿线及其组成的交通路网中的交通增长率如下表：

趋势型交通量增长率表　　　　　案例一表 2-1

时间段	2013～2014	2015～2019	2020～2024	2025～2032
增长率	5.5%	5.0%	4.3%	3.7%

2. 诱增交通量

项目建成后因促进××市经济的发展和道路路网完善而产生的诱增交通增长率如下表：

诱增交通量增长率表　　　　　案例一表 2-2

时间段	2013～2014	2015～2019	2020～2024	2025～2032
增长率	5.5%	4.9%	4.1%	3.8%

3. 本地出行交通量

本项目是××市西郊主要交通干线，又是风景区旅游干线，按照××市城市总体规划、未来人口增长、经济增长趋势、出行频率及出行方式等综合考虑，本地出行交通增长率如下表：

本地出行交通量增长率表　　　　　案例一表 2-3

时间段	2013～2014	2015～2019	2020～2024	2025～2032
增长率	3%	3.8%	3.2%	2.8%

4. 交通量预测结果

根据上述预测方法和步骤，得出的交通量增长率，最后合计得出的拟建项目交通量预测结果如下表：

交通量预测汇总表（单位：小客车辆/日）　　　　　案例一表 2-4

年份	趋势型交通量	诱增交通量	本地出行交通量	合计
2013	585	458	330	1373
2015	765	599	402	1766
2020	977	761	485	2223
2025	1206	931	565	2702
2030	1446	1122	653	3221
2032	1555	1206	691	3452

5. 道路车道数规模的需求分析

本项目车行道可能的通行能力按照《城市道路交通设计规范》的规定取值，并根据××市类似道路的实际情况进行折减修正。本项目道路采取平交口方式，根据规划本项目道路拟采取一个方向上的车行道两条并按中间设置隔离绿化带、两侧设置慢行道方式对多条车道的通行能力进行计算，得出的本项目道路为主干路Ⅰ级，计算行车速度为 60km/h，根据《城市道路设计规范》采用的内控通行能力为 1690pcu/h；主干路道路分类系数为0.8；道路单向机动车道数需求为单向 2.59。

<h1>第四章　工程建设的必要性</h1>

一、项目建设是××市城市建设发展的需要

本项目是××市为改善西区区域交通网络布局，改善该市北部××县与××区之间交通状况、努力发展琅琊风景建设的主要交通干线。项目的建成将改善区域内出入××市交

通硬件设施，提升××市的城市面貌，拉动城市经济的快速发展，带动沿线地区的经济发展，使沿线旅游、土地等资源得到充分发挥，使××市城市更美、人民群众生活更加方便，从而有力地促进××市城市建设的发展。因此，项目建设是××市城市建设发展的需要。

二、项目建设是××市实施"××融入长三角经济圈发展战略"的需要

根据《××融入长三角经济圈发展战略》，××市将按照长三角中等二级城市规模规划建设，到 2020 年，××市市区常住人口将达到 95 万人，城市建设用地达 95 万 km²。加入长三角经济圈能为该市发展迎来新的机遇，随着大批企业的入住和城镇化水平的提高，城市活力将会持续增强。城市规模的扩大需要建设与之相适应的交通道路网络，本项目的建设将进一步完善××市交通基础设施，解决城市发展交通难的问题，为××市的开发建设创造有利的条件，因此，本项目是××市能够顺利实施《××融入长三角经济圈发展战略》的需要。

三、项目建设是塑造××城市形象，提高××城市品位的需要

××市具有山清水秀、人文荟萃的投资环境，是我国华东地区优秀的旅游城市和承接东部产业转移的桥头堡。风景秀美的琅琊风景区是华东旅游重点地区，目前风景区缺乏交通主干道，难以将本市区域内的四个 AAAA 级风景名胜区景点连接起来，旅游存在一日游的情况。项目建设后将形成以琅琊风景区为主点连接域内其他景点的格局，使旅游成为二日游或三日游，使游客能住下来、游下去。本项目建成后也必将成为××市一道靓丽的风景线，这对于××市旅游城市形象的塑造、城市繁荣发展有举足轻重的作用。

四、项目建设是改善××市投资环境、促进××市社会经济发展的需要

随着经济全球化的不断加快，各地城市都处于特色发展和招商引资的竞争中，投资环境对招商引资具有决定性的影响。良好的投资环境、优化的生态环境和人文荟萃的氛围发挥着越来越重要的作用。××市地理位置优越，对承接东部产业转移具有较强的吸引力，但是城市基础设施建设方面与其他发达城市比还相对滞后，要吸引和留住投资者，必须加大基础设施建设，为投资者提供完善的投资环境。本项目的建设，将使××市的投资环境得到很大程度的改善，有利于提高××市的城市综合竞争力，促进××市经济繁荣和社会发展。

第五章 工 程 总 体 方 案

一、项目概况及设计范围

本项目为新建道路工程，设计范围包括道路工程、桥涵工程、排水工程、交通工程、照明工程、预埋管线工程以及道路绿化景观工程。

二、项目的规划设计

（一）道路工程

道路起点 K0+000 (X＝XXXXXXX.XXX，Y＝XXXXX.XXX)，终点 K12+055 (X＝XXXXXXX.XXX，Y＝XXXXX.XXX)，道路全长为 12.054km。

1. 道路横断面设计

本项目道路建设设计宽度为 46m。

方案一：规划横断面为四板双向四车道形式，即 2×2m 人行道＋2×5.5m 非机动车道＋2×2m 侧分隔带＋2×12.0m 机动车道＋3m 中间分隔带。

方案二：规划横断面为二板双向六车道形式，即 2×9.5m 绿化用地＋2×12.0m 机动车道＋3m 中间分隔带。

方案三：规划横断面为四板双向四车道形式，即 2×2m 人行道＋2×6m 非机动车道＋2×2m 侧分隔带＋2×13.0m 机动车道＋中间分隔墩。

道路横断面方案推荐：方案一，与风景区绿化及景观氛围一致，并有效地保证行车的安全性和舒适性。

2. 道路纵断面设计

本道路属于新建工程，道路起始点除与节点道路高程一致外，全程道路在保证道路坡度范围情况下，随地形有一定起伏，但前提是整个道路高程与全程五座桥梁高程能顺利搭接，并使全程道路土方基本平衡。本道路设计采用国家黄海高程。

3. 路基设计

(1) 路基设计原则

路基设计根据住房城乡建设部颁发的《城市道路设计规范》CJJ 37—2012、交通部颁发的《公路路基设计规范》JTGD 30—2004 和《城市道路路基设计规范》CJJ 194—2013 的有关规定进行，防止各种不利的自然因素对路基的危害，以确保路基具有足够的强度、稳定性和耐久性。

(2) 路基横坡与边坡

车行道采用向外倾斜 1.5% 的横坡，人行道采用向内倾斜 2.0% 的横坡；填方路基边坡坡率均采用 1:1.5，挖方边坡坡率为 1:1。

(3) 路基质量基本要求

路基排水：道路路面地表水通过进水井排入雨水管内，通过雨水管排出路基外；路基以外的地表径流通过设在路基挖方坡口外侧的截水沟、挖方坡脚的边沟及填方坡脚的排水沟排入道路附近的低洼处或将水流引入自然沟渠中。

路基压实度：填方不低于 95%，挖方段不低于 93%。

4. 路面结构设计

(1) 材料选择原则

工程造价合理，施工可行，道路利用性能舒适、路面景观效果好的原则。

(2) 方案比较

采用沥青混凝土路面结构。

(二) 桥涵工程

根据本工程初步勘察结果，道路全程有五座桥梁，桥梁拟全部采用单孔或双孔简支预应力板桥结构。

为满足路基排水和道路沿线河沟排水需要，本项目设计中共计设置 10 处过路涵，其中 6 处为钢筋混凝土盖板涵、4 处为钢筋混凝土预制管涵。

(三) 排水工程

1. 设计原则

排水体制采用雨污水分流制；排水灌渠及附属物设计荷载位于车行道按 A 级车道、其余按 B 级负载；为便于今后沿线居民或企业排水，在道路沿线按每80~120m 预留适量的雨污水支线连接井。

2. 雨水口和排水检查井平面设置

本项目道路设计纵坡、横坡,本工程依据排水设计规范要求在道路两侧每隔一定距离、道路最低点及渠化路口设置雨水口。一般采用联合式双箅雨水口,道路低点、路口处的雨水口形式采用联合式多箅雨水口。

3. 管材选择、检查井及管道接口方式

本工程管材拟选用玻璃钢夹砂管,它具有自重轻,耐腐蚀,使用寿命长,输送能力强,安装运输方便、价格适中等特点。即:雨污水干管:$d<800$ 时采用缠绕玻璃钢夹砂管,管道环刚度要求 $\geqslant 10kN/m^2$,接口采用承插式连接、橡胶圈密封;雨水口连接管:采用Ⅱ级钢筋混凝土平口管,管径为 300,坡度 0.01,接口采用钢丝网水泥砂浆抹带接口,基础采用 C15 混凝土满包基础;排水检查井井室盖板覆土厚度 $\leqslant 4m$ 采用砖砌雨污水检查井、阶梯式砖砌跌水井,否则采用混凝土雨污水检查井。

(四) 照明工程

本工程中光源选择高压钠灯。照明标准:路面平均照度标准取 30lx,照度均匀度 0.4,照明功率密度 (LPD) 不大于 $1.05\ W/m^2$,对应的照度值 Eav 不小于 30lx;道路照明灯具照明采用双侧对称布置方式,在两侧分隔带中间或人行道上距车行道路侧石 0.5m 处安装双臂路灯;配电系统采用三相四线制,双臂路灯和泛光灯的光源接 220V 单相电源;照明设计采用城市照明自动监控系统终端统一控制,同时采用智能照明调控稳压器对配电系统进行调压、稳压,实行下夜灯降压的节能控制。

(五) 预埋通信、电力电缆管道工程

道路人行道设置弱电电缆沟,弱电电缆保护管采用复合玻璃钢电缆保护管 (GBB);强电电力管线管采用中央绿化带电缆沟砌筑方式。

(六) 交通设施工程

本道路交通工程设计内容主要包括交通标线、交通标志和交通信号控制地下管线及信号控制、监控设备的设计。本设计标线采用热熔反光型涂料,热熔反光型涂料的技术要求应符合 JT/T 280—2004、GN47、GN48 的规定。标线为一次性施划。

交通标志结构设计:根据标志版面尺寸大小及设置位置的需要,本设计采用的标志支架结构形式有单柱式、双悬臂式等。

交通信号控制地下管线及信号控制、监控设备设计。

(七) 绿化工程

由于本道路属于风景区道路工程,故绿化方案设计考虑以有特色、档次较高为景观绿化的目标,且与周围的环境协调融合。

在中间分隔带的大乔木、人行道行道树的选择上,应以"一路一树"贯穿全线,即中间分隔带的大乔木全线宜保持同一树种再配小乔木及其他灌木、地被植物等,增加层次以及丰富造型;同样,人行道的行道树也采用相似的设计理念。

人行道绿化:按照造型美观、养护方便、价格适宜的原则进行设计。人行道绿化带乔木可选择栽植栾树,种植间距为 6m/株,并搭配种植红继木球、红叶石楠、小叶女贞,以达到层次丰富,却不失整齐大方的景观效果。

中间分隔带的景观绿化设计中应主要考虑其美观美化效果、防眩效果及视觉上的变

化。本次设计乔木选用桂花，搭配种植灌木海桐球、瓜子黄杨、红继木、马尼拉草等植物。

第六章 项 目 环 境 评 价

一、沿线环境特征

项目所在地为华东地区亚热带向暖温带过渡区，年降雨分布不均匀，加之处于低矮丘陵岗地，沿线主要经过次生林地、旱地、部分水田和少量鱼塘。居民结构主要为当地原住居民。

二、建设项目工程环境影响分析

（一）道路施工期对环境影响

1. 对生态环境可能的影响

本项目的建设会使沿线的生态环境发生变化，由于道路工程是一条带状工程且本项目涉及的范围比较广，工程施工不可避免地会产生开挖土方和填筑路堤的情况，并改变土地的使用功能。本项目将会对原有区域产生人为分割，破坏原有的生态平衡，破坏已有的生态绿地，影响部分动植物栖息环境，使动物的活动范围缩小，种群间的交流减少。

2. 造成部分水土流失

道路建设是带状人工建筑工程，道路施工期间由于路基填筑及开挖、取土采石、平整道路、弃土弃渣等施工活动，不可避免破坏原地貌、土壤植被及水土保持设施，导致土壤结构破坏，林草、梯田毁坏，降低表层土壤的抗蚀性，造成严重的水土流失。开挖路堑或取土等形成的高陡边坡，容易产生崩塌和滑坡；填筑的路基边坡由于地面裸露，土体松散，易产生面蚀和细沟侵蚀，在深挖方地段，多余土石方因受地形和运输条件的限制，不便运往填方段，必将大量弃渣，由于其结构疏松，孔隙度大，极易产生水土流失。如果不采取水土保持措施，不仅影响道路自身的安全运行和路域环境、沿线城镇、村庄、农田及公共设施，而且会影响水土资源和生态资源。

3. 对水环境的影响

挖方过程中造成的弃土、裸露挖方边坡和填方边坡若遇大雨冲刷，造成泥土随水流失，会使沿线的河流及沟渠等水体的悬浮物增加，浑浊时间延长，对饮用水源将有短期的不良影响。另外施工过程中产生的废水，如：混凝土搅拌、清洗搅拌设备、冲洗模板、石子等以及生活污水也会对水体产生一定的污染。

4. 对社会环境的影响

道路在建设过程中将占用部分绿地、耕地及其他附属的公共设施，影响沿线居民的生产和生活。项目路线会对现有农业用地及排灌系统等产生短期影响。

（二）道路使用期对环境影响

据以往道路的评价结果，道路建成后，交通噪声将对道路两侧 200m 范围内居民日常生活造成一定影响，将发生交通噪声超标现象，应采取相应的环保措施。

综合来看道路建成后，将极大地改善当地交通条件，有利于旅游资源的进一步开发，促进当地旅游业的发展；有利于当地农业、旅游业生产布局的规划与调整，实现当地经济的腾飞。本项目具有建成后使用过程中形成的经济效益远大于上述不利影响导致的负面效益的投资效果。

三、环境保护措施

（一）道路设计阶段

1. 规划设计与环境相协调

道路设计时应进行各种调查、研究，如气象、生物种类、数量、占地、旅游规划、文化、资源、遗址、居住人口等，以了解道路沿线的现状及其环境。

2. 天然水系保护

设计时注意保护自然水流，尽量不改变现状水体的水流方向，不压缩过水断面，不堵塞、阻隔水流。排水系统的设计注意水流方向，尽可能与原有沟渠相通，形成完整的排水系统。路面水、边沟水排入一定的水域，不随意排入道路两侧的水体或土壤中，以免污染周围的水土资源。

3. 线路布设的综合考虑

路基高度控制：路基设计高度综合考虑排灌、蓄防洪、设计洪水水位等的需要，尽量避免高填深挖。

路基防护：采取工程防护和植被防护相结合的防护措施，防止或减轻道路病害，确保路基稳定，节约土地资源，保护环境，协调景观。

路基绿化：绿化对于稳定路基、保护斜坡和美化环境等均能起到良好的作用。本项目对填挖路基边坡的防护采取铺种草皮的防护方式，以加强绿化和防护的效果。

取土场的选择：取土时，首先要考虑利用挖方路段土石方，其次应结合当地的国土资源综合开发利用计划，选择贫瘠地段集中取土，注意保护当地的植被和水资源，将取土坑与地方水产养殖、农田排灌结合起来，综合利用，创造条件进行复耕。

（二）道路施工阶段

1. 施工时严格控制工程破坏植被的面积

道路施工造成周围植被破坏不可避免，但要严格控制施工破坏的植被面积，工程完工后应迅速实现弃土区、山体开挖区、边坡等局部位置的植被覆盖，可以先植草再种树，以促进植被的恢复和形成多层植被。

2. 水土流失防治措施

工程开挖、填方路堤、沟壑的土层裸露面要及时加固，路基土石方工程结束后要及时植草护坡，防止水土流失。

3. 弃土、取土的处理

弃土的堆放点应统筹安排，尽可能选择山沟荒地，并应及时对弃土进行压实，在其表面进行植被覆盖，必要时设置防护工程，另外在条件许可的情况下，弃土方也可平整用作耕地。取土坑应选在高地、荒地上，尽量不占耕地，且使用后必须恢复植被。对于深而宽的取土坑可与地方水产养殖、农田灌溉结合起来，综合利用。

4. 施工期噪声防治措施

加强对施工机械、运输车辆的维修保养，安装有效的除尘消声和减振装置。道路施工现场200m以内有居民区时，应合理安排施工时间，尽可能将噪声大的作业安排在白天施工，尽量避免夜间施工，必须在夜间施工时，应征得当地政府及环境主管部门的书面同意。

5. 施工期水环境影响防治措施

施工材料（如沥青、油料、化学品等）应远离地面水，并提供环形排水沟和渗水坑，以防事故材料意外溢出而污染地面水。现场施工人员的生活污水应建立临时化粪池进行集中处理，严禁直接排入水体。修筑道路排水工程时，应建造临时绕行渠道，以便继续使用灌溉渠和排水沟。

(三) 道路运营阶段

1. 噪声防治

加强道路路面管理，经常修整路面，保持足够的平整度，以降低交通噪声的影响。超过噪声标准的路段，采取降噪处理，主要措施有：设立声屏障以及植树等。利用"生态墙"降低噪声和废气引起的环境污染。

2. 沿线绿化

本设计选用适应××市气候特征、能体现丘陵地区特色的苗木进行绿化设计，营造出一条层次分明，色彩斑斓的绿化长廊。

3. 突发性交通事故中危险化学品泄漏的应急措施

加强道路上运输有毒有害化学品车辆的管理，危险品运输应在公安机关登记，有危险品标记，安排时间通过，避免泄漏事故的发生。一旦发生此类事故，应负责组织调动人员、车辆、设备、药物，对事故进行应急处理，将事故影响控制在最小范围内。

第七章　项目节能分析

一、道路建设节能

建设期的能源消耗属于一次性投入，主要是人力、物力的投入，虽然存在着对能源的直接消耗，但其比例相对较小，且通过相关措施可以减少能源消耗，节能潜力不大。

道路运营期的能源消耗，主要体现在汽车运输过程中的燃料消耗。随着道路交通的日益发展，汽车的燃油消耗愈来愈大，燃油费用在道路单位运输成本中约占三分之一，而且石油为不可再生能源，随着石油需求量日益增大，石油供求矛盾越来越突出。因此在道路建设项目过程中进行燃油节约对国民经济具有极其重要的意义。

二、影响汽车燃油消耗的因素

车辆运行的燃油消耗量与道路交通运输条件密切相关。当道路条件、交通条件变化时运行油耗量也随之改变，在良好的道路条件（路面平整、路面宽度、平纵线形等）和良好的交通状况（快慢车分道行驶、横向干扰较小等）时，车辆运行状态稳定，其耗油量相对较小；而当道路、交通状况恶劣时，车辆行驶中加减速次数随之增加，车辆运行状态变得不稳定，耗油量相对于稳定时增加很多，当停车次数增加时尤其突出，因为起动加速的耗油量将是稳定状态行驶的几倍。

在道路技术等级提高后，线形和路面的高标准，可相应地改善汽车行驶条件，使汽车保持理想的行驶速度，减少刹车和突然加速机率，节省耗油量。同时，道路等级提高带来运输里程的缩短、合理地增加汽车装载质量和交通量等效益，将使单位燃油量大大下降，综合节能效果显著。

三、节能分析

道路建设项目油耗节约，主要是考虑由于新建道路使原有道路相关技术标准提高，道路运营里程缩短及汽车行驶速度得到提高而导致的油耗量减少。本工程建成后，行车安全系数较现有道路有较大提高，行车速度相应提高，在途时间和运输距离缩短，运输的成本降低，使得项目区域交通运输更快、更经济、更安全，达到经济和高效的运输目的。因此拟建项目的节能效益很好。

第八章　项目进度安排

一、建设工期

项目的建设，必须做好前期的准备工作，落实资金，制定实施步骤，整体策划，分步实施。从本项目建设规模、建设内容以及项目要求等具体条件考虑，初步拟定项目于2014年8月竣工，建设期为一年。

二、项目实施进度安排

根据项目的工期要求及项目具体情况，项目实施进度安排如下：

（1）2012年8月—12月完成工程前期设计工作；

（2）2013年3月—2013年8月完成工程施工招标、工程开工；

（3）2014年8竣工。

第九章　投资估算、征地拆迁及资金筹措

一、工程投资概况

设计内容包括道路工程、桥涵工程、排水工程、交通工程、照明工程、绿化工程。工程项目总投资金额26361.95万元。详见"投资估算表"。

二、估算依据

1. 财政部关于印发《基本建设财务管理规定》的通知（财建〔2002〕394号）；

2. 国家计委、国家环境保护总局《关于规范环境影响咨询收费有关问题的通知》（计价格〔2002〕125号）；

3. 国家计委《建设项目前期工作咨询收费暂行规定》（计价格〔1999〕1283号）；

4. 国家发改委、建设部《建设工程监理与相关服务收费管理规定》（发改价格〔2007〕670号）；

5. 建设部《市政工程投资估算编制办法》（建标〔2007〕164号）；

6. 建设部《市政工程投资估算指标》（HGZ47-101～109—2007）；

7. 国家发改委、建设部《工程勘察设计收费标准》（2002年修订本）；

8. 住房和城乡建设部《市政公用工程设计文件编制深度规定》（2013年版）；

9.《××省市政工程消耗量定额》、《××省市政工程费用定额》、《××省建筑装饰装修工程费用定额》。

三、编制办法

本工程主要内容包括道路工程、桥涵工程、排水工程、照明工程、绿化工程、交通工程。本工程采用概预算定额进行投资估算，本次设计只计算近期实施范围的工程量，并根据近期实施的工程进行投资估算。估算采用本设计研究院本工程规划设计文件。

四、材料单价

本项目投资估算所采用的材料单价主要根据《××市建设工程造价信息》2012年第4期提供的材料信息价和对××市建材市场实地调查收集的材料价格。

五、征地拆迁

本项目地处××市东部，本次只计算近期实施 27m 范围的土地征用及拆迁的费用。本项目需新征用土地共 217.66 亩，根据××市实际征地所需的费用计算，征地费用为 1354.96 万元。

六、估算总投资

投资估算详见"投资估算表"（案例一表 2-5）：

投资估算表　　　　　　　　　　　　　　　　案例一表 2-5

工程或费用名称	估算金额（万元）
第一部分 工程费用	24320.34
第二部分 工程建设其他费用	612.89
第一、第二部分费用合计	24933.23
预备费	1428.72
估算总金额	26361.95

七、资金筹措

根据业主单位的意见，本项目资金来源为业主通过申请国家国道、省道改造专项资金与××市财政专项自筹资金，不向银行贷款。

第十章　问 题 与 建 议

1. 拟建本项目为新建工程，为××市西郊主要干线道路。该项目的建设，将极大地改善××市交通硬件设施，提升××市的城市形象，拉动城市经济的快速前进，带动沿线地区的经济发展。因此，建议抓紧前期项目立项、设计及融资等工作，争取早日开工建设。

2. 为了使投资发挥最大效益，建议在下一步设计阶段进一步优化设计，与现状路线、地形地貌及环境保护更好地协调，做好整体设计和景观设计。

3. 本项目所在区域属××市，对于沿线所占用的土地、拆迁问题等，业主应与当地政府相互配合，做好宣传工作等准备工作后再进行详细设计，同时保留勘测桩号，以利于施工。

4. 本项目施工时合理组织安排，施工期间确保沿线车流安全、畅通通行。

5. 建议尽快补充本项目的环境影响评价报告以及相关资料，以便下阶段设计及施工中有针对性地采取切实可行的有效措施，防止水土流失和保持生态平衡，使工程设计与沿线地形、地貌和环境协调，尽量减少工程对环境的破坏和负面影响。

第三节　建设项目的可行性研究报告

当拟建项目建议书被政府相关主管部门或投资商业银行审核通过，拟建项目单位或企业就应该进行项目开发进展中下一个非常重要的环节——拟建（扩建）项目的可行性研究报告。可行性研究报告是拟建项目单位或项目企业作为行为主体，在从事建设项目投资活动之前，委托有专业资质的专业咨询机构或设计单位对拟建项目建设过程中，就政治、经济、社会、技术等项目影响因素进行具体地调查、研究。根据大量研究数据进行定性和定量的分析，确定有利和不利的因素，从而分析项目建设的必要性和可行性，评估项目经济效益和社会效益，为项目投资主体提供决策支持意见或申请项目主管部门批复的文件。

拟建项目的可行性研究根据呈送和审核报告的主体不同，以及可行性研究的深度可以分为两个阶段，即可行性研究中间的调查研究与评估阶段，正式撰写可行性报告时的研究与评估阶段。前者一般作为项目研究是否继续以及供投资主体决策的依据，后者是项目研究完成后将报告呈送给项目主管部门或投资主体，供他们审核批复的正式文件。

对于需要报请国家或地方以上政府发改委立项备案的大中型投资项目，或者为了通过银行的融资申请，以及需要进口的设备，需要在境外进行投资的项目，均需要对拟建项目进行全面的技术、经济分析并进行科学论证。有时在呈报项目建议书时也将项目本阶段的可行性报告作为附件呈送，不过建议书阶段的可行性报告相对后面的报告要简单些。在投资管理中，可行性研究是指对拟建项目有关的自然、社会、经济、技术等进行调研、分析比较以及预测建成后的社会经济效益。在此基础上，综合论证项目建设的必要性、财务的盈利性、经济上的合理性、技术上的先进性和适应性以及建设条件的可能性和可行性，为投资决策提供科学依据。

一、建设项目可行性研究报告的作用

建设项目可行性研究报告根据项目申请的目的和立项备案方式的不同，报告的深度和侧重点有所不同。

对于呈报给国家或地方县级以上政府发改的市政与园林工程项目的可行性研究报告而言，根据《中华人民共和国行政许可法》和《国务院对确需保留的行政审批项目设定行政许可的决定》相关条款的规定，大型基础性建设项目必须先期进行可行性研究论证。拟建项目的立项、备案所需的可行性研究报告的重点要从拟建项目建设对于地方产业发展布局、发展战略，以及项目建成投产后对环境的影响等方面撰写。针对当前国家城镇化发展中出现的居民群体变化，还要充分考虑到劳动力教育及技能对项目的影响。而对于相关的经济、财务分析方面的研究略显单薄也是允许的。国家发展和改革委员会根据项目的可行性研究报告进行核准、备案或批复，决定某个项目是否实施。

对于通过商业银行进行贷款的市政与园林工程项目，因商业银行在贷款前需要对项目进行风险评估，所以需要项目方出具详细的可行性研究报告。这类项目的可行性研究报告的重点则要放在项目建设中原材料供应、项目中拟采用的生产工艺、技术专利和产品的使用情况，项目投产后的经济效益等。同时，对项目运行中的财务指标、偿还银行贷款的能力等数据进行严格的审核，以使银行放贷引起的风险降低到最低程度。要求项目可行性研究报告中所有相关的经济财务数据及其分析应该详实，并有科学的分析和结论。

市政与园林工程项目在获得政府投资的申请过程中，需要项目建设单位仔细对项目进行策划、设计、技术创新、技术规划等，编写的可行性研究报告包含管理团队、技术路线、方案、财务预测等，是政府无偿资助项目申报的主要依据。

鉴于上述拟建项目可行性研究报告的差别及其目的和作用，可以将拟建项目可行性研究报告的作用总结为图 2-1。

二、拟建项目可行性研究报告的类型

从总体上看，可行性研究报告大致可以分为两类，即用于政府主管部门审批核准用的可行性研究报告和用于融资的可行性研究报告。根据《国务院关于投资体制改革的决定》

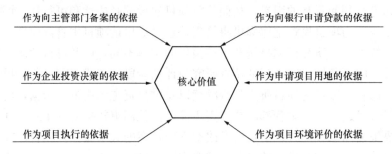

作为向主管部门备案的依据　　　　作为向银行申请贷款的依据

作为企业投资决策的依据　→　核心价值　←　作为申请项目用地的依据

作为项目执行的依据　　　　作为项目环境评价的依据

图 2-1　拟建项目可行性研究报告的作用

（国发〔2004〕20 号）的规定，我国对不使用政府投资的项目实行核准和备案两种批复方式。其中，实行核准制的项目拟建单位向政府相关部门提交申请报告，而备案项目的拟建单位一般向政府相关部门提交项目可行性研究报告。同时，根据《国务院对确需保留的行政审批项目设定行政许可的决定》，对某些项目仍保留行政审批权，投资主体仍需要审批部门提交项目可行性研究报告。

　　对于审批核准用的拟建项目可行性研究报告撰写内容应侧重于关注该建设项目的社会、经济效益和影响，这类项目的可行性研究报告的具体类型主要包括：需政府立项审批的项目可行性研究报告，属于国家产业扶持的项目的可行性研究报告，以及中外合作的项目可行性研究报告。对于需要商业投资银行等实体审批并需要在政府有关部门备案的可行性研究报告，如组建股份制合作项目的可行性研究报告、需要重新组建公司来开发管理的项目的可行性研究报告、通过征用土地来进行建设的项目的可行性研究报告等，其撰写方式、模板等可以参考相关经济学领域的文献。

　　融资用的可行性研究报告则侧重于关注项目在经济上是否可行、融资贷款的还款计划、企业的财务状况等方面的内容。这类项目可行性研究报告的具体类型包括：向银行贷款的项目的可行性研究报告、通过融资投资渠道建设的项目的可行性研究报告、民间投资建设的项目的可行性研究报告、境外机构投资的独资或合资项目的可行性研究报告、企业的上市融资可行性研究报告、申请高新技术企业等获得的可行性研究报告等。

三、可行性研究报告的撰写格式及案例

　　在可行性研究方案撰写前必须对报告的内容、项目采用的方案及项目相关数据由政府或投资商业银行进行充分的论证，其数据必须绝对可靠，以确保报告内容的真实性。可行性研究报告是投资决策前的活动，拟建项目需要在项目建设意见形成后由可行性报告研究单位进行充分的调查研究，对项目未来发展情况、项目执行过程中可能遇到的问题和结果进行预估。可行性研究报告具有预测性，只有对项目进行深入地调查研究，充分利用现有的项目前期资料，运用切合实际的预测方法才能科学地预测未来。

　　为了在项目决策论证过程中对项目形成良好评估，可行性报告中论据部分的撰写必须运用系统分析的方法，围绕影响项目的各种因素进行全面的分析，既要作宏观地分析，也要作微观地分析，从而撰写出科学合理、数据准确、论据充分的可行性研究报告。

　　（一）可行性研究报告的格式

　　1. 引言部分

　　引言主要包括：项目名称、项目实施后可达到的经济目标，项目使用单位名称、开发单位名称，建设项目与其他项目或机构的关系。有时，有的报告还会对行文中的专门论述作出要求，即对报告中引用的文件和技术资料等，要求使用专门的术语及定义。

2. 项目可行性分析的基础数据论述

利用可行性研究阶段产生的数据，通过数学分析，对各类指标进行计算和判断，从而分析项目的可行性。根据结果对拟达到的经济、技术目标进行分析，以及对项目执行中所具备的条件和限制因素进行分析，在相关数据分析的基础上提出可行的方法。

3. 对项目的分析

重点对拟建项目要实现的功能、项目的组成结构，项目在建设过程中拟实施的建设计划、安排进行分析，分析还包括项目建设各个阶段对人力、资金、设备的需求，以及项目建设完成后对环境、管理模式的影响等。

4. 项目可行性分析及其结论

主要从技术、财务、组织、经济和社会等领域实施的可行性展开研究分析，利用充实的分析数据和结论对项目实施的必要性，项目建成后经济上和技术上的可行性、组织管理和社会功能发挥的可行性进行分析讨论。

从技术角度对设计方案进行对比分析和评价，提出可行的技术方案。从项目及投资的角度设计合理的财务方案，并对该方案进行资本预算、投资决策，对项目盈利能力和投资主体的收益能力进行分析，对项目实施过程中的现金流量计划及融资债务的清偿能力进行分析。对项目实施制订的进度计划、设计的组织管理机构的合理性、管理人员组成及其比例等进行分析，在组织上保证项目的顺利执行。从资源配置、项目所在地区域经济发展中对于经济发展目标、资源的有效配置，对环境的改善和提高人民群众生活水平等方面进行评价，对项目的经济可行性进行研究。从项目实施后对于社会发展中的政治体制、方针政策、经济结构、法律道德、宗教事务等影响进行分析。

必要时还要对项目实施中产生的市场风险、技术风险、财务风险、组织风险、经济及社会风险因素进行评价，制定出规避上述风险的对策，为项目的风险管理提供依据。其目的就是为上级主管部门、银行等融资机构对项目的正确评估发挥积极的引导作用。

最后，根据对拟建项目的可行性分析结果，得出本项目是否可行的结论。

（二）建设项目可行性研究报告的模板及案例

可行性研究报告一般都是在项目建议书的基础上进行项目建设研究，并编制出的项目申请报告文件。有些相对简单的项目，其可行性研究报告与建议书可以合并编制，如市政与园林工程项目的建议书和项目可行性研究报告就可由项目的规划设计单位一并完成。但是对于综合性项目，如工厂某产品的开发项目，可能会涉及产品的研发、生产线设计、厂房修建以及产品的销售等环节，其项目形成最终产品并销售可能会经历比较漫长的阶段，其完善的项目建议书、研究方案、产品开发销售计划等组成了完整的可行性研究报告。为了让读者对建设项目可行性研究报告的编制增加感性认识，下面以建设项目可行性研究报告编写格式为例，简单说明拟建项目的可行性研究报告的撰写方法，读者可以结合前述道路工程项目建议书的主要内容，比较项目建议书与可行性研究报告的异同。

【案例二】可行性研究报告

第一部分　项目总论

总论部分作为项目可行性研究报告的首要部分，要综合叙述研究报告中各部分的主要问题和研究结论，并对项目的可行与否提出最终的建议，为可行性研究的审批提供参考。一般由以下内容组成。

第一章　项目基本情况

一、项目名称

二、项目承办单位名称及法人代表

三、项目可行性研究报告编写单位名称及其基本情况

四、项目主管部门

五、项目建设目标、内容、规模、周期

六、项目建设地点

七、项目总投资及其来源

第二章　项目研究报告编制依据

一、国家和地方法规

二、地方区域发展规划

三、项目立项建议书及其批复意见

第三章　项目可行性研究主要结论

在项目可行性研究的结论中对项目的产品销售、原材料供应、政策保障、技术方案、资金总额及其筹措、项目的财务效益和国民经济、社会效益等重大问题都应该得出明确的结论，主要包括：

一、项目产品市场前景

二、项目原料供应问题

三、项目政策保障问题

四、项目资金保障问题

五、项目组织保障问题

六、项目技术保障问题

七、项目人力保障问题

八、项目风险控制问题

九、项目财务效益结论

十、项目社会效益结论

十一、项目可行性综合评价

第四章　项目主要经济指标表

在第一部分中，还可以将本项目的主要技术经济指标列出来形成经济指标表格，即将研究报告中各部分的主要技术经济指标进行汇总，以使审批和决策者对项目作全面的

了解。

第五章　存在问题及建议

在可行性研究报告中，对调查研究后提出的项目的主要问题进行说明，并提出解决问题的方案和建议。

第二部分　项目建设背景、必要性、可行性研究

这一部分主要说明建设项目发起的背景、项目投资的必要性、投资理由及项目开展的支撑性条件等。

第六章　项目建设背景

项目建设背景主要从建设项目行业发展的进展、市场需求和项目建设对推动建设地经济发展及其布局优化等方面进行阐述。对于呈报国家及县级以上政府有关部门的可行性研究报告，主要对拟建项目从国家或地方国民经济计划、地方产业布局，各级经济开发区和城镇化发展等背景方面作详细论述。而对于通过商业银行投资、融资的拟建项目的可行性研究报告则主要在项目发展期及投产后的产品销售、原材料来源、投资回报及项目还贷能力等经济领域进行背景介绍。

第七章　项目建设必要性

项目建设必要性主要从满足消费者的消费需求，优化本地区产业结构、促进本地区居民就业，满足房地产开发及原住民安置，优化城市道路系统等方面展开。

第八章　项目建设可行性

可行性主要从项目的经济、政策、技术、原材料供应，项目的组织和人力资源供给等方面的可行性及其风险展开。

一、项目及其行业经济运行情况调查

主要通过对项目在国内外市场发展及其市场发展容量等进行调查，项目实施后对行业、国内外市场影响，市场容量变化等进行分析。

二、国家、地方经济发展可行性

力求阐明项目发展在国家经济发展规划和产业结构调整中的作用和地位。尤其在优化当地产业结构调整、降低废弃物排放中的作用与意义上进行分析，对地方就业中劳动力的消化，改善人民经济、文化和生活水平等领域的作用进行展开。

三、项目运行中技术支持及其优化

重点阐明项目相关新技术、新工艺的应用；建设项目投产后产品对于行业下游端的作用、在地方产业结构调整及优化中的作用、地方经济可持续发展中该项目的技术、专利等作用。

四、项目运行组织方式及其可行性

五、项目运行原材料供应、电力、物流等外部条件的可行性

第三部分 项目行业发展与产品市场分析

建设项目的市场分析在可行性研究中的重要性体现于任何一个项目生产规模的确定、技术及专利的选择、项目投资估算，甚至项目地址的确定等都必须在对行业发展及市场需求情况有了全面了解后才能确定。产品的市场分析还可以确定产品的价格、销售收入，最终影响项目的盈利性和可行性。所以，在项目的可行性研究报告中，要详细研究当前项目所属行业发展状况和产品的市场现状，作为后期决策的依据。

第九章 项目产品市场调查

一、产品的国内外市场调查

对于新建项目投产后的产品销售前景，及产品与国内外同类产品的竞争能力的市场调查，是新建项目调查的重要内容。尤其是对于利用商业银行投资、民间融资等项目而言，本项调查更为重要，因为商业机构要关心其商业投资的风险与投资回报等问题。

二、行业发展前景

投资项目整个行业发展情况、项目发展规模及生产产品在同行业中的地位，对于确定项目投资、立项均具有重要作用。

三、产品价格调查

项目投产后，其产品市场价格及变化趋势对于项目评估也有参考价值。

四、产品上游原材料市场调查

五、产品下游消费调查

第十章 项目的市场预测

可行性研究中对于项目的市场预测是项目产品市场调查在时间上和空间上的延续，是利用市场调查所得到的信息资料，根据市场信息对资料进行分析后产生的预测报告。它是对未来项目开发的需求量及相关因素所进行的系列定量与定性的分析与判断。在拟建项目的可行性研究中，市场预测的结论是制订产品方案，确定建设规模所必需的依据。

一、项目开发及产品的国内外市场预测

二、产品价格预测

三、产品上游原材料供应市场预测

四、产品下游消费市场预测

五、项目开发的前景综述

第四部分 项目产品规划方案

第十一章 拟建项目的产品方案与生产规模

一、产品方案和建设规模

二、项目生产工艺方案

主要从拟建项目建成后项目产品的工艺设备选型、工艺流程、工艺技术说明等方面入手进行论述。

第十二章　项目产品营销方案

一、营销战略

营销战略指项目建设投产后，为实现企业经营目标，在一定时期内就项目营销发展而制定的总体设想和规划，该部分内容是企业管理与运营过程中不可或缺的。这部分详细课程内容，读者可以参阅商业管理类课程如 MBA、EMBA 和 CEO 必读等相关课程内容。限于教材篇幅，在此不做展开说明。

项目产品营销战略的具体内容有：影响战略规划、营销策略规划、区域市场整合营销传播策划、招商策划、广告创意策划、公关策划、促销方案策划等。

二、营销模式

总结下来有五种营销模式：稳定型、反应型、先导型、探索型和创造型。其中稳定型营销模式就是维持产品的市场现状；反应型营销模式是在稳定的基础上寻求变革和改变；先导型营销模式是以项目产品发展领军形式进行拓展；探索型营销模式注重产品向海外拓展或新产品的发展；创造型营销模式主要是以自我开发新产品并拓展新市场为己任。

第五部分　项目建设方案及实施计划

第十三章　项目建设地概述

本章主要对拟建项目建设地区的土地规划和主导产业发展布局，项目建设地的土地资源、水电气等外部条件，以及当地劳动力资源及其变化动态对项目建设的影响进行讨论。因此，项目建设方案中要对项目建设用地情况、项目建设及生产中相关资源供应与分配情况，建设地经济状况、人口资源等方面作全面介绍。

一、项目厂房土建规划

主要从项目厂址及厂房建设中涉及的土建工程的位置、平面图规划，场内外材料运输数量及运输方式、运输设施，土建工程及配套工程占地、总平面布置等方面论述。

对建设项目土建及配套工程造价进行估算，并对项目建设中各阶段的实施进度及资金安排情况进行论述。做到投资资金随时都能与项目实施进度保持一致。

二、项目建设其他辅助工程

其他辅助工程包括厂区内道路工程、供水工程、供电工程、供暖供气工程、通信工程，企业职工宿舍、文化娱乐活动中心工程等。这些辅助配套工程在一些新建项目，尤其是远离市区的项目中尤为重要。

第十四章　项目建设实施计划

项目实施阶段的进度安排也是可行性研究报告的一个重要组成部分。该计划包括项目实施准备、资金筹措安排，勘察设计和设备订购，施工准备和施工中生产准备，设备试运转直到竣工验收和交付使用等各阶段的工作。这些阶段的各项投资活动和各个工作环节，有些是相互影响的、前后紧密衔接的，也有些是同时开展、相互交叉进行的。因此，在可行性研究阶段，需要将项目实施阶段各工作环节进行统一规划，综合平衡，以作出合理、切实可行的计划安排。

一、项目建设实施不同阶段的组织管理措施

该阶段包含了拟建项目在获得主管部门审核通过或取得了投资保证后，项目实施单位建立项目管理机构、资金筹措安排，规划设计招标投标、设备订货以及项目实施和竣工验收并投入使用等环节中的工作重点。力求做到科学、全面、易操作，让项目审核批复部门了解该项目的实施意见是经过科学研究的，项目在实施中的各个环节都是有详细计划作保障的。

（一）建立项目实施管理机构

（二）资金筹措安排

（三）技术获得与转让

（四）勘察设计和设备订货

（五）竣工验收

二、项目建设实施进度表

主要以横道图或网络图的形式，将拟建项目实施各阶段计划实施的时间、持续天数作科学详实的说明。

第十五章　项目实施财务计划

一、项目实施各项费用

该项费用主要包括建设单位管理费、生产筹备费、职工培训费、办公和生活家具购置费、其他应支出的费用等。在研究报告中对上述费用应进行合理准确的测算，以保证经费落实到位。

二、项目投资使用计划

主要包括项目投资资金使用计划和借款偿还计划两部分内容。前者是将项目建设所需要或筹措到的资金按项目实施类别、月份制定出各项目类别的年度（月度）使用计划表，在每月底或年底对照计划表考核投资使用情况。这种计划一般都是以 Excel 表格形式制定出来的，在计划表中能够明晰地看到项目总投资和资金筹措情况（包括资本金、债务资金变化等）。后者是指项目建设期内，根据筹措资金额的大小和因借款形成的应偿还利息等信息，制定出在项目投产后运营期内逐月还款资金与项目利润平衡时的月份的计划，以明晰借款偿还情况。

三、项目财务评价说明与财务测算假定

（一）财务计算依据及相关说明

（二）项目测算基本设定

四、项目总成本费用估算

（一）直接成本

（二）工资及福利费用

（三）折旧及摊销

（四）工资及福利费用

（五）修理维修费

（六）财务费用

（七）其他费用

（八）总成本费用

五、销售收入、销售税金及附加和增值税估算

（一）销售收入

（二）销售税金及附加

（三）增值税

（四）销售收入、销售税金及附加和增值税估算

六、损益及利润分配估算

七、现金流估算

（一）项目投资现金流估算

（二）项目资本金现金流估算

第六部分　项目环保、节能与劳动安全方案

目前，在建项目在建设中必须贯彻国家有关环境保护、能源节约和职业安全卫生方面的法律法规的要求，对于项目实施中可能产生对环境影响、对劳动者健康和安全造成的影响因素等都要在可行性研究阶段进行分析，提出防治措施，并对其进行评价。推荐适宜的技术可行、经济且布局合理，对环境的有害影响较小的最佳方案。

第十六章　项目环境保护方案

一、项目环境保护设计依据

拟建项目环境保护设计依据主要包括：《中华人民共和国环境保护法》（2015年起施行），《中华人民共和国环境影响评价法》（2003年9月1日施行），1998年11月18日起施行的《建设项目环境保护管理条例》（国务院令第253号），《建设项目环境影响评价分类管理名录》（2008年8月15日修订）等国家颁布的法律法规，地方各级政府发布的地方环境保护条例等。

二、项目环境保护措施

按照《建设项目环境保护管理条例》的规定，凡是建设项目对环境可能造成重大影响的，应该编制"环境影响报告书"，对项目实施及投产后产生的污染和对环境的影响进行评价。对于影响较低的项目应编制"环境影响报告表"。除了国家规定需要保密的情形外，拟建项目对于环境可能造成重大影响的，且需要编制环境影响报告书的项目，应在项目报批前举行项目建设论证会、听证会等，广泛征求社会意见。环境保护设施必须与主体工程同时设计、同时施工并同时投产使用。

三、项目环境保护评价

我国《环境影响评价法》明确指出：（1）凡是可能造成重大环境影响的项目，应该编制"环境影响报告书"，项目研究机构应当对项目开展产生的环境影响进行全面的评估；（2）凡是可能造成轻度环境影响的项目，应该编制"环境影响报告表"，研究机构应当对项目产生的环境影响进行分析或者进行专项评价；（3）凡是对环境影响很小的项目，可以不进行环境评价，但是应当填报环境影响登记表。

第十七章　项目资源利用及能耗分析

一、项目资源利用及能耗标准

具体内容略。

二、项目资源利用及能耗分析

具体内容略。

第十八章　项 目 节 能 方 案

一、项目节能设计依据

具体内容略。

二、项目节能分析

具体内容略。

第十九章　项 目 消 防 方 案

一、项目消防设计依据

具体内容略。

二、项目消防措施

具体内容略。

三、火灾报警系统

具体内容略。

四、灭火系统

具体内容略。

五、消防知识教育

具体内容略。

第二十章　项目劳动安全卫生方案

一、项目劳动安全设计依据

具体内容略。

二、项目劳动安全保护措施

具体内容略。

第七部分　项目组织计划和人员安排

在可行性研究报告中，根据项目规模、项目组成和工艺流程，研究提出相应的企业组织机构、劳动定员总数及劳动力来源、劳动力技术培训计划等。

第二十一章　项目组织计划

一、项目组织形式

具体内容略。

二、项目工作制度

具体内容略。

第二十二章　项目劳动定员和人员培训

一、项目劳动定员

具体内容略。

二、年总工资和职工年平均工资估算

具体内容略。

三、人员培训及费用估算

具体内容略。

第八部分　项目的不确定性

在对建设项目进行评价时，所采用的数据多数来自预测和估算。由于资料和信息的有限性，将来的实际情况可能与此有出入，这会给项目投资决策带来风险。为避免或尽可能减少风险，就要分析不确定性因素对项目经济评价指标的影响，以确定项目的可靠性。

一般项目可行性研究中的不确定性分析可分为：盈亏平衡分析、敏感性分析和概率分析。在可行性研究中具体的分析可视项目情况而定。

第九部分　项目效益评价

在建设项目的可行性研究中，针对所采取的不同技术方案，必须进行财务、经济效益等方面的评价，以此来判断项目在经济上是否可行。

第二十三章　项目的财务评价

财务评价是考察项目建成后的获利能力、债务偿还能力及外汇平衡能力，以判断建设项目在财务上的可行性。财务评价多用静态分析与动态分析相结合，以动态为主的方法进行。并用财务评价指标和相应的基准参数——财务基准收益率、行业平均投资回收期、平均投资利润率、投资利税率相比较，以判断项目在财务上是否可行。

一、财务净现值（FNPV）

财务净现值是指将项目计算期内，各年的财务净现金流量按照一定的标准折现率（基准收益率）折算到建设期初（项目计算期第一年年初）的现值之和。财务净现值是考察项目在其计算期内盈利能力的主要动态评价指标。

如果项目的财务净现值等于或大于零，表明项目的盈利能力达到或超过了所要求的盈利水平，该项目在财务上是可行的。

二、财务收益率（FIRR）

财务收益率是指项目在整个计算期内各年财务净现金流量的现值之和等于零时的折现率，它反映了项目实际收益率的一个动态指标，该指标越大越好。一般情况下，财务内部收益率大于等于基准收益率时该项目就是可行的。

三、项目投资回收期（Pt）

投资回收期一般根据资金的时间价值分为静态投资回收期和动态投资回收期。在动态投资回收期中可以用以下公式对 Pt 值进行计算。其数值根据一般基准投资回收期进行评价，即：

在动态投资回收期计算时，一般根据项目的现金流量表用以下公式进行计算：

$$Pt = \frac{(累计净现金流量出现正值的年份-1)+上一年累计净现金流量现值的绝对值}{出现正值年份净现金流量的现值}$$

根据基准投资回收期（Pc）标准，如果计算出的 Pt≤Pc 时，说明项目方案能在要求的时间内收回投资，该方案是可行的；如果 Pt>Pc 时，则项目不可行应给予拒绝。

四、项目投资收益率（ROI）

项目投资收益率是指项目达到设计能力后正常年份的年息税前利润或营运期内年平均息税前利润（EBIT）与项目总投资（TI）的比率。即：

$$ROI = \frac{项目正常生产年份的年息税前利润或营运期内年平均息税前利润（EBIT）}{项目总投资（TI）}$$

总投资收益率高于同行业的收益率参考值，表明用总投资收益率表示的盈利能力满足要求。ROI≥部门（行业）平均投资利润率（或基准投资利润率）时，项目在财务上就可以考虑接受。

五、项目投资利税率

项目投资利税率是指项目达到设计生产能力后的一个正常生产年份的年利润总额或平均年利润总额与销售税金及附加与项目总投资的比率，计算公式为：

$$投资利税率 = \frac{年利税总额或平均投资利税总额}{总投资} \times 100\%$$

投资利税率≥部门（行业）平均投资利税率（或基准投资利税率）时，项目在财务上可以考虑接受。

六、项目资本金净利润率（ROE）

项目资本金净利润率是指项目达到设计能力后正常年份的年净利润或运营期内平均净利润（NP）与项目资本金（EC）的比率。

项目资本金净利润率高于同行业的净利润率参考值，表明用项目资本金净利润率表示的盈利能力满足要求。

七、项目核算核心指标汇总表

汇总表省略。

第二十四章　项目国民经济评价

国民经济评价是项目经济评价的核心部分，是决策部门考虑项目取舍的重要依据。建设项目国民经济评价采用费用与效益分析的方法，运用影子价格、影子汇率、影子工资和社会折现率等参数，计算项目对国民经济的净贡献，评价项目在经济上的合理性。国民经济评价采用国民经济盈利能力分析和外汇效果分析，以经济内部收益率（EIRR）作为主要的评价指标。根据项目的具体特点和实际需要，也可计算经济净现值（ENPV）指标，涉及产品出口创汇或替代进口节汇的项目，要计算经济外汇净现值（ENPV），经济换汇成本或经济节汇成本。

第二十五章　项目社会效益和社会影响分析

在可行性研究中，除对以上各项指标进行计算和分析以外，还应对项目的社会效益和社会影响进行分析，也就是对不能定量的效益影响进行定性描述。

第十部分　项目风险分析及风险防控

一、建设风险分析及防控措施

具体内容略。

二、法律政策风险及防控措施

具体内容略。

三、市场风险及防控措施

具体内容略。

四、筹资风险及防控措施

具体内容略。

五、其他相关风险及防控措施

具体内容略。

第十一部分　项目可行性研究结论与建议

第二十六章　结论与建议

根据上述二十五章内容中各节的研究分析结果，对项目在技术上、经济上进行全面的评价，对建设方案进行总结，提出结论性意见和建议。这部分内容主要有：

1. 对拟建设项目推荐的方案的建设条件、生产的产品方案、工艺技术、经济效益、社会效益、环境影响等方面的结论性意见；

2. 对主要对比方案进行说明；

3. 对可行性研究中尚未解决的主要问题提出解决办法和建议；

4. 对应修改的主要问题进行说明，提出修改意见；

5. 对不可行的项目，提出不可行的主要问题及处理意见；

6. 可行性研究中主要争议问题的结论。

第二十七章　附　　件

凡属于项目可行性研究范围，但在研究报告以外单独成册的文件，均需要列为可行性研究报告的附件，所列附件应注明其名称、日期、编号等，在项目可行性研究报告中常见的附件包括：

1. 项目建议书（初步可行性报告）；

2. 项目立项批文；

3. 厂址选择报告书；

4. 资源勘察报告；

5. 贷款意向书；

6. 环境影响报告;

7. 需要单独进行可行性研究的单项或配套工程的可行性报告;

8. 需要的市场预测报告;

9. 拟引进技术项目的考察报告;

10. 引进外资的各类协议文件;

11. 其他主要对比方案说明;

12. 其他。

第二十八章 附 图

1. 厂址地形或位置图(设有等高线);

2. 总平面布置方案图(设有标高);

3. 工艺流程图;

4. 主要生产车间布置方案简图;

5. 其他。

第四节 项目的论证与评估

项目论证是指对拟实施的建设项目在技术上的先进性、适用性,经济上的合理性、盈利性,环境上的安全性,以及实施上的可能性、风险性进行全面科学地综合分析,为项目决策提供客观依据,围绕项目进行的技术、经济、政策、资源、环境分析的活动。其目的是要解决为什么要实施这个项目,项目实施中需要多少人力、物力资源且供应情况如何,资金供应是否能满足项目需要,项目采用的工艺技术是否先进适用,项目规格需要多大等一系列问题。

项目评估是在项目可行性研究基础上,由第三方机构从项目投资的安全性以及项目开发对社会、环境影响的角度,根据国家有关政策、法规、标准,对项目实施的必要性、条件、需求、技术、环境等方面进行综合地全面评价和分析,进而判断项目是否可行的过程。

一、项目的论证

(一)项目论证的依据

对于上报国家有关部门的项目来说,项目可行性研究报告评估的依据通常包括:项目建议书及批准文件,编制的项目可行性研究报告,报送单位的申请报告及主管部门的初审意见,项目章程、合同以及上报主管部门的批复意见,有关资源、原材料、燃料、水、电、交通、通信、资金(包括外汇)及征地拆迁等方面的协议,项目进度与生产条件落实情况,有关批准文件或协同文件,项目资本金落实文件及投资者出具的当年资本金安排的承诺函,项目长期负债和短期借债情况,以及必需的其他文件和资料。

对于项目贷款机构来说,还需要补充其他文件资料作为项目评估的依据。对于借款人、合资或合作投资项目、项目保证人等来说,需要提供各方近三年来的损益表、资产负债表和财务状况变动表,以及银行评审需要的其他文件。

(二)项目论证的阶段性划分

项目的论证可以在项目可行性研究报告开始阶段进行，此时的论证被称为项目的机会研究阶段，通过论证得出项目是否继续发展的意向性（或项目机会研究）的结论。所以这种论证一般于项目早期，在研究院（或企业研发部门）、建设工程设计院内部进行，该阶段论证的主要目的是对项目投资进行初步鉴定，这种研究一般靠经验数据估计，是匡算性质的鉴定，其误差一般为±30%。该论证花费的时间较短，约1~2个月，费用也较少。如果这一研究能引起投资者的兴趣，可以转到下一个步骤；如果觉得不可行，就此停止。

项目论证也可以在进入到详细可行性研究前，进行一次初步的可行性研究论证，所以该阶段的论证就是介于机会研究和详细可行性研究之间的中间论证。该阶段研究的主要目的在于判断机会研究提出的投资方向是否正确。初步的可行性研究一般要用半年左右，投资估算误差一般为±20%，所需费用一般占投资总额的1%左右。如果对项目的各个主要问题的研究结果认为可行，就可转入下一个步骤。有些项目在有较大把握时，就不再作初步可行性研究，直接从机会研究进入详细可行性研究阶段。

详细可行性研究阶段是在项目决策前对项目有关的工程、技术、经济、社会影响等方面的条件进行的全面调查和系统研究分析，为项目建设提供技术、生产、经济、商业等方面的依据并进行详细的比较论证，最后对项目成功后的经济效益进行预测和评价的过程。这一阶段的项目建设投资和成本估算的误差应在±10%左右，所需时间为一年左右，这项费用占投资总额的1%~3%。

（三）项目论证的步骤

项目论证是对拟建项目的机会性研究，其目的是研究项目是否具有投资机会或确定项目投资额度。在可行性研究阶段，项目论证则是在分析收集到的相关资料的基础上，通过对项目在技术、经济上的详细讨论，对方案进行对比分析选出最佳方案的过程。项目论证的一般步骤为：

（1）明确项目范围和业主的目标。

（2）收集分析相关资料。资料的收集包括实地调查，以及对欲采用技术和收集的经济资料进行研究，从产品产出量、价格及产品竞争力等范畴出发，对相关工艺进行选择。

（3）拟定多种可行的并且能够相互替代的方案。

（4）多方案比较和分析。此阶段包括分析各个可行性方案在技术上、经济上的优缺点，方案的各种技术经济指标如投资费用、经营费用、收益、投资回收期、投资收益率等计算分析，以及方案的综合评价与选优。

（5）选择最佳方案并对其进行详细的论证。

（6）编制项目论证报告、环境影响报告和设备采购方式审批报告。项目论证报告的结构和内容常常有特定的格式要求，这有助于项目论证报告的编制，并约束项目投资人，使之在投资过程中规范操作。

（7）编制资金筹措计划与项目实施进度计划。

二、项目的评估

（一）项目评估的原则

1. 项目评估的公正性原则

在项目评估过程中要求项目评估人员实事求是地对拟建项目进行评审与估价，投资项目评估必须真实、全面、客观地反映项目的全貌，通过评估去粗取精、去伪存真。在项目评估工作中坚持实事求是的态度，首先要求项目评估人员深入调查研究，全面系统地掌握可靠的消息和资料。其次要求评估人员利用项目评估的科学方法，对拟建项目进行客观的分析论证。在整个项目评估过程中，项目评估人员必须保持公正、客观的态度。

2. 项目评估的系统性原则

系统性原则是指评估人员进行评审和估价时，应该对项目内部要素的内在联系、内部要素与外部要素的广泛联系进行全面、动态地分析论证，由此来判断项目的优劣。从项目的内部环境来看，项目无论大小都存在着诸如产品的市场需求、建设条件、生产条件、生产工艺等问题；从项目的外部环境来看，有与项目的协作配套问题、行业规划问题、城市改造问题，有与项目有关的环境保护、生态平衡、综合利用等问题，还有与项目效益密切联系的市场、价格、税收、信贷、利率等问题。因此，在进行项目评估时，必须全面、系统地考虑到各方面的问题。

3. 综合评价比较择优的原则

项目评估不仅要运用较为精确的数学模型和严谨的逻辑推理，而且要运用行为科学和社会科学等方面的知识和方法，分析各个项目或方案实施后可能产生的经济效果、社会效果、生态效果及综合效果；最终必须以经济效益为中心，进行综合考虑，全面评价，选择出最优的项目或方案。因此，综合评价和比较择优就成了项目评估必需的原则。

4. 定性分析与定量分析相结合的原则

项目分析如果仅有定性分析缺乏定量分析，就不能准确地衡量各种经济效果的大小，各方案之间的比较、选优和各方案之间的优化组合评估也都因缺乏定量的依据而无法进行。相反，如果仅有定量分析而没有定性分析，也不能使项目评估成为一个完整的过程。因为任何项目的评估，都无法超越定性分析这一基础性的工作，进行定性分析后才能通过定量分析对未来的备选方案进行定量地比较、筛选。

5. 指标的统一性原则

项目评估中所使用的参数及指标应统一标准化，为此国家有关部委制定了系列法律、法规对项目评估进行规范和约束。通过统一的法规体系实现评估过程所用指标的统一性，使评估机构科学合理地对拟建项目进行评估。如国家计委于 1993 年正式颁布实施了《建设项目经济评价方法与参数》（第二版），2006 年颁布了《建设项目经济评价方法与参数》（第三版）。国家发改委、建设部以发改投资 ［2006］ 1325 号文形式发布了修改后的《关于建设项目经济评价工作的若干规定》、《建设项目经济评价方法》和《建设项目经济评价参数》三个文件，要求在开展投资建设项目经济评价工作时借鉴和使用，这是我国投资建设、工程咨询和工程建设领域里的一件大事。

6. 适时与有效性原则

项目评估需要在分析的精确性、完整性和研究所需的时间之间寻找一个平衡点。评估者与决策者不仅应在研究目的上达成共识，而且对实用性的评判标准也应达成一致，还要对研究发现的结果与预期值的吻合程度作一个判定。

（二）项目评估的程序

在进行项目评估的过程中，评估机构一般必须先行根据评估"专家库"成员的专业特长抽选出一定数目的专家，必要时可以在社会相关单位聘请专家组成项目评估小组。由专家组成员审查拟评估项目，通过资料并使用统一方法和参数对项目进行分析和评估。根据评估结果编写评估报告交评估机构，必要时可以进行专家论证会和社会公开论证会。一般项目评估的程序简单总结为：

(1) 成立评估小组，明确评估目的、内容、方法以及进度安排；

(2) 进行资料审查分析，收集并补充必要的数据资料；

(3) 进行项目分析与评估；

(4) 编写评估报告；

(5) 对评估报告进行讨论与修改；

(6) 召开专家论证会；

(7) 评估报告的定稿及批准。

(三) 项目评估的内容

评估专家组成员在对拟建项目进行评估时，主要对项目呈报材料和现场情况进行评估。重点评估拟建项目建设单位、项目开发企业的状况及资金筹措能力等，同时对拟建项目的必要性，项目开发规模，拟建项目实施的外围条件，工艺、技术和设备方案，项目开发对环境的影响，项目的财务条件、效益及开发后的社会效益，项目的风险等方面进行评估。总结起来包括以下主要内容。

(1) 项目与企业概况评估；

(2) 项目的必要性评估；

(3) 项目建设规模评估；

(4) 项目开发必需的资源、原材料、燃料及公用设施条件评估；

(5) 建厂条件和厂址方案评估；

(6) 利用工艺、技术和设备方案评估；

(7) 环境保护评估；

(8) 建筑工程标准评估；

(9) 实施进度评估；

(10) 项目组织、劳动定员和人员培训评估；

(11) 项目投资估算和资金筹措评估；

(12) 项目的财务效益评估；

(13) 国民经济效益评估；

(14) 社会效益评估；

(15) 项目风险评估。

三、项目评估报告的撰写

项目评估报告相对较为简单，主要论述评估项目的基本情况、综合评估结论，提出该项目是否批准或可否贷款的结论性意见。

(一) 项目概况

(1) 项目基本情况；

(2) 综合评估结论，提出项目是否批准或可否贷款的结论性意见。

（二）详细评估意见

（三）总结和建议

（1）项目可行，具有较佳的投资价值；

（2）项目存在或遗留有重大问题；

（3）项目存在潜在的风险；

（4）建议批准立项（或建议不同意立项）。

四、项目的可行性研究与项目评估之的关系

（一）可行性研究与项目评估的区别

1. 行为主体不同

可行性研究工作是由企业、建设单位等投资者负责组织并委托有资质的咨询机构或自行进行的行为，而项目评估则是由贷款银行或者有关部门负责组织咨询机构进行或自行进行的行为。

2. 立足点及侧重点不同

可行性研究是站在直接投资者的角度来考察项目的，而项目评估则是站在贷款银行或有关部门的角度来考察项目的。由于角度不同，可能导致对同一问题的看法不同，结论也可能不同。企业或建设单位所进行的可行性研究重视市场、微观效益、项目的技术和生产条件等，贷款银行则重视项目的预期债务清偿能力及项目潜在的风险大小，而政府则重视项目的国民经济效益、社会效益及环境保护。

3. 所起的作用不同

可行性研究是投资主体进行投资决策和政府有关部门审批立项的重要依据，项目评估则是银行确定贷款与否的重要依据。

4. 所处的阶段不同

可行性研究在先，项目评估在后。

（二）可行性研究与项目评估的相同点

二者之间的工作内容基本是相同的，它们均处于项目发展的前期阶段。项目评估的前两个阶段是在项目可行性研究期间进行的，这种评估对于可行性研究是否进行下去具有重要的指导作用。可行性研究报告出台且呈报给上级主管部门或贷款银行后，由主管部门或银行组织的项目评估对于拟建项目是否可行、贷款行为能否成功将起到决定性作用。

五、可行性研究报告的审批

可行性研究报告经评估后按项目审批权限由各级审批部门进行审批。其中大中型和投资限额以上项目的可行性研究报告要逐级报送国家发展和改革委员会审批，同时要委托有资格的工程咨询公司进行评估。小型项目和投资限额以下项目，一般由省级发展计划部门、行业归口管理部门审批。受省级发展计划部门、行业主管部门的授权或委托，地区发展计划部门可以对授权或委托权限内的项目进行审批。可行性研究报告批准即国家同意该项目进行建设，一般先将其列入预备项目计划。列入预备项目计划并不等于列入年度计划，何时列入年度计划，要根据前期工作进展情况、国家宏观经济政策和对财力、物力等因素进行综合平衡后决定。

思 考 题

1. 什么是拟建工程？项目建议书有什么作用？
2. 项目可行性研究报告有几类？项目可行性研究报告是由什么部门撰写的？
3. 什么是项目论证？它有哪些主要作用？
4. 项目论证分为哪几个阶段？各阶段有什么区别？
5. 项目论证包含哪些内容？

第三章　市政与园林工程招标与投标管理

【本章主要内容】

1. 建设工程招标与投标基本知识。

2. 建设工程招、投标文件的编制内容及案例。

【本章教学难点与实践内容】

1. 建设工程项目的招投标活动中招标文件及其编制，工程招、投标的程序是本章的重点与难点。要求读者通过学习本章，学会按最新标准编制招标文件、投标文件。

2. 教学过程中可以利用多媒体手段将建设工程招标投标活动的过程、企业在投标活动中展示企业业绩和风采的资料展示给读者。

3. 实践课内容：结合本章招标投标过程中有关商务标和技术标的制作内容，在实践课中熟悉工程造价系列软件和施工组织管理系列软件的编制原理、软件应用，掌握建设工程招标投标活动的相关程序并进行模拟招标，进而熟悉工程招标投标活动。

第一节　建设工程招标投标概述

一、建设工程招标投标基本概念

1. 招标人

根据我国民法通则和招标投标法规定，招标人是指在招标投标活动中以择优选择中标人为目的提出招标项目，并进行招标的法人或者其他组织。

2. 投标人

投标人是指在项目的招标投标活动中，以中标为目的响应招标人招标邀请、参与竞争的法人或其他组织，一些特殊招标项目如科研项目也允许个人参加投标。

3. 中标人

评标委员会按照招标文件确定的评标标准和方法，对投标文件进行评审和比较，完成评标后，向招标人提出书面评标报告，并推荐合格的中标候选人。招标人根据评标委员会提出的书面评标报告和推荐的中标候选人确定中标人。招标人也可以授权评标委员会直接确定中标人。

4. 招标文件

招标文件是招标人向潜在投标人发出并告知项目需求、招标投标活动规则和合同条件等信息的邀请文件，是项目招标投标活动的主要依据，它对招标投标活动各方均具有法律约束力。

5. 投标文件

投标文件是指投标人依据招标文件要求编制的响应性文件，也称为投标书，一般由商务文件、技术文件、报价文件和其他部分组成。投标书必须按招标文件的要求编制，在投标文件的编制中应当对招标文件提出的实质性要求和条件作出响应。这里所指的实质性要求和条件，一般是指招标文件中对有关招标项目的价格、招标项目的计划、招标项目的技术规范等方面的具体要求和条件，并且对合同的主要条款（包括一般条款和特殊条款）等提出明确的要求。

6. 招标控制价

有时候也被称为"标底"，控制价是由业主组织造价人员为准备招标的工程或（和）设备计算出的一个合理的基本价格。它不等于工程或（和）设备的概（预）算，也不等于合同价格，仅仅是对投标活动的一个控制价格。

7. 投标报价

投标报价是投标人组织企业造价人员根据招标文件中工程量清单、市场价格和企业自身定额等因素，为准备投标的工程项目或（和）设备计算出的价格。对招标投标活动而言投标报价属于绝密资料，不能向任何无关人员泄露，只有在开标时才能公开。

8. 招标与投标

投标与招标是相互对应的概念，招标指招标人向潜在的投标方提供招标文件并发出招标邀约的行为。投标是投标人响应招标人特定或不特定的邀请，按照招标文件的要求，在规定的时间和地点主动向招标人递交投标文件并以中标为目的的行为。

9. 开标

开标是指在招标投标活动中，由招标人主持、邀请所有投标人和行政监督部门或公证机构人员参加的情况下，在招标文件预先约定的时间和地点，当众对投标文件进行开启的法定流程。

10. 评标

评标是指按照规定的评标标准和方法，对各投标人的投标文件进行评价比较和分析，从中选出最佳投标人的过程。评标是招标投标活动中十分重要的阶段，评标是否真正做到公开、公平、公正，决定着整个招标投标活动是否公平和公正，评标的质量决定着能否从众多投标竞争者中选出最能满足招标项目各项要求的中标者。

11. 电子招标投标系统

电子招标投标系统是以网络技术为基础，招标、投标、评标、合同等业务全过程实现数字化、网络化、高度集成化的系统，主要由网络安全系统与网上业务系统两部分组成。具有信息高度集成、信息更新速度快、信息的查询分析功能强大等特色。电子招标投标系统根据功能的不同，分为交易平台、公共服务平台和行政监督平台。

12. 中标通知书

中标通知书指招标人在确定中标人后向中标人发出的通知其中标的书面凭证。中标通知书主要内容应包括：中标工程名称、中标价格、工程范围、工期、开工及竣工日期、质量等级等。

13. 投标保证金

投标保证金是指在招标投标活动中，投标人随投标文件一同递交给招标人的一定形式、一定金额的投标责任担保。其目的是保证投标人在递交投标文件后不得随意撤销投标文件，中标后无正当理由不与招标人订立合同，在签订合同时不得向招标人提出附加条件，或者不按照招标文件要求提交履约保证金，否则，招标人有权不予返还其递交的投标保证金。

14. 商务标

商务标是投标文件中的商务部分，包括工程量清单单价、总价，材料的价款、措施费等内容，其中的投标报价是投标人的价格承诺。

15. 技术标

技术标是投标文件中的技术部分，包括施工组织技术方案、产品技术资料、项目实施计划等内容。

16. 资格审查文件

有时也简称为资格标，在招标活动中分资格预审（前审）和资格后审两种形式。主要由投标企业的一些资质文件、法人或投标方的委托文件、主要技术人员资格文件，以及投标企业对相同标的的合同材料等组成。其目的是证明投标企业的实力，也是对招标文件相关要求的响应。

二、建设工程招标投标基本知识

（一）建设工程招标投标的形式

招标是一种国际上普遍运用的有组织的市场交易行为，是交易中的一种工程、货物、服务的买卖方式，相对于投标，称之为招标。招标是指招标人（买方）发出招标公告或投标邀请书，说明招标的工程、货物、服务的范围、标段（标包）划分、数量、投标人（卖方）的资格要求等，邀请特定或不特定的投标人（卖方）在规定的时间、地点按照一定的程序进行投标的行为。

当招标文件制作完成，并在招标投标管理部门备案后招标人即可进行招标活动。即招标人将招标信息通过报纸、电台、电视广播和网络媒体的形式公开，根据标的中的内容或范围、数量、对投标人资格要求等进行公示，邀请特定或不特定的投标人在规定的时间、地点按照一定的程序进行投标。

招标公告主要包括：①招标条件，即招标项目已被批准、建设资金已经到位、现场已经具备开工条件，说明项目已经具备招标条件，现对项目进行公开招标；②招标项目概况与招标范围；③投标人资格要求；④招标文件的获取；⑤投标文件的递交；⑥发布公告的媒介等内容。

建设工程招标一般采用公开招标和邀请招标两种方式。公开招标是招标人在指定的报刊、电子网络或其他媒体上发布招标公告，吸引众多的投标人参加投标竞争，招标人从中择优选择出中标单位的招标方式。邀请招标也叫选择性招标，由招标人根据供应商或承包商的资信和业绩，选择一定数目的法人或其他组织（不能少于 3 家），向其发出投标邀请书，邀请他们参加投标竞争并选择中标单位的招标方式。

（二）建设工程招标投标文件及其组成

1. 招标文件及其组成

招标文件一般包括：①标题，将招标项目内容概括提炼出来；②招标号，凡是招标公司制作的招标公告都需在标题下一行的右侧标明公告文书的编号，以便归档备查，招标文件编号一般由招标单位的英文编写、年度和招标公告的顺序号组成；③正文，正文应当写明招标单位名称、地址、招标项目的性质、数量，实施地点和时间，以及获取招标文件的办法等各项内容。一般由开头部分的引言或前言以及主题核心内容组成；④落款，在招标文件的末尾写明招标单位的名称、招标公告发布的日期，并写明招标单位的地址、联系电话、电报挂号、传真、邮政编码及联系人等，以便投标人与招标人联系。

2. 投标文件及其组成

投标文件一般包括三部分，即商务部分、价格部分和技术部分。商务部分包括投标公司资质、公司情况介绍等一系列内容，同时也包括招标文件要求提供的其他文件等相关内容，包括公司的业绩和各种证件、报告等。价格部分包括投标报价说明、投标总价、主要材料价格表等。技术部分包括工程的描述、施工组织设计和施工方案，工程量清单、人员配置、图纸、表格和其他技术相关的资料。

（三）招标投标活动平台

政府或其他独立法人资格的组织根据招标投标法建立起来的招标投标管理平台，招标投标活动的政府主管机构为各地县级及以上政府的招标投标管理局。目前，国内比较有名的招标投标平台如：中国采购与招标网（http：//www.chinabidding.com.cn）、千里马招标平台（http：//www.qianlima.com），以及各地政府招标投标局官方网站等。

国家发展和改革委员会、工业和信息化部、住房城乡建设部、交通运输部、水利部、商务部于2015年联合颁布了《关于扎实开展国家电子招标投标试点工作的通知》（发改办法规〔2015〕1544号），要求在招标投标活动的全领域、全行业、全过程实行招标投标电子化，进一步挖掘和发挥电子化对规范招标投标行为、减少投诉、提高采购效率、加强大数据运用等方面的作用，通过推进"互联网＋监管"模式，探索监管清单制度，公开监管依据和程序，实行在线监督，确保招标投标依法、客观、精准，为电子化采购市场化发展，实现信息公开共享、规范市场秩序创造良好环境。

目前基于web-base的平台，通过集成网络安全系统与网上业务系统，构建出了电子招标投标系统，该招标投标管理系统支持招标客户端到投标客户端（P2P）的电子招标投标活动，招标方与投标方都可以在这个平台上获取实时的招标信息、沟通信息以及双方提交的共享文档，实现招标文件的电子发布、传送、招标公告发布、招标文件下载等；同时解决了投标文件的安全投送和不同地域的评标专家能同时对电子标书的审阅、评审和相互之间的安全交流。该系统涵盖了竞价招标投标、谈判招标投标、直接招标投标等多种方式，同时也适用于企业、高校院所等特有的招标方式。利用这类招标投标管理系统，上海、南京、杭州等地已经实现了市政与园林建设工程项目的电子招标投标。

第二节　市政与园林工程招标

一、建设项目招标投标概述

建设工程招标投标是国际上广泛采用的达成建设工程交易的主要方式，它是由项目发包方编制出工程标的，独立或委托招标投标代理机构公开招请若干家投标方，在交易过程中通过秘密报价竞争，从中选择优胜者与之达成交易协议，随后按协议实现标的。

建设工程招标投标有公开招标投标和邀请招标投标两种形式。公开招标投标又称为无限竞争性招标，是指招标人以招标公告的形式邀请不特定的法人或者其他组织投标。公开招标的投标人应不少于 3 家，否则就失去了竞争意义。邀请招标投标又称为竞争性招标，是指招标人以投标邀请书的方式邀请特定的法人或者其他组织投标。邀请招标的投标人应不少于 3 家。

在市政与园林工程领域里还有一种使用较为广泛的采购方法，被称为议标。议标实质上即为谈判性采购，是采购人和被采购人之间通过一对一谈判而最终达到采购目的的一种采购方式，不具有公开性和竞争性。实践上看，有些小型建设项目采用议标方式目标明确，省时省力，比较灵活，许多市政与园林工程项目相比大型建设工程项目，满足议标的条件或因投标人因素较难进行公开招标投标，因此议标方式应用得相对较普遍。但是议标因不具有公开性和竞争性，采购时容易产生幕后交易和暗箱操作，滋生工程领域的腐败现象，难以保障采购质量。

二、建设项目招标投标的基本范围

国家招标投标法明确规定：①关系社会公共利益、公众安全的基础设施项目；②关系社会公共利益、公众安全的公用事业项目；③使用国有资金投资的项目；④国家融资的项目；⑤使用国际组织或者外国政府贷款、援助资金的项目等，必须进行工程建设项目的招标。

建设工程项目领域必须进行招标投标的范畴很广，我国由政府投资为主导的建设工程基本上都满足国家招标投标法规定的必须采用公开招投标的要求。招标法明确规定，包括市政与园林建设项目在内的三大类建设工程项目的勘察、设计、施工、监理以及与工程建设相关的重要设备、材料等的采购，当项目建设费用达到施工单项合同估算价在 200 万元以上；重要设备、材料等货物的采购的单项合同估算价在 100 万元以上的；勘察、设计、监理服务的采购单项合同估算价在 50 万元以上的项目，以及单项合同估算价低于上述三款标准，但项目总投资额在 3000 万元人民币以上的，必须进行工程招标。

民营房地产开发企业投资开发的房屋建筑工程尽管不满足《招标投标法》的规定要求，但是也可以在其企业内部进行招标投标活动。通过招标投标活动选取投标优胜者与之交易，以减少企业的投资风险。

三、建设工程招标应具备的条件

具体而言，市政与园林工程项目法人单位进行工程项目的招标，法人自身应当具备一定条件，同时进行招标的建设项目也要具备一定的条件。

（一）建设单位应具备的条件

（1）建设单位是法人或依法处理的其他组织；

（2）建设单位有与招标工程相适应的资金或资金已落实，以及具备技术管理人；

（3）建设单位有组织编制招标文件的能力；

（4）建设单位有审查投标单位资质的能力；

（5）建设单位有组织开标、评标、定标的能力。

如果建设单位不具备上述（2）～（5）项条件的，须委托具有相应资质的咨询、招标投标代理单位进行代理招标。

（二）进行招标的建设项目应具备的条件

（1）概算已经批准；

（2）建设项目已正式列入国家、部门或地方的年度固定资产投资计划；

（3）建设用地的征用工作已经完成；

（4）有能够满足施工需要的施工图纸及技术资料；

（5）建设资金和主要材料、设备的来源已经落实；

（6）已经获得建设项目所在地规划部门批准，且施工现场已经完成"四通一平"或一并列入施工项目招标范围。

四、建设工程招标的流程

建设工程招标流程是指建设工程在招投标交易时，邀请愿意承包或交易的承包商出价，建设单位从中选择承包商或交易的行为。招标的程序一般为：①选择邀请承包商并发放招标文件，或附上施工图纸或设备样品；②投标则要求承包商如约递交投标文件；③在监标人公正的主持下当众开标、评标，以全面符合条件者为中标人；④最后双方签订承包或交易合同。

建设工程按整个建设活动不同的阶段，工程招标内容也有不同。建设工程招标活动按招标阶段可分为招标准备阶段、招标阶段和中标成交阶段，每个阶段的工作重点和内容有所不同。招标过程及各阶段主要工作、各工作之间的关系如图 3-1 所示。

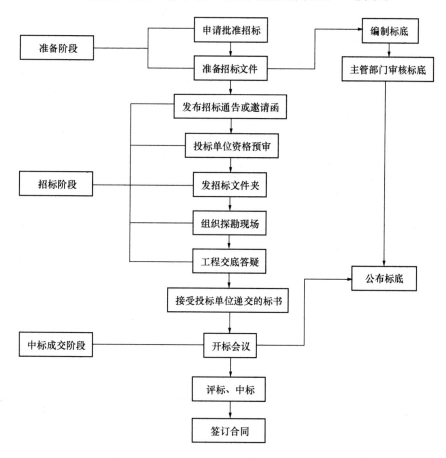

图 3-1　建设工程招标阶段划分及招标流程

五、招标投标的步骤与方法

1. 招标人招标资格的申请与备案

建设工程项目法人向政府招标投标管理部门提出招标申请。招标申请文件的主要内容有：①项目建设单位的资质；②招标工程项目是否具备条件；③招标拟采用的方式；④对投标企业的资质要求；⑤初步拟定的招标工作日程。

2. 确定招标方式

按照国家相关法律、法规确定的章程，确定公开招标或邀请招标。

3. 招标人发布招标公告或邀请书

实行公开招标的，应在国家或地方指定的报刊、信息网或其他媒介，并同时在中国工程建设和建筑业网上发布招标公告。实行邀请招标的应向三个以上符合资质条件的投标人发送投标邀请。

4. 招标人编制、发放资格预审文件和投标人递交资格预审申请书

采用资格预审的，需编制资格预审文件，向参加投标的申请人发放资格预审文件。投标人按照资格预审文件要求填写资格预审申请书，如果是联合体投标者，联合体双方都要分别填写每个成员的资格预审申请书。

5. 资格预审，确定合格的投标申请人

招标人对投标人递交的资格预审申请书的资格合法性和履约能力进行全面地考察，招标人按规定编制资格预审文件并在发出文件三日前，上报至招标投标监督机构审查。资格预审如已通过，需将评审结果上报监督机构备案。备案三日内招标投标监督机构没有异议，则招标人可以发出"资格预审合格通知书"，并通知所有不合格的投标人。

6. 招标人编制、发出招标文件

招标人自己具有编写招标文件和组织招标能力的，可以自行编写招标文件并组织招标；不具有相应能力的招标人，应当通过招标代理机构来完成项目的招标活动。编制完成的招标文件需报送招标投标监督机构备案审核。审定的招标文件一经发出，招标单位不得擅自更改其内容，如确需变更时，必须经招标投标管理机构批准，并在投标截止日期前通知所有的投标单位。招标人按招标文件规定的时间召开发标会议，向投标人发放招标文件、施工图纸及有关技术资料。

招标文件是招标单位行动的指南，也是投标企业必须遵循的准则，所以招标文件应当包括招标项目的技术要求、对投标人资格审查标准、投标报价要求和评标标准等实质性要求，同时拟签合同的主要条款也应在招标文件中列出。

7. 组织投标人踏勘现场

招标人按招标文件要求组织投标人进行现场踏勘，解答投标方提出的问题，并形成书面材料，报招标投标监督机构备案。

8. 投标人编制并递交投标文件

投标人按照招标文件要求编制投标文件（简称为投标书、标书），并按规定进行密封，在规定时间送达招标文件中指定的地点。投标文件由商务部分、价格部分和技术部分三部分组成，其中的商务部分反映投标人资质和业绩，作为评标中的资格审核文件；价格部分中的投标报价和技术部分中的施工组织设计与工程量清单等内容是投标文件的重要内容。评标时就是基于它们进行合理的计算、评价而获得评标建议。

建设工程标底是招标投标文件的核心，是评标、定标的重要依据。标底根据招标人提供的施工图纸或工程量清单编制，招标文件的标底可以由聘请的工程造价机构编制，投标

文件的投标报价则由投标人自行编制。

9. 组建评标委员会

招标代理机构在评标专家库内随机抽取一定数量的评标专家组成评标委员会。由评标专家对所有投标文件进行审核，并按招标文件规定的评标方法进行评标。

10. 在招标投标平台公开进行开标

招标人依照招标文件规定的时间和地点，开启所有投标人提交的投标文件，公开宣布投标人的名称、投标价格及招标文件中要求的其他主要内容。整个开标过程由招标人主持，邀请所有投标人代表和相关人员在招标投标监督机构的监督下公开按程序进行。

从发布招标文件之日起至开标，时间不得少于 20 天。

11. 评标库组成的评标专家进行评标

评标过程是按照招标文件规定的评标方法，由评标委员会专家对投标文件进行评审和比较的过程。评标可以采用综合评估法或经评审的最低价中标法，对于大型、复杂的投标文件的评标也可以借助专业软件进行计算机辅助评审。最后确定出不超过 3 名合格的中标候选人，并标明排列顺序，提交给招标人。

12. 定标

招标人根据招标文件要求和评标委员会推荐的合格中标候选人，确定中标人，也可授权评标委员会直接确定中标人。使用国有资金投资的项目，招标人应当确定排名第一的中标候选人为中标人。排名第一的中标人如放弃中标或因不可抗力提出不能履行合同，或者招标文件中规定内容未满足的，招标人可以确定排名第二的中标候选人为中标人，依此类推。

13. 中标结果公示

招标人确定中标人后，对中标结果进行公示，时间不少于 3 天。

14. 中标通知书备案并发放

公示无异议后，招标人将工程招标、开标、评标、定标情况形成书面报告备案，并向中标人发放中标通知书。

六、招标文件的编制

（一）标底的编制

在建设工程招标投标活动中，标底的编制是重要的环节之一，标底是招标人的预期价格，反映了拟建工程投资资金的额度。标底的作用主要是使建设单位预先明确自己在拟建工程中承担的财务义务，也是提供给上级主管部门核实投资规模的依据。按规定在我国境内实施的工程招标的标底，应该在批准的工程概算之内，招标单位以此来控制工程造价，并以此为尺度来评判投标者的报价是否合理。

标底分为由招标单位编制的控制价和投标单位依招标文件要求编制的投标报价，其中控制价、投标报价应密封保存至开标时才能解封，所有接触过标底的人员均负有保密责任，不得泄密。

1. 编制标底应遵循的原则

（1）根据图纸及有关资料、招标文件，参照国家规定的技术、经济标准定额及规范，确定工程量和编制标底。

（2）标底价格应由成本、利润、税金组成，一般应控制在批准的总概算（或修正概算）及投资包干的限额内。

（3）标底价格作为建设单位期望的价格，应力求与市场的实际变化吻合，要有利于竞争和保证工程质量。

（4）标底价格应考虑人工、材料、机械台班等价格因素变化的影响，还应包括施工不可预见费、包干费和措施费等。

（5）一个工程只能编制一个标底。

2. 标底编制注意事项

标底的编制方法与工程概、预算的编制方法基本相同，但应根据招标工程的具体情况尽可能考虑下列因素，并反映在标底中：

（1）根据不同的承包方式，考虑适当的包干系数和风险系数。

（2）根据现场条件及工期要求，考虑必要的技术措施费。

（3）建设单位提供的控制价如以暂估价计算，可按实际情况调整的材料、设备，但要在标底中列出其数量和估价清单。

（4）主要材料数量可在定额用量的基础上加以调整，使其反映实际情况。

3. 标底编制方法

招标投标活动标底价格的编制方法主要有两种，分别为：

（1）以工程量清单计价法计算标底，它是以施工图为依据，首先准确计算出项目各分部工程的工程量，即按预算定额规定的分部分项工程子目，一般先要逐项计算出工程量。在确定工程量的前提下，结合各分部分项工程的工作内容涉及的预算定额，计算出分项工程的综合单价，并计算各分部工程的合价。然后据此分别计算出相应的措施项目费、其他项目费和规费、税金等，最后获得拟建工程的总造价，即招标工程的招标控制价（标底）。清单计价法已经成为当前招标投标市场最常用的编制方法。

（2）以传统的概算定额为依据，根据施工图中实际完成工程内容为基础，按每工程涉及的工作内容及其对应的定额内容，套用定额单价确定直接费，然后按规定的系数计算间接费、独立费、计划利润以及不可预见费等，从而计算出工程总造价，即标底。定额计价已经被招标投标市场抛弃，但是在一些小型建设或项目经理对于劳动力、原材料、机械等要素的配置或控制中仍然有一定价值。

（二）招标文件及其编制内容

依照建设工程阶段的不同，招标文件的基本内容有所差异。招标文件至少应该包括招标公告（适用于公开招标）或招标邀请书（适用于邀请招标）、投标人须知、合同条款、投标文件及投标担保书制作要求、工程量清单、工程计量规定等主要内容。其中，投标人须知中对于投标文件的审核（资格预审或后审）以投标人须知资料表（投标人须知前附表）的形式集中体现，同时在招标文件总则、招标文件与投标文件部分对招标项目基本情况、招标文件主要内容、投标文件主要内容，以及投标人投标文件的送交、开标与评标规则、合同的授予等作明确的要求或说明，根据建设工程格式合同内容对合同的协议书、通用条款与专用条款内容进行描述，在工程量清单部分对于招标工程涉及的工程内容及工程量进行明确界定，有的招标文件对于投标文件的主要内容——施工组织设计的编制格式也作了要求。下面对招标文件的组成分别作简单介绍：

1. 招标公告

招标公告的主要内容包括：招标条件、项目概况与招标范围、对投标人的资格要求、招标文件的获取、投标文件的递交和联系方式、投标担保以及投标人参加开标时的要求等，同时列出招标人或招标代理人联系方式及招标人开户名称等信息。如果是邀请招标，还应有被邀请单位收到邀请后是否参与投标的确认方式。

2. 投标人须知

投标人须知的内容包括：招标项目基本情况及承包方式、质量与工期要求、对投标人资质的基本要求、投标文件制作的基本要求、投标文件递交的数量、开标的时间地点、评标方式、合同签订时间等。投标人须知中的上述内容一般在总则、招标文件、投标文件，投标、开标与评标等部分有更为详细的说明与要求，此外合同的授予、部分附表内容等也在投标人须知中有要求。有关投标人须知表格及具体内容参见案例一相关部分内容。

3. 招标文件及其组成

（1）招标文件的组成

招标文件一般由招标公告（或投标邀请书）、投标人须知、评标办法、合同条款及合同格式、工程量清单、图纸、工程中使用的技术标准和要求，投标文件格式、投标人须知前附表中规定的其他材料组成。

在投标预备会上，根据前附表规定，由投标人提出的要求招标人对招标文件予以澄清的书面答疑材料，招标人以书面形式对招标文件修改的内容均成为招标文件的一部分。

（2）招标文件的澄清

在该部分内容中，对投标人阅读和检查招标文件并根据存在的疑问进行书面询问、要求招标人对招标文件予以澄清的方式、澄清材料发出的截止时间等作出规定。

（3）招标文件的修改

当招标人对发出的招标文件有修改时，对招标文件修改的方式、投标人收到修改内容后的确认方法作出了规定。

4. 投标文件的具体要求

（1）投标文件的组成

投标文件由投标函及投标函附录、法定代表人身份证明或附有法定代表人身份证明的授权委托书、投标保证金、已投标工程的工程量清单、施工组织设计、项目管理机构、资格审查资料、投标人须知前附表规定的其他材料等组成。

投标报价是投标文件的核心内容，一般招标人在招标文件中设定有最高投标限价时，投标人的投标报价不得超过最高限价。报价文件中投标人应按照招标文件工程量清单的要求填写相应表格，报价总额应与清单报价中各分部分项工程造价之和一致。

（2）其他

投标文件的其他要求及编制内容将放在投标文件编制中详细介绍。

5. 投标

（1）投标文件的密封与标记

对投标文件包装、密封以及封套上的标记等要求作出说明，即封套上标记内容应与投标人须知前附表内容一致。如果未进行密封或在标记时未能按要求进行，招标人可以拒收投标文件。

（2）投标文件的递交、修改与撤回

如果存在投标人对投标文件修改的情况，其修改的内容可以作为投标文件的组成部分。投标文件的撤回应以书面形式通知招标人，招标人收到书面通知后向投标人出具签收凭证，收取凭证后的 5 日内退回保证金。

6. 开标

（1）开标时间

规定本招标项目开标的时间、地点等信息。

（2）开标程序

规定了开标过程中，从投标文件递交至最后宣布中标人的具体过程。

（3）开标异议

如投标人对开标有异议的，应当在开标现场提出，招标人当场作出答复，并进行记录。所有开标文件要在招标投标监督机构备案。

7. 评标

（1）评标委员会

评标委员会依法由熟悉业务的招标人或代理机构业务代表，有关技术、经济方面的专家组成。评标委员会的组建方式一般在投标人须知前附表中明确，与投标人存在相关利益关系的成员应当回避。

（2）评标原则

遵循公平、公正、科学和择优的原则。

（3）评标过程

招标文件中应具体规定评标的方法、评审因素、标准和程序，评标过程必须严格按照招标文件中规定的"评标方法"进行，没有规定的方法、评审因素和标准不能作为评标的依据。评标方法在招标文件中专门有章节叙述。

8. 合同授予

（1）定标方式

除投标人须知前附表中规定评标委员会直接确定中标人外，一般评标委员会仅向招标人推荐中标候选人，最终由招标人根据候选人及候选顺序最终确定中标人。

（2）中标候选人公示及中标通知

一般招标人通过规定的媒介公示中标候选人，在规定的公示期内没有异议，则招标人以书面形式向中标人发出中标通知书，并同时通知未中标的投标人。

（3）合同的履约担保

在招标人与中标人签订合同前，中标人应按投标人须知前附表中规定的担保形式，或"合同条款及格式"中的规定，或事先经过招标人书面认可的履约担保方式向招标人递交合同履约担保。担保金为中标合同金额的 10%。如果中标人未能按规定提交履约担保，被视为放弃中标，其投标保证金不予退还。

（4）签订合同

招标文件规定自中标通知书发出之日 30 天内，招标人与中标人必须签订书面合同。中标人无正当理由拒签合同的，招标人取消其中标资格，投标保证金不予退还。给招标人造成的损失超过投标保证金数额的，中标人还应当对招标人进行赔偿。相反，如果招标人无正当理由拒签合同的，招标人向中标人退还保证金，给中标人造成损失的还应当赔偿损失。

9. 纪律和监督

该部分内容对招标人、投标人、评标委员会成员和参与评标活动有关的工作人员的纪律提出明确的要求。

10. 需要补充的其他内容

根据投标人须知前附表具体要求，编写该部分内容。

11. 电子招标投标

目前，我国许多省市或大城市建设工程实现了电子招标投标方式，采用电子招标投标的，在投标人须知前附表中应明确电子招标对投标文件的编写、密封和标记、开标、评标等具体要求。投标人应严格按照要求制作其投标文件。

12. 招标文件附件部分

该部分内容主要包括：开标记录表、（招标人）问题澄清通知、（投标人）问题的澄清、中标通知书、（给未中标人的）中标结果通知书、（中标人）对招标人的确认通知等内容。

（三）评标及评标方法

对评标委员会组成，评标专家评价要求，以及评标专家审议投标文件时否决投标的七种情形作了明示，这七种情形为：①投标文件未经投标单位盖章和单位负责人签字；②投标联合体没有提交共同投标协议；③投标人不符合国家或者招标文件规定的资格条件；④同一投标人提交两个以上不同的投标文件或者投标报价，但招标文件要求提交备选投标的除外；⑤投标报价低于成本或者高于招标文件设定的最高投标限价；⑥投标文件没有对招标文件的实质性要求和条件作出响应；⑦投标人有串通投标、弄虚作假、行贿等违法行为。

对于初审合格的投标文件，评标委员会将根据招标文件确定的评标标准和方法作进一步评审、比较。评标方法包括经评审的最低投标价法、综合评价法或者法律、行政法规允许的其他评标方法。最低投标价法一般适用于具有通用技术、性能标准或者招标人对其技术、性能没有特殊要求的招标项目。不宜采用经评审的最低投标价法的招标项目，一般应当采取综合评价法进行评审。

1. 最低投标价法评标

评标过程中，评标专家主要通过以下条款对投标文件进行评定。这些评定办法主要在招标文件的评标办法前附表中详细罗列出来，前附表中的评标条款参见案例一相应内容。

2. 综合评价法评标

对于采用综合评价法评标的，在评标办法前附表中对投标文件的评审也应有具体说明。这种办法前附表的前三项内容与最低投标价评标的具体内容相同，但是第四条对于评价中具体的分值及构成有详细说明。具体评标分值构成和评分标准参见案例一相应内容。

不管采取何种评标方法，当评标委员会发现投标人的报价明显低于其他投标报价，或者在设有标底时明显低于标底，使得其投标报价可能低于其个别成本的，应当要求该投标人作出书面说明并提供相应的证明材料。投标人不能合理说明或者不能提供相应证明材料的，评标委员会应当认定该投标人以低于成本报价竞标，否决其投标。

3. 投标文件的澄清和补正

在评标过程中，评标委员会可以书面形式要求投标人对所提交投标文件中不明确的内容进行书面澄清或说明，或者对细微偏差进行补正。澄清、说明和补正不得改变投标文件的实质性内容。投标人的书面澄清、说明和补正属于投标文件的组成部分。

评标委员会完成评标后，应当向招标人提交书面评标报告。

（四）合同条款及格式

合同内容主要包括合同协议书、合同通用合同条款、合同专用条款，及合同附件格式等内容，该部分具体内容参见招标文件格式附件内容。

（五）图纸、技术标准和要求

本部分内容省略。

（六）投标文件格式

本部分内容省略，具体内容见投标文件部分内容。

七、招标文件示例

编者根据上述招标文件编制与招标公告中的主要内容，参照国家七部委 2013 年颁布的《简明标准施工招标文件范本》编写了一份适合于市政与园林建设工程项目的通用招标文件，并将该文件作为案例附在本部分内容的后面供读者参考。编者在编写该通用型招标文件时，为节约篇幅特将部分内容作了删减。

该范本适用于工期不超过 12 个月、施工技术简单且设计和施工不是同一承包人承担的小型市政与园林建设工程及园林绿化工程项目的施工招标文件。

【案例一】招标文件

一、封面（单独为一页内容）

××省××市××工程

招　标　文　件

项　目　编　号：

项目招标单位（或招标代理机构）：××项目管理有限公司（法人章或电子印章）

编制日期：＿＿＿年＿＿＿月＿＿＿日

二、目　录

目　录

第一章　招标公告 ·· 70

第二章　投标人须知 ·· 72

1. 投标人须知前附表 ··· 72

2. 总则 ··· 74

3. 招标文件 ·· 76

4. 投标文件 ·· 77

5. 投标 ··· 80

6. 开标 ··· 81

7. 评标 ··· 81

8. 合同授予 ·· 82

9. 重新招标和不再招标 ·· 83

10. 纪律和监督 ··· 83

11. 解释权 ·· 83

12. 需要补充的其他内容 ·· 83

13. 电子招标投标 ··· 83

第三章　评标办法（综合评估法） ···································· 91

1. 评标方法 ·· 92

2. 评审标准 ·· 93

3. 评标委员会组成及职责 ·· 93

4. 评审程序 ·· 94

5. 其他 ··· 98

第四章　计价依据及工程造价确定 ···································· 98

1. 计价依据 ·· 98

2. 工程造价原则 ··· 98

3. 工程量清单编制 ··· 98

4. 招标控制价编制 ··· 98

5. 投标报价编制 ··· 98

第五章　合同授予 ·· 99

第六章　合同价款及调整 ··· 99

第七章　工程量清单及招标控制价 ···································· 99

第八章　图纸 ·· 102

第九章　技术标准和要求 ·· 102

第十章　投标文件格式 ··· 103

一、资格审查卷 ·· 103

二、商务卷 ·· 103

三、技术卷 ·· 104

第十一章　合同条款 ··· 104

第十二章　招标规则 ··· 104

三、招标文件正文

第一章　招标公告（适用于公开招标）

1. 招标条件

本招标项目_____（项目名称）已由_____（项目审批、核准或备案机关名称）以_____（批文名称及编号）批准建设，项目业主为_____，建设资金来自_____（资金来源），项目出资比例为_____，招标人为_____。项目已具备招标条件，现对该项目施工进行公开招标。

2. 项目概况与招标范围

_____（说明本次招标项目的建设地点、规模、计划工期、招标范围等。）

3. 投标人资格要求

本次招标要求投标人须具备_____资质，并在人员、设备、资金等方面具有相应的施工能力。

4. 招标文件的获取

4.1　凡有意参见投标者，请于_____年___月___日至_____年___月___日，每日上午___时至___时，下午___时至___时（北京时间），在_____（详细地址）持单位介绍信购买招标文件。

4.2　招标文件每套售价_____元，售后不退。图纸资料押金___元，在退还图纸资料时退还（不计利息）。

4.3　邮购招标文件的，须另加手续费（含邮资）___。招标人在收到单位介绍信和邮购款（含手续费）后___日内寄送。

5. 投标文件的递交

5.1　投标文件递交的截止时间（投标截止时间）为___年___月___日___时___分，地点为_____。

5.2　逾期送达或者未送达指定地点的投标文件，招标人不予受理。

6. 发布公告的媒介

本次招标公告同时在_____（发布公告的媒体名称）上发布。

7. 联系方式

招　标　人：_____	招标代理机构：_____
地　　　址：_____	地　　　址：_____
邮　　　编：_____	邮　　　编：_____
联　系　人：_____	联　系　人：_____
电　　　话：_____	电　　　话：_____
传　　　真：_____	传　　　真：_____
电子邮件：_____	电子邮件：_____
网　　　址：_____	网　　　址：_____
开户银行：_____	开户银行：_____

账　　号：＿＿＿＿＿＿＿＿＿＿＿　　账　　号：＿＿＿＿＿＿＿＿＿＿＿

＿＿＿年＿＿月＿＿日

第一章　投标邀请书（适用于邀请招标）

1. 招标条件

本招标项目＿＿＿＿＿＿＿＿（项目名称）已由＿＿＿＿＿＿（项目审批、核准或备案机关名称）以＿＿＿＿＿＿＿（批文名称及编号）批准建设，项目业主为＿＿＿＿＿＿，建设资金来自＿＿＿＿＿（资金来源），项目出资比例为＿＿＿＿，招标人为＿＿＿＿＿＿。项目已具备招标条件，现邀请你单位参加该项目施工招标。

2. 项目概况与招标范围

＿＿＿＿＿＿＿＿＿＿＿＿＿＿＿＿＿＿（说明本次招标项目的建设地点、规模、计划工期、招标范围等。）

3. 投标人资格要求

本次招标要求投标人须具备＿＿＿＿＿资质，并在人员、设备、资金等方面具有相应的施工能力。

4. 招标文件的获取

4.1　请于＿＿＿＿年＿＿月＿＿日至＿＿＿＿年＿＿月＿＿日，每日上午＿＿＿时至＿＿＿时，下午＿＿＿时至＿＿时（北京时间），在＿＿＿＿＿＿＿＿（详细地址）持单位介绍信购买招标文件。

4.2　招标文件每套售价＿＿＿＿＿元，售后不退。图纸资料押金＿＿＿＿元，在退还图纸资料时退还（不计利息）。

4.3　邮购招标文件的，须另加手续费（含邮资）＿＿＿＿。招标人在收到单位介绍信和邮购款（含手续费）后＿＿＿＿日内寄送。

5. 投标文件的递交

5.1　投标文件递交的截止时间（投标截止时间）为＿＿＿＿年＿＿＿＿月＿＿＿＿日＿＿＿时＿＿＿分，地点为＿＿＿＿＿＿＿＿＿＿＿＿＿。

5.2　逾期送达或者未送达指定地点的投标文件，招标人不予受理。

6. 确认

你单位收到本投标邀请书后，请于＿＿＿＿＿＿＿（具体时间）前以传真或快递方式予以确认是否参加投标。

7. 联系方式

招 标 人：＿＿＿＿＿＿＿＿＿　　招标代理机构：＿＿＿＿＿＿＿＿
地　　址：＿＿＿＿＿＿＿＿＿　　地　　址：＿＿＿＿＿＿＿＿＿
邮　　编：＿＿＿＿＿＿＿＿＿　　邮　　编：＿＿＿＿＿＿＿＿＿
联 系 人：＿＿＿＿＿＿＿＿＿　　联 系 人：＿＿＿＿＿＿＿＿＿
电　　话：＿＿＿＿＿＿＿＿＿　　电　　话：＿＿＿＿＿＿＿＿＿
传　　真：＿＿＿＿＿＿＿＿＿　　传　　真：＿＿＿＿＿＿＿＿＿
电子邮件：＿＿＿＿＿＿＿＿＿　　电子邮件：＿＿＿＿＿＿＿＿＿
网　　址：＿＿＿＿＿＿＿＿＿　　网　　址：＿＿＿＿＿＿＿＿＿

开户银行：_____　　开户银行：_____

账　　号：_____　　账　　号：_____

　　　　　　　　　　　　　　　　　　　____年____月____日

附件：

确 认 通 知

_____（招标人名称）：

　　我方已于_____年____月____日收到你方_____年____月____日发出的_____（项目名称）关于_____的通知，并确认_____（参加/不参加）投标。

　　特此确认。

　　　　　　　　　　　　　被邀请单位名称：_____（盖单位章）

　　　　　　　　　　　　　法定代表人：_____（签字）

　　　　　　　　　　　　　　　　　　____年____月____日

第二章　投 标 人 须 知

1. 投标人须知前附表

案例一表 3-1

序号	条款号	内容	说明与要求
1	1.1	工程名称	略
2	1.1	建设地点	略
3	1.1	建设规模	略
4	1.1	承包方式	施工总承包
5	1.1	质量要求	合格
6	1.1	文明施工	按标准化工地施工
7	1.1	招标范围	以施工图纸和工程量清单为准
8	2.1	工期要求	承包养护期一年
9	2.2	资金来源	财政拨款
10	3.1	投标人资质等级要求	市政工程专业承包资质二级以上、园林绿化专业承包资质三级以上；项目负责人：市政工程专业中级及以上职称，二级建造师及以上
11	4.1	资格审查方式	资格后审
12	4.2	工程报价方式	综合单价报价
13	13.1	投标有效期	<u>90</u> 个工作日（从投标截止之日算起）

续表

序号	条款号	内容	说明与要求
14	16.1	投标担保金额	略
15	7.3	招标文件	时间：（起止日期），具体内容从网址上下载标文、清单及图纸，网址：（略），招标文件每套价格 500 元人民币，在送达投标文件时提交，售后不退。
16	5.1	踏勘现场	自行前往
17	20.1	刷卡、办理投标保证金收据时间	（具体时间）办理刷卡，办理投标保证金收据
18	18.1	投标文件份数	商务标（含投标函）一份正本，五份副本；资格后审申请书一份正本，五份副本
19	20.1	投标文件提交地点	略
20	21.1	投标文件递交截止时间	略
21	24.1	开标	开标时间：（略）；开标地点：（略）
22	31.1	评标方法与标准	略
23	35	履约、支付担保金额	略
24		投标担保金交纳注意事项	略
25		投标文件中应提交的保证原件	1. 企业营业执照副本； 2.《建筑企业资质证书》副本； 3. 项目负责人的职称证书； 4. 外地企业必须提交《××市外地进本地市场施工企业备案申请表》。
26		其他注意事项	注：本次工程采用资格后审的方式，投标人在投标文件递交截止时间前必须提供××市公共资源交易中心开具的保证金收据，否则投标文件将被拒绝。本次工程招标制定网站（略）工程在线服务。投标人应在开标之日前上网关注本工程的动态信息，如因遗漏所产生的后果由投标人自负。
27			所有投标人的法定代表人或其委托代理人必须携带本人有效的身份证原件参与开标会议，委托代理人还必须携带授权委托书，投标单位的法人委托代理人递交法人委托书时必须同时携带其在投标单位上一年度任一时段的社会养老金保险缴纳的证明原件及复印件（原件核对后退还），否则投标文件将被拒收，各投标人参加会议的人数不得超过 3 人。

2. 总则

2.1　项目概况

2.1.1　根据《中华人民共和国招标投标法》等有关法律、法规和规章的规定，本招标项目已具备招标条件，现对本项目施工进行招标。

2.1.2　本次招标项目招标人：见投标人须知前附表。

2.1.3　本次招标项目招标代理机构：见投标人须知前附表。

2.1.4　本次招标项目名称：见投标人须知前附表。

2.1.5　本次招标项目建设地点：见投标人须知前附表。

2.2　资金来源和落实情况

2.2.1　本次招标项目的资金来源及出资比例：见投标人须知前附表。

2.2.2　本次招标项目的资金落实情况：见投标人须知前附表。

2.3　招标范围、计划工期、质量要求

2.3.1　本项目招标范围：见投标人须知前附表。

2.3.2　本招标项目的标段划分情况：见投标人须知前附表。

2.3.3　本招标项目的计划工期：见投标人须知前附表。

2.3.4　本招标项目的质量要求：见投标人须知前附表。

2.4　投标人资格要求

2.4.1　本项目资格审查方式见投标人须知前附表要求。

2.4.1.1　投标人应是收到招标人发出投标邀请书的单位（本条是用于已进行资格审查预审的项目，资格后审的可以略）。

2.4.1.2　投标人应具备承担本项目施工的资质条件、能力和信誉（本条适用于未进行资格预审的项目）。

（1）资质条件：见投标人须知前附表；

（2）银行资信证明：见投标人须知前附表；

（3）业绩要求：见投标人须知前附表；

（4）信誉要求：见投标人须知前附表；

（5）财务要求：见投标人须知前附表；

（6）项目经理资格：见投标人须知前附表；

（7）其他要求：见投标人须知前附表。

2.4.2　投标人须知前附表规定接受联合体投标的，除应符合本章2.4.1条和投标人须知前附表的要求外，还应遵守以下规定：

（1）联合体各方应按招标文件提供的格式签订联合体协议书，明确联合体牵头人和各方权利义务；

（2）由同一专业的单位组成的联合体，按照资质等级较低的单位确定资质等级；

（3）联合体各方不得再以自己名义单独或参加其他联合体在同一标段中投标；

（4）联合体所有成员数量不得超过投标人须知前附表规定的数量；

（5）联合体各方应分别按照本招标文件的要求，填写投标文件中的相应表格，并由联合体牵头人负责对联合体各成员的资料进行统一汇总后一并提交给招标人；联合体牵头人所提交的投标文件应被认为已代表了联合体各成员的真实情况；

（6）尽管委任了联合体牵头人，但联合体各成员在投标、签约与履行合同过程中，仍负有连带的和各自的法律责任。

2.4.3 投标人不得存在下列情形之一：

（1）为招标人不具有独立法人资格的附属机构（单位）；

（2）为本招标项目前期准备提供设计或咨询服务的，但设计施工总承包的除外；

（3）为本招标项目的监理人；

（4）为本招标项目的代建人；

（5）为本招标项目提供招标代理服务的；

（6）与本招标项目的监理人或代建人或招标代理机构同为一个法定代表人的；

（7）与本招标项目的监理人或代建人或招标代理机构相互控股或参股的；

（8）与本招标项目的监理人或代建人或招标代理机构相互任职或工作的；

（9）被责令停业的；

（10）被暂停或取消投标资格的；

（11）财产被接管或冻结的；

（12）在最近三年内存在骗取中标或严重违约或存在重大工程质量问题的；

（13）被市级及以上建设行政主管部门取消项目所在地的投标资格获禁止进入该区域建设市场且处于有效期内；

（14）为投资参股本项目的法人单位；

（15）单位负责人为同一人或者存在控股、管理关系的不同单位，不得参加同一标段投标或者未划分标段的同一招标项目投标。

违反上述规定的，相关单位投标均无效。

2.5 费用承担

投标人准备和参加投标活动发生的费用自理。投标人应承担其编制投标文件与递交投标文件等投标过程中所涉及的一切费用，不论投标结果如何，招标人将不予承担。

2.6 保密

参与招标投标活动的各方应对招标文件和投标文件中的商业和技术等秘密保密，违者应对由此造成的后果承担法律责任。

2.7 语言文字

招标投标文件使用的语言文字为中文。专用术语使用外文的，应附有中文注释。

2.8 计量单位

所有计量均采用中华人民共和国法定计量单位。

2.9 踏勘现场

2.9.1 投标人须知前附表规定组织踏勘现场的，招标人按投标人须知前附表规定的时间、地点组织投标人踏勘项目现场。

2.9.2 投标人须知前附表规定自行踏勘现场的，投标人应自行对工程现场及周围环境进行踏勘现场以获得有关编制投标文件和签署合同所涉及现场的资料。

2.9.3 投标人踏勘现场发生的费用自理。

2.9.4 除招标人过错导致的原因外，投标人自行负责在踏勘现场时发生的人员伤亡和财产的损失。

2.9.5　招标人在踏勘现场中介绍的工程场地和相关的周边环境情况以及招标人提供的本工程的水文、地质、气象和料场分布、取土场、弃土场位置等参考资料，供投标人在编制投标文件时参考，招标人不对投标人据此作出的判断和决策负责。

2.9.6　招标人未到施工现场实地踏勘的，中标后签订合同时和履约过程中，投标人不得以不完全了解现场情况为由，提出任何形式的增加工程造价或索赔的要求。

2.10　投标预备会

2.10.1　投标人须知前附表规定召开投标预备会的，招标人按投标人须知前附表规定的时间和地点召开投标预备会，澄清投标人提出的问题。

2.10.2　投标人应在投标人须知前附表规定的时间前，以书面形式将提出的问题送达招标人，以便招标人在会议期间澄清。

2.10.3　投标预备会后，招标人在投标人须知前附表规定的时间内，将对投标人所提问题的澄清以书面形式通知所有购买招标文件的投标人。该澄清内容为招标文件的组成部分。

2.11　偏离

投标人须知前附表允许投标文件偏离招标文件某些要求的，偏离应当符合招标文件规定的偏离范围和幅度。

投标文件中存在有重大偏差的，由评标委员会评审后按无效标处理；投标文件中存在有细微偏差的，评标委员会可要求投标人进行澄清，只有投标人的澄清文件被评标委员会接受，投标人才能参加评标价的最终评比。

2.12　分包

投标人拟在中标后将中标项目的部分非主体、非关键性工作进行分包的，应符合投标人须知前附表中相关分包内容、分包金额和接受分包的第三人资质要求等限制性条件。

3.　招标文件

3.1　招标文件的组成

3.1.1　本招标文件包括：

（1）招标公告（或投标邀请书）；

（2）投标人须知；

（3）评标办法；

（4）合同条款及格式；

（5）计价依据及工程造价确定、工程量清单；

（6）图纸；

（7）技术标准和要求；

（8）投标文件格式；

（9）投标人须知前附表规定的其他材料。

3.1.2　根据本章第2.10款、第3.2款和第3.3款对招标文件所作的澄清、修改，构成招标文件的组成部分。当招标文件、招标文件的澄清或修改等在同一内容的表述上不一致时，以最后发出的文件为准。

3.2　招标文件的澄清

3.2.1　招标人向投标人提供的所有数据和资料，是招标人现有的能被投标人利用的资料，招标人对投标人作出的任何推论、理解和结论均不负责任。

3.2.2　投标人应仔细阅读和检查招标文件的全部内容。如发现缺页或附件不全，应及时向招标人提出，以便补齐。如有疑问，应在投标人须知前附表规定的时间前要求招标人对招标文件予以澄清。无论是招标人根据需要主动对招标文件进行必要的澄清或是根据投标人的要求对招标文件做出澄清，招标人应当予以澄清，同时将澄清文件以书面形式（包括信函、电报、传真等可以有形地表现所载内容的形式，下同）向所有投标人发送。该澄清作为招标文件的组成部分，具有约束作用。

3.2.3　招标文件的澄清将以书面形式发给所有购买招标文件的投标人，但不指明澄清问题的来源。如果澄清发出的时间距投标人须知前附表规定的投标截止时间不足15天，并且澄清内容影响投标文件编制的，将相应延长投标截止时间。

3.2.4　投标人在收到澄清后，应在投标人须知前附表规定的时间内以书面形式通知招标人，确认已收到该澄清。以网上形式发布澄清文件的，所有购买招标文件的投标人有义务在网上自行查询，无需以书面形式回复。

3.3　招标文件的修改

3.3.1　在投标人须知前附表规定的时间前，招标人以投标人须知中规定的方式发布修改招标文件的内容。

3.3.2　招标人收到修改内容后，应在24小时内以书面形式通知招标人，确认已收到该修改。以网上形式发布修改内容的，所有购买招标文件的投标人有义务在网上自行查询，无需以书面形式回复。

3.3.3　当招标文件、招标文件的澄清、修改、补充等在同一内容的表述上不一致时，以最后发出的修改文件为准。

3.3.4　为使投标人在编制投标文件时有充分的时间对招标文件的澄清、修改、补充等内容进行研究，招标人将酌情延长提交投标文件的截止时间，具体时间将在招标文件的澄清、修改、补充中予以明确并通知给所有投标人。

3.3.5　如果投标人在答疑截止前未对招标文件有关条款提出质疑，视为充分理解招标文件所有内容，一旦递交投标文件，则认为该投标人接受招标文件所有条款。

3.3.6　投标人对工程量清单提出异议的，必须附计算书，并随时准备接受招标人组织的核对。不能提供计算书或不能参加核对的，招标人对此异议不予受理，中标后也不再调整工程量清单。工程量清单误差±3％以内的，招标人可不予调整，投标人自行在投标报价内考虑。

3.4　其他

3.4.1　招标人对投标人提出的问题将予以澄清、修改、补充，澄清、修改、补充仅包括对问题的解释，但不说明问题的来源。

3.4.2　澄清、修改、补充将通过××省××市公共资源交易中心电子交易平台送达所有获得招标文件的投标人，并作为招标文件的组成部分，具有约束作用。

4. 投标文件

4.1　投标文件的组成

投标文件应包括下列内容：

（1）投标函及投标函附录；

（2）法定代表人身份证明或附有法定代表人身份证明的授权委托书；

（3）联合体协议书（如有）；

（4）投标保证金；

（5）已标价工程量清单；

（6）施工组织设计；

（7）项目管理机构；

（8）拟分包项目情况表；

（9）资格审查资料；

（10）承诺函；

（11）调价函即调价后的工程量清单（如有）；

（12）投标人须知前附表规定的其他材料。

4.2 投标报价

4.2.1 投标人应按第五章"计价依据及工程造价确定"的要求填写相应表格。

4.2.2 投标人在投标截止时间前修改投标函中的投标报价总额，应同时修改"已标价工程量清单"中的相应报价，投标报价总额为各分项金额之和。此修改须符合本章第4.3款的有关要求。

4.2.3 招标人设有最高投标限价的，投标人的投标报价不得超过最高投标限价，最高投标限价或其计算方法在投标人须知前附表中载明。

4.3 投标有效期

4.3.1 在投标人须知前附表规定的投标有效期内，投标人不得要求撤销或修改其投标文件。除投标人须知前附表另有规定外，投标有效期为 60 天。

4.3.2 在投标有效期内，投标人撤销或修改其投标文件的，应承担招标文件和法律规定的责任。

4.3.3 出现特殊情况需要延长投标有效期的，招标人以书面形式通知所有投标人延长投标有效期。投标人同意延长的，应相应延长其投标保证金的有效期，但不得要求或被允许修改或撤销其投标文件；投标人拒绝延长的，其投标失效，但投标人有权收回其投标保证金。

4.4 投标保证金

4.4.1 投标人按投标人须知前附表规定递交投标保证金的，投标人在递交投标文件的同时，应按投标人须知前附表规定的金额、担保形式和第八章"投标文件格式"规定的或者事先经过招标人认可的投标保证金形式递交投标保证金，并作为其投标文件的组成部分。

联合体投标的（如有），其投标保证金可以由联合体各方共同提交或由联合体中的一方提交，但均必须从基本账户转出。以联合体中一方提交投标保证金的，对联合体各方均具有约束力。并应符合投标人须知前附表的规定。

4.4.2 投标人不按本章第 4.4.1 项要求提交投标保证金的，其投标文件作无效标处理。

4.4.3 中标候选人以外的投标人投标保证金将在中标通知书发放后 5 日内予以退还，但最迟也将在投标人须知前附表中投标有效期或经投标人同意的延长的投标有效期满后 5 日内予以退还。招标人与中标人签订合同后 5 日内，向未中标的投标人和中标人退还投标保证金及同期银行存款利息。

4.4.4　有下列情形之一的，投标保证金将不予退还：

（1）投标人在规定的投标有效期内撤销或修改其投标文件；

（2）中标人在收到中标通知书后，无正当理由拒签合同协议书或未按招标文件规定提交履约担保。

（3）投标人在招标活动中存在违规和违法行为的，招标人上报有关行政监督部门，按相关规定处理。

4.5　资格审查资料

4.5.1　"投标人基本情况表"应附投标人营业执照及其年检合格的证明材料、资质证书副本和安全生产许可证等材料的复印件。

4.5.2　"近年财务状况表"应附经会计师事务所或审计机构审计的财务会计报表，包括资产负债表、现金流量表、利润表和财务情况说明书等复印件，具体年份要求见投标人须知前附表。

4.5.3　"近年完成的类似项目情况表"应附中标通知书和（或）合同协议书、工程接收证书（工程竣工验收证书）复印件，具体年份要求见投标人须知前附表。每张表格只填写一个项目，并标明序号。

4.5.4　"正在施工和新承接的项目情况表"应附中标通知书和（或）合同协议书复印件。每张表格只填写一个项目，并标明序号。

4.6　备选投标方案

除投标人须知前附表另有规定外，投标人不得递交备选投标方案。允许投标人递交备选投标方案的，只有中标人所递交的备选投标方案方可予以考虑。评标委员会认为中标人的备选投标方案优于其按照招标文件要求编制的投标方案的，招标人可以接受该备选投标方案。

4.7　投标文件的编制

4.7.1　投标文件应按第八章"投标文件格式"进行编写，如有必要，可以增加附页，作为投标文件的组成部分。其中，投标函附录在满足招标文件实质性要求的基础上，可以提出比招标文件要求更有利于招标人的承诺。

4.7.2　投标文件应当对招标文件有关工期、投标有效期、质量要求、技术标准和要求、招标范围等实质性内容作出响应。

4.7.3　投标文件应用不褪色的材料书写或打印，并由投标人的法定代表人或其委托代理人签字或盖单位章。委托代理人签字的，投标文件应附法定代表人签署的授权委托书。投标文件应尽量避免涂改、行间插字或删除。如果出现上述情况，改动之处应加盖单位章或由投标人的法定代表人或其授权的代理人签字确认。签字或盖章的具体要求见投标人须知前附表。

4.7.4　投标文件正本一份，副本份数见投标人须知前附表。正本和副本的封面上应清楚地标记"正本"或"副本"的字样。当副本和正本不一致时，以正本为准。

4.7.5　投标文件的正本与副本应分别装订成册，具体装订要求见投标人须知前附表规定。

5. 投标

5.1　投标文件的密封和标记

5.1.1　投标文件应进行包装、加贴封条，并在封套的封口处加盖投标人单位章。

5.1.2　投标文件封套上应写明的内容见投标人须知前附表。

5.1.3　未按本章第5.1.1项或第5.1.2项要求密封和加写标记的投标文件，招标人应予拒收。

5.2　投标文件的递交

5.2.1　投标人应在本章第3.2.2项规定的投标截止时间前递交投标文件。采用网上招标的投标人应从网上招标投标系统递交加密后的电子投标文件，如前附表要求同时提供未加密的投标文件电子光盘（与加密的电子投标文件为同时生成的版本）的，则投标人应在投标截止时间之前按投标人须知前附表所列的地点递交密封包装的未加密的投标文件电子光盘。纸质标书和光盘应在封口处加盖投标人单位公章。

5.2.2　投标人递交投标文件的地点：见投标人须知前附表。逾期送达或者未送达到指定地点的投标文件，招标人不予受理。

5.2.3　除投标人须知前附表另有规定外，投标人所递交的投标文件不予退还。如投标人须知前附表要求开标时递交非加密电子投标文件的，投标人逾期送达的或者未送达指定地点的非加密电子投标文件，招标人不予受理非加密电子投标文件。未在投标截止时间前通过网上招标投标系统递交有效加密版电子投标文件的，开标系统不予接收。

5.2.4　招标人收到投标文件后，向投标人出具签收凭证。

5.2.5　采用网上投标系统的项目，投标人在解密开始规定时间内完成投标文件的解密工作（以网上招标投标系统解密倒计时为准），未能成功解密的投标人，如招标文件中允许使用非加密电子投标文件作为备份，并且投标人在投标截止时间之前到达开标现场并递交电子光盘，则可导入非加密电子投标文件继续开标。若系统识别出非加密电子投标文件和网上递交的加密投标文件识别码不一致，系统将拒绝导入。

5.2.6　在特殊情况下，招标人如果决定延后投标截止时间，应以书面形式（或网上发布）通知所有投标人延后投标截止时间。在此情况下，招标人和投标人的权利和义务相应延后至新的投标截止时间。

5.3　投标文件的修改与撤回

5.3.1　在本章第3.2.2项规定的投标截止时间前，投标人可以修改或撤回已递交的投标文件，但应以书面形式通知招标人。

5.3.2　投标人如修改投标文件，则修改的内容为投标文件的组成部分。修改的投标文件应按照本章第4条、第5条规定进行编制、密封、标记和递交，并标明"修改"字样。

5.3.3　投标人如撤回已递交投标文件，则投标人应以书面形式通知招标人并应按照本章第4.6.3项的要求签字或盖章。招标人收到书面通知后，向投标人出具签收凭证。

5.3.4　投标人撤回投标文件的，招标人自收到投标人书面撤回通知之日起5日内退还已收取的投标保证金。

5.3.5 采用网上招标的,在本章规定的投标截止时间前,投标人可以自行从企业库系统撤回已递交的投标文件,并可修改后重新上传,开标时以投标截止时间前投标人最终上传的投标文件为准。

6. 开标

6.1 开标时间和地点

招标人在本章第3.2.2项规定的投标截止时间(开标时间)和投标人须知前附表规定的地点公开开标,并邀请所有投标人的法定代表人或其委托代理人准时参加。投标人若未派法定代表人或委托代理人出席开标活动,视为该投标人默认开标结果。

6.2 开标程序

主持人按下列程序进行开标:

(1) 宣布开标纪律;

(2) 公布在投标截止时间前递交投标文件的投标人名称,并点名确认投标人是否派人到场;

(3) 宣布开标人、唱标人、记录人、监标人等有关人员姓名;

(4) 按照投标人须知前附表规定检查投标文件的密封情况;

(5) 按照投标人须知前附表的规定确定并宣布投标文件开标顺序;

(6) 设有标底的,公布标底;

(7) 按照宣布的开标顺序当众开标,公布投标人名称、投标保证金的递交情况、投标报价、质量目标、工期及其他内容,并记录在案;采用网上电子招标的项目,投标人在投标截止时间后规定时间内(见前附表规定,以网上招投标系统解密倒计时为准)完成投标文件的解密工作,或成功导入现场递交的备用光盘。招标代理机构完成解密工作,公布各投标人投标报价。

(8) 规定最高投标限价计算方法的,计算并公布最高投标限价;

(9) 投标人代表、招标人代表、监标人、记录人等有关人员在开标记录上签字确认;

(10) 开标结束。

6.3 开标异议

投标人对开标有异议的,应当在开标现场提出,招标人当场作出答复,并制作记录。

7. 评标

7.1 评标委员会

7.1.1 评标由招标人依法组建的评标委员会负责。评标委员会由招标人或其委托的招标代理机构熟悉相关业务的代表,以及有关技术、经济等方面的专家组成。评标委员会成员人数为五人以上单数,评标委员会有关技术、经济等方面专家的确定方式见投标人须知前附表。

7.1.2 评标委员会成员有下列情形之一的,应当回避:

(1) 投标人或投标人主要负责人的近亲属;

(2) 项目主管部门或者行政监督部门的人员;

(3) 与投标人有经济利益关系;

(4) 曾因在招标、评标以及其他与招标投标有关活动中从事违法行为而受过行政处罚或刑事处罚的;

（5）与投标人有其他利害关系。

7.2　评标原则

评标活动遵循公平、公正、科学和择优的原则。

7.3　评标

评标委员会按照第三章"评标办法"规定的方法、评审因素、标准和程序对投标文件进行评审。第三章"评标办法"没有规定的方法、评审因素和标准，不作为评标依据。

8. 合同授予

8.1　定标方式

除投标人须知前附表规定评标委员会直接确定中标人外，招标人依据评标委员会推荐的中标候选人确定中标人，评标委员会推荐中标候选人的人数见投标人须知前附表。

8.2　中标候选人公示

招标人在投标人须知前附表规定的媒介公示中标候选人。公示期结束后无异议，招标人应确定排名第一的中标候选人为中标人。排名第一的中标候选人放弃中标、因不可抗力提出不能履行合同，或者招标文件规定应当提交履约保证金而在规定的期限内未能提交的，招标人可以确定排名第二的中标候选人为中标人。

8.3　中标通知

在本章第4.3款规定的投标有效期内，招标人以书面形式向中标人发出中标通知书，同时将中标结果通知未中标的投标人。

8.4　履约担保、工程支付担保

8.4.1　在签订合同前，中标人应按投标人须知前附表规定的担保形式和招标文件第四章"合同条款及格式"规定的或者事先经过招标人书面认可的履约担保格式向招标人提交履约担保。除投标人须知前附表另有规定外，履约担保金额为中标合同金额的10%。

8.4.2　中标人不能按本章第8.4.1项要求提交履约担保的应视为放弃中标，其投标保证金不予退还，给招标人造成的损失超过投标保证金数额的，中标人还应当对超过部分予以赔偿。

8.4.3　招标人要求投标人提交履约担保的，招标人同时向中标人提供工程款支付担保。

8.5　签订合同

8.5.1　招标人和中标人应当自中标通知书发出之日起30天内，根据招标文件和中标人的投标文件订立书面合同。中标人无正当理由拒签合同的，招标人取消其中标资格，其投标保证金不予退还；给招标人造成的损失超过投标保证金数额的，中标人还应当对超过部分予以赔偿。

8.5.2　发出中标通知书后，招标人无正当理由拒签合同的，招标人向中标人退还投标保证金；给中标人造成损失的，还应当赔偿损失。

8.5.3　如果根据本章第8.1项、第8.3.3项或第8.4.1项规定，招标人取消了中标人的中标资格，在此情况下，招标人可将合同授予下一个中标候选人，或者按规定重新组织招标。

9. 重新招标和不再招标

9.1 重新招标

有下列情形之一的，招标人将重新招标：

（1）投标截止时，投标人少于3个的；

（2）经评标委员会评审后否决所有投标的；

（3）中标人及递补为中标人的中标候选人均未与招标人签订合同的；

（4）法律、法规规定的其他情形；

（5）重新招标后投标人仍少于3个或者所有投标被否决的，报原审批或核准部门重新确定招标方式。

9.2 不再招标

重新招标后投标人仍少于3个或者所有投标被否决的，属于必须审批或核准的工程建设项目，经原审批货核准部门批准后可以不再进行招标。

10. 纪律和监督

10.1 对招标人的纪律要求

招标人不得泄露招标投标活动中应当保密的情况和资料，不得与投标人串通损害国家利益、社会公共利益或者他人合法权益。

10.2 对投标人的纪律要求

投标人不得相互串通投标或者与招标人串通投标，不得向招标人或者评标委员会成员行贿谋取中标，不得以他人名义投标或者以其他方式弄虚作假骗取中标；投标人不得以任何方式干扰、影响评标工作。

10.3 对评标委员会成员的纪律要求

评标委员会成员不得收受他人的财物或者其他好处，不得向他人透漏对投标文件的评审和比较、中标候选人的推荐情况以及与评标有关的其他情况。在评标活动中，评标委员会成员应当客观、公正地履行职责，遵守职业道德，不得擅离职守，影响评标程序正常进行，不得使用第三章"评标办法"没有规定的评审因素和标准进行评标。

10.4 对与评标活动有关的工作人员的纪律要求

与评标活动有关的工作人员不得收受他人的财物或者其他好处，不得向他人透漏对投标文件的评审和比较、中标候选人的推荐情况以及评标有关的其他情况。在评标活动中，与评标活动有关的工作人员不得擅离职守，影响评标程序正常进行。

10.5 投诉

投标人和其他利害关系人认为本次招标活动违反法律、法规和规章规定的，有权向有关行政监督部门投诉。

11. 解释权

本招标文件解释权属××项目管理有限公司和招标人。

12. 需要补充的其他内容

需要补充的其他内容：见投标人须知前附表。

13. 电子招标投标

采用电子招标投标的，招标人对投标文件的编制、密封和标记、递交、开标、评标等的具体要求，见投标人须知前附表。

附件一：开标记录表（局部，示表头内容）

（项目名称）开标记录表

开标时间：＿＿＿年＿＿＿月＿＿＿日＿＿＿时＿＿＿分

案例一表 3-2

序号	投标人	密封情况	投标保证金	投标报价（元）	质量标准	工期	备注	签名
招标人编制的标底/最高限价								

招标人代表：＿＿＿＿＿＿＿＿＿＿　记录人：＿＿＿＿＿＿＿＿＿＿　监标人：＿＿＿＿＿＿＿＿

＿＿＿年＿＿＿月＿＿＿日

附件二：问题澄清通知

问 题 澄 清 通 知

编号：

＿＿＿＿＿＿＿＿＿（投标人名称）：

＿＿＿＿＿＿＿＿＿＿＿（项目名称）招标的评标委员会，对你方的投标文件进行了仔细的审查，现需你方对下列问题以书面形式予以澄清：

1.

2.

……

请将上述问题的澄清于＿＿＿＿＿＿＿年＿＿＿＿＿＿月＿＿＿＿＿＿日＿＿＿＿＿＿时前递交至＿＿＿＿＿＿＿＿＿＿＿＿＿＿＿＿＿＿（详细地址）或传真至＿＿＿＿＿＿（传真号码）。采用传真方式的，应在＿＿＿＿年＿＿＿＿＿月＿＿＿＿＿日＿＿＿＿＿时前将原件递交至＿＿＿＿＿＿＿＿＿＿＿＿＿＿＿＿＿（详细地址）。

招标人或招标代理机构：＿＿＿＿＿＿（签字或盖章）
＿＿＿年＿＿＿月＿＿＿日

附件三：问题的澄清

问 题 的 澄 清

编号：

＿＿＿＿＿＿＿＿＿＿＿（项目名称）招标评标委员会：

问题澄清通知（编号：＿＿＿＿＿＿＿）已收悉，现澄清如下：

1.

2.

……

投标人：＿＿＿＿＿＿＿＿＿＿＿＿＿＿＿＿（盖单位章）
法定代表人或其委托代理人：＿＿＿＿＿＿（签字）
＿＿＿年＿＿＿月＿＿＿日

附件四：中标通知书

中 标 通 知 书

＿＿＿＿＿＿＿＿＿＿（中标人名称）：

你方于＿＿＿＿＿＿＿＿＿（投标日期）所递交的＿＿＿＿＿＿＿＿＿（项目名称）投标文件已被我方接受，被确定为中标人。

中标价：_____元。

工期：_____日历天。

工程质量：符合_____标准。

项目经理：_____（姓名）。

请你方在接到本通知书后的_____日内到_____（指定地点）与我方签订承包合同，在此之前按招标文件第二章"投标人须知"第8.4款规定向我方提交履约担保。

随附的澄清、说明、补正事项纪要，是本中标通知书的组成部分。

特此通知。

附：澄清、说明、补正事项纪要

招标人：_____（盖单位章）

法定代表人：_____（签字）

____年____月____日

附件五：中标结果通知书

中标结果通知书

_____（未中标人名称）：

我方已接受_____（中标人名称）于_____（投标日期）所递交的_____（项目名称）投标文件，确定_____（中标人名称）为中标人。

感谢你单位对我们工作的大力支持！

招标人：_____（盖单位章）

法定代表人：_____（签字）

____年____月____日

附件六：确认通知

确　认　通　知

_____（招标人名称）：

你方于____年____月____日发出的_____（项目名称）关于_____的通知，我方已于____年____月____日收到。

特此确认。

投标人：_____（盖单位章）

____年____月____日

附件七：工程量清单计价（控制价）取费费率

××省××市某工程工程清单计价（控制价）取费费率　　　案例一表 3-3

定额编号	项目名称	计算基数	装饰工程费率（%）	安装工程费率（%）	建筑工程费率（%）
A1. 施工组织措施费费率					
A1-1	环境保护费		0.34	0.2	0.44
A1-2	文明施工费（市区）		3.4	1.5	3.4
A1-3	安全施工费		2.6	1.6	3.2
A1-4	临时设施费		4.4	4.2	5.0
A1-5	夜间施工费		0.0	0.0	0.0
A1-6	缩短工期10%以内	人工费＋机械费	0.0	0.0	0.0
A1-7	二次搬运费		1.9	0.6	0.9
A1-8	已完工程及设备保护费		0.3	0.0	0.0
A1-9	冬雨期施工增加费		1.3	1.1	1.3
A1-10	定位复测点交场地清理费		1.6	0.4	2.0
A1-11	生产工具用具使用费		1.9	0.9	1.8
A1-12	扬尘污染防治费		2.0	0.0	1.0
A2. 企业管理费费率					
A2-1	民用建筑工程	人工费＋机械费	25	25	19
A3. 利润率					
A3-1	民用建筑工程	人工费＋机械费	13	13	13
A4. 规费					
A4-1	工程排污费		0	0	0
A4-2	社会保障费				
A4-2.1	养老保险费		22	22	22
A4-2.2	失业保险费		3	3	3
A4-2.3	医疗保险费	人工费	10	10	13
A4-3	住房公积金		12	12	12
A4-4	危险作业以外保险费		0.8	0.8	0.8
A5. 税金					
A5	税金		3.475	3.475	3.475
A5-1	税费		3.348	3.348	3.348
A5-2	水利建设基金	税前工程造价	0.062	0.062	0.062
A5-3	地方教育附加		0.065	0.065	0.065

附件八：建设工程造价计算程序表

建设工程造价计算程序表（含人工费）　　　　　　　案例一表3-4

序号		费用项目	计算方法
一		分部分项工程量清单项目费	∑(分部分项工程量×综合单价)
	其中	1. 人工费	
		2. 机械费	
二		措施项目清单	(一)＋(二)
		(一)施工技术措施项目清单费	∑(施工技术措施项目清单)×综合单价
	其中	3. 人工费	
		4. 机械费	
		(二)施工组织措施项目清单费	∑(1＋2＋3＋4)×费率
三		其他项目清单费	按清单计价要求计算
四	规费	1. 社会保障费　(1)养老保险费	(1＋3)×22%
		(2)失业保险费	(1＋3)×3%
		(3)医疗保险费	(1＋3)×10%
		2. 住房公积金	(1＋3)×12%
		3. 危险作业意外保险费	(1＋3)×0.8%
五		人工费调整	总工日×37.00
六		税金	(一＋二＋三＋四＋五)×3.475%
七		工程造价(含人工费调整)	一＋二＋三＋四＋五＋六

第三章　评标办法（经评审的有效最低投标价法）

评标办法前附表

案例一表3-5

条款号	评审因素		评审标准
2.1.1	形式评审标准	投标人名称	与营业执照、资质证书、安全生产许可证一致
		投标函签字盖章	有法定代表人或其委托代理人签字或加盖单位章
		投标文件格式	符合第八章"投标文件格式"的要求
		报价唯一	只能有一个有效报价
		……	……
2.1.2	资格评审标准	营业执照	具备有效的营业执照
		安全生产许可证	具备有效的安全生产许可证
		资质等级	符合第二章"投标人须知"第1.4.1项规定
		项目经理	符合第二章"投标人须知"第1.4.1项规定
		财务要求	符合第二章"投标人须知"第1.4.1项规定
		业绩要求	符合第二章"投标人须知"第1.4.1项规定
		其他要求	符合第二章"投标人须知"第1.4.1项规定
		……	……

条款号	评审因素		评审标准
2.1.3	响应性评审标准	投标报价	符合第二章"投标人须知"第3.2.3项规定
		投标内容	符合第二章"投标人须知"第1.3.1项规定
		工期	符合第二章"投标人须知"第1.3.2项规定
		工程质量	符合第二章"投标人须知"第1.3.3项规定
		投标有效期	符合第二章"投标人须知"第3.3.1项规定
		投标保证金	符合第二章"投标人须知"第3.4.1项规定
		权利义务	符合第四章"合同条款及格式"规定
		已标价工程量清单	符合第五章"工程量清单"给出的范围及数量
		技术标准和要求	符合第七章"技术标准和要求"规定
		投标价格	低于(含等于)"投标人须知"前附表第4.2载明的招标控制价
		分包计划	符合"投标人须知"规定
2.1.4	施工组织设计评审标准	施工方案	上述内容少一项则施工组织设计按"不合格"处理
		质量管理体系与措施	
		工程进度计划与措施	
		安全管理体系与措施	
		环境保护管理体系与措施	
		资源配备计划	
		施工总平面图	
条款号	量化因素		量化标准
2.2	详细评审标准	单价遗漏	……
		不平衡报价	……
		……	……

1. 评标办法

本次评标采用经评审的最低投标价法。评标委员会对满足招标文件实质要求的投标文件,根据本章第2.2款规定的量化因素及量化标准进行价格折算,按照经评审的投标价由低到高的顺序推荐中标候选人,或根据招标人授权直接确定中标人,但投标报价低于其成本的除外。经评审的投标价相等时,投标报价低的优先;投标报价也相等的,由招标人或其授权的评标委员会自行确定。

2. 评标标准

2.1 初步评审标准

2.1.1 形式评审标准:见评标办法前附表。

2.1.2 资格评审标准:见评标办法前附表。

2.1.3 响应性评审标准:见评标办法前附表。

2.1.4 施工组织设计评审标准:见评标办法前附表。

2.2 详细评审标准

详细评审标准:见评标办法前附表。

3. 评标程序

当通过开标后实际投标人大于 15 家时，将根据符合报价要求的投标人的报价由低到高进行排序，抽取前 15 名的投标人的投标文件进行初步评审。如果出现评标委员会判定为不合格投标人时，则按顺序依次抽取其他投标人补足 15 家进行评审。当通过开标后实际投标人小于和等于 15 家的时候全部纳入初步评审。

3.1 初步评审

3.1.1 评标委员会可以要求投标人提交第二章"投标人须知"第 4.5.1 项至第 4.5.4 项规定的有关证明和证件的原件，以便核验。评标委员会依据本章第 2.1 款规定的标准对投标文件进行初步评审。有一项不符合评审标准的，评标委员会应当否决其投标。

3.1.2 投标人有以下情形之一的，评标委员会应当否决其投标：

(1) 第二章"投标人须知"第 2.4.2 项、第 2.4.3 项规定的任何一种情形的；

(2) 串通投标或弄虚作假或有其他违法行为的；

(3) 不按评标委员会要求澄清、说明或补正的。

3.1.3 投标报价有算术错误的，评标委员会按以下原则对投标报价进行修正，修正的价格经投标人书面确认后具有约束力。投标人不接受修正价格的，评标委员会应当否决其投标。

(1) 投标文件中的大写金额与小写金额不一致的，以大写金额为准；

(2) 总价金额与依据单价计算出的结果不一致的，以单价金额为准修正总价，但单价金额小数点有明显错误的除外。

3.2 详细评审

3.2.1 评标委员会按本章第 2.2 款规定的量化因素和标准进行价格折算，计算出评标价，并编制价格比较一览表。

3.2.2 评标委员会发现投标人的报价明显低于其他投标报价，或者在设有标底时明显低于标底，使得其投标报价可能低于其成本的，应当要求该投标人作出书面说明并提供相应的证明材料。投标人不能合理说明或者不能提供相应证明材料的，评标委员会应当认定该投标人以低于成本报价竞标，否决其投标。

3.3 投标文件的澄清和补正

3.3.1 在评标过程中，评标委员会可以书面形式要求投标人对所提交的投标文件中不明确的内容进行书面澄清或说明，或者对细微偏差进行补正。评标委员会不接受投标人主动提出的澄清、说明或补正。

3.3.2 澄清、说明和补正不得改变投标文件的实质性内容。投标人的书面澄清、说明和补正属于投标文件的组成部分。

3.3.3 评标委员会对投标人提交的澄清、说明或补正有疑问的，可以要求投标人进一步澄清、说明或补正，直至满足评标委员会的要求。

3.4 评标结果

3.4.1 除第二章"投标人须知"前附表授权直接确定中标人外，评标委员会按照经评审的价格由低到高的顺序推荐中标候选人。

3.4.2 评标委员会完成评标后，应当向招标人提交书面评标报告。

第三章　评标办法（综合评估法）

评标办法前附表

案例一表 3-6

条款号		评审因素	评审标准
2.1.1	形式评审标准	投标人名称	与营业执照、资质证书、安全生产许可证一致
		投标函签字盖章	有法定代表人或其委托代理人签字或加盖单位章
		投标文件格式	符合第八章"投标文件格式"的要求
		报价唯一	只能有一个有效报价
		……	……
2.1.2	资格评审标准	营业执照	具备有效的营业执照
		安全生产许可证	具备有效的安全生产许可证
		资质等级	符合第二章"投标人须知"第 2.4.1 项规定
		项目经理	符合第二章"投标人须知"第 2.4.1 项规定
		财务要求	符合第二章"投标人须知"第 2.4.1 项规定
		业绩要求	符合第二章"投标人须知"第 2.4.1 项规定
		其他要求	符合第二章"投标人须知"第 2.4.1 项规定
		……	……
2.1.3	响应性评审标准	投标报价	符合第二章"投标人须知"第 4.2.3 项规定
		投标内容	符合第二章"投标人须知"第 2.3.1 项规定
		工期	符合第二章"投标人须知"第 2.3.2 项规定
		工程质量	符合第二章"投标人须知"第 2.3.3 项规定
		投标有效期	符合第二章"投标人须知"第 4.3.1 项规定
		投标保证金	符合第二章"投标人须知"第 4.4.1 项规定
		权利义务	符合第四章"合同条款及格式"规定
		已标价工程量清单	符合第五章"工程量清单"给出的范围及数量
		技术标准和要求	符合第七章"技术标准和要求"规定
		……	……

条款号	条款内容	编列内容
2.2.1	分值构成 （总分 100 分）	施工组织设计：___10___分 项目管理机构：___5___分 投标报价：___65___分 其他评分因素：___20___分
2.2.2	评标基准价（A） 计算方法	当投标报价数多于 10 家时，从有效报价中去掉一个最高价和一个最低价进行算术平均值 P；当少于或等于 10 家则直接进行算术平均值 P 计算。获取 K 值（当 K 值范围在 95～100 时，由招标人代表随机抽取确定）。评标基准价 $A=P\times K\%$
2.2.3	投标报价的偏差率计算公式	偏差率 $=100\%\times$（投标人报价－评标基准价）/评标基准价

续表

条款号	评审因素		评分标准
2.2.4(1)	施工组织设计评分标准	内容完整性和编制水平	标准分10，其中：优(9<M≤10分)，良(6<M≤9分)，一般(3<M≤6分)，差：(0<M≤3分)
		施工方案与技术措施	标准分15，其中：优(13<M≤15分)，良(8<M≤13分)，一般(3<M≤8分)，差：(0<M≤3分)
		质量管理体系与措施	标准分10，其中：优(9<M≤10分)，良(6<M≤9分)，一般(3<M≤6分)，差：(0<M≤3分)
		总包管理及其对专业分保管理方案	标准分10，其中：优(9<M≤10分)，良(6<M≤9分)，一般(3<M≤6分)，差：(0<M≤3分)
		安全管理体系与措施	标准分12，其中：优(10<M≤12分)，良(7<M≤10分)，一般(3<M≤7分)，差：(0<M≤3分)
		现场文明施工、环境保护管理体系与措施	标准分10，其中：优(9<M≤10分)，良(6<M≤9分)，一般(3<M≤6分)，差：(0<M≤3分)
		工程进度计划与措施	标准分10，其中：优(9<M≤10分)，良(6<M≤9分)，一般(3<M≤6分)，差：(0<M≤3分)
		资源配备计划	标准分10，其中：优(9<M≤10分)，良(6<M≤9分)，一般(3<M≤6分)，差：(0<M≤3分)
		冬期和雨期施工方案	标准分8，其中：优(7<M≤8分)，良(5<M≤7分)，一般(3<M≤5分)，差：(0<M≤3分)
		施工总平面布置	标准分5，其中：优(4<M≤5分)，良(2<M≤4分)，差：(0<M≤2分)
2.2.4(2)	项目管理机构评分标准	项目经理任职资格与业绩	标准分5，其中：优(4<M≤5分)，良(2<M≤4分)，差：(0<M≤2分)
		其他主要人员	标准分5，其中：优(4<M≤5分)，良(2<M≤4分)，差：(0<M≤2分)
2.2.4(3)	投标报价评分标准	偏差率	投标报价得分Z，如果有效报价与评标基准A相等，Z为64分；偏差率每下浮1%扣3分($Z=65-[(A-投标报价)\div A]\times 300$)；每上浮1%扣5分($Z=65-[(投标报价-A)\div A]\times 500$)
		中标推荐顺序	按综合投标报价得分、施工组织设计得分、投标人信誉得分、项目管理机构得分之和，从高到低顺序推荐1~3名中标候选人
2.2.4(4)	其他因素评分标准	投标人信誉	

1. 评标方法

本次评标采用综合评估法，先评技术标，再评商务标。当通过开标后实际投标人大于15家时，将根据符合报价要求的投标人的报价由低到高进行排序，抽取前15名的投标人的投标文件进行初步评审。如果出现评标委员会判定为不合格投标人时，则按顺序依次抽取其他投标人补足15家进行评审。当通过开标后实际投标人小于和等于15家的时候全部纳入初步评审。

评标委员会对满足招标文件实质性要求的投标文件,按照本章第 2.2 款规定的评分标准进行打分,并按得分由高到低顺序推荐中标候选人,或根据招标人授权直接确定中标人,但投标报价低于其成本的除外。综合评分相等时,以投标报价低的优先;投标报价也相等的,由招标人或其授权的评标委员会自行确定。

2. 评审标准

整个评标先进行资格后审查,审查通过后进行初步审查,然后再进行详细审查,只有通过详细评审的投标人才能参加评分。本章所称的投标报价是指按招标文件规定各投标人所报的价格,评分内容包括投标总报价,共计 100 分。

本工程评分有效报价范围为招标人发布的最高限价以下(含最高限价)。其中,最高限价＝招标控制价×0.85＋(招标代理费＋造价编制费＋场地交易费＋预留金＋暂定金)×0.15×1.03475。

2.1 初步评审标准

2.1.1 形式评审标准:见评标办法前附表。

2.1.2 资格评审标准:见评标办法前附表。

2.1.3 响应性评审标准:见评标办法前附表。

2.2 分值构成与评分标准

2.2.1 分值构成

(1) 施工组织设计:见评标办法前附表;

(2) 项目管理机构:见评标办法前附表;

(3) 投标报价:见评标办法前附表;

(4) 其他评分因素:见评标办法前附表。

2.2.2 评标基准价计算

评标基准价计算方法:见评标办法前附表。

2.2.3 投标报价的偏差率计算

投标报价的偏差率计算公式:见评标办法前附表。

2.2.4 评分标准

(1) 施工组织设计评分标准:见评标办法前附表;

(2) 项目管理机构评分标准:见评标办法前附表;

(3) 投标报价评分标准:见评标办法前附表;

(4) 其他因素评分标准:见评标办法前附表。

3. 评标委员会组成及职责

3.1 评标委员会

评标委员会由招标人依法组建。评标委员会推举产生委员会主任,商务评标以注册造价工程师为主。

3.2 评标委员会的职责

依照本评标办法对投标文件进行评审和比较,向招标人推荐中标候选人或根据招标人授权直接确定中标人。

各委员独立评审并提出评审意见,不受任何单位或者个人的干预。各评标委员对各自评审结果负责，并在评标报告上签字确认。对评标结论有异议的委员可以书面方式阐述其不同意见和理由。评标委员会成员拒绝在评标报告上签字且不陈述其不同意见和理由的，视为同意评标结论，评标委员会应当对此作出说明并记录在案。

4. 评审程序

4.1　初步评审

4.1.1　评标委员会可以要求投标人提交第二章"投标人须知"第4.5.1项至第4.5.4项规定的有关证明和证件的原件，以便核验。评标委员会依据本章第2.1款规定的标准对投标文件进行初步评审。有一项不符合评审标准的，评标委员会应当否决其投标。

4.1.2　投标人有以下情形之一的，评标委员会应当否决其投标：

(1) 第二章"投标人须知"第2.4.2项、第2.4.3项规定的任何一种情形的；

(2) 串通投标或弄虚作假或有其他违法行为的；

(3) 不按评标委员会要求澄清、说明或补正的。

4.1.3　投标报价有算术错误的，评标委员会按以下原则对投标报价进行修正，修正的价格经投标人书面确认后具有约束力。投标人不接受修正价格的，评标委员会应当否决其投标。

(1) 投标文件中的大写金额与小写金额不一致的，以大写金额为准；

(2) 总价金额与依据单价计算出的结果不一致的，以单价金额为准修正总价，但单价金额小数点有明显错误的除外。

4.1.4　评标委员会发现投标人的报价明显低于其他投标报价，或者在设有标底时明显低于标底，使得其投标报价可能低于其个别成本的，应当要求该投标人作出书面说明并提供相应的证明材料。投标人不能合理说明或者不能提供相应证明材料的，评标委员会应当认定该投标人以低于成本报价竞标，否决其投标。

4.2　详细评审

4.2.1　技术标评审

评标委员会根据前附表中评标标准对投标报价符合要求的投标人的技术标书进行符合性评审，评标委员会主要按招标文件的要求，主要对企业及项目经理业绩、项目部组成人员配置、项目施工组织设计、重点专业工程施工技术方案以及拟分包情况等方面对投标人的技术标进行符合性评审，评审结论采用合格制。对否定的技术标，评委要提出充足的否定理由，并填写在技术标评标记录上。

其中，施工组织评审主要从以下几方面评阅：

(1) 主要施工方法：各主要分部施工方法符合项目实际，须有详尽的施工技术方案，工艺先进、方法科学合理、可行，能指导具体施工并确保安全。

(2) 拟投入的主要物资计划：投入的施工材料有详细计划且计划周密，数量、选型配置、进场数量、时间安排合理，满足施工需要。

(3) 拟投入的主要施工机械、设备计划：投入的施工机械、设备、机具有详细计划且计划周密，设备数量、选型配置、进场数量、时间安排合理，满足施工需要。

(4) 劳动力安排计划：各主要施工工序应有详细周密的劳动力安排计划明细，有各工种劳动力安排计划，劳动力投入经济合理，满足施工需要。

(5) 确保工程质量的技术组织措施：施工项目应有专门的质量技术管理班子和制度，

且人员配备合理，制度健全。主要工序应有质量技术保证措施和手段，自控体系完整，能有效保证技术质量，达到承诺的质量标准。

（6）确保安全生产的技术组织措施：施工项目应有专门的安全管理人员和制度，且人员配备合理，制度健全，各道工序安全技术措施针对性强，符合实际且满足有关安全技术标准要求。现场防火、社会治安安全措施得力。

（7）确保工期的技术组织措施：在施工工艺、施工方法、材料选用、劳动力安排、技术等方面有保证工期的具体措施且措施得当。有控制工期的施工进度计划。应有施工总进度表或施工网络图，各项计划图表编制完善，安排科学合理，符合本项目施工实际要求。

（8）确保文明施工的技术组织措施：针对本工程项目特点，应有现场文明施工计划、环境保护措施，且计划措施内容应达到"安全文明示范工地"标准。各项措施周全、具体、有效。有具体实现现场文明施工目标的承诺。

（9）工程施工的重点和难点及保证措施是否正确（须与投标人须知前附表重难点相对应，可以根据投标人理解另行增加内容）。

（10）施工总平面布置图：应有施工总平面布置图，安排科学合理，符合本项目施工实际要求。

（11）施工组织设计的针对性、完整性。

评审时，应结合本工程特点及招标文件的要求对投标单位编制的技术标逐项评定，查看是否科学、合理、可行。如发现投标文件内容与招标文件规定内容存在偏差，应要求投标人澄清、说明或补正。

评标委员会在评审时发现有以下情况之一的，经评标委员会评审后对投标人技术标作无效判定：

（1）串通投标或弄虚作假或有其他违法行为的；

（2）工期、质量标准、技术规格、施工方案评审文件或其他实质性要求不能满足招标文件要求，或作出的承诺与招标文件中要求的相关承诺条款实质性不相符的；

（3）未按规定的格式填写，实质性内容不全或关键字迹模糊、无法辨认的；

（4）投标人拒不按照要求对投标文件进行澄清、说明、补正的；

（5）投标文件中存在招标人不能接受的其他实质性条件；

（6）技术标要求必过条款投标人投标文件相关部分经评委会审核不通过的；

（7）投标人技术标通过条款总数不满足招标文件要求的；

（8）技术标经评委会评审不通过的；

（9）法律、法规规定的其他情形。

4.2.2　商务标评审

4.2.2.1　报价规范性评审

对投标报价中分部分项工程综合单价、主要材料价格、人工费（含工日数量及工日单价）、机械费以及规费等进行规范性评审，对明显相互冲突、自相矛盾或不合理的，未按照工程量清单计价规范要求计价的，经评审委员会做重点评审后，可作为无效投标。（如：投标报价中分部分项清单综合单价低于主材价格等情况，做重点评审后可作为无效投标。）

4.2.2.2　不平衡报价评审

不平衡报价评审及结算按以下规定进行：

（1）对于投标报价中的综合单价明显高出控制价单价或与控制价单价相比明显降幅过大的情况，评委会重点评审后可将其作为恶意不平衡报价进行评审，其商务标作无效标处理。

（2）投标人应对控制价进行复核，认为控制价及措施费有误的，应在开标前规定疑问提交时限内提出。投标人未提出相关书面异议的，视同认可控制价所有子目组价合理。对于投标报价明显高出控制价单价的情况，评委会重点评审后可将其作为恶意不平衡报价进行评审，其商务标作无效投标处理。

（3）对于分部分项综合单价投标报价高于控制价相应子目综合单价的清单项目，工程量增加幅度超过本项目工程数量15%（不含15%）的，超过15%的增加部分工程量相应综合单价按控制价相应子目综合单价与投标总价降幅同比下浮标准，作为结算的依据。

（4）对于分部分项综合单价投标报价降幅低于控制价相应子目综合单价30%以上的清单项目，工程量减少幅度超过本项目工程数量15%（不含15%）的，超过15%的减少部分工程量相应综合单价按控制价相应子目综合单价与投标总价降幅同比下浮标准，作为结算的依据。

4.2.3 评审量化级分值计算

评标委员会按本章第2.2款规定的量化因素和分值进行打分，并计算出综合评估得分。

（1）按本章第2.2.4（1）目规定的评审因素和分值对施工组织设计计算出得分A；

（2）按本章第2.2.4（2）目规定的评审因素和分值对项目管理机构计算出得分B；

（3）按本章第2.2.4（3）目规定的评审因素和分值对投标报价计算出得分C；

（4）按本章第2.2.4（4）目规定的评审因素和分值对其他部分计算出得分D。

评分分值计算保留小数点后两位，小数点后第三位"四舍五入"。

投标人得分＝A＋B＋C＋D。

4.3 投标文件的澄清和补正

4.3.1 在评标过程中，评标委员会可以书面形式要求投标人对所提交投标文件中不明确的内容进行书面澄清或说明，或者对细微偏差进行补正。评标委员会不接受投标人主动提出的澄清、说明或补正。

4.3.2 澄清、说明和补正不得改变投标文件的实质性内容。投标人的书面澄清、说明和补正属于投标文件的组成部分。

4.3.3 评标委员会对投标人提交的澄清、说明或补正有疑问的，可以要求投标人进一步澄清、说明或补正，直至满足评标委员会的要求。

4.4 废标条款

4.4.1 投标人有以下情形之一的，初步评审后期投标作废标处理

（1）不符合"投标人须知"中相关条款的；

（2）串通投标或弄虚作假或有其他违法行为的；

（3）不按评标委员会要求澄清、说明或补正的；

（4）投标文件中的工程量清单报价书封面相应位置未加盖工程造价专业人员执业（或从业）专用章；

（5）投标函中投标报价、工期、质量标准、项目经理、技术规格、施工方案评审文件

不能满足招标文件要求，或作出的承诺与招标文件中提供的投标函样本中相关内容相抵触或有遗漏的，或与电子清单计价文件不一致的；

（6）未按规定的格式填写，或实质性内容不全或关键字模糊、无法辨认的；

（7）投标人递交两份或多份内容不同的投标文件，或在一份投标文件中对同一招标项目报有两个或多个报价，且未声明哪一个有效的。按招标文件规定提交备选投标方案的除外；

（8）投标文件中存在招标人不能接受的其他实质性条件；

（9）投标文件中填报的项目经理（或注册建造师）与资格预审通过的项目经理（或注册建造师）前后不一致的；

（10）投标清单光盘内容与投标文件正本内容不一致的。

4.4.2　投标人有以下情形之一的，详细评审后期投标作废标处理

（1）投标报价高于控制价的；

（2）安全文明施工费、规费和税金等其他不可竞争费用中有其中一项降低了计费标准、基数或擅自减少不可竞争费用项目进行竞标的；

（3）当投标文件中填报的工程量清单报价的分项、分部工程项目名称、内容或计量单位及工程量不一致，以致影响排序的；

（4）投标人拒不按照要求对投标文件进行澄清、说明、补正的；

（5）投标报价中变更暂列金额或招标人提供的暂估价的；

（6）法律、法规规定的其他情形。

4.5　评标结果

4.5.1　除第二章"投标人须知"前附表授权直接确定中标人外，评标委员会按照得分由高到低的顺序推荐中标候选人。评标委员会推荐的中标候选人应当限定在1～3名，并标明排列顺序。

4.5.2　评标委员会完成评标后，应当向招标人提交书面评标报告。评标报告应当如实记载以下内容：

（1）基本情况和数据表；

（2）评标委员会成员名单；

（3）开标记录；

（4）符合要求的投标人一览表；

（5）无效标情况说明；

（6）评标标准、评标方法或者评标因素一览表；

（7）经评审的价格一览表；

（8）经评审的投标人排序；

（9）推荐的中标候选人名单与签订合同前要处理的事宜；

（10）澄清、说明、补正事项纪要。

4.5.3　依法必须进行招标的项目，招标人应当确定排名第一的中标候选人为中标人。排名第一的中标候选人放弃中标、因不可抗力提出不能履行合同，或者招标文件规定应当提交履约保证金而在规定的期限内未能提交的，招标人可以确定排名第二的中标候选人为中标人。以此类推。

5. 其他

投标人提供的与投标有关的各类证书、证明、文件、资料等的真实性、合法性由投标人负全责。如发现投标人有弄虚作假或提供不实信息的行为，无论在投标有效期内还是在工程实施过程中，一经发现，将被取消其中标资格或终止合同，视为企业不诚信行为。××市公共资源交易监督管理局将按相关规定予以处罚并记入××市公共资源交易市场主体不良行为记录，予以披露。

第四章　计价依据及工程造价确定

1. 计价依据

1.1　计价依据的确定符合国家法律法规、现行有关标准与规范，工程所在地的省、市工程定额和工程造价的规定以及工程造价信息要求。

1.2　结合工程实际情况，有特殊要求的，见专用部分。

2. 工程造价原则

2.1　工程造价计价遵循公平、合法和诚实信用的原则。

2.2　工程造价力求合理，其费用构成完整，计算正确。在确定工程造价时考虑各种风险因素。

2.3　正确使用工程造价信息数据和工程造价计价软件。

2.4　所有工程造价成果文件由编制、审核工程造价专业人员加盖执业（或从业）专用章。工程造价专业人员对工程造价成果文件质量负责。

3. 工程量清单编制

3.1　工程量清单由分部分项工程量清单、措施项目清单、其他项目清单、规费项目清单、税金项目清单组成。

3.2　工程量清单作为招标文件的组成部分，是工程量清单计价的基础，应作为编制招标控制价、投标报价、计算工程量、调整合同价款、办理工程竣工结算以及工程索赔等的依据。

3.3　工程量清单依据计价规范、现行的计价依据和办法、招标文件及答疑文件、设计文件、施工现场情况、工程特点及常规施工方案、施工规范和标准等进行编制。招标人对工程量清单准确性和完整性负责。投标人在投标报价过程中有责任和义务对招标人提供的工程量清单进行分析和核对，发现问题应按招标文件要求提出。

4. 招标控制价编制

4.1　招标控制价为本次招标工程限定的最高工程造价，不做上调或下浮。

4.2　招标控制价投标人在开标前 5 日对公布的招标控制价有异议的可向招标人提出或向有关部门投诉。

4.3　招标控制价采用清单综合单价计价或全费用综合单价等计价方式。正确、全面地使用国家标准、行业和地方的计价定额以及相关文件。

5. 投标报价编制

5.1　投标报价除本招标文件有特殊要求外，由投标人自主确定，但不得低于成本。

5.2　投标人应按招标人提供的工程量清单填报价格。填写的项目编码、项目名称、项目特征、计量单位、工程量必须与招标人提供的一致。

5.3　工程量清单计价格式中列明的所有需要填报的综合单价和合价，投标人均应填报，未填报的综合单价和合价，应视为此项费用已含在工程量清单的其他综合单价和合价中。

5.4　投标总价应当与分部分项工程量清单费、措施项目清单费、其他项目清单费、规费项目清单费和税金项目清单费的合计金额一致。

第五章　合　同　授　予

定标后，招标人于 7 日内将评标、定标报告及评标、定标有关资料报监督管理机构核准，办理《中标通知书》。

办理《中标通知书》后，招标人根据《中华人民共和国合同法》，依据招标文件、投标文件内容，与中标人使用住房城乡建设部、国家工商总局制定的 CF—2013—0201 合同示范文本签订合同，并报招投标监督管理机构备案。

合同履约保证金的提交及截止时间：签订施工合同前一天提交保证金，金额数目与投标信用保证金相同、采用投标保证金直接转为合同履约保证金方式，即中标人的投标保证金在其余招标人签订合同后自动转为履约保证金。履约保证金为中标价的 10%。

第六章　合同价款及调整

1. 合同价款

《中标通知书》所示中标价款（包括安全文明施工措施费及农民工参加工伤保险费）即为合同价；本工程采用固定单价合同。

2. 价款支付

2.1　工程款支付

按每月已完成合格工程量的 60% 支付，工程全部竣工验收合格后付至合同价款的 80%，待工程资料备齐达到办理审计结算后付至结算价的 95%，余 5% 保修金按国家规定执行。

2.2　履约保证金返还

招标人开工前支付中标人履约保证金的 30% 作为工程备料款，开工后随着工程进度，支付工程款的同时返还履约保证金，返还金额为合格工程款的 30%，当支付至履约保证金总额的 80% 时，停止返还，保留合同价 10% 的履约保证金，在竣工验收后，经确认无拖欠农民工工资现象 10 日内无息返还，无拖欠农民工工资从履约保证金中抵扣。

3. 价款调整

3.1　图纸变更经监理单位签章审核，甲方代表认可，审计部门签章后方可调整；

3.2　经济签证经监理单位签章审核，甲方代表认可并加盖单位公章后方可调整；

3.3　本次招标工程变更及签证部分最终结算款以审计部门审计为准。

第七章　工程量清单及招标控制价

1. 工程量清单说明

1.1　本工程量清单是根据招标文件中包括的、有合同约束力的图纸以及有关工程量清单的国家标准、行业标准、合同条款中约定的工程量计算规则编制。约定计量规则中没有的子目，其工程量按照有合同约束力的图纸所标示尺寸的理论净量计算。计量采用中华人民共和国法定计量单位。

1.2　本工程量清单应与招标文件中的投标人须知、通用合同条款、专用合同条款、技术标准和要求及图纸等一起阅读和理解。

1.3　本工程量清单仅是投标报价的共同基础，实际工程计量和工程价款的支付应遵循合同条款的约定和第七章"技术标准和要求"的有关规定。

1.4　补充子目工程量计算规则及子目工作内容说明：＿＿＿＿＿＿＿＿＿＿。

2. 报价说明

2.1　工程量清单中的每一子目须填入单价或价格，且只允许有一个报价。

2.2　工程量清单中标价的单价或金额，应包括所需的人工费、材料和施工机具使用费和企业管理费、利润以及一定范围内的风险费用等。

2.3　工程量清单中投标人没有填入单价或价格的子目，其费用视为已分摊在工程量清单中其他相关子目的单价或价格之中。

2.4　暂列金额的数量及拟用子目的说明：＿＿＿＿＿＿＿＿＿＿＿。

3. 其他说明

略

4. 工程量清单

4.1　工程量清单表

＿＿＿＿＿＿＿＿＿（项目名称）　　　　　　案例一表 3-7

序号	编码	子目名称	内 容 描 述	单位	数量	单价	合价

本页报价合计：＿＿＿＿＿＿＿

4.2　计日工表

4.2.1　劳务

劳务计日工表　　　　　　案例一表 3-8

编号	子目名称	单位	暂定数量	单价	合价

劳务小计金额：＿＿＿＿＿＿

（计入"计日工汇总表"）

4.2.2　材料

材料计日工表　　　　　　　　　　　　**案例一表 3-9**

编号	子目名称	单位	暂定数量	单价	合价

材料小计金额：＿＿＿＿＿＿＿

（计入"计日工汇总表"）

4.2.3　施工机械

施工机械计日工表　　　　　　　　　　**案例一表 3-10**

编号	子目名称	单位	暂定数量	单价	合价

施工机械小计金额：＿＿＿＿＿

（计入"计日工汇总表"）

4.2.4　计日工汇总表

计日工汇总表　　　　　　　　　　　　**案例一表 3-11**

名　称	金　额	备　注
劳务		
材料		
施工机械		

计日工总计：＿＿＿＿＿＿＿

（计入"投标报价汇总表"）

4.3　投标报价汇总表

＿＿＿＿＿＿＿＿＿＿＿＿＿＿（项目名称）　　**案例一表 3-12**

汇总内容	金额	备　注
……		
……		
清单小计　A		
暂列金额　E 包含在暂列金额中的计日工　D 规费　G 税金　H 投标报价　P＝A＋E＋G＋H		

4.4　工程量清单单价分析表

工程量清单单价分析表　　　　　　　　　　　　　案例一表 3-13

序号	编码	子目名称	人工费			材料费						机械使用费	其他	管理费	利润	单价
			工日	单价	金额	主材				辅材费	金额					
						主材耗量	单位	单价	主材费							

第八章　图　纸

　　图纸已经审查合格，设计深度符合施工要求。图纸目录及其图纸可以下载电子文本文件。

1. 图纸目录

图纸目录　　　　　　　　　　　　　　　　案例一表 3-14

序号	图名	图号	版本	出图日期	备注

2. 图纸（实物部分）略

第九章　技术标准和要求

　　技术标准符合国家、行业以及地方标准、规范和规程，具体内容省略。

第十章　投标文件格式

投标文件分为商务标、技术标和资格审查部分，在招标文件中分别以三部分文件格式作出明示性要求。在本案例中仅列出条目性内容，具体内容及装订参见下节招标文件部分。即：

一、资格审查卷

1. 资格审查卷封面

2. 目录

（一）法定代表人身份证明及授权委托书

（二）联合体协议书（如有）

（三）投标人基本情况表

（四）企业承诺

（五）拟派往本招标工程项目的项目经理简历

（六）项目经理承诺书

（七）投标保证金

（八）外地企业在本工程所在地备案

（九）其他资料

二、商务卷

1. 商务卷封面

2. 目录

（一）投标函

（二）投标函附件（如有）

（三）工程量清单报价书

（1）工程量报价书封面及投标报价说明

（2）工程项目投标总价表

（3）单项工程造价汇总表

（4）单位工程造价汇总表

（5）分部分项工程量清单计价表

（6）措施项目清单计价表

（7）其他项目清单计价表

（8）零星工作项目计价表

（9）规费和税金清单计价表

（10）分部分项工程量清单综合单价分析表

（11）分部分项工程量清单综合单价计算表

（12）措施项目费分析表

（13）措施项目费计算表

（14）主要材料、设备价格表

（15）降低投标报价说明、证明材料

（16）投标报价需要说明的其他资料

三、技术卷

1. 技术卷封面

2. 目录

（一）企业、项目经理类似业绩和近年完成的类似项目情况表

（二）项目管理机构

（三）通过认证情况、企业财务状况、机械设备配置等

（四）拟分包项目情况自行描述：（如有）

（五）新材料、新工艺、新技术应用（如有）：是否符合国家有关规定

（六）施工组织设计（其内容和目录由投标人根据招标文件要求自行编制）

附表一　拟投入本招标工程的主要施工设备表

附表二　拟配备本招标工程的试验和检测仪器设备表

附表三　劳动力计划表

附表四　计划开工、竣工日期和施工进度通道图（或网络图）

附表五　施工总平面图

附表六　临时用地表

（七）其他内容：如有

第十一章　合　同　条　款

对合同及其合同条款进行说明和具体要求。本合同文本主体由协议书、通用条款和专用条款三部分组成，其中协议书部分由承发包双方协商签订；通用条款部分是根据国家和地方的法律、法规、管理规定及建筑市场惯例和市政与园林工程特点制定，无须另行约定；专用条款部分属承发包双方根据工程实际即双方意愿，予以专门约定。其中合同文本中的通用条款与专用条款为对应关系，可以相互解释、互为说明。即专用条款内约定的合同内容，从专用条款；专用条款无专门约定的，从通用条款。具体合同及其条目参见项目合同管理章节内容，此处作省略处理。

第十二章　招　标　规　则

各省（市）、自治区域内公共资源交易中心网上招标、投标操作规程，可以参见各省（市）、自治区人民政府建设主管部门网站或招投标管理部门网站。具体内容省略。

第三节　市政与园林工程投标

建设工程投标是指在招标投标过程中，经过审查获得投标资格的投标人按招标文件的要求，在规定的时间内向招标人递送投标书并争取中标的法律行为。在市政与园林建设工程领域，投标人向招标人购买了招标文件后，投标人就已进入项目的投标阶段。该阶段投标人的主要工作就是根据招标文件内对投标人的资格审查文件、技术标文件和商务标文件的具体要求，制作投标文件。

在国家招标投标规范中，对投标文件的制作也作了详细规定，除了上节内容中的招标、投标的一般性规定外，本节就投标文件及其制作作一介绍。

具体而言，投标文件主要就是投标人对招标人在招标文件中发出的邀约和招标要求的响应。在投标文件中除了响应招标文件外，投标人还要合理表达投标人的工作经验和经济实力。在资格审查部分严格响应投标人须知前附表的相关要求，满足招标人与评标委员会委员对投标人资格前审或后审的需要；在技术标文件中响应招标文件关于施工组织计划等的具体要求，制定科学合理的施工组织计划、高效的项目管理队伍、施工工期计划、质量管理体系、安全与文明施工措施、资源的合理调配，以及反映投标人项目管理经验，规范、高效、合理的材料供给，人员和设备的调度等，力争得到较高的评分分值；在投标文件的商务标部分通过合理报价，争取以较低（或最低）的报价中标或获得较高的分值，从而顺利中标。

一、市政与园林建设工程投标的程序

（一）投标人及投标工作机构

投标人应当具备承担招标项目的资格条件。投标人必须符合招标文件要求的资质，并在工程业绩、技术能力、项目经理资格条件、财务状况方面满足招标文件的要求。投标人应当按照招标文件要求编制投标文件，投标文件应当对招标文件提出的要求和条件作出实质性响应。

市政与园林建设工程中的投标人主要是指：勘察设计单位、工程总承包单位、建筑装饰装修企业、工程材料设备供应（采购）单位、工程咨询及监理单位等。

投标人为了在竞争激烈的投标中获胜，一般会组成专门的机构对投标活动加以组织和管理。投标人组建的投标组织由以下几种类型的人员组成：①经营管理类人员，他们负责工程承包经营管理，制定和贯彻经营方针与规划，负责投标工作的全面策划和具体决策；②专业技术类人员，如建筑师、土木工程师、电气工程师、园林师等，他们具有较高学历和技术职称，具有较强的实际操作能力，在投标时能从本公司的实际技术水平出发，制订各项专业实施方案；③商务金融类人员，他们具有预算、金融、贸易、税法、保险、采购、保函和索赔等专业知识，投标报价主要由这类人员进行具体编制。所以，投标组织人员往往由企业决策人、总工程师或技术负责人、总经济师或合同预算部门、材料部门负责人、办事人员等组成，由该组织研究确定是否参加投标。

（二）建设工程投标的程序

企业在建立投标工作机构后，就应该积极报名参加项目招标投标活动，投递投标意向书。在获得招标人资格预审后，缴纳投标保证金并购买招标文件。获得招标文件后，投标机构应仔细研究招标文件，制定投标策略，并根据招标文件中对投标人资格审查文件的具体要求准备投标相关的审查文件；根据技术标中施工组织设计的具体要求、施工图纸和投标环境条件制订具体项目施工方案；在仔细研究施工图纸和计算工程量，或对照工程量清单及造价规范等文件，根据投标人类似工程相关施工用料量和取费情况的校正后提出合理的投标报价。经投标人法人代表或委托人的审核同意后，编制投标文件的商务报价文件、技术部分文件等内容，并在招标文件规定的有效期限内向招标人投递标书。

一般而言，市政与园林建设工程投标要经过以下几个步骤：

（1）投标人了解招标信息，根据招标文件要求申请投标。企业根据招标书或投标邀请书，分析招标工程条件，依据自身实力选择投标工程。向招标人提出投标申请，并提交有关资料；

（2）接受招标人的资格审查；

（3）购买招标文件及有关技术资料；

（4）企业投标决策部门研究招标文件；

（5）参加现场踏勘，调查研究招标项目投标环境，并对有关疑问提出质询；

（6）编制投标技术文件及商务报价，投标文件是对招标文件提出的要求和条件作出的实质性响应；

（7）向招标人投送标书，并按时参加开标会议；

（8）接受中标通知书，与招标人签订合同。

二、投标准备工作

企业在投标准备阶段要对拟投标的建设工程有全面的了解，投标机构技术人员对招标工程项目的自然、经济和社会条件，项目实施地的交通环境等投标策略和实施成本的制约因素进行现场踏勘，查阅相关资料。技术人员详细研究设计图纸和工程技术说明，确定工作工序与工艺，根据工程施工图计算工程量或利用招标人提供的工程量清单，由技术人员制订科学合理的工程实施方案、商务金融类人员制定合理的商务报价，从而完成投标文件的编制工作。通过研究招标人提供的工程合同条款，明确中标后企业应承担的义务和享有的权利。对于国际招标的工程项目还应研究支付工程款的货币种类、不同货币所占比例及汇率。

只有在充分研究招标人的招标文件，对拟投标工程本身和招标人项目的环境等外部条件，以及本企业施工能力等有了全面的了解后，投标单位才能正确地编制出具有竞争性的投标文件，获得投标项目的中标。

三、投标决策与策略

投标人通过投标取得项目，是市场经济条件下的必然。但是，投标人并非对市场中的所有招标工程都去参与投标，一定要根据建设工程的特点与企业自身条件确定是否投标，这就属于投标决策的问题。承包商在投标决策时要考虑的因素很多，需要对拟投标工程进行广泛、深入的调研，并根据企业自身积累的相同工程的经验等资料，作出全面、科学的分析，才能保证投标决策的正确性。

（一）工程投标决策

决策是管理中经常发生的一种活动。在工程投标活动中，决策是指为了实现投标人特定的盈利目标，根据工程项目特点和企业实施工程的客观可能性，在具有一定信息和经验的基础上，借助一定的工具、技巧和方法，对影响企业目标实现的诸多因素进行分析、计算和判断优选后，对招标工程作出的投标与否的决定。投标决策是投标人选择、确定投标目标和制订投标行动方案的过程。投标人对建设工程的投标决策主要包括三方面的内容：①针对招标项目确定是否投标；②如果投标，是投什么性质的标；③投标中如何扬长补短，以优胜劣。

投标决策的正确与否，关系到投标人能否中标和中标后获取的效益问题，关系到施工企业的信誉和发展前景等问题。因此，企业的决策班子必须充分认识到投标决策的重要意义。

（二）投标类型及策略

投标人是否决定参与某项工程的投标，首先要考虑当前企业经营状况和长远发展目标，其次需要明确参与投标的目的和目标，然后分析中标机会及外部影响因素。投标人面对招标项目，在决策中采取的投标策略只有两种，即放弃投标或参与投标。

1. 放弃投标的决策

必须放弃投标主要是基于招标项目的标的超出投标人经营能力，投标人企业技术水平和资质无法满足招标项目的工程规模和技术要求；或企业目前生产任务饱和，无暇顾及招标项目；或招标项目的盈利水平较低或风险较大，以及投标人认为本企业的资质、信誉、企业拥有的施工队伍水平明显不如竞争对手而放弃投标。

2. 积极参与投标的决策

根据企业参与投标的目的、目标，可以将投标决策分为三种类型，即①生存型：投标人采取的投标报价纯粹以克服企业生存危机为目的，投标的目的是争取中标，故较少考虑各种利益。这种情况一般是企业因各种外部因素或企业经营管理不善等原因，被邀请投标的项目越来越少，或参与公开招标均未能中标。这时投标人就会以企业生存为首要任务，对于参与的投标项目会采取不盈利甚至赔本也要夺标的态度，以维持企业生产，寻求东山再起的机会。②竞争型：投标人积极参与投标活动，投标人采取的投标及其报价以竞争为手段，开拓市场并以低盈利为目标。投标人在精确计算成本的基础上，充分估计竞争对手的报价目标，以有竞争力的报价达到中标的目的。比如在投标时感到竞争对手有威胁，而且招标项目风险小、施工工艺简单、工程量较大、社会效益好，投标人可采取适当压低报价的方式力争夺标。③盈利型：投标人在投标时，其报价发挥企业的优势并以实现最佳盈利为目标。这类企业对经济效益较低的建设工程项目参与投标的热情不高，对盈利丰厚的建设项目则充满自信。

（三）投标人投标决策应遵循的原则

投标决策的实质是企业经营决策问题，企业领导要从企业发展战略的角度全面地权衡利益得失与利弊。总结起来，投标决策应当遵循的原则有：

1. 投标项目的可行性

企业确定拟投标项目是否可行，主要从企业自身实际情况出发，对投标项目参与实施要量力而行。即要从企业的施工力量、机械设备、技术能力、施工经验等入手，考虑参与该招标项目是否比较合适，中标后企业是否有满意的利润，能否保证招标文件对项目工期和项目质量的要求。还要考虑能否发挥企业的特点和优势，扬长避短，选择适合发挥自身优势的项目。并对竞争对手的实力和市场报价动向进行全面分析，对毫无夺标希望的项目不宜投标，更不宜陪标。

2. 投标项目的可靠性

对计划投标的招标单位及招标项目的可靠性进行调研，首先了解招标项目是否立项，其资金来源是否可靠，项目外部投资环境是否完善。同时要清楚主要原材料和设备供应是否有保证，设计阶段相应的文件是否齐全。此外，还要了解业主的资信条件，以及招标文件中合同文件相关条款的宽严程度、有无重大风险。尽量回避利润小而风险大的招标项目，以及本企业没有条件承担的项目，否则将造成不良后果。

3. 投标项目的盈利性

利润是承包企业永远追求的目标。企业产生的利润既是国家财政收入的保证，又是企业不断改善技术装备，扩大再生产的保证。同时也有利于提高企业职工的收入，有助于调动职工的积极性和主动性。所以投标人在决定投标时要充分考虑企业在投标项目上的盈利空间。另外，在考虑企业利润时也要注意今后的项目实施过程中企业内部的革新挖潜。

4. 投标的审慎性

承包企业每次参与投标都要花费不少人力、物力，付出一定的代价。企业只有中标，才有利润可言。在国内施工市场竞争日益加剧的情况下，承包企业都在拼命压低报价，企业盈利甚微。所以，承包企业应该审慎选择投标对象，除非在迫不得已的情况下，否则是不能承揽亏本的建设工程任务的。

5. 投标过程的灵活性

有些企业在发展的不同阶段对于招标项目往往采用灵活的战略战术。如为了在新的地区拓展企业获得发展的立足点，往往通过让利的方式，以薄利优质服务取胜。用自己的低报价、高质量来赢得市场的信誉，甚至采用 BT 的方式参与工程建设，从而为企业发展带来连锁效应，在新的地区获得良好的口碑，为企业今后的工程投标、中标创造机会和条件。

实践证明，投标企业只有在知己知彼的情况下，从本企业具备的条件出发来考察企业是否能满足建设工程招标文件的要求，才能做到投标项目选择得当，并经过综合分析，确定投标项目的合理投标报价。

四、投标文件的制定

投标文件一般由投标函及投标函附录、法定代表人身份证明及授权委托书、投标保证金和其他资格审查资料部分文件，施工组织设计、项目管理机构和已标价工程量清单等技术标部分文件，投标人投标报价等商务标部分文件等组成。

商务标就是经济标，是建设工程投标人根据招标文件、自身实力等，在充分考虑了投标风险后，制定并参与投标时所报的价格。它是投标文件的重要组成部分，也是工程合同价格的确定，以及合同价款的调整方式、结算方式等的重要依据。一般投标报价均不会超过招标暂定价，投标人根据市场状况可能会采取适当下浮其报价的方式，来增大中标的机会。

技术标是投标人对招标文件要求内容的全部响应文件，在建设工程中包括了投标人编制的全部施工组织设计和项目管理机构等内容。它是投标人对工程管理中的施工机械、劳动力、材料供应、材料周转等反映投标人企业管理能力的体现。根据招标文件要求，部分技术标还包括项目的总体技术方案和重点难点工程的专项方案。招标文件中对于技术复杂的项目，技术标的编写内容及格式均有详细要求，投标人应当认真按照规定填写标书中的技术标部分。此外，根据投标人须知前附表的条款，投标人还需要准备投标人基本情况表、投标人近年来财务状况、近年完成的类似项目情况表、正在实施的和新承接的项目情况表，以及其他资格审查资料。

在建设工程的招标投标中，规划设计院、监理公司、审计公司和施工企业等作为投标人，因它们在工程中所扮演的角色和所起的作用不同，对上述投标人编制投标文件的具体要求也不同。其商务标和技术标的具体如监理、审计公司投标文件中技术部分的内容更加重要，它们是招标人判定企业是否具有项目管理能力的重要指标。

（一）投标文件主要内容

1. 投标函

投标函是投标人递送给招标人的文件，文件中明确其投标报价、工期承诺，提交投标保证金情况，以及中标后的具体承诺等内容。投标函必须有投标人及其法定代表人或其委托代理人签字盖章。

保函或保证金用以约束投标人在整个投标活动中的责任与义务，约束投标人撤销投标或修改投标文件，以及中标后无正当理由拒签合同的行为发生。投标保函一般以文件的形式确保投标人在规定的时间内进行投标活动，并以投标人在 7 日内向招标人或招标代理人支付货币的形式，形成约定。

2. 诚信投标承诺书

按最新的招标实施细则要求，投标人应该出具"诚信投标承诺书"，该承诺书中投标人企业法定代表人应承诺遵守招标投标法及相关管理办法，严格按公开、公正和诚实信用的原则自愿参与项目的投标。不出借、转让资质证书、不挂靠或不让他人挂靠投标达到骗取中标目的，不与其他投标人串标、损害招标人合法权益，遵守开标现场纪律、服从监管人员的管理，保证中标后，按投标文件要求承诺派驻管理人员及机械，如有违反愿意接受建设单位违约处罚，如在投标过程和公示期间发生投诉行为，合理合规投诉并对投诉中提供线索的真实性负责等。如果中标保证按要求在签订合同前办理相关手续。

3. 资格审查证明文件

（1）法定代表人身份证明及授权文件

法定代表人身份证明主要以独立文本形式，阐明投标人名称、企业性质、办公地址、企业经营时间，法定代表人姓名、性别、年龄等信息。

如果非法定代表人参加投标活动，则须由投标人法定代表人授权。被授权后的代理人持授权委托书，对整个投标活动及法律义务全权负责。

（2）投标企业基本情况表

说明投标企业基本情况，包括注册地址、组织结构、法定代表人姓名及技术职称、技术负责人姓名及技术职称，企业成立时间、企业资质等级、营业执照号、开户银行及账号、企业经营范围等。

4. 投标人资料

投标人资料主要供招标人对投标人资格前审或后审时用，该部分内容严格响应招标文件投标人须知前附表中的相关条款内容，主要包括：①企业营业执照；②企业资质证书；③组织机构代码证；④项目经理注册证书；⑤项目经理安全考核证；⑥企业信用手册；⑦农民工支付证明；⑧建造师和授权人社保证明；⑨企业业绩证明，投标人近年财务状况表、近年完成的类似项目情况表、正在实施的和新承接的项目情况表以及其他资格审查资料等。

5. 商务报价文件

投标人编制的投标报价文件，包括签盖有投标人法定代表人签章和公司法人章的封面，造价师签名并盖有执业章或从业章的文件，工程量清单及投标报价编制说明，以及工程项目投标总价表、单项工程造价表（如有单项工程划分）、单位工程造价表、分部分项工程量清单计价表、措施项目清单计价表、其他项目清单计价表、零星工作项目计价表、规费和税金清单计价表、主要材料价格表和需评审的材料表等文件内容，上述内容独立装订成册。

在商务标部分，对于工程中使用的劳动力、材料、施工机械和计日工汇总表等也分别以表格形式制作出来，在清单计价法中对于投标报价内容则以投标报价汇总表、工程量清单单价分析表体现。本书涉及的商务标中的投标报价部分内容将在造价管理章节中作详细介绍。

6. 技术标文件

投标文件中的技术标部分主要由项目管理机构和施工组织设计等内容组成。

（1）项目管理机构

项目管理机构部分内容包括项目管理机构组成表和项目经理简历表等内容。它是投标人向招标人就本次投标活动的一种承诺，中标后必须按投标文件的承诺将其派驻项目工地现场。

（2）施工组织设计

投标人编制施工组织设计时应简明扼要地说明工程概况、施工准备、施工方法（包括主要分部分项工程施工方法）、工程质量保证体系，施工工程进度计划、施工原材料计划（劳动力计划及保证措施、原材料购买及供应计划、机械配置及保证措施），安全生产、文明施工、环境保护措施与设施等，冬雨期施工措施、施工平面布置和拟投入本工程的主要机械及测试设备等。相关施工机械、劳动力计划、施工进度计划、施工总平面图等可以用附表形式体现。

（二）投标文件的编写

1. 投标文件技术标的编写

施工组织设计是技术标的核心内容，其编写格式及内容在大多数招标文件中都有具体要求，编写时需要积极响应招标文件，当招标文件中没有具体要求时，施工组织设计要包括以下内容：①施工项目管理机构，主要包括组织机构方案、各职能机构的构成、各自职责、相互关系等，项目部人员组成包括项目负责人、各机构负责人、各专业负责人等；②工程概况，主要包括施工地点、项目主要内容和施工工期要求、质量计划和评定标准等内容；③施工准备，包括施工的技术准备、生产准备、材料准备和机械、劳动力准备等内容；④施工技术方案，包括对项目主要分部分项工程的施工方案和具体措施等内容；⑤工程质量保证体系，包括质量方针、管理体系、保证体系和控制体系等，并对关键技术、重大施工步骤形成的专项方案或预案等；⑥施工进度计划及保证措施，对于关键工程或关键工序制订出施工的短周期进度计划，对于整个项目按招标文件要求制订总工程进度计划，提出工期保证措施等；⑦施工资源计划及保证措施，包括劳动力、机械与设备、原材料采购与供应计划等，对于劳动力、施工机械等以计划表作为附件；⑧安全文明、环境保护措施和临时设施等方案，包括安全总体要求、施工危险因素分析、安全措施、重大施工步骤安全预案等；⑨施工平面布置，根据招标项目特点及投标人现场踏勘结果对施工区域合理划分片区或施工节点；⑩拟投入招标项目的主要机械、测试设备，以及劳动力、施工机械投入计划表。

施工组织设计中技术方案是核心内容，它全面反映了投标人的施工组织和技术实力。投标人在编写前应该仔细审阅和学习投标人须知前附表中对于施工组织计划的具体响应性要求，并结合企业特点组织编写。施工组织计划编写主要包括以下基本内容：

（1）项目的基本情况简介；

（2）项目中各主要工程的施工顺序及主要施工方法；

（3）工程质量及其保证体系；

（4）安全生产与文明施工措施；

（5）冬雨期施工措施；

（6）工程进度安排；

（7）施工质量与进度技术保障措施；

（8）其他用图表形式阐明的内容：如施工总平面图、进度计划以及拟投入的主要施工设备、劳动力安排、项目管理机构等。

施工组织计划中必须简要列出施工顺序、施工工艺与方法等，主要施工方法应关键说明核心工作的内容。

对于工程施工质量及其保证体系，要严格根据招标文件列出（或未标明）的国家、地方的施工标准或规范，根据投标人相同的工程施工经验进行明确响应，并从企业管理角度指出其质量保证体系及措施。

严格按国家和地方法律法规，阐明项目安全文明生产、保证措施等。对于招标文件中提出的冬雨期施工措施要求，投标文件中必须作出响应，提出在冬雨期施工中的相关工期和质量保证措施。

投标人必须在满足招标文件总工期要求的基础上，通过工期优化提出自己的进度计划。对于施工进度的表示方式，有些招标文件专门要求采用网络图表示的，其施工方案进度计划就必须采用网络图，如果没有要求则可以采用传统的横道图。

投标人投标文件中编写的施工组织计划，与中标进场后施工阶段项目经理部编制的施工组织方案有较大的差别。前者主要反映投标人对招标文件具体内容的响应，反映了投标人企业项目管理水平和组织能力；后者反映的是项目经理部经理对施工现场具体情况的把控，对施工过程中各分部分项工程施工进度、质量的控制，以及对材料供应、施工现场内部外部关系的处理等能力。

2. 投标文件商务标的编写

商务标是投标书的核心内容，在评标评分分值中所占比重最高，决定了投标人能否中标，所以投标企业在整个投标过程中也最为重视此环节。商务标由企业具有造价师执业资格或从业资格的人员负责编制，并须签盖编制者执业（从业）资格印章。商务标文件主要由以下内容组成：①投标函，在投标函中明示投标人对参与投标的项目工程的投标报价，并承诺将按招标文件、施工图纸、合同条款和工程建设技术标准承担招标工程的施工、竣工和承担工程质量缺陷的保修责任；②投标函附件；③商务标相关计算表格文件，它们都是利用造价分析软件或手工施工工程预算方法计算，并自动生成或填写造价表格形成的文件。

3. 投标人资格证明材料

投标人资格证明文件是投标人响应招标文件投标人须知前附表中，对投标人投标资格预审（前审）或后审时提供的文件。这部分文件可以附在商务标或技术标文件中，也可以独立装订成册后作为独立的投标文件。如何处理主要参照招标人对投标文件、评标方法等的具体要求而定。投标人资料主要包括：①企业营业执照；②企业资质证书；③企业组织代码证；④项目经理注册证；⑤企业进驻招标地备案文件；⑥企业信用手册；⑦相关人员授权书及其社保证明；⑧企业类似工程业绩等文件。一般招标活动中需要提供资格证明的复印件装订成册，同时需要现场检查证明文件的原件。

五、投标文件编制案例

参照国家七部委 2013 年颁布的《简明标准施工招标文件范本》内容，编者以亲自参与的××省××市花山路（花山—清流关）道路工程项目的投标项目为案例，编撰了该项目的投标文件，以案例形式全面介绍投标人制作的投标文件。该投标文件由投标资格证明部分、商务部分和技术部分三部分组成，在商务文件的工程造价部分内容编制中参考了《建设工程工程量清单计价规范（GB 50500—2013）》的相关内容，以使案例更加准确和具备参考性。相关工程造价方面的基本知识、文件编制等内容读者可以参考第五章，为了节省篇幅，本案例主要以该工程中道路工程的道路单位工程为例，重点介绍道路工程的分部分项工程量清单费用、措施项目清单费用、其他项目清单费用、规费和税金费用，以及投标文件中需要的相关分析表等内容。在技术文件的施工组织设计中对本工程所有单位工程的施工方案、工期安排、质量保证方案及措施作了详细的论述。案例的内容编著力求规范和适用，使读者在学习领会投标文件制作和在今后工作实践中完全可以作为工具或参考内容使用。

编者考虑到书籍的特点，只将标书内容的主要部分列出，其余非实质性部分采用省略的方式。标书三部分内容独立装订成册，标书内容示例如下。

【案例二】投标文件

第一部分　投标文件之资格审查部分内容

封　　面

（投标文件封面必须有投标人法定代表人或其委托代理人签字或盖章、否则会被废标）

××市花山路道路工程　工程施工

编号：gc20121109-15

投　标　文　件

投标文件内容：_____资格证明文件_____

投　标　人：×××省×××建设工程（集团）有限公司（盖章）

法定代表人或

其委托代理人：_____（略）_____（签字或盖章）

日　　期：_____

目　录

（内容略）

一、投标函及投标函附录

（一）投标函

致＿＿＿×××市琅琊风景区管理委员会＿＿＿（招标人名称）：

1. 我方已仔细研究了<u>花山路道路工程</u>（项目名称）招标文件的全部内容，依照《中华人民共和国招标投标法》等有关规定，经我方踏勘上述项目现场和充分研究上述招标文件的投标须知、合同条款、图纸、工程建设标准和工程量清单及其他有关文件的内容后，愿意以人民币（大写）<u>壹亿肆仟玖佰柒拾万零玖佰玖拾捌圆陆角捌分</u>（￥149700998.68）的投标总报价，工期<u>叁佰贰拾</u>（320）日历天，按合同约定实施和完成承包工程，修补工程中的任何缺陷，工程质量达到<u>合格</u>。

2. 我方承诺在招标文件规定的投标有效期内不修改、撤销投标文件。

3. 随同本投标函提交投标保证金一份，金额为人民币（大写）<u>壹佰肆拾玖万柒仟零玖拾玖圆</u>（￥14970099.87）。

4. 如我方中标：

（1）我方承诺在收到中标通知书后，在中标通知书规定的期限内与你方签订合同。

（2）随同本投标函递交的投标函附录属于合同文件的组成部分。

（3）我方承诺按照招标文件规定向你方递交履约担保。

（4）我方承诺在合同约定的期限内完成并移交全部合同工程。

5. 我方在此声明，所递交的投标文件及有关资料内容完整、真实和准确，且不存在第二章"投标人须知"第1.4.2项和第1.4.3项规定的任何一种情形。

6. ＿＿＿＿＿＿＿略＿＿＿＿＿＿＿（其他补充说明）。

投标人：×× 省×× 建设工程集团有限公司（盖单位章）

法定代表人或其委托代理人：＿＿＿＿×××＿＿＿＿（签字）

地址：＿＿＿＿＿＿＿＿略＿＿＿＿＿＿＿＿

网址：＿＿＿＿＿＿＿＿略＿＿＿＿＿＿＿＿

电话：＿＿＿＿＿＿＿＿略＿＿＿＿＿＿＿＿

传真：＿＿＿＿＿＿＿＿略＿＿＿＿＿＿＿＿

邮政编码：＿＿＿＿＿＿略＿＿＿＿＿＿＿＿

＿2013＿年＿8＿月＿16＿日

（二）投标函附录

投标函附录　　　　　　　　　　　　　　案例二表3-1

序号	条款内容	合同条款号	约定内容	备注
1	履约保证金 银行保函 履约担保书金		合同价款的（　）% 合同价款的（　）%	

续表

序号	条款内容	合同条款号	约定内容	备注
2	施工准备时间		签订合同后的（ ）天	
3	误期违约金额		（ ）元/天	
4	误期赔偿费限额		合同价款的（ ）%	
5	施工总工期		（ ）日历天	
6	质量标准			
……	……			
……	……			

二、资格证明材料

（一）法定代表人身份证明

法定代表人身份证明（占一页）

投标人名称：_____××省××建设工程集团有限公司_____

单位性质：_____国有独资_____

地　　址：_____××省××市团结路58号_____

成立时间：__1997__年__4__月__2__日

经营期限：_____略_____

姓名：__×××__性别：__男__年龄：__54__职务：董事长系_____××省××建设工程集团有限公司_____（投标人名称）的法定代表人。

特此证明。

（附正反面身份证复印件）

投标人：_____××省××建设工程集团有限公司_____（盖单位章）

_____2013__年__08__月__16__日

（二）授权委托书（占一页）

授 权 委 托 书

本人__×××__（姓名）系××省××建设工程集团有限公司（投标人名称）的法定代表人，现委托__××__（姓名）为我公司法定代表人授权的委托代理人参加××市琅琊风景区管理委员会（发包人）的花山路道路工程（招标项目）的投标活动。代理人根据授权，以我方名义签署、澄清、说明、补正、递交、撤回、修改花山路道路工程（项目名称）投标文件、签订合同和处理有关事宜，其法律后果由我方承担。

委托期限：__50__天。

代理人无转委托权。

附：法定代表人身份证明

（附正反面身份证复印件）

投标人：　　　××省××建设工程集团有限公司　　　（盖单位章）

法定代表人：　　　　　　　×××　　　　　　　　（签　　字）

身份证号码：　　　3420021958×××××××××

委托代理人：　　　　　　　　××　　　　　　　　（签　　字）

身份证号码：　　　3420011968×××××××××

2013 年　08　月　16　日

（三）投标人基本情况

投标人基本情况　　　　　　　　　　　　　**案例二表 3-2**

投标人名称	××省××建设工程（集团）有限公司					
注册地址	××省××市团结路 58 号			邮政编码		
联系方式	联系人			电话		
	传真			网址		
法定代表人	姓名		技术职称		电话	
成立时间	1997 年 4 月 2 日			员工人数：1800		
企业资质等级	市政公用工程总承包一级		其中	项目经理		42
营业执照号	410000100051843			高级职称人员		100
安全生产许可证号	（×）JZ 安证字［2010］09002			中级职称人员		252
开户银行	交通银行××市百花路支行			初级职称人员		436
账号	411060400018000166072			技工		1012
备注	—					

（四）投标人资料

1. 企业营业执照

（扫描/复印件省略，另附原件（副本））

2. 企业资质证书

（扫描/复印件省略，另附原件（副本））

3. 国家税务登记证

（扫描/复印件省略，另附原件（副本））

4. 地方税务登记证

（扫描/复印件省略，另附原件（副本））

5. 企业安全生产考核证

（扫描/复印件省略，另附原件（副本））

6. 组织机构代码证

（扫描/复印件省略，另附原件（副本））

7. 项目经理注册证及安考证等信息

项目经理注册证或从业证件扫描/复印件省略，另附原件（副本）。项目经理承诺书、××省建筑业企业外出施工注册建造师无在建工程证明等。

8. ××省建筑业企业业绩信用证明

（扫描/复印件省略，另附原件（副本））

9. 建造师和授权人社保证明

（出示加盖企业注册地政府社会保障局印章的证明材料）

10. 农民工支付证明

（注册地、承包工程所在地政府清理拖欠工程款领导小组办公室公章的证明文件）

11. 开户许可证

开户行所在地银监会银行开户许可证复印件

12. 类似业绩

工程中标通知书及招标备案记录表、建设工程施工合同等复印件

（五）拟分包项目情况表（占一页）

拟分包项目情况表　　　　　　　　　　　案例二表3-3

分包人名称			
法定代表人			
营业执照号码			
拟分包的工程项目	主要内容	预算造价（万元）	已经做过的类似工程

注：应附分包人资质证书副本、安全生产许可证、"营业执照副本"的复印件。

三、资格审查时其他需要证明材料文件

1. 投标担保银行保函格式

如招标文件有要求，需相应出具银行保函。具体格式由担保银行提供（略）。

2. 投标担保书

第一条款与第二条款也可以合并出具，主要看招标文件的要求。

投 标 担 保 书

致：　　×× 省 ×× 建设工程集团有限公司　　（投标人名称）

根据本担保书，　×× 省 ×× 建设工程集团有限公司　（投标人名称）作为委托人（以下简称"投标人"）和　招商银行 ×× 省 ×× 市分行　（投标担保机构）作为担保人（以下简称"担保人"）共同向　×× 市琅琊风景区管理委员会　（招标人名称）（以下简称"招标人"）承担支付　人民币壹佰叁拾贰万伍仟贰佰捌拾贰圆　（币种、金额、单位）¥1325282.00（小写）的责任，投标人和担保人均受本担保书的约束。

鉴于投标人于　2013　年　08　月　16　日参加招标人的　花山路道路工程　（招标工程项目）的投标，本担保人愿为投标人提供投标担保。

本担保的条件是：如果投标人在投标有效期内收到你方的中标通知书后：

1. 不能或拒绝按投标须知的要求签署合同协议书；

2. 不能或拒绝按投标须知的规定提交履约保证金；

3. 在投标有效期内撤回投标文件。

只要你方指明产生上述任何一种情况的条件时，则本担保人接到你方书面形式的要求后，即向你方支付上述全部款额，无需你方提出充分证据证明其要求。

本担保人不承担下述金额的责任：

1. 大于本担保书规定的金额；

2. 大于投标人投标价与招标人中标价之间的差额的金额。

担保人在此确认，本担保书责任在投标有效期或延长的投标有效期满后 28 天内有效，若延长投标有效期无需通知本担保人，但任何索款要求应在上述投标有效期内送达本人。

担保人：　招商银行 ×× 省 ×× 市分行　（盖章）

法定代表人或委托代理人：×××（签字或盖章）

地　　址：　　×× 省 ×× 市建设西路 885 号　　

邮政编码：　　　　　略　　　　

日　　期：　　2013　年　08　月　15　日

3. 投标保证金

投 标 保 证 金

致：　×× 市琅琊风景区管理委员会　（招标人名称）：

鉴于 ×× 省 ×× 建设工程集团有限公司（投标人名称）（以下称"投标人"）于2013年　08　月　16　日参加　花山路道路工程　（项目名称）的投标，招商银行 ×× 省 ××市分行（担保人名称，以下简称"我方"）保证：投标人在规定的投标文件有效期内撤销或修改其投标文件的，或者投标人在收到中标通知书后无正当理由拒签合同或拒交规定履约担保的，我方承担保证责任。收到你方书面通知后，在 7 日内向你方支付人民币（大写）壹佰叁拾贰万伍仟贰佰捌拾贰圆（¥1325282.00）。

本保函在投标有效期内保持有效。要求我方承担保证责任的通知应在投标有效期内送达我方。

附件：银行汇单

担保人名称：　__招商银行××省××市分行__　（盖单位章）

法定代表人或其委托代理人：____×××____（签　　字）

地　　址：____××省××市建设西路 885 号____

邮政编码：_____略_____

电　　话：_____略_____

传　　真：_____略_____

2013 年__08__月__15__日

4. 入建设地施工企业备案登记表

建设地政府建设主管部门施工企业基础信息登记表，略。

5. 投标需要说明的其他材料

本项无格式，需要时由招标人用文字形式提出，略。

我方承诺及时查勘、补充、完善企业库中相关资料，如出现企业库相应资料不全、不清楚、超出有效期等情况，由此产生的一切后果由我方自行承担。

我方承诺对提供的与投标有关的各类证书、证明、文件、资料等（含企业库上传资料）的真实性、合法性负全部责任。如有发现弄虚作假或提供不实信息的行为，无论在投标有效期内还是在工程实施过程中，一经发现，我方自愿被取消中标资格或终止合同，并接受××市公共资源交易监督管理局的处罚。

第二部分　投标文件之商务标

封　　面

（内容同资格审查文件封面，关键是投标人法定代表人或其委托代理人必须签字或盖章）

目录（采用综合单价形式的商务标）

（内容略）

一、授权委托书

内容同前，略。

二、诚信投标承诺书

内容同前，略。

三、投标函及附件

内容同前，略。

四、投标报价（工程量清单报价）

（一）投标总报价

投标总价报价必须与投标函中总报价一致，总报价内容占一页。

投　标　报　价

招　标　人：　　　　××市琅琊管理委员会建设局　　　　

工　程　名　称：·　　　　　××市花山路道路工程　　　　

投　标　总　价(小写)：　　　149700998.68 元

　　　　(大写)：　壹亿肆仟玖佰柒拾万零玖佰玖拾捌圆陆角捌分

投　标　人：　××省×建设工程（集团）有限公司　（单位盖章）

法 定 代 表 人

或其授权人：　　　　（略）　　　　（签字或盖章）

编　制　人：　　　　（略）　　　　（造价人员签字盖专用章）

编　制　时　间：　　　　　　　　　　　　　　　　　　　

（二）说明与编制依据

1. 投标报价应根据《建设工程工程量清单计价规范》、招标文件及补充、达到设计深度要求的施工文件、自行拟定的施工组织设计或施工方案，各地建设行政主管部门的计价规定、本企业定额或参照政府主管部门颁发的计价依据、造价管理部门的造价信息或市场价格进行编制。（本报价根据本工程投标须知和合同文本的有关条款编制）

2. 本工程量清单标价表中所填入的综合单价和合价均包括人工费、材料费、机械费、管理费、利润、税金以及采用固定价格的工程所测算的风险金等全部费用。

3. 措施项目标价表中所填入的措施项目报价，包括为完成本工程项目施工必须采取的措施所发生的费用。

4. 其他项目标价表中所填入的其他项目标价，包括工程量清单报价表和措施项目报价表以外的，为完成本工程项目施工必须发生的其他费用。

5. 本工程量清单报价表的每一项均应填写单价和合价，对没有填写单价和合价的项目费用，视为已包括在工程量清单的其他单价和合价之中。

6. 本报价的币种为_人民币_。

7. 投标人应将投标报价需要说明的事项，用文字书写与投标报价表一并报送。

工程概况、编制范围、编制依据等内容省略。

五、工程项目报价总汇总表

工程项目投标总价表和单项工程造价汇总表分别见案例二表 3-4、表 3-5。

工程项目投标总价表　　　　　　　　　　　　案例二表 3-4

序号	单项工程名称	金额（元）	其中（元）		
			安全防护、文明施工费	规费	评标价
一	投标人部分				
1	××市花山路道路工程	137700998.68	1937584.56	3839767.70	119923646.42
	总承包服务费				

续表

序号	单项工程名称	金额（元）	其中（元）		
			安全防护、文明施工费	规费	评标价
二	招标人部分				
	预留金	12000000.00			12000000.00
	材料购置费				
	招标人其他费用				
三	合计	149700998.68	1937584.56	3839767.70	143923646.42

单项工程造价汇总表　　　　　　案例二表 3-5

序号	单项工程名称	金额（元）	其中（元）		
			安全防护、文明施工费	规费	评标价
1	××市花山路道路工程	61818707.10	345416.48	613226.38	60860064.24
2	××市花山路土方工程	32372130.93	1136254.35	1295999.48	29939877.10
3	××市花山路桥梁工程	12198039.87	143314.77	443920.76	11610804.34
4	××市花山路排水工程	5823129.52	61314.81	218121.49	5543693.22
5	××市花山路交通设施工程	640408.49	8703.07	22165.18	609540.24
6	××市花山路绿化工程	17440232.02	185149.78	975457.72	16279624.52
7	××市花山路园林照明工程	38230.61	285.60	1542.99	36402.02
8	××市花山路景观工程	2193705.56	23945.10	97178.17	2072582.29
9	××市花山路路灯安装工程	5176414.58	33200.60	172155.53	4971058.45
	合计	137700998.68			

　　以下为各单位工程中分部分项工程量清单计价、措施项目清单计价（案例二表 3-7）、其他项目清单计价（案例二表 3-8）、规费、税金（案例二表 3-9）等要素组成单位工程造价的汇总表（案例二表 3-6），其他价格分析表见案例二表 3-10～表 3-12。本案例内容中仅采用××市花山路道路工程—道路工程单位工程的资料，其他单位工程的省略。

单位工程造价汇总表　　　　　　　　　　　　　案例二表3-6

工程名称：××市花山路道路工程—道路单位工程

序号	项目名称	金额（元）
1	分部分项工程量清单计价合计	45181337.32
2	措施项目清单计价合计	531404.42
3	其他项目清单计价合计	12078384.83
4	规费	613226.38
5	人工费调整	1301368.66
6	税金	2112985.49
	合计	61818707.10

措施项目清单计价表（一）　　　　　　　　　案例二表3-7

工程名称：××市花山路道路工程—道路单位工程

序号	项目名称	取费基数	费率（%）	金额（元）
1	环境保护费（通用取费）	4456986.85	0.350	15599.45
2	文明施工费（通用取费）	4456986.85	1.400	62397.82
3	安全施工费（通用取费）	4456986.85	1.800	80225.76
4	临时设施费（通用取费）	4456986.85		187193.45
5	夜间施工费（通用取费）			
6	缩短工期措施费（通用取费）			
7	二次搬运费（通用取费）	4456986.85	0.500	22284.93
8	已完工程及设备保护费（通用取费）			
9	冬雨期施工增加费（通用取费）	4456986.85	1.500	66854.80
10	工程定位复测、工程电交、场地清理费（通用取费）	4456986.85	0.600	26741.92
11	生产工具用具使用费（通用取费）	4456986.85	0.800	35655.89
12	其他施工组织措施费			
	合计	/	/	496954.02

其他项目清单计价表　　　　　　　　　　　　案例二表3-8

工程名称：××市花山路道路工程—道路单位工程

序号	项目名称	金额（元）
1	招标人部分	
1.1	预留金	120000000.00
1.2	材料购置费	
2	投标人部分	
2.1	总承包服务费	
2.2	材料试验费	78384.83

序号	项目名称	金额（元）
2.3	零星工作项目费	
	合计	12078384.83

规费和税金清单计价表 案例二表 3-9

工程名称：××市花山路道路工程—道路单位工程

序号	项目名称	取费基数	费率（%）	金额（元）
一	规费	613226.38	100.000	613226.38
1	工程排污费			
2	社会保障费	449015.13	100.000	449015.13
(1)	养老保险费	1282900.38	22.000	282238.08
(2)	失业保险费	1282900.38	3.000	38487.01
(3)	医疗保险费	1282900.38	10.000	128290.04
3	住房公积金	1282900.38	12.000	153948.05
4	危险作业意外伤害保险	1282900.38	0.800	10263.20
二	税金	1282900.38	3.539	2112985.49
	合计	/	/	2726211.87

分部分项工程量清单综合单价分析表（仅用一页内容，其余省略） 案例二表 3-10

工程名称：××市花山路道路工程—道路单位工程 第 1 页共 2 页

序号	项目编号	项目名称	工程内容	定额编号	单位	综合单价组成（元）					综合单价
						人工费	材料费	机械费	管理费	利润	
1	040201012001	土工布	土工布铺设		m²	6.90	9.69	0.27	1.29	1.22	19.36
				2-36	1000m²	1.56	2.38		0.28	0.27	
				B1-19	100m²	2.48	4.08	0.27	0.49	0.47	
				C14-278	10m²	2.85	3.23		0.51	0.48	
2	040201014001	盲沟	盲沟铺设		m	18.64	59.95		3.36	3.17	85.11
				3-478	10m³	18.64	59.95		3.36	3.17	
3	040501006001	塑料管道铺设	管道接口		m	20.00					20.00
				D00007	m	20.00					

续表

序号	项目编码	项目名称	工程内容	定额编号	单位	综合单价组成（元）					综合单价
						人工费	材料费	机械费	管理费	利润	
4	040501006002	塑料管道铺设	混凝土基础浇筑\管道防腐\挂案到铺设\探测线铺设		m	6.13	45.89	0.01	1.11	1.04	54.19
			管道接口	5-7	10m³	3.07	26.07		0.55	0.52	
			检测及试验	5-457	10m	3.06	19.82	0.01	0.55	0.52	
5	w004202022001	路床（槽）整形	土厚 10cm 以内挖高填低		m²	0.11		1.33	0.26	0.24	1.94
			碾压\检验\理顺坡度	2-272	100m²	0.11		1.33	0.26	0.24	
6	040202014001	水泥稳定碎（砾）石	拌合\铺筑\找平\碾压		m²	1.23	22.02	5.77	1.26	1.19	31.48
			养护		100m²	1.23	22.02	5.77	1.26	1.19	
7	040202014002	水泥稳定碎（砾）石	拌合\铺筑\找平\碾压		m²	1.23	26.47	5.77	1.26	1.19	35.94
			养护		100m²	1.23	26.47	5.77	1.26	1.19	
8	040203004001	沥青混凝土	撒铺底油		m²		64.25				64.25
			铺筑沥青\碾压	D00008	m³		64.25				
9	040203004002	沥青混凝土	撒铺底油		m²	0.02	58.87	0.29	0.06	0.05	59.29
			铺筑沥青	D00009	m³		57.03				
			碾压	2-373	100m²	0.02	1.84	0.29	0.06	0.05	
10	040203004003 *	沥青混凝土	撒铺底油		m²	0.02	51.77	0.29	0.06	0.05	52.19
			铺筑沥青	2-373	m³	0.02	1.84	0.29	0.06	0.05	
			碾压	D000010	100m²		49.93				
11	040203004004	沥青混凝土	撒铺底油		m²	0.02	48.80	0.29	0.06	0.05	49.22
			铺筑沥青	D000015	m³		46.96				
			碾压	2-373	100m²	0.02	1.84	0.29	0.06	0.05	
12	w040203009001	透层	喷油		m²	0.02	4.93	0.29	0.06	0.05	5.35
				2-372	100m²	0.02	4.93	0.29	0.06	0.05	
13	w040203009002	透层	喷油		m²	0.70	4.18	0.88	0.28	0.27	6.30
				2-277	100m²	0.70	4.18	0.88	0.28	0.27	
14	040204003001	安砌侧（平、缘）石	垫层		m	5.52	98.34		0.99	0.94	105.79
			基础铺筑	2-407	m³	1.69	7.20		0.30	0.29	
			侧（平缘）石安装	2-410	100m	3.83	91.14		0.69	0.65	

续表

序号	项目编码	项目名称	工程内容	定额编号	单位	综合单价组成（元）					综合单价
						人工费	材料费	机械费	管理费	利润	
15	040204003002	安砌侧（平、缘）石	垫层		m	4.87	56.87		0.88	0.83	63.44
			基础铺筑	2-407	m³	1.04	4.44		0.19	0.18	
			侧（平缘）石安装	2-410	100m	3.83	52.43		0.69	0.65	
16	040204003003	安砌侧（平\缘）石	垫层、基础铺筑		m	1.50	19.81		0.27	0.26	21.83
			侧（平缘）石安装	2-411	100m	1.50	19.81		0.27	0.26	
17	040204002001	现浇混凝土人行道及进口坡	整形碾压		m²	4.44	30.01		0.80	0.75	36.00
			垫层\基础浇筑\混凝土浇筑	2-52	10m³						
				2-404	100m²	4.44	30.01		0.80	0.75	
	……	……									

措施项目费分析表　　　　　　　　　　　　　　　案例二表 3-11

工程名称：××市花山路道路工程—道路单位工程　　　　　　　　第1页共1页

序号	措施项目名称	单位	数量	综合单价组成（元）					小计
				人工费	材料费	机械费	管理费	利润	
1	混凝土、钢筋混凝土模板	项	1.000	1393.05	3417.82		250.75	236.82	5298.44
	桥涵护岸工程混凝土基础模板	10m²	12.800	762.47	1670.77		137.06	129.45	
	桥涵护岸工程压顶模板	100m²	0.8500	579.60	1657.71		104.33	98.53	
	现浇混凝土人行道模板厚度8cm	100m²	1.600	51.98	89.33		9.36	8.84	
2	脚手架、平台、支架、万能构件、挂篮	项	1.000	1589.84	1737.75		286.17	270.27	3884.04
	双排钢管家脚手架4m	100m²	6.800	1589.84	1737.75		286.17	270.27	
3	施工排水、降水	项	1.000						
4	围堰、筑岛	项	1.000						
5	现场施工围栏	项	1.000						
6	便道、便桥	项	1.000						
7	打拔工具桩、挡土板、支撑	项	1.000						
8	驳岸块石整理	项	1.000						
9	施工水、电引用费	项	1.000						

续表

序号	措施项目名称	单位	数量	综合单价组成（元）					小计
				人工费	材料费	机械费	管理费	利润	
10	大型机械设备进出场及安拆	项	1.000	1782.50	1285.38	15982.35	3197.67	3020.02	25267.92
	履带式推土机（135kW）进（退）场费	台次	2.000	310.00	362.25	3898.04	757.45	715.37	
	履带式单斗挖掘机斗容量（1m³）进（退）场费	台次	2.000	465.00	309.38	3275.30	673.25	635.85	
	震动压路机（18t）进（退）场费	台次	2.000	310.00	306.50	3219.22	635.26	599.97	
	沥青混凝土摊铺机（12t）进（退）场费	台次	2.000	697.50	307.25	5589.79	1131.71	1068.84	
11	其他施工技术措施费	项	1.000						
	合计		/	4765.39	6440.95	15982.35	3734.59	3527.11	34450.40

主要材料清单报价表　　　　　　　案例二表 3-12

工程名称：××市花山路道路工程—道路单位工程　　　第 1 页共 1 页

序号	材料编码	材料名称	规格\型号	单位	数量	单价（元）	合价（元）
1	100074	草袋		片	110.0000	1.000	110.00
2	100129	镀锌铁丝		kg	42.0000	6.150	258.30
3	100501	商品混凝土 C15（非泵送）		m³	204.7110	289.930	59351.86
4	100501	商品混凝土 C15（非泵送）		m³	66.7794	289.930	19361.35
5	100799	枕木		m³	0.6000	1100.000	660.00
6	100799	商品混凝土 C20（非泵送）		m³	22.3300	289.110	6656.80
7	100982	水		m³	669.0111	4.720	3157.73
8	100988	水泥 32.5		t	284.6007	309.720	88146.53
9	101226	中砂		t	2005.1414	58.470	117240.62
10	400548	钢支撑	Φ25	kg	29.6960	4.160	123.54
11	400563	脚手钢管	Φ48	t	0.1836	4160.000	763.78
12	400572	零星卡具		kg	154.2400	4.260	657.06
13	400623	组合钢模板		kg	75.5200	4.560	344.37
14	400795	板枋材		m³	1.6957	1260.000	2136.58
15	400966	水泥	32.5级	kg	314468.7408	0.310	97485.31
16	401008	碎石		t	768.0876	41.530	31898.68
17	401160	混凝土平石 30×12×100cm		m	11602.4650	17.280	200490.60
18	401175	花岗岩侧石 A 型 30×12×100cm		m	10842.2300	87.940	953465.71

续表

序号	材料编码	材料名称	规格\型号	单位	数量	单价（元）	合价（元）
19	401175	花岗岩侧石 B 型 30×12×100cm		m	11602.4650	50.250	583023.87
20	401320	C20混凝土预制混凝土预制块		m³	95.2012	760.000	72352.87
21	401353	片石		m³	958.4740	43.370	41569.02
22	401357	砾石	10	m³	749.8632	60.800	45591.68
23	401463	碎石	40	m³	672.7733	58.770	39538.88
24	404500	3％水泥稳定碎石		m³	29906.4704	118.070	3531056.96
25	404500	5％水泥稳定碎石		m³	56148.6400	142.080	7977598.77
26	401519	中（粗）砂		t	991.4879	58.470	57972.29
27	401523	中粗砂		m³	459.1681	87.710	40273.63
28	401525	中砂		t	499.1135	58.470	29183.17
29	401953	铁件		kg	6.4000	6.010	38.46
30	401976	圆钉		kg	567.4466	6.410	3637.33
31	407333	塑料管 φ110PVC		m	756.0000	19.730	14915.88
32	407500	PVC 管	φ50	m	127.5000	6.900	879.75
33	408192	脱模剂		kg	12.8000	2.550	32.64
34	409818	石油沥青	60～100#	t	152.9133	4679.650	715580.63
35	409819	石油沥青	10#	kg	10175.2680	4.680	47620.25
36	410322	底座		个	3.0600	68.000	208.08
37	413379	脚手管（扣）件		个	21.7600	6.410	139.48
38	410431	模板嵌缝料		kg	6.4000	1.500	9.60
39	D00008	粗粒式沥青混凝土（含摊铺费）AC-25		m³	9384.5059	908.740	8528075.89
40	D00009	中粒式沥青混凝土（含摊铺费）AC-20		m³	8152.2150	941.120	7672212.58
41	D100010	细粒式沥青混凝土（含摊铺费）AC-13F		m³	72.2352	1162.400	83966.20
42	100767	回程费占材料费用		％	257.0750	1.000	257.08
43	900001	其他材料费占材料费		％	10774.8728	1.000	10774.87
44	900001	其他材料费占材料费		％	1634.6440	1.000	1634.64

六、投标报价需评审的其他资料（略）

第三部分　投标文件之技术标

封　　面

（内容略，关键是投标人法定代表人或其委托代理人必须签字或盖章）

目　　录

（内容略）

第一章　施工组织设计编制说明

（投标文件的核心内容是施工组织设计，所以在编制时除了需要响应招标文件中对于施工组织设计的具体要求外，还要遵守国家有关施工组织设计编制示范文本的具体要求，综合两者就可以编制出满足评标委员会要求的高标准技术标。下面按该示范格式要求，以某市政工程投标文件为例简要介绍投标文件技术标的编制。）

一、施工组织设计编制依据

1. 有关投标规则

《招标投标法》、《××省（市）建设工程招标投标实施办法》和《××市建设工程施工招标工作细则》有关规定。

2. 有关招标文件

本项目招标文件及其澄清文件，现场踏勘资料。

3. 有关工程图纸和规范

招标文件列出的本项目施工图纸、相关规范和地方法规及行业标准。本公司历年来的施工素质及工程管理经验。

二、施工组织设计编制综合说明

施工组织设计编制应该严格遵守招标文件中各项要求，响应所有内容、尤其是投标人须知前附表中的要求和后面对施工组织设计的具体要求，满足招标人对工期、质量和安全与文明施工等的要求。

1. 编制原则

（1）确保工期的原则

本工程施工工期为　××　日历天，一旦本公司中标，将立即委派按本次投标拟定的有丰富经验的项目经理进驻现场，主动与有关单位协调配合，组织好施工管理人员、材料及机械设备，做好各方的准备工作。本公司将充分考虑气候、季节（特别是冬、雨季）对工期的影响，通过科学组织施工，确保本工程总工期目标的实现。

（2）确保安全、文明施工的原则

建立安全施工的目标，完善规章制度，强化施工现场的各项制度、措施的落实，以确保安全生产目标的实现。使项目管理者牢固树立"安全第一、预防为主"的原则。

本着节约施工用地、节约施工资源的原则，通过合理的施工场地的规划、合理安排施工通道和作业区（料场），使施工过程做到保护周围环境、不扰民、做好车辆进出场地冲洗和道路洒水及扬尘的控制工作，按照创建文明施工工地标准化要求对现场进行统筹安排。

（3）确保施工质量的原则

本公司的质量方针是"精心施工、规范管理、质量第一、用户至上。"若本公司中标，必将严格执行 ISO 9002 质量保证体系认证文件的要求，对执行程序文件各要素进行控制，以使工程质量达到合格标准以上。当质量与进度发生冲突时，应确保工程施工质量为前提。

创建优良样板工程始终是我公司不懈努力追求的奋斗目标，本公司将按照招标文件提出的工程质量和施工技术要求，并按国家质量标准和有关质量规定进行施工。

（4）施工方案使用和先进的原则

结合工程特点，运用网络技术手段，使施工点（施工工序）相关工作科学合理，通过对关键工作（关键工序）的劳动力、原材料、施工机械的综合调配，在保证施工质量、施工安全文明的前提下积极采用新工艺、新机具、新材料和新方法。制订的专项方案力求适用性、合理性、先进性和经济性，合理组织均衡生产。

（5）遵纪守法和尊重施工地地方风俗的原则

施工中遵守国家的法律、法规，兼顾地方和群众利益，尊重地方政府和居民的相关要求，尽量减少扰民。

2. 其他

本公司一旦中标，将严格按照招标文件要求，对从项目管理班子组织机构的设置到具体的管理办法等进行周密安排，各分部分项工程严格按施工组织设计方案进行施工，对于部分专业性强的分部工程严格按招标文件要求和合同管理进行分包并做好分包单位的管理。

第二章　施工组织设计总体规划

一、工程概况

1. 工程概况

（略）

2. 工程合同工期

合同工期 ×× 日历天。

3. 质量标准

合格

4. 工程施工特点分析

本工程由道路工程、桥涵工程、雨污水工程、道路照明工程、交通标识标线工程和绿化工程等分部工程组成。

本工程与现有市政道路 ×× 路和 ×× 路相交，与工程平行的 X20 县道公路距离较近。

本工程标志性控制工程为 2#、4# 号桥梁的施工，由于施工地点远离附近交通道路，施工点作业场地的安排及施工材料的运输存在较多的限制性因素，为保证施工需要进行施工便道的先期施工和后期维护，以确保材料和机械的运输和通行。

施工中正好处于施工地区雨季和夏季炎热季节,保证施工质量和施工人员的安全存在较大不确定性。夏季桥梁施工点容易发生洪水和泥石流,作业点及基坑容易坍塌等。本工程道路绿化施工期间,根据工期安排恰逢施工地干旱高温季节,存在反季节种植树木的情况。绿化施工时存在树木栽植、树木的运输和栽植中树木成活率、部分林木树种要在外地采购、长距离运输,运输中也存在安全和异地植物检疫等问题。所以,施工组织设计及专项方案的制订中要充分考虑到上述工作中的不确定性,划分好分部分项工程施工的关键工序及关键工作,合理安排工作内容、确保材料和劳动力等资源的保障供给,充分发挥机械化施工的作用是保证工期的核心。

根据踏勘情况分析,原则上项目部生活用水、用电采用当地自来水和电力设施。工地生产用水采用经化验合格的河道河水,不足部分采用自来水补充,施工用电与当地供电部门洽商解决。

二、施工组织机构

我公司严格按招标文件要求实行项目经理领导下的各级岗位责任制,紧紧围绕工程质量、工期、成本及安全、文明施工情况,切实抓好项目部的目标管理工作。

公司将选派具备丰富施工管理经验的国家注册一级建造师担任项目经理,并选派具有高级技术职称的工程师担任项目副经理兼总工程师,负责工程技术指导。各主要分部工程领域均安排有中级以上技术职称的工程师作技术和质检工作,按招标文件和合同要求配备齐全工地五大员,并配备实验室检验工程师满足施工现场对质量监测的要求。

本项目施工项目管理机构成员配备情况、项目经理及总工程师简历材料详见本投标文件附属部分内容。

1. 施工组织管理机构

项目经理部将对本项目的人、财、物等资源按项目施工组织设计要求实行统一组织、统一布置、统一计划、统一协调和统一管理,并认真执行 ISO 9000 质量管理体系标准。为使管理工作科学有序、严谨规范,确保实现合同规定的工期和质量目标,特将本工程施工管理组织机构配置如案例二图 3-1 所示。

2. 主要管理人员岗位责任制

2.1　施工管理组织中主要人员的职责

2.1.1　项目经理职责

项目经理对公司经理负责,对项目部所承建的工程质量负责。贯彻公司的质量方针和目标,全面履行工程承包合同。

2.1.2　项目技术负责人职责

对项目经理负责,主管项目内工程技术和质量工作,并对项目技术、质量工作负责。

2.1.3　施工员职责

对项目施工工序管理负责,严格执行工艺规程和工序管理制度,负责向班组作技术、安全、质量交底。

2.1.4　材料员的职责

对物资的供应及质量负责。

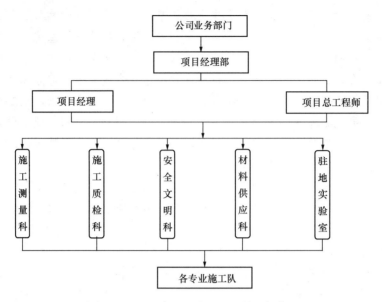

案例二图 3-1　本工程施工组织管理机构图

2.1.5　质检员的职责

负责工程质量的检验、监督、检查，并对检验核定的结果负责。

2.1.6　安全员职责

负责项目部的安全生产、劳动保护工作。落实质量体系的有关要求。

2.2　施工管理组织部门的职责

2.2.1　项目经理与副经理

负责工程的执行、领导、协调、指挥、对外联系等事宜，对工程进度、成本、质量、安全和现场文明施工等负全部责任。

2.2.2　技术部职责

负责编制施工组织设计，对特殊过程和专项工程编制作业指导书和专项方案，对于各专业施工进行技术交底、组织进行技术培训，办理工程变更、及时收集整理工程技术单，组织材料检验、试验和施工测量，检查监督工序质量、调整工序设计，并及时解决施工中出现的技术问题。技术部下分工程施工的测量和检测两个子部门。

2.2.3　工程部职责

负责组织施工组织设计的实施，制订生产计划、安全文明施工及劳动力、机械调动计划等事宜，以及施工质量的报验和控制。

2.2.4　物资供应部

负责工程材料及施工材料和工具的购置、运输，监督控制各种材料和工具的使用情况。

2.2.5　机械队

负责施工机械的调配、进场安装、维护与保养，并负责材料的运输。

2.2.6　办公室及会计职责

负责日常施工材料的收集与归档，负责工程款的回收、成本核算和编制工程的预算、决算等事宜。

2.2.7　各专业施工队职责

负责各自作业范围内容的施工、管理和班组成员的调配等事宜。

3. 管理组织机构体系及分工

本项目管理组织机构体系为，在公司下派驻组成项目经理部，项目经理部下分设个专业施工作业队，各队伍相应由队长（兼专业工程师）对项目经理部经理和总工程师负责。

3.1　土方施工队：负责本工程土方工程的施工；

3.2　道路基层作业队：负责石灰稳定土、水泥稳定土等路基工程的施工；

3.3　路面作业队：专业外包给有资质的施工企业，专门负责路面工程的施工；

3.4　附属工程作业队：负责道路侧平石及人行道材料的铺装工程的施工；

3.5　桥梁工程队：负责桥梁工程的施工；

3.6　路灯作业队：负责路灯安装工程的施工；

3.7　绿化工程队：负责道路绿化工程的施工。

三、施工现场总体布置

（一）布置原则

为保证施工现场布置合理，现场施工顺利进行，施工平面布置时做到：

1. 满足招标文件的有关要求；

2. 根据现场勘察结果进行布置；

3. 满足施工总体进度计划的资源需要量的要求；

4. 满足总体部署和主要施工方案的要求；

5. 满足安全文明施工、环境保护、防汛、通航等要求；

6. 划分施工作业段和相应的材料堆放场地，保证材料运输道路畅通，方便施工。

（二）施工总体部署

1. 施工区段划分

根据本项目施工项目内容和施工现场踏勘，如本公司中标将按工地实际情况，施工划分为2个工区，每个工区相对独立。1工区负责×.×××到×.×××区段的施工，2工区负责×.×××到×.×××区段的施工，每个工区设置区段长全面负责本区段施工协调管理工作。

2. 施工队伍组织

本公司将派遣4支参加过类似工程施工，技术过硬、人员配备齐全的施工队伍承担本工程的施工任务，由项目部统一负责工程进度安排、施工质量和文明安全施工情况，施工队分别向工区负责人与项目部负责。施工队伍下设机械作业队、专业施工班组。施工队伍作业队、班组明确分工、互相协作，在项目部的领导和协调下，加快进度、保证质量、降低工程成本。项目部制定相应的措施，布置施工任务，提高队伍的积极性、自觉性。

（三）用电布置

根据招标文件精神和勘察结果，项目部和两个工区生活用电从当地电网接入，桥梁施工用电采用从项目部总配电箱接入方式，通过电缆架空或埋地敷设的方式。施工现场用电按照《施工现场临时用电安全技术规范》JGJ 46—88之规定执行实施。

（四）用水布置

根据现场踏勘情况，职工生活用水采取从附近居民区自来水管道接入方式，生产用水用经检验合格的河水解决。

（五）临时设施搭建

1. 项目部、工区管理用房

根据工程特点，在桥梁施工点、工区和项目部所在地需搭设工程施工所需的临时用房，以满足职工生活、办公的需要。办公住房、职工生活用房采用彩钢活动板房，附属厨房、卫生间等采用砖砌结构加盖石棉瓦屋顶形式。

2. 施工机械道路

在与现有两条道路的连接口修筑施工机械、混凝土运输罐车和混凝土泵车进出的临时道路。

（六）场内其他布置

项目部及各施工区段（点）现场设置施工标志牌，标明工程概况，施工主要项目管理人员，安全情况记录及施工平面布置简图。在沿线的道路边，设置一些必要的信号，如危险信号、安全信号等。施工期间，禁止汽车等车辆过往，保证工程安全有序进行。

（七）施工现场总平面见附表：施工总平面图

第三章　施　工　方　案

一、施工总体程序

通过对施工现场勘察和对招标文件的仔细研究，为确保工程按招标文件要求在合同工期内完成合同全部工程内容，保证工程顺利竣工，本公司施工计划拟采用两个施工工区，六个施工段（每个工区划分出两段道路施工段、2工区另设置两座桥梁施工点）的施工方案。各工区指定相应负责人按照项目经理部指令进行施工，项目经理部主要制定总体施工程序并按程序给各施工点保证各类施工物资的供给。

根据招标文件、施工图纸和现场踏勘结果，本公司确认本工程总体的施工程序如案例二图3-2所示。

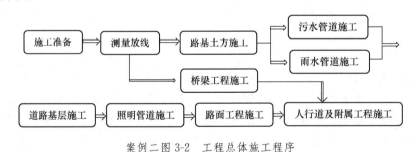

案例二图3-2　工程总体施工程序

二、各分部分项工程的施工方案及技术措施

（一）施工准备

1. 技术准备

各施工点分部工程在施工前，由项目经理部技术负责人召集项目有关人员认真学习熟悉施工图纸，进行图纸的自审、会审工作，理解设计意图及施工规范归于质量控制点的标准和要求；施工点技术人员编制其负责点分部工程的施工方案，报项目经理部总工程师审核通过后才能进入施工程序。

施工点技术人员组织各类施工人员对本工种有关图纸进行熟悉与会审，掌握和了解图纸中的细节。

2. 生产准备

根据项目部管理组织机构架构，在项目经理的领导下，选择高素质的施工队伍进行工程施工。对进场的工人进行必要的技术、安全与文明施工、法制教育，各班组牢固树立"质量第一，安全第一"的指导思想，遵守有关施工和安全文明生产的技术规范，遵守当地治安法规。

特殊工种全部使用经过培训且具有特殊工种上岗证的施工人员，机械驾驶员具有三年以上操作驾驶经验的人员方准进场作业。

根据施工组织设计方案，做好材料堆放、入库计划，做好备料、工料工作，根据施工进度做好材料的采购、申请工作，使计划落到实处。建立施工材料的发放和领用管理制度，做到按需领料、按当日施工量领料，防止材料出库后的丢失和损坏。

根据施工组织设计方案确定施工机械进场、调度计划，进场机械维修方案等落实到人。

（二）测量放线（放样）

根据业主（监理单位）提供的导线控制点（基准点）进行测量放线。在道路工程全线至少设置3个导线控制基准点，在现场增设工程施工控制点，并保护好全部导线控制点（基准点）。

1. 为确保顺利完成测量放线任务，公司在签订合同并进场后2天内将向监理工程师提供测量人员名单和资格证书供工程师审批。公司将选用数量足够、可靠、精密及经过精确校正的仪器设备实施测量放线工作。

2. 根据监理单位提供的水准网点，在沿线增设水准控制点。根据监理单位提供的导线点，用全站仪测量放置各施工部位的控制点和道路控制中线与边线。施工测量成果经监理单位查验合格并批复后进行下道工序施工。

3. 施工期间，现场人员要保护好基准点及道路控制点桩，防止基准点、控制点发生损坏及移动。期间任何一个测量控制点遭到损坏后需立即告知监理工程师，并迅速重新埋设基准点和控制点。

4. 定期对基准点、各控制点进行复测，以保证控制点的精度和一致性，从而保证整个工程的控制精度。

（三）主要单位工程中的分部分项工程施工方案

1. 道路土方分部工程施工方案

1.1　施工要求

填方路基施工前，应先行清除地表上的树根、草皮或腐殖土。土方回填应分层碾压，分层回填土方厚度不超过30cm，达到设计要求后方可进入下道工序。土方基础压实度实验采用重型压实标准。

道路路基土方工程完工后，沿线应进行按道路施工验收规范要求做回弹模量试验。

水泥稳定石粉渣层施工严格按《安徽省道路施工稳定石粉渣基层施工规定》要求施工，水泥稳定石粉渣材料要求采用搅拌站机械拌合。水稳层施工采用分层（两层）施工工艺，机械摊铺、机械压实，第一层保养达标后及时进行第二层摊铺作业。养护期满进行压实度、道路弯沉实验，实验报告出具后进行路基、路床的交工验收工作。

沥青混凝土施工严格按设计图纸进行施工，沥青混凝土施工作业分包给有资质的专业公司施工。项目部严格监督并进行沥青混凝土质量控制和验收工作。

人行道板、道牙侧石与平石分别采用水泥预制场预制构件和石材场加工件，现场不得自制。

1.2　施工过程及质量控制

1.2.1　土方挖方段施工

1.2.1.1　原则

土方开挖前，充分收集施工场地工程地质、水文条件、施工期间气象信息、地下管线附属物等，给施工机械手做好技术交底。施工中做好施工场地的控制点和轴线桩及水准点桩的保护工作，做好施工前后报表和资料的报验工作。需边坡支护的区段施工过程应有边坡支护方案，开挖过程中注意设置临时性或永久性排水沟、止水井，排水沟纵向坡度达到设计要求。

根据土方平衡施工要求合理安排土方运输机弃土场，根据道路设计标高，在挖方段采用机械施工工艺，挖方产生的土方量就近用于填方段素土回填所需之土方，多余土方可运输至弃土场地。夜间施工应合理安排施工项目，防止超挖；根据需要安设照明设备，再维修地段应设置明显标志。考虑到经济、安全、环境保护以及尽量不影响公共交通和其他公共设施等方面的要求。

1.2.1.2　挖方施工工艺要点

根据图纸放出土方开挖上口线，技术员验收后方可开挖。采用自上而下分层开挖，在挖至距离路床底 0.20cm 以内时，测量员应放出距超出路床（槽底）0.20cm 的水平线，挖至路床底标高时，随时校验路床底标高，最后清楚床底（槽底）土方，严禁超挖。

挖出的土放除留够需回填的好土外，多余土方外运至弃土场。挖至设计标高后，清理并机械压实基础。全站仪监测并设置道路中线和边线控制桩，记录数据后报请甲方及监理工程师验收，合格后方能进行下步施工。

1.2.2　土方回填段施工

1.2.2.1　原则

填方必须进行表面清理和压实作业，对不符合设计要求的淤泥、杂草、腐殖土等进行清除清理，填方土样符合设计基本要求，如含水量偏大需要在填方段两侧挖排水沟降低水位；填筑应采用水平分层、纵向分段、机械施工为主的原则，回填作业严格按设计与规范要求，进行分层回填分层压实的工艺。

1.2.2.2　填方施工工艺要点

进行施工段道路中心线与边线控制桩的放样，控制桩上面标出土方回填的高程。对于路基填料进行复查和取样实验，测定其最大干密度、最佳含水量、塑性指数或颗粒分析、填料强度等，实验严格按《公路土工试验规程》JTGE 40—2008 规程办理，以使路基填料达到设计与规范要求。

"灰土"回填时，材料中的石灰含量必须达到设计要求。对于使用的石灰必须在现场进行消解，使石灰充分硝化为熟石灰，灰土采用现场拌合或场外拌合后摊铺工艺。填方必须分层填筑并压实，表明平整坚实、无软弹和翻浆点。每层应作压实度检验，路基压实度严格按规范进行重型击实试验，保证使路基回填土压实度达到设计标准，合格后方能进行上层土方回填作业。土质路床顶面压实完成后进行"弯沉检验"。

对于部分路段出现因施工工艺导致出现的"弹簧土"或"橡皮土"施工点，及时采取挖掘机挖出后，及时换土回填的方式进行整改。

1.2.2.3　填筑施工程序

挖掘机装土至运输车辆→自卸运输车辆分运到填筑路段→推土机推平（分层）→检查摊铺厚度并调整→振动压路机碾压→压实度检验→填筑3～4层后恢复道路中桩、并调整边坡位置，同时纵向分段留台阶（确保分段填筑搭接质量）→填筑后刷坡与路基填筑同步。

2. 道路工程分部工程施工方案

2.1　测量放线与路床整理

2.1.1　测量放线

道路中线沿50m设一个控制桩，在桩上用红线标出道路路面标高，以此来控制路面施工标高，并利用50m桩进行每10m高程控制和对道路纵向边坡的控制。

2.1.2　路床整修

对素土及石灰土稳定土层施工后的路面进行整理整修，如发现有软弹簧土或翻浆点必须翻挖晾晒换土，并会同工程师进行验收作记录。素土路床验收合格后，进行石灰土稳定土层施工。

2.1.3　石灰土稳定土层施工程序

测量放线→整平稳压→松土、粉碎→上摊铺熟石灰粉→拌合→检查拌合土中石灰含量与含水量→整平碾压→进入养护。

石灰必须经检验达到规范和设计要求标准后才能使用，使用前充分消解并保持石灰粉一定湿度。消解后石灰做好覆盖保护，防止出现水化现象。

石灰土摊铺应均匀、施工厚度按设计和规范要求不大于20cm，打碎时土块应尽量粉碎。松土时及时检测土壤含水量和含石灰量，最佳含水量12％，如含水量过高应采取晾晒、过低应晒水。含水量达标后开始用灰土拌合机进行路拌，拌合深度控制在20cm为宜，以确保压实后16cm的厚度。用水准仪跟踪高程，高程达到设计要求后碾压，先用光轮碾压、再用振动压路机碾压，直至碾压达到设计和规范要求的压实度标准。

2.2　级配碎石底基层及水泥稳定层施工

2.2.1　试验段施工准备

路基质量检测：第三方质检机构检查下层施工层压实度、平整度等检测，报请监理工程师等进行路基高程、宽度、厚度、横坡等的复检，并根据检验成果进行施工交接。水泥稳定层施工前应对下承层进行洒水润湿，以增强上下层的结合。项目经理部负责人组织现场人员进行施工前的技术准备，包括现场踏勘、施工便道设置、场区规划、材料购买及运输方案制订，并会同作业人员进行图纸会审核技术交底工作。

2.2.2　施工进场材料质量要求

级配碎石施工及其质量要求。根据施工图纸要求，碎石最大粒径不超过50mm。集料的压碎值不大于25％～35％，级配碎石基层材料组成和塑性指数需满足设计要求。级配碎石材料采用厂拌法。（厂拌法工艺流程图略）

水泥稳定碎石基层施工及其质量要求，根据设计水泥稳定碎石的含水泥量为 6%，基层施工采用厂拌法，搅拌站必须严格按设计要求的水泥用量来拌制。（厂拌法工艺流程图略）

2.2.3　测量放线

放出道路中线、下层边线，选定检测断面积观测点位置上报工程师。中线桩上标出材料摊铺松铺高度标示：级配碎石摊铺采用摊铺机预装混合料后均匀摊铺在预定的宽度上，级配碎石摊铺厚度一般为 8～16cm，当厚度大于 16cm 时分层摊铺。水泥稳定材料松铺系数定为 1.25～1.30。

2.2.4　施工工艺及程序

水泥稳定碎石材料拌合后应尽快运到摊铺现场，如果远距离运输或其后炎热时车辆应对材料进行覆盖，以防止水分损失过快而影响质量，卸料时注意卸料速度，防止材料发生离析。

水泥稳定石屑基层施工中集料进场后，摊铺每一流水作业段 200m/天，摊铺后即进行振动碾压。当天两工段的相接处采用搭接拌合，即前段预留 5～8m 不碾压，与第二段重新拌合一起碾压。每一段碾压完成检查合格后，立即开始养护，不得延误，养护期为 7d。

摊铺作业时，自卸车严禁撞击摊铺机，防止混合料卸在摊铺机前面层上。摊铺采用机械加人工方式，摊铺时严格控制好松铺系数，人工实施对缺料区域进行补整和修边，摊铺机前进速度开始时定为 2～2.5 米/分钟，正常速度为 3～5 米/分钟，作业时注意跟踪检查标高、横坡度、厚度，发现问题及时调整。摊铺完成后首先用振动压路机由路缘起向路中央碾压，碾压时轮距错位搭接 15～20cm。碾压时先用静压一遍后振动压 1～2 遍，压实度达到要求后再改用三轮压路机低速 1/2 错轮碾压 2～3 遍，直至消除轮迹达到表面平整、光洁、边沿顺直的标准，路肩与路面要一起碾压。

水泥稳定碎石层施工质量控制：终压结束后检测道路标高，若发现问题应用机械刮平至设计标高后再碾压达到标准，然后用土工布等物覆盖后进入正常养护。

2.2.5　质量检测

对进场材料进行集料含水量、级配值和水泥含量的测试试验，对施工后质量控制主要进行材料均匀性、压实度、塑性指数和弯成值检测试验。

2.3　沥青混凝土路面施工方案

本招标路段路面面层设计为粗骨料沥青混凝土 6cm 和细骨料沥青混凝土 4cm。为保证施工质量，本公司采用专业沥青混凝土施工公司分包的方式，项目部技术人员采用对分包企业施工全程跟踪的方式来控制路面施工质量。

2.3.1　施工准备工作

对分包施工企业现场人员进行图纸会审及技术交底，对沥青混凝土拌合站沥青混凝土所用粗细料、填料以及沥青进行质量抽检和材料的第三方检测机构送检，使原材料及拌合料质量符合设计及技术规范要求。检测内容包括：混合料配合比、矿料级配、沥青含量、材料稳定度（包括残留稳定度）、饱和度、流值、马歇尔试件的密度与孔隙率等，所有检测成果资料报请监理工程师审核批准后才能进入正常施工。

2.3.2　沥青头层施工

先将基层表面松散材料清除干净，并用鼓风机或空压机沿道路纵向将浮尘吹扫一遍，如果基层表面过于干燥应洒水浸润表面，在气温大于 10 度、风速小于 4 级时进行乳化沥青的洒布，洒布量按设计要求进行并控制洒布厚度。

2.3.3　施工测量放样

道路基层验收合格并交接工序后，及时恢复道路中线控制桩，利用控制中桩标高在路面上根据摊铺机摊铺幅宽沿路长度每隔 10m 设两排钢筋桩，在道路平曲线处每 5m 设一桩，桩的位置位于道路中央隔离带所摊铺结构层宽度外 20cm 处，钢筋桩上根据标高标示好摊铺厚度标高。

2.3.4　沥青混合料的摊铺及碾压

2.3.4.1　热拌混合料进场最低温度要求

拌合楼出料口的混合料应该预先加热，并保证沥青材料出料时的沥青胶合料温度超过 160℃，沥青混合料运输采用自卸车辆，用料时车辆马槽用篷布覆盖保温。

2.3.4.2　沥青混合料摊铺

沥青混合料摊铺前，进行摊铺机作业线路导线点及高程点的复测与恢复，由测量员对路面中心线和边线的位置进行放样复核，使其精度达到规范要求。混合料使用自动照片沥青摊铺机进行摊铺和刮平，摊铺机自动找平时，采用所摊铺料层的高度靠金属边桩钢丝所形成的参考线控制，横坡靠横坡控制器控制。

正式施工前先进行 100m 铺前试验段施工，以确定施工机械数量与组合方式，确保摊铺、碾压作业中混合料运输车辆数量与摊铺机摊铺、碾压机碾压时间达到最佳。最终获得自卸车上料和摊铺机摊铺速度、拌和施工数量与时间，上料材料的温度等参数；以及摊铺机摊铺出料温度、速度、幅宽、自动找平方式等；压路机压实顺序、压实温度和碾压遍数等。

根据试验段获得的参数指定大面积施工时自卸车数量、混合料温度、摊铺机作业参数、碾压方式等。要求运输中用篷布等覆盖保持料温、摊铺时出料口温度符合规范要求、摊铺厚度与宽度、机械自动找平等与试验段数据一致。摊铺机行进速度保持在 3 米/分钟左右，避免停机。一般摊铺时每台摊铺机前应有不少于 3 辆装满沥青混合料的自卸车辆为宜。

摊铺过程中，安排专人注意机械两侧的料位器和传感器数据，以免出现输料过量和传感器从钢丝上滑落而影响质量控制。

2.3.4.3　碾压和成型

沥青混合料摊铺整平，即对混合料进行全面均匀的碾压压实。混合料碾压严格按初压、复压和终压三阶段进行。安排专人专门测量摊铺完混合料温度，及时指挥压路机作业，以确保各阶段的碾压温度，防止高温碾压引起混合料纵向推移，和低温碾压出现裂纹或不能有效地消除轮迹。要把握合理的碾压长度和压路机的行走速度，确保压实度达到设计要求。

初压是在混合料摊铺后较高温度下进行，混合料温度不应低于 120℃。采用双钢轮静力压路机碾压，压路机主动轮朝向摊铺机以避免碾压时对混合料形成推移。作业时横向碾压应从路面横坡低处向高处碾压，纵向碾压每次叠轮轮距 20～30cm。碾压初压要求混合料温度在 130℃时开始，且在温度不低于 110℃以前完成初压。

复压紧跟初压后进行，复压采用震动轮胎压路机，每次重叠 1/2～1/3 轮距。复压在混合料温度 110℃开始，且要在混合料温度低于 90℃以前结束，碾压距离控制在 50～70m。复压遍数为 4～6 遍直至混合料面无显著轮迹为准。

终压紧跟复压后进行，采用双钢轮静力压路机或胶轮压路机碾压 2 遍以上，以进一步压实直至消除轮迹。终压时混合料温度在 90℃前开始，温度低于 70℃以前完成碾压。

2.3.4.4　沥青混合料的接缝、修边处理和清场

沥青混合料的摊铺应尽量连续进行作业，压路机不得试过新铺混合料的无保护端部，横缝应在前次行程端部切割完成。接铺新混合料时，应在上次行程的末端涂刷适量粘层沥青，然后紧贴着先前压好的材料加铺混合料，注意调整好材料高度，为碾压留出充分的预留量。

相邻两幅及上下层横向接缝均应错位 1m 以上。横缝的碾压采用横向碾压后再进行常规碾压。

2.4　侧、平石等附属工程安装

2.4.1　材料选择

根据设计，本标段沿线道路附属工程包括侧石和平石。侧石采用花岗岩块石，规格为 800×300×120mm，平石为 C30 预制混凝土构件，规格为 800×200×80mm。

2.4.2　侧石、评石安装工程

2.4.2.1　放线与刨槽

按校准的路边进行划线、刨槽，槽内侧加钉做控制边线，反复校核保证侧平石的高程和曲线，以求平顺、无波浪，曲线圆润无折角。

2.4.2.2　安砌侧石与平石

在刨好的槽面上放 1cm 砂浆垫层，按放线高程和位置先安砌平石→安砌侧石→安砌平石的顺序循环施工，施工时用橡皮锤敲打材料使此牢固平稳。安放砌筑侧石后，在侧石靠背处用混凝土处理。

2.4.2.3　回填

安砌好侧、平石后，对槽前道路基层用相同材料填埋并夯实，对侧石背后用含水量适宜的土将剩余部分填埋并夯实。

2.4.2.4　勾缝

勾缝前先校核侧平石的位置和高程，顺直度和圆顺度，对不达标处予以调整，然后进行钩缝处理，侧石与平石结合部位勾缝要用砂浆材料施工，并将缝边毛刺清扫干净。

3.　排水分部工程施工方案

3.1　技术要求

根据施工图纸中对管道选材与接口方式的要求，本工程的排水系统采用雨水、污水系统分流的模式，雨水工程的管道系统位于车行道之间的分隔带内、污水工程的管道系统位于道路绿化带内，雨水、污水管道采用Ⅱ级承插式钢筋混凝土排水管，雨水管道支管位于其他地面下且要求排水管道当管顶覆土大于 4m 时采用Ⅰ级承插式钢筋混凝土排水管，雨水管采用 PE 波纹管。管道Ⅰ、Ⅱ级钢筋混凝土采用承插橡胶密封垫接口，接口施工方法见《钢管混凝土结构技术规范》GB 50936—2014。雨水、污水管道检查井采用预置混凝土砖块砌筑，路口雨水交汇处设置偏沟式双算雨水口，直线路段设偏沟式单算雨水口。雨水口采用铸铁算圈，并设混凝土边框。雨水沉井深度 1m。雨水链接管单算、双算分别采

用 DN200、DN300 波纹管。

3.2　测量放线

当道路土方工程、道路基层填筑工程完成并交工后，根据图纸要求进行排水管道工程和检查井的放线，防线时要考虑到基槽开挖中的边坡系数和高程及坡降问题。

3.3　施工工艺

放线→基槽开挖→管道垫层→检查井砌筑→管道安装→管道土方回填→闭水试验→检查验收。

3.3.1　管道基槽开挖及回填

3.3.1.1　基槽管沟开挖

本分部工程施工拟采用机械开挖加人工修槽的开挖方法进行施工，在挖方深度在 5m 以下不加支撑的边坡的放坡系数不得超过 1∶1。基槽管沟开挖的上部应设置排水沟，以防止地面水流入沟内引发冲刷边坡并造成塌方或破坏基土。当在地下水位以下挖方或在雨期施工，应先挖好临时排水坑和集水井，并排水以降低地下水位。开挖弃土随挖随运出，不影响施工。当出现沟槽开挖深度超过 2m 的地质路段，采用人工开挖并进行沟壁支护。当机械开挖至设计基础底标高 20cm 时，改用人工挖基至设计标高。

基槽管沟开挖应分段水平进行，相邻基槽管沟开挖时应遵循先深后浅或同时进行的施工。当基槽底土土质与设计要求不符时，须与设计沟通并报监理工程师批准后方可进行下道工序施工。

3.3.1.2　基槽管沟回填

按规范对基础底部整平处理，如果部分地段出现地质情况或承载力不符合设计要求情况，及时与业主、监理工程师及设计单位协商，根据实际情况采用重锤夯实、换填灰土、填筑碎石，以及排水降低水位等方法处理。经复查达到设计及有关规定标准后及时施工基坑。

沟槽回填时，槽内不得有积水。钢筋混凝土管基础一般采用 135°和 180°混凝土带状基础，混凝土强度等级为 C10。基础外围填方宜采用灰土回填，并控制回填土的含水量至最优含水量。回填时，管道两侧填筑要交替进行，每层虚铺厚度不大于 30cm，且两侧对称填筑、分层进行填筑、逐层夯实。

管、涵顶面填土厚度必须大于 30cm 以上方能用压路机碾压，管道沟槽、检查井、雨污水井周围的回填土应在对称的两侧或四周均匀分层回填并夯实。过路管道顶面须用 C15 以上钢筋混凝土作保护。

3.3.2　管道的安装

3.3.2.1　地基处理

混凝土管道混凝土垫层浇筑时，管道基础的侧向模板安装必须支撑牢固不得出现涨模现象。等混凝土基础强度达到 70%以上时才能进行管道安装。

3.3.2.2　管道安装

管道管节及橡胶封口圈必须进行质量检验和报验，经监理工程师批准后才能进行管道安装。安装时严格控制管底标高和管道直顺度，接口要严密不得有漏水现象。钢筋混凝土承插管道安装采用汽车吊装方式，两管承插安装使用挖机抓斗辅助方式。管节之间抹带不得出现断裂现象，安装钢丝网后再抹 2.5cm 后的砂浆。波纹管安装用人工安装，管节之间用封口材料密封。

管道安装结束后应进行闭水试验，待整个管道系统不漏水、渗水后才能进行管道回填。

3.3.2.3　管道回填

回填前应排除积水，并保护接口不被损坏。回填填料符合设计和规范要求，管道两侧和检查井四周应同时分层、对称回填夯实。管道胸腔部分采用人工或蛙式打夯机夯实，每层15cm回填填料分层填筑夯实，管顶以上部分用蛙式打夯机夯实，每30cm后回填填料分层填筑夯实。回填夯实密度严格按回填土标准执行。

3.3.3　检查井、雨水口施工

检查井施工应与管道施工同步进行，检查井基础与管道基础同时浇筑，排水管检查井内流槽应于井壁同时砌筑，表面采用水泥砂浆分层压实抹光，流槽与上下游管道底部接顺。检查井室应同时安装踏步，其位置准确，安装踏步后再砌筑，砂浆养护未达到强度前不得踩踏。

4. 桥梁施工

本招标文件中涉及的道路桥梁共有两座，分别位于××.××××和××.×××。根据设计图，两座桥梁均为正交预应力钢筋混凝土简支空心板桥，下部结构采用钢筋混凝土双柱式桥墩及重力式桥台，基础采用机械钻孔水下混凝土灌注桩。孔径1400mm。

4.1　桥梁施工工艺流程

桩位定位放线→桩基施工→桥墩台、墩身施工→桥梁板浇筑→承台、盖梁施工→桥梁架设施工→桥面系施工→竣工验收。

4.2　钻孔灌注桩基础施工

本工程桥梁桩基施工方法采用钢桶护壁冲击成孔施工工艺，以避免冲击成孔中流沙引起的塌孔现象。机械采用75kW电振动打桩机，该机械采用50t履带吊作为起吊设备，打击桩锤与钢护筒采用"法兰"连接定位。

4.2.1　桩位测量定位

全站仪放样，桩位采用预先地面混凝土浇筑预成孔，孔位置及其直径与设计直径一致。孔深度大约为60cm。

4.2.2　钢护筒测量定位放置

混凝土预成孔养护成型后，打桩机自行移动到桩位，并用全站仪复核位置无误后，垂直起吊钢护筒到预设的孔位中。

4.2.3　钢护筒的下沉

为保证钢护筒能顺利下沉到岩层中去，应尽量减少中间停顿时间，防止淤泥和流沙层的固结而加大下沉的阻力，从而增加护筒下沉的难度。

4.2.4　冲击锤钻孔

钻孔作业必须连续进行，不得中断。开始钻进时进度适当控制，护筒顺利下沉时再进入正常钻进速度。当钻进深度到达设计要求时，对孔径、孔深度等进行检查确认，填写终孔检查表，经监理工程师复查认可。进行清空和灌注水下混凝土的准备工作。

4.2.5　钢筋笼制作及吊装就位

钢筋笼在现场制作完成，为使钢筋笼具有足够刚度和稳定性，便于运输和吊装、灌注水下混凝土时不致松散、变形，加工制作钢筋笼时每隔2m增设加固钢筋一道。并在骨架上焊接吊环，骨架主钢筋外侧焊接足够量的定位钢筋，以控制混凝土保护层厚度。

钢筋笼吊装时，应准确就位，至设计深度时加以固定。待水下混凝土灌注完毕并初步凝固后方接触钢筋笼的固定设施。

4.2.6　导管

采用法兰盘接头导管，吊装导管前先试拼，检查连接牢固性，并对导管进行密封试验。导管应垂直吊装，并使之位于井孔中央，在混凝土灌注中导管应顺利升降，以防导管卡住。

4.2.7　灌注水下混凝土

4.2.7.1　导管吊装下口至孔底距离20～40cm时停止，进行灌注前冲洗导管试验。

4.2.7.2　首批灌注混凝土的数量应能满足导管埋入混凝土的深度不小于1m，作为封底混凝土。检查封底情况，确认封底成功后进行正常混凝土灌注。

4.2.7.3　灌注应连续有序进行，尽可能缩短拆除导管时间。灌注时使混凝土匀速下降，防止在导管内形成高压气囊影响混凝土沉降。当孔内混凝土面接近钢筋骨架时，使导管保持稍大的埋深，并放慢灌注速度。

4.2.7.4　灌注结束时，进入导管的混凝土量应减少，使导管内混凝土压力降低，导管外井孔的泥浆因比重增大，会使混凝土顶升困难。可在井孔内加少量水，以使泥浆比重降低，以使灌注顺利进行。

4.2.7.5　为确保桩定混凝土质量达标，混凝土灌注至桩顶设计标高1.0m以上。

4.2.7.6　灌注时按检验批标准，及时制作同批次混凝土试块。

4.2.7.7　当灌注完成后立即拔出钢护筒。

4.2.8　桩基检测检验

桩基质量检验主要按照规范进行桩基质量检测检验试验。主要进行桩的静载荷试验和超声波低应变检验两项指标，以检测桩基竖向抗压承载力和桩的完整性。如果超声波完整性检验的结果无法取得满意结果，也可以进行桩钻心法取样，在实验室内进行进一步检测。

桩基检测方法参照《建筑桩基检测技术规范》JGJ 106—2003规范确认检验批数量和质量判定标准。

4.3　墩台（承台）台身施工

4.3.1　桩头破桩

桩基养护完成，对检验合格的桩基的桩头部分进行破桩，使桩头钢筋完全暴露出来。钢筋露头长度满足设计与规范关于不同规格钢筋搭接长度要求。

4.3.2　模板工程

4.3.2.1　模板制作。采用整体钢制模板，选用5mm厚钢板做模面，框架用75°角钢，加劲肋用120型槽钢。

4.3.2.2　模板及支架安装。支架立柱应在两个相互垂直的方向加以固定，支撑部分必须安置在可靠的地基上。支架结构的立面、平面均应安装牢固，能抵挡振动棒的偶然撞击。模板安装完好后，检查轴线、高程符合设计要求。固定模板，保证模板在混凝土灌注过程中不变形、不移位。模板内干净无杂物。

4.3.3　钢筋的制作

4.3.3.1　进场使用钢筋应附有形式质检报告，钢筋表面清洁，无油腻、鳞锈等。钢筋加工制作时的下料、钢筋的弯制加工等符合设计要求。

4.3.3.2　成型钢筋安装时，桩顶钢筋与承台或墩台基础钢筋的锚固严格按规范和设计要求连接，使桩与台身钢筋连接牢固，形成一体。

4.3.3.3　基底预埋钢筋位置准确，骨架绑扎中适量放置垫块，以保证钢筋在模板中的位置准确和保护层厚度达到规范和设计要求。

4.3.4　混凝土浇筑

混凝土使用商品混凝土，商混站按其配合比加工混凝土并运输到施工地点。混凝土泵送泵混凝土，插入式振动棒捣固。

混凝土浇筑时分层浇筑厚度不应超过30cm，每层浇筑中振动达到标准时间后，边振动边徐徐提出振动棒，避免振动棒碰撞钢筋、预埋件和模板。每次振捣的部位必须振动到该部位混凝土密实为止，即混凝土不再下沉、不冒出气泡、表面呈现平坦、泛浆。

待养护成型拆模后，及时用塑料薄膜包裹成品并定时洒水养护。养护到期后对墩台位置等进行测量检测，并用墨斗线划出各墩的中心线、支座十字线、梁端的位置等。

4.4　梁体工程施工

预应力空心梁板采用现场加工制作的方式。其价格过程及技术措施为：

4.4.1　预应力空心梁板材料要求

混凝土按设计要求采用C40混凝土，预应力梁板预制钢筋采用预应力钢绞线（规格 $\phi'_{15.2}$ ），普通钢筋采用HRB335级、HRB400级钢筋。其他材料必须满足设计要求。

4.4.2　梁板预制

后张法预应力梁板预制场地规划应合理，材料进场施工便道应预先施工完成，以便于材料进场和梁板的预制施工。施工前先对台座范围内的土层采用掺灰换土并镇压处理，场地周围采取排水措施，防止施工预制期间场地产生沉降而影响预制。

4.4.2.1　梁板预制

模板采用定性钢模板，模板强度、刚度满足施工要求，尺寸准确，便于安装和拆除。模板缝隙严密排列整齐，浇筑前清理模板。内膜及气囊质量达标，气囊使用次数不超过规范。

钢筋加工制作。严格按设计与规范进行钢筋加工制作，搭接、锚固必须满足设计规范要求。

混凝土浇筑和振捣。混凝土按分层、连续浇筑完成，混凝土振捣尽量采用侧模振捣工艺，应防止插入式振捣棒接触模板和钢筋，以免破坏或使模板变形。

混凝土达到一定强度后拆模进行正常养护。

4.4.2.2　预应力张拉

预应力钢筋张拉顺序应对称，当两端同时张拉时，两端不得同时放松，先在一端锚固，再在另一端补足张拉力后进行锚固。两端张拉力应一致，二端伸长值相加后应符合设计规定要求。

预应力张拉时应均匀缓慢升高千斤顶油压值，逐步张拉至控制应力。张拉过程中的预应力张拉程序为：

$0 \rightarrow 20\%\sigma_{con}$（读伸长值 $L2$ 并作记录）$\rightarrow \sigma_{con}$（读伸长值 $L3$ 并作记录）$\rightarrow$ 卸载至零

即：张拉值控制顺序初应力时量取千斤顶活塞的伸长量 $L1$，张拉达 $20\%\sigma_{con}$ 时再量取千斤顶活塞的伸长量 $L2$，二者之差为钢束的实际推算伸长量值。张拉达 $100\%\sigma_{con}$ 时再量取千斤顶活塞的伸长量 $L3$，$L3$ 与 $L1$ 二者之差为钢束的实际张拉伸长值。实际张拉伸长值与实际推算张拉伸长值之和与理论伸长比较，其误差不超过 $\pm6\%$，否则应停机检查原因，予以调整后方可张拉，必要时进行处理。预应力张拉的理论伸长量计算按规范要求进行，采用平均张拉应力法计算。

4.4.3　预应力梁板的安装

根据梁板质量，决定采用 750kN 汽车式起重机吊运安装，运输采用平板车运输。预制梁板运至现场后，起重机起吊梁板到支架上，调整支架高度，使梁板位置及标高达到设计与规范要求。

4.4.3.1　墩台施工及支座中心线位置划定。桥梁假设下垫墩台混凝土浇筑，养护到期后用墨斗线画出中心线。

4.4.3.2　架设方法的选择。根据本公司相同工程施工经验，拟采用双吊机吊装法使梁板逐步安装就位。

4.4.3.3　梁板安装施工顺序。测量放样→安装支座→平板车梁板运输就位→汽车吊机安装就位→双机挂吊梁板两端→起吊到位→验收→横向钢板焊接。

梁板就位时，在梁板侧面的端部挂线锤，根据墩台顶面标出的梁端横线及该线上的标出的边缘点来检查和控制梁的顺桥及横桥向正位。局部细微调整可以用千斤顶完成。梁板的顺桥位置以固定端为准，横桥向位置以梁的纵向中心线为准。

4.4.3.4　由于梁板安装属于悬空作业，同时考虑到桥梁跨径、吨位、场地等因素，给施工带来的一定风险。梁板安装时应该有专人统一指挥，现场特设专职安全员一人负责现场安全事宜。吊装指挥员统一信号，起吊、梁板横移、下放时必须速度缓慢、匀速，严禁忽快忽慢或吊机突然制动。

4.5　桥面系施工

梁板安装工作完成后，将梁板预留的钢筋拉直，并且将梁与梁间钢筋按规范要求搭接绑扎。整个桥面上部钢筋网按设计要求进行加工制作并绑扎成型，绑扎时注意搭接锚固。安置模板，最后进行混凝土浇筑并正常养护。

桥头应安装伸缩缝，桥面混凝土初凝前进行收浆拉毛，用土工布覆盖进入养护阶段。

桥面系施工完毕并使混凝土养护达到一定强度后，进行防撞护栏施工，防护栏按设计要求采用花岗岩石材制作而成。

4.6　浆砌石施工

4.6.1　浆砌石原材料

进场的毛石材料密度应大于 25kN/m³、抗压强度应大于 60MPa 的块状原石。砂料粒径要求符合设计要求或为 0.15～5mm、细度模数 2.5～3.0。砌筑砂浆用量必须满足设计要求，且其试块强度和施工的和易性符合规范要求。

4.6.2　浆砌石砌筑

应采用坐浆法分层砌筑，铺砂浆厚度宜在 3～5cm，遂铺浆遂砌石块，砌缝须用砂浆填充饱满，不得无浆直接贴靠，砌缝内砂浆应插捣密实，严禁先堆砌石块再用砂浆灌缝。

上下石块砌筑应错缝砌筑，砌体外露面应平整美观。

勾缝前必须清理错缝，用水冲洗并保持缝槽内湿润，砂浆应分次向缝内填塞密实。勾缝砂浆强度等级应高于砌体砂浆，应按实有砌缝勾平缝，严禁勾假缝、凸缝。

5. 照明路灯分部工程施工方案

根据设计文件本工程道路照明采用普通高杆高压钠灯方式，灯杆位置位于快车道与慢车道分割绿化带内。照明安装工程主要内容及技术措施方案如下：

5.1　路灯安装工程工艺流程

放线定灯位置→挖沟槽→埋管→浇筑路灯基础→敷设电缆→电缆绝缘测试→路灯安装→电器设备安装→实验、调试→竣工验收。

5.2　路灯定位放线与挖沟槽、浇筑路灯杆基础

按图纸要求对路灯杆位置及埋管线路放线，一般以路灯杆基础位置定坐标及高程。以距离路缘石 50cm 为中心开挖宽 30cm 深 50cm 的电缆埋管预埋沟。

按路灯基础图纸预制金属构件，并开挖相应尺寸的基坑。金属杆作防腐、防锈处理后，按设计要求混凝土进行基础浇筑。

5.3　电缆敷设安装

电缆埋管、电缆型号应符合设计要求，且无机械损伤、标牌齐全、正确、清晰，质保资料齐全。电缆管的固定、间距、弯曲半径应符合规范要求。

5.3.1　电缆预埋管安装

电缆预埋管采用阻燃性 PVC 导管，导管连接采用热熔焊接工艺。导管预先埋设在道路绿化带内，预埋深度 50cm，与灯杆基座链接采用套管连接工艺。

5.3.2　电缆导管管口引出与保护

电缆导管内穿以直径不小于 2mm 的镀锌铁丝，在电缆导管终端引出口挂设标签，标签上注明该电缆导管的名称和起讫处，以便后续电缆的敷设施工。

5.3.3　电缆线安装

按照设计关于电缆型号、规格的要求，将电缆预先穿入的镀锌铁丝连接，直接牵引铁丝将电缆传入预埋管内。进入灯杆接线盒内的电缆按规范分相与灯杆内相关电线连接。

5.4　路灯灯杆安装

5.4.1　灯杆基座施工

同一条路的路灯安装高度、仰角、装灯方向宜保持一致，灯杆安装的纵向中心线和灯臂纵向中心线应一致。在绿化带内进行灯杆基座基础开挖，至设计标高后，将按规范要求绑扎好的灯杆基座钢筋笼放入基础。基座预埋螺栓，该螺栓用胶带绑扎保护；钢筋笼内预埋电缆导管。按设计要求混凝土强度等级进行混凝土浇筑。

5.4.2　灯杆安装

路灯安装使用的灯杆、灯臂、抱箍、螺栓、压板等金属构件应作热镀锌处理，防腐、防锈处理符合国家相关规范规定。螺母固定宜加垫片和弹簧垫，紧固后露出螺母不得少于两个螺距。

5.4.3　电器设备安装

按设计要求分别在道路两侧快、慢车道绿化带内安装照明控制柜各一部。控制柜基础施工略。

设备进场应开箱检验，经业主与监理工程师同意后方可进行安装。电器柜等的机械闭锁、电气闭锁动作应准确可靠，有隐蔽工程时应提前通知业主与监理工程师验收合格后才能进入下道工序。

电缆敷设后，进行设备柜基础施工，施工时预留好固定电器设备的螺栓构件。设备固定后，连接电缆线，电线进入配电箱、控制柜和接线盒等应有保护套，线缆在管内及设备内部不能有接头和缠绕。

安装完成后进行检查、调式并做好调试记录。

5.4.4　灯具及照明灯的安装

按设计要求将灯具安装好，并全面进行各项调试检验，检验完成后进行照明系统调试、设备联动调试，最后进行试运行。

6. 道路交通标志及标线分部工程施工方案

6.1　交通标志及标志杆制作与安装

6.1.1　标志板面制作

根据设计图纸进行板面切割、加工与制作，板面检验合格后进行版面的脱脂、清洗、干燥等处理；交通标志反光膜切割、粘贴时，其交通标志的形状、颜色和图案应严格按照《道路交通标志和标线》GB 5768—2009、《道路交通标志板及支撑件》GB/T 23827—2009及图纸规定执行，其图案、字符和平面设计，以及标志的反光级别应符合设计规定，并将样品交业主或交通监理专业工程师审批。

贴膜时应将贴膜机放置在室温20℃环境下进行，粘贴后板面平整、无皱折、气泡、破损等现象，反光膜应尽量减少拼接，如有需要应在反光膜最大宽度处进行拼接、且以搭接为主。板面制作完成在检验合格的基础上，应用包装纸或发泡胶分隔包装。

6.1.2　标杆制作与安装

标杆制作钢材应符合《碳素钢结构》GB/T 700—2006、《输送流体用无缝钢管》GB/T 8163—2008等技术标准规定，管件连接采用法兰连接；构件镀锌前清除表面有害物质且干燥后再浸入镀锌池。

在标杆基础混凝土强度达到70%以上后，才能进行标志杆安装。门架安装以高空汽车吊为工具，安装时先拼装立柱和横梁，然后再起吊安装，采用经纬仪校正，拧紧各部件螺栓，最后吊装标志板。

6.2　交通标线施工

6.2.1　道路标示标线材料要求

标线使用的涂料、漆料按要求采用热熔反光涂料，严格按《道路交通标志和标线》GB 5768—2009标准执行，进场材料形式检验报告、合格证等齐全，并进行抽样检验合格后才能使用。

6.2.2　施工要求及方法

施工前按监理要求进行试验段施工，以检验涂（漆）料配方是否满足设计图纸要求、施工工艺符合规范要求。

喷涂或涂刷标线前，道路表明进行彻底清洁、并等路面干燥后才能进行作业，喷涂标线或涂刷标线时应设立警示牌防止车辆在未干的涂漆面上驶过。

根据图纸要求，放样、打点并复查，拉线或弹线，用滚筒式喷洒机或刷子涂底漆、底漆宽度应大于标线宽度。用热熔型标线机施工时，热熔釜中料温度应在 180～200℃，根据放样通过料斗将涂（漆）料均匀地涂在底漆干燥的路面上。挂涂后立即用玻璃微珠撒布器均匀地将玻璃微珠均匀撒布在刚挂涂的涂料上。

施工后，对不符合要求的标线进行修整，去除溢出和垂落的涂膜，检查厚度、玻璃微珠撒布情况、划线质量等。施工完成由专人同意撤除用于保护施工人员和行车安全的标志、信号和路标。

7. 景观绿化工程分部工程施工方案

7.1　景观工程施工方案

7.1.1　放线与地形复核

按设计图纸采用方格网法，将边线放大样并定桩，根据桩号位置及标高在场地地表放出场地的边线、主要设施的基准线与挖方区和填方区之间的零点线。对照铺装竖向设计图纸，复核场地地形，各坐标点、控制点的自然地坪标高数据。

7.1.2　地面施工

7.1.2.1　基层施工

铺装地面的基础素土应夯实，然后铺石灰土并碾压或夯实，其压实度达到设计要求。垫层施工按设计要求用 C15 混凝土浇筑。

7.1.2.2　结合层施工

在面层与基层之间的结合层用 30mm 厚的 1∶3 干硬性水泥砂浆进行结合层摊铺，并找平以利于面层施工。

7.1.3　花岗岩、透水砖面层铺装

面层材料先须经过试拼，试拼达到设计要求后进行花岗岩、透水砖的铺贴，铺贴前将材料除尘、浸润后荫干备用。铺贴时，预先将板块材料堆好纵横缝后用预制锤轻轻敲击，使砂浆振捣紧实调整板块高度。试铺后，翻开板块检查砂浆结合是否平整、密实，在水泥浆层上浇一层水灰比为 0.5 左右的素水泥浆，然后将板块轻轻地放准原位放下，用橡皮锤轻击放于板块上的木垫块使板平实，根据水平尺找平，接着向两侧和后退方向顺序铺贴。

铺砌完成后按板材的颜色用白水泥和颜料与板色调相近的 1∶1 稀水泥浆，将浆液装入小嘴壶徐徐灌入板块之间，留在缝边的浆液用牛角刀喂入缝内，直至基本饱满位置。灌缝后在小时用棉纱团粘浆擦缝至平实光滑，养护。

7.2　绿化工程施工方案

7.2.1　绿化地平整、清理

按设计要求平整绿化带内地面，清除砾石、建筑砖渣和杂草杂物。如果设计没有进行地形设计，则将绿化地从中央向外周设定 2.5%～3.0% 坡度，设计有要求按设计放坡，以利于排水。平整后地形要保证地面水最终集于路面排水管网。

7.2.2　种植土回填与施肥

种植土按规范要求，其土质 pH 值为 5.5～7.5，不含建筑和生活垃圾。回填种植土深度乔木需大于设计中最大乔木栽植土球周围 80cm 的合格土层、灌木要求大于 50cm 厚、草坪与地被植物大于 30cm。

地面施有机肥料后应进行一次 20～30cm 深的翻耕，将肥料与土壤充分混匀。乔木、灌木栽植时可将土肥在穴边预先混匀后，再依次放入穴底和种植池。

7.2.3　号苗与起苗

按设计要求，根据品种与质量、规格要求，到苗木地号苗；起苗时间与栽植时间应紧密配合，即根据每天栽植数量、气候条件等做好起苗计划，做到当天起苗、运输到现场，当天栽植，如果栽植不完应及时在栽植地点假植苗木。

起苗时苗木土球大小及其包装严格按规范标准进行，防止土球散落影响成活率。装车运输前对苗木枝条和根进行初步修剪和修复。

7.2.4　定点放线

栽植前严格按设计图纸进行定点放线，按设计位置钉木桩、标识性大树或景观树种应严格按设计或规范要求控制其坐标、高程和种植层厚度。对于成片种植的花灌木等用测量仪器或用方格法放线，定桩位后用白灰画出种植区域。

7.2.5　挖穴与栽植

种植穴位置、规格要符合带土球的苗米其穴比土球大 16～20cm、穴口深度一般比土球高度稍深 10～20cm 的原则，种植穴上下口大小口径一致，禁止挖成尖刀穴。挖穴时要注意保护好地下管线和地下其他构筑物。

栽植时可在穴内填些表土加基肥。栽植前必须对树木进行适度修剪，如果在非种植季节栽植更要进行强修剪。苗木定植位置、朝向要符合要求，定植时将苗木放入穴内使苗木居中，再将树木立起扶正，使苗木保持垂直。然后分层将种植土回填并夯实，保证土面能够盖住树木的根颈部位。初步栽好后应检查树干是否保持垂直、树冠有无偏斜，如有及时扶正并加上种植土。最后将余下的种植土绕根颈一周培土、起浇水堰。定植后浇第一遍水，最后用木棍、毛竹或钢管等扶正固定。

7.2.6　花灌木、地被植物和草坪栽植

开种植槽后，将运至现场的花灌木、地被植物按顺序栽植，栽植时应从场地中央由内向外进行栽植，灌木栽植时注意调整树冠朝向（最美的一面朝主要观赏面）、树木高矮不同则以矮植株为准。单面观赏的花木在花坛种植时，则要从后边开始栽起、逐步栽到前台边沿。草坪按设计标高整理场地后，进行草皮的连续铺栽，草块间隙不大于 2cm，或直接进行播种。

第四章　施　工　进　度　计　划

施工进度计划是施工过程项目管理中控制的重要指标之一，施工进度计划安排的合理性、科学性将对工程质量和成本产生重大影响。因此本公司在本项目工程技术标编制中力求以客观务实的态度，依据本公司以前类似工程项目管理的经验，努力使本工程项目进度计划编制体现出科学合理，并使计划具有可行性。

一、施工进度计划

本工程合同工期为××日历天（自开工至验收合格），按照本工程施工内容，公司施工过程中拟采取"先节点性重点工程，后一般性工程"的顺序严格按工程施工工序进行施工，确保施工按期完成。

工程总工期确保在开工后×××日历天内完成合同内全部工程内容，确保工程顺利竣工。施工进度计划安排见附表。

二、施工工期保证措施

（一）施工工期保证措施

1. 缩短施工准备期

如我公司中标，本公司组建本工程项目经理部并将项目管理主要人员及其他有关人员在合同工期开始前 3 天进驻现场，进行详细的施工调查、积极开展复测和临时工程、施工便道等的施工准备工作，缩短施工准备期，为后期的施工最大限度地争取时间。同时做好施工机械与设备、材料的调运，急用设备和机械等在 3 天内进入施工现场，以满足施工的需要。

2. 建立有效的项目管理制度

抽调有时间经验又年富力强的管理人员和有施工经验、战斗力强的整建制施工队伍，按照工程的特点合理划分施工内容、按工程的需要统一部署，组建高效、精干的项目经理部。

项目经理部经理、总工程师等项目领导成员参与施工前各项工作部署，使施工班子尽快熟悉工程特点、业主要求和施工合同的具体内容，以便实现我公司对业主就工程工期、质量、安全等方面的承诺。

加强现场施工组织指挥，项目部做到指挥正确、指挥得力、效率高、应变能力强，以项目经理和项目总工程师为首的管理体系，决策重大施工问题，确定重大施工方案，全面负责施工进度管理。通过建立健全岗位责任制，使施工人员定岗定责，施工过程中确保施工过程严格按技术标准、工艺措施施工，明确施工班组的施工纪律、确保是个严格按设计要求进行。

3. 制定行之有效的施工管理措施、组织措施和技术措施

3.1 施工工期进度控制的管理措施

3.1.1 施工进度事前控制管理措施

3.1.1.1 制订施工机械进场、施工材料设备机具进场计划，及时部署施工班组和机械队伍，确保施工原材料、机械和劳动力按时做好施工准备。

3.1.1.2 对关键工序或特殊施工分项工程编制相应的施工进度计划，制定相应的节点，编制节点控制计划。

3.1.2 施工进度事中控制管理措施

3.1.2.1 制订各工区和桥梁施工点施工的进度计划、季度计划、月计划，并且在施工过程中项目部严格按已经制订的施工进度计划检查各工区施工进度情况。

3.1.2.2 项目部每周定期召开一次协调会，协调施工过程中发生的矛盾和存在的问题，对于外部因素的干扰及时向监理单位和业主代表反映。

3.1.2.3 根据施工现场实际情况，及时修改和调整施工进度，并定期向业主、监理单位和设计单位通报工程施工进度情况。

3.1.3 施工进度事后管理措施

根据施工进度计划，及时组织公司有关部门进行分项工程验收与交工。项目部资料员定期整理有关工程进度的资料进行汇总编目，建立完善的管理档案。分部工程施工完成进行组织验收，并报请监理单位组织进行分部工程的验收与交工。

3.2　工期进度控制的组织措施

建立施工进度实施组织系统，进行施工任务目标分解，把目标落实到施工队伍、作业班组甚至每一个施工人员。项目部与各班组签订任务书，明确各班组任务目标，通过奖罚制度，促进班组能按质按期完成各自的施工任务，我公司对本工程施工进度、物资、劳动力、机械设备和资金等进行调度和平衡，解决施工中出现的各类矛盾和问题，确保工程顺利进行。

3.2.1　确保施工资源的到位

根据施工组织设计方案要求和进度控制计划、劳动力、机械需求计划，按期组织施工队伍的机械、人员进场作业。选用具有长期合作关系的劳务商作为评审和选择对象，通过择优方针确定劳务分包企业。对劳务商的管理通过项目部按月对劳务商的作业签发《合同履约单》，安排施工任务，并检查监督各作业队的施工质量、安全生产和现场用料情况。通过奖惩措施，激励工人工作积极性。

充分利用我公司的机械设备优势，根据工程施工进度随时调运所需机械到施工现场。施工机械尽量选用较新出厂的机械设备，并定期由专职专人进行检修保养，确保机械正常运转，为加快工程进度作有力的保障。

公司在资金和后勤保障上建立相应规章制度，保证施工过程中各项物资、人员的满额运行。通过友好的后勤保障队伍，强化对施工人员的生产、生活和施工安全高效。后勤组人员及时进驻现场，安排好职工生活。设备、材料专人看管，并配合好用电、用水工作，使工作进展顺利。项目部经理积极协调好当地居民工作，并与监理、设计单位协调好关系，使工作中减少纠纷，加强配合。

3.2.2　优化组合，确保工期按期或提前完成

优化施工方案，合理调整施工机械配备、劳动力计划，以及各种材料的购置调运计划。制定出确实可行的施工工期计划网络图，并根据施工过程中出现的各类情况，调整施工网络计划，满足缩短工期的目的。使整个施工过程严格按任务单进行管理，确保各个节点工序的按时或提前完成。

3.3　工期进度控制的技术措施

充分发挥我公司道路施工的技术水平，运用先进的施工技术、测量手段等，依靠技术进步来确保工程施工的顺利、快速进行。

在施工方案确定中，通过多方案比较、优化，积极选用住房城乡建设部推广的新技术、新材料、新工艺、新设备等，以技术先行为指导思想，向技术要效率、质量，确保工程合格和工期顺利完成。运用网络计划技术原理编制进度计划，确保关键线路，根据施工情况，进行比较分析，调整进度计划，确保施工总工期。在施工过程中建立和完善质量保证体系，将工程质量落实到每个管理人员和操作人员心中，加强分部分项工程施工前的技术交底，做到工程争取一次成优、并加强成品保护，以期来提高工作效率保证工期。

3.4　加强施工的动态管理，加快施工进度

在班组进场前做好技术交底和关键工作的施工要点的培训，在施工实践中不断优化施工方案、工程进度安排，以及材料和劳动力及机械的合理调配。在施工过程中通过抓工作面上的标准化施工，合理地组织与正确地施工，以加快施工进度、确保施工质量的稳定。将关键工序的管理与施工动态管理作为本工程项目管理工作中的抓手，控制好循环作业的

时间，减少工序衔接时间来提高施工效率。

如果出现施工实际进度比计划进度慢时，在确保总工期不变的前提下，项目经理部将通过增加劳动班组数量（增加劳动时间，实行三班倒工作方式等）、调配增加施工机械或使操作人员轮休而机械连续工作的方式提高工作效率，以达到保质量、抢工期的目的。

3.5 材料和机械设备保证措施

充分利用我公司机械设备的优势，为工程配备数量足够、性能先进的机械设备，提高机械化作业水平，最大限度地发挥机械作业效率。根据施工进度变化情况，及时安排施工机具、设备等进场。在重要施工节点，根据施工要求，统一协调安排施工队伍的人力、机械，确保设备和材料合理配置、互相配合、协调，保证整个工程的工期。

（二）劳动力安排计划

施工队伍按照工程项目进度计划的安排顺序进场，按总体的施工组织及规划中施工队伍部署及任务方案，对劳动力实行动态管理。要求劳务分包公司与每一个农民工签订劳动合同、并交由当地劳动保障行政部门备案，同时我公司在此郑重承诺：遵守劳动法规定，决不拖欠农民工工资。

所有技术人员、机械操作手等均严格执行持证上岗，项目部在开工及进场前对所有技术人员及机械操作人员进行技术培训。本工程中拟投入的劳动力计划表见附件。

第五章 质 量 保 证 措 施

一、质量管理方针及管理目标

本公司一贯坚持"百年大计，质量第一"和"质量和效率是企业生命线"的质量管理方针。在具体的施工过程中，本公司坚持"诚信守约、崇尚卓越"的质量方针。本工程的质量目标是确保工程达到国家验收合格标准。

二、质量管理主要职责

项目经理是工程质量第一责任人，对工程质量全面负责。全权指挥工程施工、协调与业主、监理的关系，对工程的质量、进度负责。组织完成合同规定的任务，确保按时完成工程。

项目总工程师在技术上对工程质量进行负责，各施工点负责人和工程师负责各自领域的施工质量和进度。项目经理部质检员在总工程师领导下，负责工程质量的监督、控制、考核；技术员配合总工负责质量监督、控制和检查，安全员在项目经理领导下负责安全文明生产的监督、控制和检查。各施工队长及班组长兼职作业点质检员工作，负责对本队施工项目的施工质量检查与控制。

三、质量管理体系

1. 建立健全质量管理体系，项目经理部建立质量领导小组，设立专职质检员，各班组设兼职质检员，各工序班组进行自检，互检后再进行专业质检，检查合格后报监理工程师检查。

2. 做好图纸会审工作，坚持按图施工和按相关规范施工。

3. 搞好技术交底，落实质量管理计划，项目部对施工队伍、班组根据其承担的工作内容做好技术交底。

4. 严把材料质量关，各种原材料、半成品、成品必须有出厂合格证，原材料必须按检验批标准取样送试验室试验合格后方可使用，杜绝使用不符合规范要求的材料。

5. 认真做好隐蔽工程和各分项工程的检查验收、搞好质量评定。

6. 制定各分项分部工程质量保证措施，并在施工中狠抓落实。

7. 建立质量奖惩制度，把工程质量优劣与职工报酬挂钩，强化全员质量意识。

8. 掌握工程施工过程中的质量动态，项目部做好内部资料整理工作。

9. 凡本工程所有文件资料，包括经工程师批准的施工图纸和与合同有关的所有通知、指标、要求、请求、同意、决定、证书、证明等往来函件，以及经工程师签发的各种报表，全部由专职资料员管理。在施工过程中，施工员要逐日做好施工记录（包括图片、照片、录像资料），对各道工序施工质量的检查记录、检测报告和整改文书手续齐全，经责任人签字后分类归档，凡本工程所使用的商品混凝土、钢材和其他材料，以及各类外协件等所有材料合格证书、质保书、试验报告经检验无误后存档。

四、质量保证体系

（一）建立质量保证体系

本公司坚持以全面质量管理，建立健全对内质量管理体系。项目经理部成立以项目经理为首的质量保证体系，项目技术负责人具体负责工程质量监督评审、工程验收及创优、项目部全面质量管理的日常工作。技术科工程师作为各自领域或施工点的技术员、质检员负责各自领域的质量监督、工程初验与报验工作；资料员负责收集每天施工情况及项目部与外界往来的各种文件资料，材料员负责材料的送检与材料进场验收工作。

（二）确立质量保障技术体系

1. 制订科学合理的施工组织计划和施工管理制度

通过制定科学、严谨、行之有效的施工组织设计和施工管理制度，应用合理的各分部施工方案科学合理施工。施工前认真编制施工组织设计和施工技术措施设计，做好图纸会审工作和技术交底工作。

投入大型机械设备和先进的检测设备，确保施工技术装备的完好。指定专人负责机械、设备的日常维护和管理，确保有效完成本工程的进度和质量控制工作。

根据本工程特点和招标文件要求，设立项目部工地实验室，实验室在总工程师领导下，由质量管理科牵头，质检员、材料员和实验室工程师配合做好工程施工中的质量检查和控制工作。

项目部定期举行工作总结会，使参与施工任务的技术人员、工人和其他人员各自明确所担负工程任务的特点、技术要求、施工工艺、规范要求、质量标准、安全措施等，做到心中有数，做到各负其责，权限分明。

2. 质检科质量监督工作制度

要求所有进场的工程材料都必须具有质量证明文件，对外购的材料由实验室复检并按要求配合监理员完成材料和试件（块）的第三方检测工作。具体控制方案为：

（1）水泥、钢筋及混凝土等主要原材料

原有主要原材料进场除必须有质量证明文件外，实验室严格按规范要求，对材料进行强度、主要成分含量及配合比实验，并在施工现场做好各类试块（件）的制作与养护工作，与监理单位监理员做好送检工作。

（2）路基的压实度检验

对于填方路基、灰土及水泥稳定基层施工中，经分层回填与碾压的路段进行材料质量、压实度的测试，只有符合要求后施工技术员和质检员才能统一进行第二道回填施工。

（3）路面施工质量检测

路面施工过程中严格执行规范和操作规程进行操作，测量放线技术员严格控制边界及高程、取样员、实验室工程师严格执行对材料及施工过程中的质量监督控制工作，对沥青混凝土材料、配合比、材料温度等由实验室工程师负责监控，取样员配合监理单位监理员做好材料的取送样工作，施工完成后由质检科负责完成压实度、道路弯沉的检测。

（4）工程施工过程技术资料工作制度

项目部资料员负责施工过程中原有技术资料的收集、整理工作，质检员、材料员配合做好施工过程中的原始记录，确保施工资料的真实、及时、齐全，施工现场与内业资料必须同步整理完成，并通过质检员向监理工程师提交有关工程报告单。

施工过程中所有的检验、测量和试验设备必须按规范和项目部要求的周期、日期到法定计量监督机构进行鉴定，按期保养、确保仪器精度和性能发挥。施工过程中测定的数据和设备单干等技术资料及时归档，以备业主、政府监督管理部门检查和向有关部门提供资料。

3. 质量管理技术保证措施

针对本工程特点以及施工组织设计中各施工环节的方案，在技术上重点做好以下技术保证措施，确保工程施工质量。

（1）测量关

项目部进场后，公司即安排测绘工程师对勘察设计单位提供的平面控制点和高程点进行复测、闭合计算，检查其精确度和实用性。如发现对业主提交的平面控制点或水准点有疑问时，立即邀请勘察设计单位派人共同磋商解决。

确认各桩点后，立即进行线路的贯通测量和主要建筑物控制网点的布设，并埋设桩，对各类桩点应设立明显的标志并具有保护措施。

施工过程中做好每次复核和控制桩的测量记录，要求参与测量和复核的人员在记录上签字备案。

（2）图纸复核关

进场后由总工程师牵头，组织技术人员对设计文件进行复核，吃透设计意图。通过交底了解主要的施工方法和技术要求，对设计文件中有不明确或认为有错误的地方应在业主组织的图纸会审与交底中与设计工程师交流，或直接与设计院取得联系，达成一致意见。

（3）技术交底关

每分部工程施工前，由总工程师组织项目经理部技术人员及施工队（班组）技术负责人进行技术交底，交底时有技术员向施工队交代设计意图和各工程关键工序及指控要点，并以书面形式发到有关人员手中，使每个人员对工程的具体情况和施工要求了然于胸，不至于盲目进行施工。

（4）试验关

材料进场、施工工程和报验前，由质检员牵头、会同实验室工程师完成对材料、施工过程质量的试验与检验，未经检测合格的材料不能进入现场，过程不合格不得进入下道工序。

（5）操作关

严格按规范、项目部制定的作业指导书、有关操作规程施工，搞好职工技术培训和技术交底，每个操作工必须持证上岗，严禁无证操作。

第六章　冬、雨期施工措施

由于道路工程施工受天气状况影响较大，尤其是在冬季、雨季施工时，往往会因雨水导致施工过程中断。为了优质、有效地完成招标文件中的工期要求，本公司特制定出冬、雨期施工的措施。

一、冬雨期施工措施

1. 对影响施工及制约工期的因素进行专题分析，做出周密的施工进度计划，在施工中严格按照计划施工，如出现不符合施工计划的情况，及时分析原因，并提出补救措施。

2. 施工内容中桥梁施工是影响本工程的节点性工程，为此本公司计划采用多部机械、两座桥梁同时开工，由两个施工队伍展开施工质量、工期的竞赛。桥梁施工如果在冬季时，混凝土中要添加混凝土抗冻早强外加剂。浇筑完成后及时覆盖草栅（帘）保温，必要时搭暖棚保温。延长拆模时间，待混凝土强度达到其允许受冻的临界强度时再行拆除模板。

3. 在雨污水分部工程中，地下管道的施工是最为关键的工程内容。在施工安排上本公司拟采取在施工点多投入机械，采取分段开挖等方式。在处理各种管道平面流水交叉作业时，采取先施工雨水管道、后污水管道的方式。分段开挖、分段安装施工，及时回填。

4. 在道路施工中，充分利用机械化作业的优势以保证道路施工多点、多段大面积展开。沥青混凝土路面施工采用给专业化施工公司分包的方式，分包公司具有大型沥青混凝土拌合站、专业运输车队和大型沥青混凝土摊铺设施。

二、具体方法措施

（一）道路路基土方施工尽可能地避开雨季。根据本招标工程地点的气象特点，在本工程开工后的4、5月份为少雨季节，为此通过在这段时间的加班加点施工，可以完成土方施工量的85％的量，为完成土方工程奠定基础。

（二）本公司制定出冬、雨季施工措施。在路基土方的雨季期施工时，通过采取施工中土方回填压实中每层表面横坡不小于3％的设计，以便横向排水。同时在施工作业中通过控制具体的施工措施如下：运土量，随挖、随运、随平、随压实的作业流程。如果遇到降水，宜采用先快速粗平土层并压实方式，以防止雨水灌透土层延长摊晒期。

（三）雨季时管道基槽随挖、随安装管道，并及时回填压实。开挖形成的弃土堆放应远离沟槽，以免下雨造成塌方。形成的沟槽底部设置排水槽，并及时用抽水机抽出集水坑内积水。

（四）如果在水泥石粉稳定层施工中，在材料铺设完毕尚未碾压成型时遇到雨水，应做好排水工作，保证石粉内不积水，以免造成因含水率过大引起的泛浆使水泥流失。

（五）沥青混凝土路面施工禁止在雨期施工，在冬季气温低于10°时禁止施工。

第七章　安全文明施工、环境保护措施

一、安全文明施工措施

（一）文明施工保证措施

本公司承诺本工程部发生重大安全事故，消灭重大事故、减少一般事故的发生，确保施工期间工地内外职工和居民生命财产的安全。公司坚持"安全第一、预防为主、综合治理"的方针，落实《中华人民共和国安全生产法》、《中华人民共和国环境保护法》、《建筑工程安全生产管理条例》等法律、法规精神，强化谁承包谁负责的原则，加强施工队、班组的管理。

（二）安全文明生产组织措施

项目经理是项目安全生产的第一责任人，工程科是安全与文明生产的责任主体，安全员时安全文明生产的责任人，施工队与班组负责人是安全生产第一责任人，负责对各自班组的安全生产。

项目经理部与各责任主体签订安全与文明施工责任书，明确各自的责任与权利。

（三）安全生产管理制度

落实各级安全文明施工责任制、健全安全管理机制，根据公司《安全施工奖惩制度》制定具体的细则。包括：安全例会制度、安全活动日制度、施工队与班组扳回制度等，建立完整的安全管理体系和安全检察网络，在各重要部位和进出口通道等设置监控设备和进出门禁设备。

主要工程施工工序的安全措施必须经过安全员的审查和检查，由总工程师批准后执行。做到没有安全措施不开工、没有安全技术交底不开工。开工前对所有人员进行《安全知识》学习并考核，合格后方能参加本工程施工。重要部位和关键工作执行持证上岗制度。各施工队和班组应对农民工、职工进行安全与文明生产教育与管理，提高安全与技术交底，安规学习与考试，并参与每周的安全日活动。

（四）文明施工措施

各班组负责人在召开班前交底会和技术交底会时，倡导文明施工，严禁野蛮施工，各工种应服从施工负责人的安排，上一道工序并完成验收合格后，方可进入下一道工序。为做好文明施工，本公司将力求做到以下几点：

1. 加强队伍管理，使施工人员保持良好的精神面貌，施工人员之间团结协作，确保无争吵、无赌博、酗酒等现象。

2. 加强施工现场管理，施工现场布置合理，无零散现象，材料堆放整齐，标牌清楚明确。现场做到工完场清，垃圾随时清理集中堆放，施工区域和临时设施处干净整洁。

3. 加强协调工作，及时与当地群众、兄弟单位协调好关系，保证工程顺利进行。

二、现场容貌环境管理

施工现场道路畅通，桥梁施工区施工场地做硬化处理、周围设置排水系统，并保证排水系统畅通。道路土方施工无积水和临时给水管线无滴漏水现象，工地与外围便道搭设安全防护围墙。

各种原材料、构件均按施工平面图分区域堆放，所有机械车辆按类型在施工点进行排放。

三、分工标志管理

现场管理人员和工人带粉色安全帽，现场指挥、管理人员佩戴分工标识卡，危险区施工设置值班人员并佩戴安全值班人员工作卡。

四、生活卫生

办公区及生活设施区活动板房严禁私自乱接电线和使用电器，由公司统一安装空调或电扇解决。食堂卫生要符合《食品卫生法》相关规定，加工人员定期统一进行卫生体检。

五、现场防火管理

现场设置明显的防火标志，尤其是在机械回场与维修区的标志。健全完善的防火管理制度，在生活区配备足够有效的消防器材，施工中动用爆破器材必须有严格的审批手续。

六、环境保护措施

1. 加强施工过程管理，严禁施工中形成的建筑垃圾，以及生活区生活垃圾、粪便等倾入施工点附近的河中。机械保养维护所产生的废机油、废弃物等应有专门的收集箱，定期处理。

2. 材料应有专人负责，防止作业过程中材料倾入河中，既造成环境污染又造成材料浪费。弃土等严格按施工方案中的弃土场使用方案，将弃土集中堆放。工程结束后对弃土场进行绿化处理。

3. 管理区严格按环保规程要求搭建临时设施，污水排放，化粪池的建造等符合环保要求，并定期处理。

4. 紧密与当地市政管理、环卫部门联系，对临搭建过程中产生的建筑垃圾或施工过程中产生的各类垃圾联系落实去处，定期处理。确保施工管理区环境整洁、干净。

5. 经常使用的公用设施、道路等派专人负责维护清扫。

第八章 施 工 平 面 布 置

一、施工总平面布置原则

总平面图必须实用、方便，尽量有利于现场施工、节约资源与资金使用，临时工程和设施尽量不干扰其他工程的施工、不干扰居民生活。

二、办公、生活设施

本工程在施工现场的平面布置时，考虑业主和周边居民的要求，尽量少占用耕地。现场临时办公和生活设施临时用房、临时材料场和机械维修场地尽量靠近作业点设置。

为便于现场的标准化管理，场区内主要道路进行混凝土硬化处理，为利于原材料保护在材料场和机械设备返回场四周开设排水沟，确保场区内不积水。

三、临时用水、用电

根据主要事故设备的机械额定功率，现场设置一级、二级配电箱，按施工、生产和生活分路供电，电路连接和接地等严格按规范执行，确保电缆编号、分电箱与供电回路对应。

施工用水从附近取用，适用前进行水质化验，确认达标后方可使用；生活用水取自市政供水。

第九章 拟投入本工程的主要机械及检测设备

一、投入的工程机械设备

本工程拟投入的机械主要有挖掘机，共投入 10 台；用于土方工程的推土机 5 台，装载机 5 台；各类运输车辆自卸车 30 辆、洒水车 3 台；面层施工中的摊铺机械一套，包括摊铺机 3 台、各式镇压压路机 5 台、运输车辆 25 辆。其他设备：包括 2 台砂浆搅拌机、冲击成孔机 1 台、沥青混凝土跳刨机 1 台等，详见表一。

二、投入的检测设备

全站仪 2 台、经纬仪 2 台、水准仪 4 台，工地实验室设备一套，详见表一。

三、设备使用计划

根据本工程的工程量清单，公司利用定额测算了机械台班需要量和施工进度的关系，结合我公司现有机械设备状况，根据投入机械设备和检测仪器完好、高效的原则制订了设备使用计划。

上述投入的机械、设备，机器使用计划参见本施工组织设计的附件部分内容。

项目施工组织设计附属内容

根据招标文件要求，在技术标施工组织设计中，除采用文字表述的内容外，部分采用表格形式的内容比如拟投入的机械、劳动力计划，项目施工计划进度网络图，施工总平面图以及临时用地表等均以附表形式编制。

一、项目管理机构

（一）项目管理班子配备情况

项目管理班子配备表　　　　　　　　　　　　　　案例二表 3-13

投标工程名称　　　　　　　　　　　　　　　　招标工程编号

职务	姓名	职称	执业或职业资格证明					备注
			证书名称	级别	证号	专业	养老保险	
项目经理	×××	工程师	建造师	一级	豫 141000 ××××××	公路工程	已交纳	
项目副经理	××	助 工				土建	已交纳	
项目总程师	××	高级工程师				公路工程	已交纳	
……								

本工程一旦我公司中标，将实行项目经理负责制，并配备上述项目管理班子。上述填报内容真实，若不真实，愿按有关规定接受处理。项目管理班子机构设置、职责分工等情况另附资料说明。

（二）经理及技术负责人简历表

项目经理简历表　　　　　　　　　**案例二表 3-14**

姓名	×××	性别	男	年龄	45
职务	项目监理	职称	工程师	学历	本科
参加工作时间		2004 年	从事项目经理年限		8 年
项目经理资格证书编号			豫 141000××××		

在建和已完成工程项目情况			
时间	参加过的类似项目名称	担任职务	发包人及联系电话
2010.7.20	淮北市六安路市政工程	项目经理	××市建设局
2011.5	××市经开区蓬莱路市政	项目经理	××市经开区建设局

项目总工程师简历表　　　　　　　**案例二表 3-15**

姓名	××	性别	男	年龄	57
职务	项目工程师	职称	高级工程师	学历	本科
参加工作时间		1981 年	从事项目经理年限		
资格证书编号					

在建和已完成工程项目情况			
时间	参加过的类似项目名称	担任职务	发包人及联系电话
2005.8	××市樱花大道道路工程	工程师	××市建设委员会
2008.10	××市市政广场	总工程师	××市重点工程建设管理局

二、资格审查资料

（一）投标人基本情况表

投标人基本情况表　　　　　　　　**案例二表 3-16**

投标人名称		××省地矿建设工程（集团）有限公司			
注册地址		××省××市互助路 25 号		邮政编码	450000
联系方式	联系人	××		电话	/
	传真	0371-××××××××		网址	http://www.hndkjt.com
组织结构		有限责任公司			
法定代表人	姓名	×××	技术职称	高级工程师	电话	/
技术负责人	姓名	×××	技术职称	高级工程师	电话	/

成立时间	1997 年 4 月 3 日		员工总人数：1244	
企业资质等级	市政公用工程总承包壹级	其中	项目经理	50
营业执照号	410000100052843		高级职称人员	88
注册资金	13000 万元		中级职称人员	120
开户银行	交通银行××百花路支行		初级职称人员	
账号	411060400018000166072		技工	/
经营范围	市政公用工程施工总承包、水利水电施工总承包、地基与基础工程专业承包、公路工程施工总承包、房屋建筑工程施工总承包等业务。			
备注	无			

（二）近年财务状况表

略

（三）近年完成的类似项目情况表

近年完成的类似项目情况表　　　　　　　　　　**案例二表 3-17**

项目名称	××市广德路（长江东路—合群路）道路工程
项目所在地	××省××市
发包人名称	××市重点工程建设管理局
发包人地址	××省××市
发包人电话	/
合同价格	肆仟壹佰万肆仟零陆拾捌元
开工日期	2013 年 12 月 5 日
竣工日期	2014 年 8 月 1 日
承担的工作	项目总承包
工程质量	合格
项目经理	××
技术负责人	××
项目描述	本项目为××市重点局建设的连接该市经开区长江东路—合群路间的二级市政道路工程，主要由土方工程、桥梁工程和道路工程及绿化工程组成。
备注	无

（四）正在实施的和新承接的项目情况表

正在实施的和新承接的项目情况表　　　　　　　　　　**案例二表 3-18**

项目名称	××市苏滁产业示范园世纪大道东延伸段（BT 项目）
项目所在地	××省××市
发包人名称	苏滁现代产业投资开发有限公司
发包人地址	××省××市
发包人电话	/

续表

签约合同价	叁仟叁佰陆拾陆万零陆佰柒拾贰圆
开工日期	2012 年 8 月
计划竣工日期	270
承担的工作	工程总承包
工程质量	合格
项目经理	×××
技术负责人	××
项目描述	本工程为××市北环线道路工程的东延伸段，可以打通目前建设的产业园区北方向的出口，与现有宁蚌高速公路相连。为产业园区建设重点工程。该工程主要由土方工程和道路工程、路灯工程、雨污水管道工程和绿化工程组成。
备注	无

（五）其他资格审查资料

略。

三、机械设备投入资料

表一　拟投入本项目的主要施工机械设备表（简化部分内容）

拟投入本项目的主要施工机械设备表　　　　案例二表 3-19

序号	机械或设备名称	型号规格	数量	性能	序号	机械或设备名称	型号规格	数量	性能
1	反挖挖掘机	1.0m³	10	良好	9	沥青摊铺机	ABG423	3	良好
2	推土机	75kW	5	良好	10	轮胎压路机			良好
3	平地机	120kW	1	良好	11	自卸车		25	良好
4	装载机	15t	5	良好	12	稳定土拌合机			良好
5	静止压路机	18t	2	良好	13	全站仪	托普康	4	良好
6	振动压路机	26t	2	良好	14	经纬仪	J2		良好
7	振动压路机	18t	3	良好	15	水准仪			良好
8	东风自卸车	140-2	10	良好	16	实验室设备			良好

表二　拟投入的劳动力计划表

拟投入的劳动力计划表　　　　案例二表 3-20

工种	按工程施工阶段机械、工程量情况投入劳动力情况（单位：人）				
	测量放线	路基土方施工	路基水稳施工	沥青工程施工	桥梁工程施工
测量工	5	5	3	3	2
机械工	/	35	30	15	3
机电工	/	/	/	/	5
木工	/	/	/	/	10
钢筋工	/	/	/	/	22
模板工	/	/	/	/	15

工种	按工程施工阶段机械、工程量情况投入劳动力情况（单位：人）				
	测量放线	路基土方施工	路基水稳施工	沥青工程施工	桥梁工程施工
其他工	/	3	3	5	/
合计					

注：1. 投标人应按所列格式提交包括分包人在内的估计劳动力计划表。

　　2. 本计划表是以每班八小时工作制为基础编制的。

表三　进度计划

根据招标文件要求，投标人应提交施工进度网络图或施工进度，以便说明按招标文件要求，本公司对本工程施工中的各个关键工序及实施的关键日期计划作出说明。

本公司按招标文件具体要求采用关键线路网络图形式对本项目进度计划作详细计划安排，如案例二图 3-3 所示。

	1-30	31-60	61-90	91-120	121-150	151-180	181-210	211-240	241-270	271-300	301-330	331-365
施工准备、放线												
土方工程												
排水工程												
道路工程												
桥梁工程												
景观工程												
路灯安装工程												
绿化工程												
交通设施工程												
竣工验收												

案例二图 3-3　施工进度计划横道图

表四　施工总平面布置图及临时用地表（略）

本公司根据招标文件要求，投标人应递交一份施工总平面图，绘出现场临时设施布置图表，并注明临时设施、加工车间、现场办公、设备及仓储、供电、供水、卫生、生活、道路、消防等设施和布置情况。

思　考　题

1. 建设工程招标投标活动遵循的法律法规有哪些？

2. 招标投标活动的参与主体有哪些？

3. 招标的建设项目应具备的条件有哪些？

4. 简述邀请招标发生的前提条件，建设工程中哪些建设内容才能采用邀请招标的形式。

5. 评标委员会组成人员有哪些？常用评标方法有几种？

6. 投标决策应遵循的原则是什么？

7. 招标文件主要由哪些内容组成？

8. 企业投标时编制的施工方案与中标签订合同后制定的施工组织设计有什么异同？

第四章　市政与园林工程合同管理

【本章主要内容】

1. 建设工程合同及其管理的基本知识。

2. 建设工程承包合同类型及内容。

3. 建设工程承包合同的示范文本。

【本章教学难点与实践内容】

1. 建设工程合同种类及内容的领会，建设工程合同双方利益在合同法中的体现、双方利益保护的条文内容是本章的重点与难点。要求通过本章学习，了解建设工程合同的主要内容，并按建设工程最新合同范本编写招标文件中相关承包合同的基本内容。

2. 教学过程中可以利用多媒体手段展示建设工程合同签订过程、合同双方对承包合同各自利益的保护等内容。

3. 实践课内容：在实践课中熟悉建设工程合同示范文本的种类，合同协议书、通用合同部分和专用合同部分内容及其关系。

第一节　建设工程合同基本概念

一、合同基本概念

1. 法人

法人是一种社会组织，指具有民事权利能力和民事行为能力，依法成立并独立享有民事权利和承担民事义务的组织。在我国法人有企业法人和非企业法人之分。

2. 自然人

自然人是在自然条件下诞生的人，自然人和法人都是民事主体。与法人不同，自然人是在自然状态下作为民事主体存在的人，有权参加民事活动，享有民事权利并承担义务。在民法中，将自然人分为有行为能力人、无行为能力人和限制行为能力人。

3. 发包人

发包人是指具有工程发包主体资格和支付工程价款能力的当事人以及取得当事人资格的合法继承人。发包人有时称发包单位、建设单位或业主、项目法人。

4. 承包人

承包人是指被发包人接受的具有工程施工承包主体资格的当事人以及取得该当事人资格的合法继承人。承包人有时也称为承包单位、施工企业、施工人员。

工程项目承包人的工程主体资格除满足《合同法》关于合同主体资格要求外，还要满足《建筑法》关于施工合同承包人主体资格的要求。施工合同的承包人必须具有企业法人资格，同时持有工商行政管理机关核发的营业执照和建设行政主管部门颁发的资格证书，在核准的资质等级许可范围内承揽工程。

5. 合同当事人

合同当事人是指依法签订合同并在合同条件下履行约定的义务和行使约定的权利的自然人、企业法人和其他社会团体。合同当事人常见是双方（委托方与受委托方），但也有三方以至于多方作为当事人的。

6. 合同关系

合同是发生在当事人之间的法律关系，合同关系和一般民事法律关系一样，也是由主体、内容、客体三个要素组成。

7. 合同标的

合同标的是合同法律关系的客体，是合同当事人权利和义务共同指向的对象，是合同当事人之间存在的权利和义务关系，如货物交付、劳务支付、工程项目交付等。它是合同成立的必要条件，是一切合同的必备条款。标的的种类包括财产和行为，其中财产又包括物和财产权利，具体表现为动产、不动产、债权、物权等，行为又包括作为、不作为等。

8. 违约金

违约金是指按照合同当事人的约定或者法律直接规定，一方当事人违约，应当向另一方支付的金钱。违约金具有担保债务履行的功效，又具有惩罚违约人和补偿无过错一方当事人所受损失的效果，因此有的国家将其作为合同担保的措施之一，有的国家将其作为违反合同的责任承担方式。

9. 合同条款

合同条款是合同条件的表现和固定化，它是确定当事人权利和义务的依据。当事人通过文字将订立的合同条件条理化、体系化、固定化，合同条款分为必要条款和一般条款。

10. 协议书

协议书有广义和狭义之分。广义的协议书指社会集团或个人处理各种社会关系、事务时常用的"契约"类文书，包括合同、议定书、条约、公约、联合宣言、联合声明、条据等。狭义的协议书指国家、政党、企业、团体或个人就某个问题经过谈判或共同协商，取得一致意见后，订立的一种具有经济或其他关系的契约性文书。

二、建设工程合同基本知识

（一）市政与园林工程承包的概念

工程承包属于商业行为，是商品经济发展到一定程度的产物，市政与园林建设工程通过一定的程序履行合同中的契约精神，发包方通过公开渠道进行招标，符合条件的工程建设承包商经过竞标获得工程建设的承包资格。

（二）市政与园林工程承包的类型

1. 按承包范围（内容）划分承包类型

按市政与园林工程承包范围及承包内容分为建设工程全过程承包、阶段承包、专项承包和"建造—经营—转让"承包、政府与社会资金合作企业运作的承包五种。

（1）建设工程全过程承包

建设工程全过程承包也叫"统包"或"一揽子承包"，也就是通常所称的"交钥匙"承包项目。根据建设单位工期要求，承包单位对工程的项目建议书、可行性研究、勘察设计、设备询价与选购、材料订货、工程施工、生产职工培训直至竣工投产实行全过程、全面的总承包，并负责对各项分包任务进行综合管理、协调和监督。这种方式主要适合于各种大中型建设项目，承包单位可以利用其已有的经验，节约投资，缩短建设周期并保证建设质量，提高效益。当然对承包单位的资质和技术、经济实力方面的要求也非常高，相对而言对这种承包方式建设单位的管理要求并不是该类合同的主要内容。

（2）阶段性承包

阶段性承包是对建设过程中的某一阶段进行承包，例如可行性研究、勘察设计、建筑安装施工等阶段的承包。不同承包阶段，不同的承包内容对企业资质和技术、经济实力要求不同，而对于建设单位的管理经验等要求较高。目前，我国各地的一般市政与园林建设工程均采用这种承包方式。

（3）专项承包

专项承包是指在某一建设阶段中的某项专业性较强的专门项目，必须由专业承包单位进行承包，故称为专业承包。如可行性研究中的某项辅助研究项目、工业与民用建筑中的基础或结构设计、工艺设计、空调系统及防灾系统的设计等专业工作。

（4）"建造—经营—转让"承包

"建造—经营—转让"，即国际上统称的 BOT 方式，是一种带资承包方式。这类承包一般由大承包商或开发商牵头，联合金融界组成财团，就某一项目向政府提出建议和申请，取得建设和经营该项目的许可。对于建设方而言，采取这种方式可解决政府建设资金短缺问题，且不形成债务，又可以解决本地缺少建设、经营管理能力等困难，而不用承担建设、经营中的风险。如当前我国高速公路建设中就采用了这类投资模式，与投资建设方签订的建设合同即为 BOT 项目合同。

而 BT 是 BOT 的一种历史演变，即 Build-Transfer（建设—转让）。它是基础设施项目建设领域中采用的一种投资建设模式，项目发起人通过与投资者签订合同，由投资者负责项目的融资、建设，并在规定时限内将竣工后的项目移交给项目发起人，项目发起人根据事先签订的回购协议分期向投资者支付项目总投资及确定的回报。

（5）政府与社会资金合作企业运作的承包

这种方式也就是当下大力推广的 PPP 模式，PPP 是 Public-Private-Partnership 三个单词的首字母缩写，是指政府与私人组织之间，为了提供公共物品和服务，以特许权协议为基础，彼此之间形成一种伙伴式合作关系，并通过签署合同来明确双方的权利和义务，以确保合作的顺利完成，最终使合作各方达到比预期单独行动更为有利的结果。

这种模式将部分政府职责以特许经营权方式转移给社会主体（企业），政府与社会主体共同建立起"利益共享、风险共担、全程合作"的共同体关系，通过利用社会投资资金可以减少政府财政负担、社会主体因政府的参与又使资金的投资风险减少。可以看出 PPP 模式比较适合于大部分公益性较强的市政与园林建设工程项目，全国各地都可以通过这种模式将大量闲散资金引入到国家基础建设领域内。

PPP 项目合同是基于 PPP 项目以政府与社会主体（企业）为主体，双方以伙伴合作方式签订的社会公益性项目的合同文本。项目建成后企业获得特许经营权进行项目经营来获得其投资效益。

2. 按承包者所处地位划分承包方式

在工程承包中，因承包人资质、资金或专业范围等不同，对工程的承包方式也会有差异。

（1）总承包

市政与园林建设项目的全过程或其中某个阶段的工作由一个承包单位负责组织实施，且该承包单位又将承包工程中若干专业性工作交给不同的专业承包单位去完成，并以总承包商的形式进行统一协调和监督。建设单位一般仅与总包单位发生直接关系，而不同各专业承包单位发生直接关系。

（2）分承包

分承包简称为分包，是相对于总承包而言的，即承包者不与建设单位发生直接关系，而是由总承包单位分包某一分项或某种专业工程的建设工程任务。通行的分包方式主要有两种：一种是由建设单位指定分包单位，该分包商与总包单位签订分包合同；另一种是由总包单位自行选择分包单位并签订分包合同。

（3）独立承包

承包单位依靠自身的力量完成承包任务，而不实行分包的承包方式。通常仅适用于规模较小、技术要求比较简单的工程以及修缮工程。

（4）联合承包

这是相对于独立承包而言的承包方式，即由两个以上承包单位组成联合体承包一项工程任务，由参加联合的各单位推定代表并由它统一与建设单位签订合同，共同对建设单位负责，并协调它们之间的关系。参与联合承包的各单位仍然是各自独立经营的企业，只是在共同承包的工程项目上，根据其预先达成的协议，承担各自的义务和分享共同的收益。这种承包方式因多家企业联合，在技术和管理上可以取长补短，利于各企业发挥各自的优势，而且资金雄厚，有能力承包大规模的工程任务。且由于多家共同协作，在报价与投标策略上可相互交流经验，也有助于提高竞争力、增加中标概率。在国际工程承包中，联合承包因与工程所在国企业联合经营，也有利于对当地国情民俗、法规条例的了解和适应，便于开展工作。

（5）直接承包

在统一工程项目上，不同的承包单位分别与建设单位签订承包合同，各自直接对建设单位负责。现场的协调工作可由建设单位自己负责，或由建设单位委托一个承包商牵头发挥协调作用，也可以聘请专门的项目经理来管理。

3. 按获得承包任务的途径划分承包方式

（1）计划分配

在计划经济体制下，由中央和地方政府的计划部门分配建设工程任务，由设计、施工单位与建设单位签订承包合同。目前该方式已不多见。

（2）投标竞争

通过投标竞争，获胜者获得工程任务，并与建设单位签订承包合同。这也是国际上通行的获得承包任务的主要方式。

（3）委托承包

委托承包也称协商承包，即不通过投标竞争，而由建设单位与承包单位协商，委托其承包某项工程任务。

（4）获得承包任务的其他途径

《招标投标法》第六十六条规定：凡"涉及国家安全、国家机密、抢险救灾或者属于利用扶贫资金实行以工代赈、需要使用农民工等特殊情况，不适宜进行招标的项目，按照国家规定可以不进行招标。"此外，依国际惯例，由于涉及专利权、专卖权等原因，只能从一家厂商获得供应的项目，也属于不适宜进行招标的项目。对于此类项目的实施，可以视情况，由政府主管部门以行政命令方式，指派适当的单位执行承包任务。或由主管部门授权项目主办单位（业主）自主与适当的承包单位协商，将项目委托其承包。

4. 按合同类型和计价方式划分承包方式

不同工程项目的条件和承包内容不同，往往要求不同类型的合同和报价计算方法。在市政与园林工程实践中，合同类型和计价方法就成为划分承包方式的重要依据。

（1）固定总价合同承包

按商定的工程总价进行承包，其特点是以图纸和工程说明书为依据，明确承包内容和计算报价，并按该报价以不变价承包。这种承包方式的工程在合同执行过程中，除非建设单位要求变更原定的承包内容，承包单位一般不得要求变更报价。这种方式的承包对于建设单位而言比较简单，但对于承包商来说，如果设计图纸和说明书相当详细，能据此精确地估算造价，承包商签订合同时不会有太大风险。但如果图纸设计和说明书不够详细且未知数较多，或遇到材料突然涨价以及恶劣的气候等意外情况，承包商应变的风险就较大。所以，这种承包方式通常仅适用于规模较小、技术不复杂的工程，它也属于一种比较简便的承包方式。

（2）按量计价合同承包

按量计价合同的承包，往往以工程量清单和单价表为计算报价的依据，通常由建设单位委托设计单位或专业估算师（造价工程师或测量工程师）提出工程量清单，列出分部分项工程量，投标中让承包商填报单价，再算出总造价。由于工程量是统一核算出来的，承包商只要经过复核并填上适当的单价就能得出总造价，承担的风险较小。发包单位也只要审核单价是否合理即可，对双方都方便，目前国际上普遍采用这种承包方式。

（3）单价合同承包

在没有施工详图的情况下或虽有施工图但对工程的某些条件尚不完全清楚的情况下，工程招标投标双方既不能精确地计算工程量，又需要避免工程中双方的风险，单价合同就是比较适宜的承包方式。在市政与园林工程中，这种承包方式可以细分为三种：①分部分项工程单价承包，即由建设单位开列各分部分项工程的名称和计量单位，再由承包单位逐项填报单价；也可以先由建设单位先提出单价，再由承包单位认可或提出修订意见后作为正式报价，经双方磋商确定承包单价，然后签订合同，按承包单位实际完成的工程量结算工程单价；②按最终产品单价承包，就是按每平方米住宅、每平方米道路等最终产品的单价承包，其报价方式与按分部分项工程单价承包相同。这种承包方式通常适合于标准住宅、学校校舍和通用厂房等工程项目的承包；③按总价投标和决标，即按单价结算工程价款的承包，这种方式适用于设计已达到一定深度，能够估算出分部分项工程数量的近似值，但由于某些情况不完全清楚，在实际工作中可能出现较大变动的工程。如隧道开挖就可能因反常的地质条件而使土方数量发生变化，或园林工程中的设计已经达到扩大初步设计阶段的工程等。承包单位可以按估算出的工程量和一定的单价提出总报价，建设单位也可以总报价和单价作为评标、决标的主要依据，并签订单价承包合同。

5. 成本加酬金合同的承包方式

这种承包方式主要适用于开工前对工程内容尚不十分清楚的情况，例如边设计边施工的紧急工程，或遭受地震、战火等灾害破坏后需修复的工程。此时的总报价可以按工程中实际发生的成本（包括人工费、材料费、机械费、其他直接费用和管理费等），再加上双方商定的总管理费和利润来确定工程总价。实际操作中可分为：①成本加固定百分数酬金，现在这种承包方式已很少采用；②成本加固定酬金，工程成本实报实销，但酬金需由双方事先商定出一个固定数目；③成本加浮动酬金，这种承包方式要事先商定工程成本和酬金的预期水平。如果实际成本恰好等于预期水平，工程造价就是成本加固定酬金；如果实际成本低于预期水平，则增加酬金；如果实际成本高于预期水平，则减少酬金；④目标成本加奖金，在仅有初步设计和工程说明书即迫切要求开工的情况下，可根据粗略估算的工程量和适当的单价表编制概算，作为目标成本；随着详细设计逐步具体化，工程量和目标成本可加以调整，另外规定一个百分数作为酬金；最后结算时，如果实际成本高于目标成本并超过事先商定的界限（例如5%），则减少酬金，如果实际成本低于目标成本（也有一个幅度界限），则增加酬金。

6. 按投资总额或承包工作量计取酬金的承包方式

这种承包方式主要适合于可行性研究、勘察设计和材料设备采购供应等承包业务。即按工程项目投资额的一定比例计算设计费或按完成勘察工作量的一定比例计算勘察费，按材料设备价款的一定比例计算采购承包业务费等，这种方式一定要在承包合同中作出明确规定。

7. 统包合同的承包方式

统包承包合同就是前述的"交钥匙"合同，其内容详见建设工程全过程承包。

第二节　市政与园林工程常见的承包合同

工程项目从启动、设计、施工直至工程项目的竣工验收，在工程建设不同的阶段因项目运作的工作重点不同会产生一系列承包合同，由于各阶段的项目运作任务不同，产生的合同的具体内容也有一定的差异。一般市政与园林工程项目各阶段的合同包括：项目可行性研究合同、勘察与设计合同（也可以分别独立签订勘察、设计承包合同）、材料与设备采购合同、工程施工合同、施工监理合同等。

一、可行性研究承包合同

可行性研究是在建设前期对建设工程项目的一种考察和鉴定，是基本建设程序的组成部分。该合同涉及的主要内容是：根据城市规划和城市绿地系统规划的要求，或按照业主的具体要求，承包方对建设单位拟建项目在技术、工程、环境效益、社会效益和经济效益上是否合理、可行进行全面地分析与论证，对项目采取的技术方案作比较和评价，撰写项目可行性研究报告作为合同标的，该可行性研究报告成为投资方项目可行与否的依据。

可行性研究通常由规划设计院、工程咨询、监理等有资质的单位承担，不论可行性研究报告的结论是否可行，也不论委托人是否采纳研究报告的结论，委托方都必须按协议支付报酬。

二、工程勘察承包合同

工程勘察在建设项目审批或备案后即可进行，勘察结果往往成为项目建设进一步发展的重要依据。建设工程勘察合同涉及的内容是：查明工程项目建设地点的地形地貌、地层土壤特性、地质构造、水文气象条件等自然地质条件，并做出鉴定和综合评价意见，为项目的工程设计和施工提供科学依据。

工程勘察工作结束后，应按规定编写勘察报告，并绘制各种图表。

三、工程设计承包合同

建设工程设计合同中承包人的任务是：完成建设工程总体设计规划、初步设计、施工图设计、设计概算等工程内容。根据项目法人与设计承包人之间签订的承包合同范围，市政与园林工程设计承包合同可以是设计总承包合同，也可以是不同设计阶段的设计分项承包合同。

建设工程的设计工作包括总规划设计、初步设计、施工图设计，对于设计的不同阶段要求设计单位分别做出设计概算、预算等文件。

四、材料和设备采购合同

材料和设备采购合同是建设项目材料与设备供应方与采购方，经过公开招标投标活动由双方协商而签订的合同。采购合同是商务性的契约文件，合同条款一般应包括：供方与采购方的全名、法人代表，以及双方通信联系的电话、电报、电传等；采购的设备名称、型号和规格，以及采购的数量；设备的价格和交货期；交付方式和交货地点；质量要求和验收方法，以及对不合格产品的处理。当另订有质量协议时，则要在采购合同中写明具体"质量协议"条款以及违约的责任。

大型市政与园林工程项目中所需的各类材料、设备与设施可由工程建设单位发包，也可以由项目承包单位（项目总承包的情况下）发包，公开选择施工所需材料和设备的物资供应承包单位。

五、工程施工承包合同

工程施工承包合同是一种特殊形式的承揽合同，除具有承揽合同的一般法律特征外，还具有下列特点：①合同标的仅限于建设工程（各类建筑物、设备安装工程等施工工程）；②承包方为具有资质的建筑与设备安装人；③承包合同具有较强的国家管理性；④合同具有国家规定的书面形式。

市政与园林工程施工合同根据其内容应包括园林工程、园林建筑、绿化工程承包合同以及市政设备安装工程，合同内容涉及工程建设工期，开工和单项、全部工程竣工日期，工程质量，技术标准，工程造价，工程实体与技术资料交付时间，材料设备供应责任，拨款或货款数额和结算办法，交工验收及相互协作等条款。另外，施工承包合同中还应包括发生违反工程承包合同的责任。

六、劳务合同

劳务合同是当事人双方就承包方提供劳动力给需求方，在其服务过程中形成债权债务关系的协议。狭义的劳务合同仅指雇佣合同，即指双方当事人约定，在确定或不确定期间内，承包方向需求方提供劳务服务，需求方给付报酬。这种合同的标的是劳务服务，完成劳务工作即可获得劳动报酬。该类合同主要指承揽合同，以及承揽合同的特殊形式——建筑工程承包合同。

第三节 市政与园林工程承包合同的签订

当招标人发出中标通知书后，招标单位和中标单位就应在招标文件规定的期限内完成承包合同的签订，在工程合同中明确合同双方的权利、义务和责任，合同一经生效，即具有法律约束力。

一、建设工程承包合同的法律地位

与其他合同一样，建设工程承包合同也属于经济合同。经济合同是以经济业务活动为内容的契约，是民事主体之间为实现一定的经济目的，明确相互权利义务关系而订立的合同。

经济合同一般具有以下基本特征：

（1）合同的签字人必须是法人；

（2）合同具有法律效力。签约生效后合同即受国家法律保护，缔约双方都必须严肃认真地履行合同条款，当一方违约时将追究其法律责任；

（3）合同必须遵循合法的原则。合同的内容与签订手续等都必须符合国家法律、法规和国家利益、公共利益，否则属于无效合同；

（4）合同应建立在自愿协商、平等互利、公平合理的基础之上。缔约双方在各自的具体条件下，以平等的地位在自愿的基础上，经充分协商，取得一致意见后，采用书面形式签订契约，并签字盖章。

本节以建设工程项目在施工阶段的合同为例，简单介绍建设工程承包合同。

二、建设工程施工合同

根据《中华人民共和国合同法》、《中华人民共和国建筑法》、《中华人民共和国招标投标法》以及相关法律法规，住房城乡建设部、工商行政管理总局负责对《建设工程施工合同》进行规范和修订，2013 年正式颁布了新制定的《建设工程施工合同（示范文本）》（GF-2013-0201）（以下简称《示范文本》），并对建设工程领域的其他合同文本也进行了修订，分别以 GF-2013-020X 等示范文本的形式对相关专业合同进行规范和指导。上述合同的示范文本分别由合同协议书、通用合同条款和专用合同条款三部分组成。

作为建设工程项目的合同文件，除了合同《示范文本》外，还包含了投标单位接收到的中标函（即中标通知书）、设计图纸、工程说明书、技术规范和有关标准、工程量清单和单价表，以及合同执行过程中的一切往来函电、传真和实际变更记录等全部文件。

（一）《建设工程施工合同（示范文本）》的主要内容

《示范文本》由合同协议书、通用合同条款和专用合同条款三部分内容组成。

1. 合同协议书

合同协议书共计 13 条，主要包括：工程概况、合同工期、质量标准、签约合同价和合同价格形式、项目经理、合同文件的构成、承诺以及合同生效条件等重要内容，这些合同条款集中约定了合同当事人基本的合同权利义务。

2. 通用合同条款

通用条款是合同当事人根据《中华人民共和国建筑法》、《中华人民共和国合同法》等法律法规的规定，就工程建设的实施及相关事项，对合同当事人的权利与义务作出的原则性约定。

通用合同条款共计 20 条，具体条款分别为：一般约定、发包人、承包人、监理人、工程质量、安全文明施工与环境保护、工期和进度、材料与设备、试验与检验、变更、价格调整、合同价格、计量与支付、验收和工程试车、竣工结算、缺陷责任与保修、违约、不可抗力、保险、索赔和争议解决。这些条款充分考虑了当前建设市场国家现行法律法规对工程建设的有关要求，也考虑了建设工程施工管理的特殊需要。

该部分合同条款中对合同执行过程中双方的一般权利和义务进行了界定，条款明确指出承包人必须按工程师确认的进度计划组织施工，同时明确当因承包商原因导致工程实际进度与进度计划不符时，承包商无权就改进措施提出追加合同价款。此外，合同的通用条款就施工过程中出现的项目暂停施工、工期延误、工程竣工与施工组织计划和工期制定等内容进行了明确界定。通用条款对工程质量及鉴定、部分内容的检查和返工、隐蔽工程和项目的中间验收、工程试车等建设工程质量与检验中涉及合同双方的权利与义务等内容进行了明确的界定。在合同价款及支付方面，合同通用条款规定合同价款在协议书约定后，任何一方都不得擅自改变。通用条款中对于施工过程中出现的工程变更（包括工程设计变更、其他变更）处理方式作了规定。对于工程的竣工验收与工程结算、工程质量保修以及合同执行中发生的违约、索赔和争议的处理方式作明确说明，对合同的解除、合同的生效与终止等作了规定。

3. 专用合同条款

专用合同条款是对通用合同条款原则性约定的细化、完善、补充、修改，或属于另行约定的合同条款。合同当事人可以根据不同建设工程的特点及具体情况，通过合同双方的谈判、协商，对合同的专用条款进行修改补充。在使用合同专用条款时，应该注意以下三点：

（1）专用合同条款的编号应与通用合同条款的编号一致；

（2）合同当事人可以通过对专用合同条款的修改，满足具体建设工程的特殊要求，避免直接修改通用合同条款；

（3）专用合同条款中画横道线的地方，合同当事人可针对相应的通用合同条款进行细化、完善、补充、修改或另行约定；如无细化、完善、补充、修改或另行约定，则可填写"无"或划"/"。

《建设工程施工合同（示范文本）》适用于房屋建设工程、土木工程、线路管道和设备安装工程、装修工程、市政工程和园林工程等建设工程的施工发包活动，合同当事人可结合建设工程的具体情况，根据《示范文本》订立合同，并按照法律法规规定和合同约定承担相应的法律责任及合同权利义务。

如果在合同执行中产生了新的补充条款，则这部分条款作为附件发挥合同效力。

（二）建设工程施工合同（范文）

下面以××市花山路道路工程施工合同作为案例，根据《建设工程施工合同（示范文本）》（GF-2013-0201）要求，将该合同的主要内容编辑列出便于读者学习和参考。

【案例一】建设工程施工合同范本

建设工程施工合同

封　　面（略）

目　　录（略）

第一部分　合同协议书

发包人（全称）：××市琅琊管理委员会 承包人（全称）：××省地矿建设集团有限公司

根据《中华人民共和国合同法》、《中华人民共和国建筑法》及有关法律规定，遵循平等、自愿、公平和诚实信用的原则，双方就　××市花山路道路　工程施工及有关事项协商一致，共同达成如下协议：

一、工程概况

1. 工程名称：　××市花山路道路工程　。

2. 工程地点：　　××市花山乡至城关乡　　。

3. 工程立项批准文号：　　　gc20121109　　　。

4. 资金来源：　工程款延期支付（BT模式项目）　。

5. 工程内容：本道路工程包含的土方工程、道路工程、桥涵工程、景观工程及道路绿化工程的施工。群体工程应附《承包人承揽工程项目一览表》（附件1）。

6. 工程承包范围：（略）

二、合同工期

计划开工日期：　2014　年　5　月　22　日。计划竣工日期：　2015　年　5　月　22　日。工期总日历天数：　365　天。工期总日历天数与根据前述计划开竣工日期计算的工期天数不一致的，以工期总日历天数为准。

三、质量标准

工程质量符合　　　　合格　　　　标准。

四、签约合同价与合同价格形式

1. 签约合同价为：

人民币（大写）　壹亿叁仟柒佰伍拾万贰佰圆　（￥137500200.00元）；

其中：

（1）安全文明施工费：

人民币（大写）＿＿＿＿／＿＿＿＿（￥＿＿／＿＿元）；

（2）材料和工程设备暂估价金额：

人民币（大写）＿＿＿＿／＿＿＿＿（￥＿＿／＿＿元）；

（3）专业工程暂估价金额：

人民币（大写）＿＿＿＿／＿＿＿＿（￥＿＿／＿＿元）；

（4）暂列金额：

人民币（大写）＿＿＿＿／＿＿＿＿（￥＿／＿元）；

2. 合同价格形式：＿＿人民币＿＿。

五、项目经理

承包人项目经理：＿王××＿。

六、合同文件构成

本协议书与下列文件一起构成合同文件：

（1）中标通知书（如果有）；

（2）投标函及其附录（如果有）；

（3）专用合同条款及其附件；

（4）通用合同条款；

（5）技术标准和要求；

（6）图纸；

（7）已标价工程量清单或预算书；

（8）其他合同文件。

在合同订立及履行过程中形成的与合同有关的文件均构成合同文件组成部分。

上述各项合同文件包括合同当事人就该项合同文件所作出的补充和修改，属于同一类内容的文件，应以最新签署的为准。专用合同条款及其附件须经合同当事人签字或盖章。

七、承诺

1. 发包人承诺按照法律规定履行项目审批手续、筹集工程建设资金并按照合同约定的期限和方式支付合同价款。

2. 承包人承诺按照法律规定及合同约定组织完成工程施工，确保工程质量和安全，不进行转包及违法分包，并在缺陷责任期及保修期内承担相应的工程维修责任。

3. 发包人和承包人通过招标投标形式签订合同的，双方理解并承诺不再就同一工程另行签订与合同实质性内容相背离的协议。

八、词义含义

本协议书中词语含义与第二部分通用条款中赋予的含义相同。

九、签订时间

本合同于＿2014＿年＿2＿月＿18＿日签订。

十、签订地点

本合同在＿＿××市琅琊管理委员会会议室＿＿签订。

十一、补充协议

合同未尽事宜，合同当事人另行签订补充协议，补充协议是合同的组成部分。

十二、合同生效

本合同自＿2014年2月18日＿＿生效。

十三、合同份数

本合同一式＿捌＿份，均具有法律效力，发包人执＿肆＿份，承包人执＿肆＿份。

发包人：(公章)　　(略)　　　　　　承包人：(公章)　　(略)

法定代表人或其委托代理人：(签字)　　法定代表人或其委托代理人：(签字)

组织机构代码：　(略)　　　　　　　组织机构代码：　(略)

地址：(略)　，邮政编码：(略)　　　地址：(略)　，邮政编码：(略)

法定代表人：(略)　，委托代理人：(略)　　法定代表人：(略)　，委托代理人：(略)

电话：(略)　，传真：(略)　　　　　电话：(略)　，传真：(略)

电子信箱：　(略)　　　　　　　　　电子信箱：　(略)

开户银行：　(略)　　　　　　　　　账号：　(略)

第二部分　通　用　合　同　条　款

1. 一般约定

1.1　词语定义

(因文字、篇幅等因素所限，具体的定义内容等省略，学习者可以参考住房城乡建设部、国家工商行政管理总局等联合颁布的最新版《建设工程施工合同（示范文本)》(GF-2013-0201) 内容。)

1.2　语言文字

合同以中国的汉语简体文字编写、解释和说明。合同当事人在专用合同条款中约定使用两种以上语言时，汉语为优先解释和说明合同的语言。

1.3　法律

合同所称法律是指中华人民共和国法律、行政法规、部门规章，以及工程所在地的地方性法规、自治条例、单行条例和地方政府规章等。合同当事人可以在专用合同条款中约定合同适用的其他规范性文件。

1.4　标准和规范

1.4.1　适用于工程的国家标准、行业标准、工程所在地的地方性标准，以及相应的规范、规程等，合同当事人有特别要求的，应在专用合同条款中约定。

1.4.2　发包人要求使用国外标准、规范的，发包人负责提供原文版本和中文译文，并在专用合同条款中约定提供标准规范的名称、份数和时间。

1.4.3　发包人对工程的技术标准、功能要求严于现行国家、行业或地方标准的，应当在专用合同条款中予以明确。除专用合同条款另有约定外，应视为承包人在签订合同前已充分预见前述技术标准和功能要求的复杂程度，签约合同价中已包含由此产生的费用。

1.5　合同文件的优先顺序

组成合同的各项文件应互相解释，互为说明。除专用合同条款另有约定外，解释合同文件的优先顺序如下：

(1) 合同协议书；

(2) 中标通知书（如果有）；

(3) 投标函及其附录（如果有）；

(4) 专用合同条款及其附件；

(5) 通用合同条款；

（6）技术标准和要求；

（7）图纸；

（8）已标价工程量清单或预算书；

（9）其他合同文件。

上述各项合同文件包括合同当事人就该项合同文件所作出的补充和修改，属于同一类内容的文件，应以最新签署的为准。

在合同订立及履行过程中形成的与合同有关的文件均构成合同文件组成部分，并根据其性质确定优先解释顺序。

1.6　图纸和承包人文件

（因文字、篇幅等因素所限，具体的定义内容等省略，读者可以参考住房城乡建设部、国家工商行政管理总局等联合颁布的最新版《建设工程施工合同（示范文本）》（GF-2013-0201）内容。）

1.7　联络

该部分内容省略，读者可以参考住房城乡建设部、国家工商行政管理总局等联合颁布的最新版《建设工程施工合同（示范文本）》（GF-2013-0201）内容。

1.8　严禁贿赂

该部分内容省略，读者可以参考住房城乡建设部、国家工商行政管理总局等联合颁布的最新版《建设工程施工合同（示范文本）》（GF-2013-0201）内容。

1.9　化石、文物

该部分内容省略，读者可以参考住房城乡建设部、国家工商行政管理总局等联合颁布的最新版《建设工程施工合同（示范文本）》（GF-2013-0201）内容。

1.10　交通运输

该部分内容省略，读者可以参考住房城乡建设部、国家工商行政管理总局等联合颁布的最新版《建设工程施工合同（示范文本）》（GF-2013-0201）内容。

1.11　知识产权

该部分内容省略，读者可以参考住房城乡建设部、国家工商行政管理总局等联合颁布的最新版《建设工程施工合同（示范文本）》（GF-2013-0201）内容。

1.12　保密

该部分内容省略，读者可以参考住房城乡建设部、国家工商行政管理总局等联合颁布的最新版《建设工程施工合同（示范文本）》（GF-2013-0201）内容。

1.13　工程量清单错误的修正

该部分内容省略，读者可以参考住房城乡建设部、国家工商行政管理总局等联合颁布的最新版《建设工程施工合同（示范文本）》（GF-2013-0201）内容。

2.　发包人

2.1　许可或批准

该部分内容省略，读者可以参考住房城乡建设部、国家工商行政管理总局等联合颁布的最新版《建设工程施工合同（示范文本）》（GF-2013-0201）内容。

2.2　发包人代表

该部分内容省略，读者可以参考住房城乡建设部、国家工商行政管理总局等联合颁布

的最新版《建设工程施工合同（示范文本)》(GF-2013-0201) 内容。

2.3 发包人人员

该部分内容省略，读者可以参考住房城乡建设部、国家工商行政管理总局等联合颁布的最新版《建设工程施工合同（示范文本)》(GF-2013-0201) 内容。

2.4 施工现场、施工条件和基础资料的提供

该部分内容省略，读者可以参考住房城乡建设部、国家工商行政管理总局等联合颁布的最新版《建设工程施工合同（示范文本)》(GF-2013-0201) 内容。

2.5 资金来源证明及支付担保

该部分内容省略，读者可以参考住房城乡建设部、国家工商行政管理总局等联合颁布的最新版《建设工程施工合同（示范文本)》(GF-2013-0201) 内容。

2.6 支付合同价款

发包人应按合同约定向承包人及时支付合同价款。

2.7 组织竣工验收

发包人应按合同约定及时组织竣工验收。

2.8 现场统一管理协议

发包人应与承包人、由发包人直接发包的专业工程的承包人签订施工现场统一管理协议，明确各方的权利义务。施工现场统一管理协议作为专用合同条款的附件。

3. 承包人

3.1 承包人的一般义务

承包人在履行合同过程中应遵守法律和工程建设标准规范，并履行以下义务：

(1) 办理法律规定应由承包人办理的许可和批准，并将办理成果书面报送发包人留存；

(2) 按法律规定和合同约定完成工程，并在保修期内承担保修义务；

(3) 按法律规定和合同约定采取施工安全和环境保护措施，办理工伤保险，确保工程及人员、材料、设备和设施的安全；

(4) 按合同约定的工作内容和施工进度要求，编制施工组织设计和施工措施计划，并对所有施工作业和施工方法的完备性和安全可靠性负责；

(5) 在进行合同约定的各项工作时，不得侵害发包人与他人使用公用道路、水源、市政管网等公共设施的权利，避免对邻近的公共设施产生干扰。承包人占用或使用他人的施工场地，影响他人作业或生活的，应承担相应责任；

(6) 按照第6.3款〔环境保护〕约定负责施工场地及其周边环境与生态的保护工作；

(7) 按第6.1款〔安全文明施工〕约定采取施工安全措施，确保工程及其人员、材料、设备和设施的安全，防止因工程施工造成的人身伤害和财产损失；

(8) 将发包人按合同约定支付的各项价款专用于合同工程，且应及时支付其雇用人员工资，并及时向分包人支付合同价款；

(9) 按照法律规定和合同约定编制竣工资料，完成竣工资料立卷及归档，并按专用合同条款约定的竣工资料的套数、内容、时间等要求移交发包人；

(10) 应履行的其他义务。

3.2　项目经理

该部分内容省略，读者可以参考住房城乡建设部、国家工商行政管理总局等联合颁布的最新版《建设工程施工合同（示范文本）》（GF-2013-0201）内容。

3.3　承包人人员

该部分内容省略，读者可以参考住房城乡建设部、国家工商行政管理总局等联合颁布的最新版《建设工程施工合同（示范文本）》（GF-2013-0201）内容。

3.4　承包人现场查勘

该部分内容省略，读者可以参考住房城乡建设部、国家工商行政管理总局等联合颁布的最新版《建设工程施工合同（示范文本）》（GF-2013-0201）内容。

3.5　分包

该部分内容省略，读者可以参考住房城乡建设部、国家工商行政管理总局等联合颁布的最新版《建设工程施工合同（示范文本）》（GF-2013-0201）内容。

3.6　工程照管与成品、半成品保护

该部分内容省略，读者可以参考住房城乡建设部、国家工商行政管理总局等联合颁布的最新版《建设工程施工合同（示范文本）》（GF-2013-0201）内容。

3.7　履约担保

该部分内容省略，读者可以参考住房城乡建设部、国家工商行政管理总局等联合颁布的最新版《建设工程施工合同（示范文本）》（GF-2013-0201）内容。

3.8　联合体

该部分内容省略，读者可以参考住房城乡建设部、国家工商行政管理总局等联合颁布的最新版《建设工程施工合同（示范文本）》（GF-2013-0201）内容。

4. 监理人

4.1　监理人的一般规定

该部分内容省略，读者可以参考住房城乡建设部、国家工商行政管理总局等联合颁布的最新版《建设工程施工合同（示范文本）》（GF-2013-0201）内容。

4.2　监理人员

发包人授予监理人对工程实施监理的权利由监理人派驻施工现场的监理人员行使，监理人员包括总监理工程师及监理工程师。监理人应将授权的总监理工程师和监理工程师的姓名及授权范围以书面形式提前通知承包人。更换总监理工程师的，监理人应提前7天书面通知承包人；更换其他监理人员，监理人应提前48小时书面通知承包人。

4.3　监理人的指示

该部分内容省略，读者可以参考住房城乡建设部、国家工商行政管理总局等联合颁布的最新版《建设工程施工合同（示范文本）》（GF-2013-0201）内容。

4.4　商定或确定

该部分内容省略，读者可以参考住房城乡建设部、国家工商行政管理总局等联合颁布的最新版《建设工程施工合同（示范文本）》（GF-2013-0201）内容。

5. 工程质量

5.1　质量要求

5.1.1　工程质量标准必须符合现行国家有关工程质量验收规范和标准的要求。有关

工程质量的特殊标准或要求由合同当事人在专用合同条款中约定。

5.1.2　因发包人原因造成工程质量未达到合同约定标准的，由发包人承担由此增加的费用和（或）延误的工期，并支付承包人合理的利润。

5.1.3　因承包人原因造成工程质量未到达合同约定标准的，发包人有权要求承包人返工直至工程质量达到合同约定的标准为止，并由承包人承担由此增加的费用和（或）延误的工期。

5.2　质量保证措施

5.2.1　发包人的质量管理

发包人应按照法律规定及合同约定完成与工程质量有关的各项工作。

5.2.2　承包人的质量管理

承包人按照第7.1款［施工组织设计］约定向发包人和监理人提交工程质量保证体系及措施文件，建立完善的质量检查制度，并提交相应的工程质量文件。对于发包人和监理人违反法律规定和合同约定的错误指示，承包人有权拒绝实施。

承包人应对施工人员进行质量教育和技术培训，定期考核施工人员的劳动技能，严格执行施工规范和操作规程。

承包人应按照法律规定和发包人的要求，对材料、工程设备以及工程的所有部位及其施工工艺进行全过程的质量检查和检验，并作详细记录，编制工程质量报表，报送监理人审查。此外，承包人还应按照法律规定和发包人的要求，进行施工现场取样试验、工程复核测量和设备性能检测，提供试验样品、提交试验报告和测量成果以及其他工作。

5.2.3　监理人的质量检查和检验

监理人按照法律规定和发包人授权对工程的所有部位及其施工工艺、材料和工程设备进行检查和检验。承包人应为监理人的检查和检验提供方便，包括监理人到施工现场，或制造、加工地点，或合同约定的其他地方进行察看和查阅施工原始记录。监理人为此进行的检查和检验，不免除或减轻承包人按照合同约定应当承担的责任。

监理人的检查和检验不应影响施工正常进行。监理人的检查和检验影响施工正常进行的，且经检查检验不合格的，影响正常施工的费用由承包人承担，工期不予顺延；经检查检验合格的，由此增加的费用和（或）延误的工期由发包人承担。

5.3　隐蔽工程检查

该部分内容省略，读者可以参考住房城乡建设部、国家工商行政管理总局等联合颁布的最新版《建设工程施工合同（示范文本）》（GF-2013-0201）内容。

5.4　不合格工程的处理

该部分内容省略，读者可以参考住房城乡建设部、国家工商行政管理总局等联合颁布的最新版《建设工程施工合同（示范文本）》（GF-2013-0201）内容。

5.5　质量争议检测

该部分内容省略，读者可以参考住房城乡建设部、国家工商行政管理总局等联合颁布的最新版《建设工程施工合同（示范文本）》（GF-2013-0201）内容。

6. 安全文明施工

6.1　安全文明施工

该部分内容省略，读者可以参考住房城乡建设部、国家工商行政管理总局等联合颁布

的最新版《建设工程施工合同（示范文本）》（GF-2013-0201）内容。

6.2　职业健康

该部分内容省略，读者可以参考住房城乡建设部、国家工商行政管理总局等联合颁布的最新版《建设工程施工合同（示范文本）》（GF-2013-0201）内容。

6.3　环境保护

该部分内容省略，读者可以参考住房城乡建设部、国家工商行政管理总局等联合颁布的最新版《建设工程施工合同（示范文本）》（GF-2013-0201）内容。

7.　工期和进度

7.1　施工组织设计

7.1.1　施工组织设计的内容

施工组织设计应包含以下内容：

（1）施工方案；

（2）施工现场平面布置图；

（3）施工进度计划和保证措施；

（4）劳动力及材料供应计划；

（5）施工机械设备的选用；

（6）质量保证体系及措施；

（7）安全生产、文明施工措施；

（8）环境保护、成本控制措施；

（9）合同当事人约定的其他内容。

7.1.2　施工组织设计的提交和修改

该部分内容省略，读者可以参考住房城乡建设部、国家工商行政管理总局等联合颁布的最新版《建设工程施工合同（示范文本）》（GF-2013-0201）内容。

7.2　施工进度计划

该部分内容省略，读者可以参考住房城乡建设部、国家工商行政管理总局等联合颁布的最新版《建设工程施工合同（示范文本）》（GF-2013-0201）内容。

7.3　开工

7.3.1　开工准备

该部分内容省略，读者可以参考住房城乡建设部、国家工商行政管理总局等联合颁布的最新版《建设工程施工合同（示范文本）》（GF-2013-0201）内容。

7.3.2　开工通知

该部分内容省略，读者可以参考住房城乡建设部、国家工商行政管理总局等联合颁布的最新版《建设工程施工合同（示范文本）》（GF-2013-0201）内容。

7.4　测量放线

7.4.1　除专用合同条款另有约定外，发包人应在至迟不得晚于第7.3.2项［开工通知］载明的开工日期前7天，通过监理人向承包人提供测量基准点、基准线和水准点及其书面资料。发包人应对其提供的测量基准点、基准线和水准点及其书面资料的真实性、准确性和完整性负责。

承包人发现发包人提供的测量基准点、基准线和水准点及其书面资料存在错误或疏漏的，应及时通知监理人。监理人应及时报告发包人，并会同发包人和承包人予以核实。发包人应就如何处理和是否继续施工作出决定，并通知监理人和承包人。

7.4.2　承包人负责施工过程中的全部施工测量放线工作，并配置具有相应资质的人员、合格的仪器、设备和其他物品。承包人应矫正工程的位置、标高、尺寸或准线中出现的任何差错，并对工程各部分的定位负责。

施工过程中对施工现场内水准点等测量标志物的保护工作由承包人负责。

7.5　工期延误

该部分内容省略，读者可以参考住房城乡建设部、国家工商行政管理总局等联合颁布的最新版《建设工程施工合同（示范文本）》(GF-2013-0201) 内容。

7.6　不利条件

该部分内容省略，读者可以参考住房城乡建设部、国家工商行政管理总局等联合颁布的最新版《建设工程施工合同（示范文本）》(GF-2013-0201) 内容。

7.7　异常恶劣的天气

该部分内容省略，读者可以参考住房城乡建设部、国家工商行政管理总局等联合颁布的最新版《建设工程施工合同（示范文本）》(GF-2013-0201) 内容。

7.8　暂停施工

该部分内容省略，读者可以参考住房城乡建设部、国家工商行政管理总局等联合颁布的最新版《建设工程施工合同（示范文本）》(GF-2013-0201) 内容。

7.9　提前竣工

该部分内容省略，读者可以参考住房城乡建设部、国家工商行政管理总局等联合颁布的最新版《建设工程施工合同（示范文本）》(GF-2013-0201) 内容。

8. 材料与设备

8.1　发包人供应材料与工程设备

该部分内容省略，读者可以参考住房城乡建设部、国家工商行政管理总局等联合颁布的最新版《建设工程施工合同（示范文本）》(GF-2013-0201) 内容。

8.2　承包人采购材料与工程设备

该部分内容省略，读者可以参考住房城乡建设部、国家工商行政管理总局等联合颁布的最新版《建设工程施工合同（示范文本）》(GF-2013-0201) 内容。

8.3　材料与工程设备的接收与拒收

该部分内容省略，读者可以参考住房城乡建设部、国家工商行政管理总局等联合颁布的最新版《建设工程施工合同（示范文本）》(GF-2013-0201) 内容。

8.4　材料与工程设备的保管与使用

该部分内容省略，读者可以参考住房城乡建设部、国家工商行政管理总局等联合颁布的最新版《建设工程施工合同（示范文本）》(GF-2013-0201) 内容。

8.5　禁止使用不合格的材料和工程设备

该部分内容省略，读者可以参考住房城乡建设部、国家工商行政管理总局等联合颁布的最新版《建设工程施工合同（示范文本）》(GF-2013-0201) 内容。

8.6　样品

该部分内容省略，读者可以参考住房城乡建设部、国家工商行政管理总局等联合颁布

的最新版《建设工程施工合同（示范文本）》（GF-2013-0201）内容。

8.7　材料与工程设备的替代

该部分内容省略，读者可以参考住房城乡建设部、国家工商行政管理总局等联合颁布的最新版《建设工程施工合同（示范文本）》（GF-2013-0201）内容。

8.8　施工设备和临时设施

该部分内容省略，读者可以参考住房城乡建设部、国家工商行政管理总局等联合颁布的最新版《建设工程施工合同（示范文本）》（GF-2013-0201）内容。

8.9　材料与设备专用要求

该部分内容省略，读者可以参考住房城乡建设部、国家工商行政管理总局等联合颁布的最新版《建设工程施工合同（示范文本）》（GF-2013-0201）内容。

9.　试验与检验

9.1　实验设备与实验人员

该部分内容省略，读者可以参考住房城乡建设部、国家工商行政管理总局等联合颁布的最新版《建设工程施工合同（示范文本）》（GF-2013-0201）内容。

9.2　取样

该部分内容省略，读者可以参考住房城乡建设部、国家工商行政管理总局等联合颁布的最新版《建设工程施工合同（示范文本）》（GF-2013-0201）内容。

9.3　材料、工程设备和工程的试验和检验

该部分内容省略，读者可以参考住房城乡建设部、国家工商行政管理总局等联合颁布的最新版《建设工程施工合同（示范文本）》（GF-2013-0201）内容。

9.4　现场工艺试验

该部分内容省略，读者可以参考住房城乡建设部、国家工商行政管理总局等联合颁布的最新版《建设工程施工合同（示范文本）》（GF-2013-0201）内容。

10.　变更

10.1　变更的范围

该部分内容省略，读者可以参考住房城乡建设部、国家工商行政管理总局等联合颁布的最新版《建设工程施工合同（示范文本）》（GF-2013-0201）内容。

10.2　变更权

该部分内容省略，读者可以参考住房城乡建设部、国家工商行政管理总局等联合颁布的最新版《建设工程施工合同（示范文本）》（GF-2013-0201）内容。

10.3　变更程序

该部分内容省略，读者可以参考住房城乡建设部、国家工商行政管理总局等联合颁布的最新版《建设工程施工合同（示范文本）》（GF-2013-0201）内容。

10.4　变更估价

该部分内容省略，读者可以参考住房城乡建设部、国家工商行政管理总局等联合颁布的最新版《建设工程施工合同（示范文本）》（GF-2013-0201）内容。

10.5　承包人的合理化建议

该部分内容省略，读者可以参考住房城乡建设部、国家工商行政管理总局等联合颁布的最新版《建设工程施工合同（示范文本）》（GF-2013-0201）内容。

10.6 变更引起的工期调整

该部分内容省略，读者可以参考住房城乡建设部、国家工商行政管理总局等联合颁布的最新版《建设工程施工合同（示范文本）》（GF-2013-0201）内容。

10.7 暂估价

该部分内容省略，读者可以参考住房城乡建设部、国家工商行政管理总局等联合颁布的最新版《建设工程施工合同（示范文本）》（GF-2013-0201）内容。

10.8 暂列金额

该部分内容省略，读者可以参考住房城乡建设部、国家工商行政管理总局等联合颁布的最新版《建设工程施工合同（示范文本）》（GF-2013-0201）内容。

10.9 计日工

该部分内容省略，读者可以参考住房城乡建设部、国家工商行政管理总局等联合颁布的最新版《建设工程施工合同（示范文本）》（GF-2013-0201）内容。

11. 价格调整

11.1 市场价格波动引起的调整

该部分内容省略，读者可以参考住房城乡建设部、国家工商行政管理总局等联合颁布的最新版《建设工程施工合同（示范文本）》（GF-2013-0201）内容。

11.2 法律变化引起的调整

该部分内容省略，读者可以参考住房城乡建设部、国家工商行政管理总局等联合颁布的最新版《建设工程施工合同（示范文本）》（GF-2013-0201）内容。

12. 合同价格、计量与支付

12.1 合同价格形式

发包人和承包人应在合同协议书中选择下列一种合同价格形式：

（1）单价合同。是指合同当事人约定以工程量清单及其综合单价进行合同价格计算、调整和确认的建设工程施工合同，在约定的范围内合同单价不作调整。合同当事人应在专用合同条款中约定综合单价包含的风险范围和风险费用的计算方法，并约定风险范围以外的合同价格的调整方法，其中因市场价格波动引起的调整按第11.1款［市场价格波动引起的调整］约定执行。

（2）总价合同。是指合同当事人约定以施工图、已标价工程量清单或预算书及有关条件进行合同价格计算、调整和确认的建设工程施工合同，在约定的范围内合同总价不作调整。合同当事人应在专用合同条款中约定总价包含的风险范围和风险费用的计算方法，并约定风险范围以外的合同价格的调整方法，其中因市场价格波动引起的调整按第11.1款［市场价格波动引起的调整］、因法律变化引起的调整按第11.2款［法律变化引起的调整］约定执行。

（3）其他价格形式。合同当事人可在专用合同条款中约定其他合同价格形式。

12.2 预付款

该部分内容省略，读者可以参考住房城乡建设部、国家工商行政管理总局等联合颁布的最新版《建设工程施工合同（示范文本）》（GF-2013-0201）内容。

12.3 计量

12.3.1　计量原则

工程量计量按照合同约定的工程量计算规则、图纸及变更指示等进行计量。工程量计算规则应以相关的国家标准、行业标准等为依据，由合同当事人在专用合同条款中约定。

12.3.2　计量周期

除专用合同条款另有约定外，工程量的计量按月进行。

12.3.3　单价合同的计量

该部分内容省略，读者可以参考住房城乡建设部、国家工商行政管理总局等联合颁布的最新版《建设工程施工合同（示范文本)》（GF-2013-0201）内容。

12.3.4　总价合同的计量

该部分内容省略，读者可以参考住房城乡建设部、国家工商行政管理总局等联合颁布的最新版《建设工程施工合同（示范文本)》（GF-2013-0201）内容。

12.3.5　总价合同采用支付分解表支付的，可以按照第12.3.4项（总价合同的计量）约定进行计量，但合同价款按照支付分解表进行支付。

12.3.6　其他价格形式合同的计量

合同当事人可在专用合同条款中约定其他价格形式合同的计量方式和程序。

12.4　工程进度款支付

该部分内容省略，读者可以参考住房城乡建设部、国家工商行政管理总局等联合颁布的最新版《建设工程施工合同（示范文本)》（GF-2013-0201）内容。

12.5　支付账户

发包人应将合同价款支付至合同协议书中约定的承包人账户。

13. 验收和工程试车

13.1　分部分项工程验收

该部分内容省略，读者可以参考住房城乡建设部、国家工商行政管理总局等联合颁布的最新版《建设工程施工合同（示范文本)》（GF-2013-0201）内容。

13.2　竣工验收

该部分内容省略，读者可以参考住房城乡建设部、国家工商行政管理总局等联合颁布的最新版《建设工程施工合同（示范文本)》（GF-2013-0201）内容。

13.3　工程试车

该部分内容省略，读者可以参考住房城乡建设部、国家工商行政管理总局等联合颁布的最新版《建设工程施工合同（示范文本)》（GF-2013-0201）内容。

13.4　提前交付单位工程的验收

该部分内容省略，读者可以参考住房城乡建设部、国家工商行政管理总局等联合颁布的最新版《建设工程施工合同（示范文本)》（GF-2013-0201）内容。

13.5　施工期运行

该部分内容省略，读者可以参考住房城乡建设部、国家工商行政管理总局等联合颁布的最新版《建设工程施工合同（示范文本)》（GF-2013-0201）内容。

13.6　竣工退场

该部分内容省略，读者可以参考住房城乡建设部、国家工商行政管理总局等联合颁布的最新版《建设工程施工合同（示范文本)》（GF-2013-0201）内容。

14. 竣工结算

14.1　竣工结算申请

该部分内容省略，读者可以参考住房城乡建设部、国家工商行政管理总局等联合颁布的最新版《建设工程施工合同（示范文本）》（GF-2013-0201）内容。

14.2　竣工结算审核

该部分内容省略，读者可以参考住房城乡建设部、国家工商行政管理总局等联合颁布的最新版《建设工程施工合同（示范文本）》（GF-2013-0201）内容。

14.3　甩项竣工协议

该部分内容省略，读者可以参考住房城乡建设部、国家工商行政管理总局等联合颁布的最新版《建设工程施工合同（示范文本）》（GF-2013-0201）内容。

14.4　最终结清

该部分内容省略，读者可以参考住房城乡建设部、国家工商行政管理总局等联合颁布的最新版《建设工程施工合同（示范文本）》（GF-2013-0201）内容。

15. 缺陷责任与保修

15.1　工程保修的原则

该部分内容省略，读者可以参考住房城乡建设部、国家工商行政管理总局等联合颁布的最新版《建设工程施工合同（示范文本）》（GF-2013-0201）内容。

15.2　缺陷责任期

该部分内容省略，读者可以参考住房城乡建设部、国家工商行政管理总局等联合颁布的最新版《建设工程施工合同（示范文本）》（GF-2013-0201）内容。

15.3　质量保证金

该部分内容省略，读者可以参考住房城乡建设部、国家工商行政管理总局等联合颁布的最新版《建设工程施工合同（示范文本）》（GF-2013-0201）内容。

15.4　保修

该部分内容省略，读者可以参考住房城乡建设部、国家工商行政管理总局等联合颁布的最新版《建设工程施工合同（示范文本）》（GF-2013-0201）内容。

16. 违约

16.1　发包人违约

16.1.1　发包人违约的情形

该部分内容省略，读者可以参考住房城乡建设部、国家工商行政管理总局等联合颁布的最新版《建设工程施工合同（示范文本）》（GF-2013-0201）内容。

16.1.2　发包人违约的责任

该部分内容省略，读者可以参考住房城乡建设部、国家工商行政管理总局等联合颁布的最新版《建设工程施工合同（示范文本）》（GF-2013-0201）内容。

16.1.3　发包人违约解除合同

该部分内容省略，读者可以参考住房城乡建设部、国家工商行政管理总局等联合颁布的最新版《建设工程施工合同（示范文本）》（GF-2013-0201）内容。

16.1.4　因发包人违约解除合同后的付款

该部分内容省略，读者可以参考住房城乡建设部、国家工商行政管理总局等联合颁布

的最新版《建设工程施工合同（示范文本）》（GF-2013-0201）内容。

16.2　承包人违约

16.2.1　承包人违约的情形

该部分内容省略，读者可以参考住房城乡建设部、国家工商行政管理总局等联合颁布的最新版《建设工程施工合同（示范文本）》（GF-2013-0201）内容。

16.2.2　承包人违约的责任

该部分内容省略，读者可以参考住房城乡建设部、国家工商行政管理总局等联合颁布的最新版《建设工程施工合同（示范文本）》（GF-2013-0201）内容。

16.2.3　承包人违约解除合同

该部分内容省略，读者可以参考住房城乡建设部、国家工商行政管理总局等联合颁布的最新版《建设工程施工合同（示范文本）》（GF-2013-0201）内容。

16.2.4　承包人违约解除合同后的处理

该部分内容省略，读者可以参考住房城乡建设部、国家工商行政管理总局等联合颁布的最新版《建设工程施工合同（示范文本）》（GF-2013-0201）内容。

16.2.5　采购合同权益转让

该部分内容省略，读者可以参考住房城乡建设部、国家工商行政管理总局等联合颁布的最新版《建设工程施工合同（示范文本）》（GF-2013-0201）内容。

16.3　第三方造成的违约

该部分内容省略，读者可以参考住房城乡建设部、国家工商行政管理总局等联合颁布的最新版《建设工程施工合同（示范文本）》（GF-2013-0201）内容。

17. 不可抗力

17.1　不可抗力的确认

该部分内容省略，读者可以参考住房城乡建设部、国家工商行政管理总局等联合颁布的最新版《建设工程施工合同（示范文本）》（GF-2013-0201）内容。

17.2　不可抗力的通知

该部分内容省略，读者可以参考住房城乡建设部、国家工商行政管理总局等联合颁布的最新版《建设工程施工合同（示范文本）》（GF-2013-0201）内容。

17.3　不可抗力后果的承担

该部分内容省略，读者可以参考住房城乡建设部、国家工商行政管理总局等联合颁布的最新版《建设工程施工合同（示范文本）》（GF-2013-0201）内容。

17.4　因不可抗力解除合同

该部分内容省略，读者可以参考住房城乡建设部、国家工商行政管理总局等联合颁布的最新版《建设工程施工合同（示范文本）》（GF-2013-0201）内容。

18. 保险

18.1　工程保险

该部分内容省略，读者可以参考住房城乡建设部、国家工商行政管理总局等联合颁布的最新版《建设工程施工合同（示范文本）》（GF-2013-0201）内容。

18.2　工伤保险

该部分内容省略，读者可以参考住房城乡建设部、国家工商行政管理总局等联合颁布

的最新版《建设工程施工合同（示范文本)》(GF-2013-0201) 内容。

18.3 其他保险

该部分内容省略，读者可以参考住房城乡建设部、国家工商行政管理总局等联合颁布的最新版《建设工程施工合同（示范文本)》(GF-2013-0201) 内容。

18.4 持续保险

该部分内容省略，读者可以参考住房城乡建设部、国家工商行政管理总局等联合颁布的最新版《建设工程施工合同（示范文本)》(GF-2013-0201) 内容。

18.5 保险凭证

该部分内容省略，读者可以参考住房城乡建设部、国家工商行政管理总局等联合颁布的最新版《建设工程施工合同（示范文本)》(GF-2013-0201) 内容。

18.6 未按约定投保的补救

该部分内容省略，读者可以参考住房城乡建设部、国家工商行政管理总局等联合颁布的最新版《建设工程施工合同（示范文本)》(GF-2013-0201) 内容。

18.7 通知义务

该部分内容省略，读者可以参考住房城乡建设部、国家工商行政管理总局等联合颁布的最新版《建设工程施工合同（示范文本)》(GF-2013-0201) 内容。

19. 索赔

19.1 承包人的索赔

该部分内容省略，读者可以参考住房城乡建设部、国家工商行政管理总局等联合颁布的最新版《建设工程施工合同（示范文本)》(GF-2013-0201) 内容。

19.2 对承包人索赔的处理

该部分内容省略，读者可以参考住房城乡建设部、国家工商行政管理总局等联合颁布的最新版《建设工程施工合同（示范文本)》(GF-2013-0201) 内容。

19.3 发包人的索赔

该部分内容省略，读者可以参考住房城乡建设部、国家工商行政管理总局等联合颁布的最新版《建设工程施工合同（示范文本)》(GF-2013-0201) 内容。

19.4 对发包人索赔的处理

该部分内容省略，读者可以参考住房城乡建设部、国家工商行政管理总局等联合颁布的最新版《建设工程施工合同（示范文本)》(GF-2013-0201) 内容。

19.5 提出索赔的期限

该部分内容省略，读者可以参考住房城乡建设部、国家工商行政管理总局等联合颁布的最新版《建设工程施工合同（示范文本)》(GF-2013-0201) 内容。

20. 争议解决

20.1 和解

该部分内容省略，读者可以参考住房城乡建设部、国家工商行政管理总局等联合颁布的最新版《建设工程施工合同（示范文本)》(GF-2013-0201) 内容。

20.2 调解

该部分内容省略，读者可以参考住房城乡建设部、国家工商行政管理总局等联合颁布的最新版《建设工程施工合同（示范文本)》(GF-2013-0201) 内容。

20.3　争议评审

该部分内容省略，读者可以参考住房城乡建设部、国家工商行政管理总局等联合颁布的最新版《建设工程施工合同（示范文本)》（GF-2013-0201）内容。

20.4　仲裁或诉讼

该部分内容省略，读者可以参考住房城乡建设部、国家工商行政管理总局等联合颁布的最新版《建设工程施工合同（示范文本)》（GF-2013-0201）内容。

20.5　争议解决条款效力

该部分内容省略，读者可以参考住房城乡建设部、国家工商行政管理总局等联合颁布的最新版《建设工程施工合同（示范文本)》（GF-2013-0201）内容。

第三部分　专用合同条款

1. 一般约定

1.1　词语定义

1.1.1　合同

1.1.1.10　其他合同文件包括：＿＿＿＿＿＿（略)＿＿＿＿＿＿。

1.1.2　合同当事人及其他相关方

1.1.2.4　监理人：名称：＿＿＿＿＿（略)＿＿＿＿＿；

资质类别和等级：＿＿＿（略)＿＿＿；

联系电话：＿＿（略)＿＿；

电子信箱：＿＿（略)＿＿；

通信地址：＿＿（略)＿＿。

1.1.2.5　设计人：名称：＿＿＿＿（略)＿＿＿＿；

资质类别和等级：＿＿＿（略)＿＿＿；

联系电话：＿＿（略)＿＿；

电子信箱：＿＿（略)＿＿；

通信地址：＿＿＿（略)＿＿＿。

1.1.3　工程和设备

1.1.3.7　作为施工现场组成部分的其他场所包括：＿＿＿＿＿/＿＿＿＿＿。

1.1.3.9　永久占地包括：＿＿＿＿/＿＿＿＿。

1.1.3.10　临时占地包括：＿＿＿＿/＿＿＿＿。

1.4　标准和规范

1.4.1　适用于工程的标准规范内容包括：＿＿＿＿＿/＿＿＿＿＿。

1.4.2　发包人提供国外标准、规范的名称：＿＿＿＿＿/＿＿＿＿＿。

发包人提供国外标准、规范的份数：＿＿＿/＿＿＿；

发包人提供国外标准、规格的名称：＿＿＿/＿＿＿。

1.4.3　发包人对工程的技术标准和功能的特殊要求：＿＿＿/＿＿＿。

1.5　合同文件的优先顺序

合同文件组成及优先顺序为：＿＿＿＿＿/＿＿＿＿＿。

1.6　图纸和承包人文件

1.6.1　图纸的提供

发包人向承包人提供图纸的期限：＿＿签订合同后伍天内＿＿；

发包人向承包人提供图纸的数量：＿＿叁套＿＿；

发包人向承包人提供图纸的内容：＿＿道路、桥梁施工设计总图、绿化施工图等设计文件＿＿。

1.6.4　承包人的文件

需要由承包人提供的文件，包括：＿＿＿＿＿＿＿＿＿＿/＿＿＿＿＿＿＿＿＿＿；

承包人提供的文件的期限为：＿＿/＿＿；

承包人提供的文件的数量为：＿＿/＿＿；

承包人提供的文件的形式为：＿＿/＿＿；

发包人审批承包人文件的期限：＿/＿。

1.6.5　现场图纸准备

关于现场图纸准备的约定：＿＿＿＿＿＿/＿＿＿＿＿＿。

1.7　联络

1.7.1　发包人和承包人应当在柒天内将与合同有关的通知、批准、证明、证书、指示、指令、要求、请求、同意、意见、确定和规定等书面函件送达对方当事人。

1.7.2　发包人接收文件的地点：＿＿××市琅琊管理委员会＿＿；发包人指定的接收人为：＿＿×××＿＿。承包人接收文件的地点：＿＿××市天长路2038号本公司××分公司办公室＿＿；承包人指定的接收人为：＿＿×××或×××＿＿。监理人接收文件的地点：＿＿××市学苑路206号××项目管理有限公司＿＿；监理人指定的接收人为：＿＿××××＿＿。

1.10　交通运输

1.10.1　出入现场的权利

关于出入现场的权利的约定：＿＿＿＿＿＿/＿＿＿＿＿＿。

1.10.3　场内交通

关于场外交通和场内交通的边界的约定：＿＿＿＿/＿＿＿＿。

关于发包人向承包人免费提供满足工程施工所需的场内道路和交通设施等条件的相关约定：＿＿＿＿＿＿/＿＿＿＿＿＿。

1.10.4　超大件和超重件的运输

运输超大件或超重件所需的道路和桥梁临时加固改造费用和其他有关费用由承包方承担。

1.11　知识产权

1.11.1　关于发包人提供给承包人的图纸、发包人为实施工程自行编制或委托编制的技术规范以及反映发包人关于合同要求或其他类似性质的文件的著作权的归属：＿＿＿＿＿＿＿＿/＿＿＿＿＿＿＿＿。关于发包人提供的上述文件的使用限制的具体要求：＿＿＿＿＿＿＿＿/＿＿＿＿＿＿＿＿。

1.11.4　承包人在施工过程中所采用的专利、专有技术、技术秘密的使用费的承担方式：＿/＿＿＿＿＿。

1.13　工程量清单错误的修正

出现工程量清单错误时，是否调整合同价格：____不作调整____。

2. 发包人

2.2 发包人代表：

发包人代表：

姓名：____××____；

身份证号：____（略）____；

职务：____（略）____；

联系电话：____（略）____；

电子信箱：____（略）____；

通信地址：____（略）____。

发包人对发包人代表的授权范围如下：____（略）____。

2.4 施工现场、施工条件和基础资料的提供

2.4.1 提供施工现场关于发包人移交施工现场的期限要求：____（略）____。

2.4.2 提供施工条件

关于发包人应负责提供施工所需的条件，包括：____（略）____。

2.5 资金来源及支付担保

发包人提供资金来源证明的期限要求：（略）。发包人是否提供支付担保：（略）。发包人提供担保的形式：____（略）____。

3. 承包人

3.1 承包人的一般义务：

(9) 承包人提交的竣工资料的内容：____（略）____。

承包人需要提交的竣工资料套数：____（略）____。

承包人提交的竣工资料的费用承担：____（略）____。

承包人提交的竣工资料移交时间：____（略）____。

承包人提交竣工资料形式要求：____（略）____。

(10) 承包人应履行的其他义务：____（略）____。

3.2 项目经理

3.2.1 项目经理：姓名：____（略）____；

身份证号：____（略）____；

建造师执业资格等级：____（略）____；

建造师注册证书号：____（略）____；

建造师执业印章号：____（略）____；

安全生产考核合格证书号：____（略）____；

联系电话：____（略）____；

电子信箱：____（略）____；

通信地址：____（略）____。

承包人对项目经理的授权范围如下：施工阶段全权处理工程进度、质量等相关的管理适宜，负责工地安全文明施工及与其相关的外部协调工作，竣工后的竣工结算、决算及工程后期质量保证及维修工作。

关于项目经理每月在施工现场的时间要求：　__每月不少于25天__　。

承包人未提交项目经理劳动合同，以及没有为项目经理缴纳社会保险证明的违约责任：_____（略）_____　。

项目经理未经批准，擅自离开施工现场的违约责任：____罚款2500元/天____　。

3.2.3　承包人擅自更换项目经理的违约责任：_____/_____　。

3.2.4　承包人无正当理由拒绝更换项目经理的违约责任：_____/_____　。

3.3　承包人人员

3.3.1　承包人提交项目管理机构及施工现场管理人员安排报告的期限：__/__　。

3.3.3　承包人无正当理由拒绝撤换主要施工管理人员的违约责任：____/____　。

3.3.4　承包人主要施工管理人员离开施工现场的批准要求：_____/_____　。

3.3.5　承包人擅自更换施工管理人员的违约责任：_____/_____　。

承包人主要施工管理人员擅自离开施工现场的违约责任：_____/_____　。

3.5　分包

3.5.1　分包的一般约定

禁止分包的工程包括：____桥梁工程、道路工程____　。

主体结构、关键性工作的范围：____桥梁工程、道路工程中的水泥稳定层和沥青混凝土路面层工程____　。

3.5.2　分包的确定

允许分包的专业工程包括：____道路工程中的土方工程____　。

其他关于分包的约定：_____/_____　。

3.5.4　分包合同价款

关于分包合同价款支付的约定：_____/_____　。

3.6　工程照管与成品、半成品保护

承包人负责照管工程及工程相关的材料、工程设备的起始时间：____/____　。

3.7　履行担保承包人是否提供履约担保：____是____　。承包人提供担保的形式、金额及期限：_____（略）_____　。

4.　监理人

4.1　监理人的一般规定

关于监理人的监理内容：____见监理合同中的对监理单位的授权____　。

关于监理人的监理权限：____见监理合同中的对监理单位的授权____　。

关于监理人在施工现场的办公场所、生活场所的提供和费用承担的约定：_____（略）_____　。

4.2　监理人员

总监理工程师：姓名：_____×××_____；

职务：_____（略）_____；

监理工程师执业资格证书号：_____（略）_____；

联系电话：_____（略）_____；

电子信箱：_____（略）_____；

通信地址：_____（略）_____；

关于监理人的其他约定：_____（略）_____。

4.4　商定或约定

在发包人和承包人不能通过协商达成一致意见时，发包人授权监理人对以下事项进行确定：

(1)　____见监理合同中的对监理单位的授权____；

(2)　_____／_____；

(3)　_____／_____。

5. 工程质量

5.1　质量要求

5.1.1　特殊质量标准和要求：_____／_____。

关于工程奖项的约定：_____／_____。

5.3　隐蔽工程检查

5.3.2　承包人提前通知监理人隐蔽工程检查的期限约定：____24 小时____。

监理人不能按时进行检查时，应提前__12__小时提交书面延期要求。

关于延期最长不得超过：__24__小时。

6. 安全文明施工与环境保护

6.1　安全文明施工

6.1.1　项目安全生产的达标目标及相应事项的约定：_____／_____。

6.1.4　关于治安保卫的特殊约定：_____／_____。

关于编制施工场地治安管理计划的约定：_____／_____。

6.1.5　文明施工

合同当事人对文明施工的要求：_____／_____。

6.1.6　关于安全文明施工费支付比例和支付期限的约定：_____／_____。

7. 工期和进度

7.1　施工组织设计

7.1.1　合同当事人约定的施工组织设计应包括的其他内容：_____／_____。

7.1.2　施工组织设计的提交和修改

承包人提交详细施工组织设计的期限的约定：_____进场后 5 天_____。发包人和监理人在收到详细的施工组织设计后确认或提出修改意见的期限：__2 天__。

7.2　施工进度计划

7.2.2　施工进度计划的修订

发包人和监理人在收到修订的施工进度计划后确认或提出修改意见的期限：__2 天__。

7.3　开工

7.3.1　开工准备

关于承包人提交工程开工报审表的期限：_____进场后 7 天_____。

关于发包人应完成的其他开工准备工作及期限：_____／_____。

关于承包人应完成的其他开工准备工作及期限：_____／_____。

7.3.2　开工通知

因发包人原因造成监理人未能在计划开工日期之日起__14__天内发出开工通知的，承包人有权提出价格调整要求，或者解除合同。

7.4 测量放线

7.4.1 发包人通过监理人向承包人提供测量基准点、基准线和水准点及其书面资料的期限：_____进场后3天_____。

7.5 工期延误

7.5.1 因发包人原因导致工期延误的其他情形：_____/_____。

7.5.2 因承包人原因导致工期延误，逾期竣工违约金的计算方法为：_____/_____。

因承包人原因造成工期延误，逾期竣工违约金的上限：_____/_____。

7.6 不利物质条件

不利物质条件的其他情形和有关约定：_____/_____。

7.7 异常恶劣的气候条件

发包人和承包人同意以下情形视为异常恶劣的气候条件：

(1) _____/_____；

(2) _____/_____；

(3) _____/_____。

7.9 提前竣工的奖励

7.9.2 提前竣工的奖励：_____/_____。

8. 材料与设备

8.4 材料与工程设备的保管与使用

8.4.1 发包人供应的材料设备的保管费用的承担：_____/_____。

8.6 样品

8.6.1 样品的报送与封存

需要承包人报送样品的材料或工程设备，样品的种类、名称、规格、数量要求：_____/_____。

8.8 施工设备和临时设施

8.8.1 承包人提供的施工设备和临时设施关于修建临时设施费用承担的约定：_____/_____。

9. 试验与检验

9.1 试验设备与试验人员

9.1.2 试验设备

施工现场需要配置的试验场所：_____由承包人承担_____；

施工现场需要配备的试验设备：_____由承包人承担_____；

施工现场需要具备的其他试验条件：_____由承包人承担_____。

9.4 现场工艺试验

现场工艺试验的有关约定：_____/_____。

10. 变更

10.1 变更的范围

关于变更的范围约定：_____/_____。

10.4 变更估价

10.4.1　变更估价原则

关于变更估价的约定：＿＿＿＿＿＿＿／＿＿＿＿＿＿＿＿。

10.5　承包人的合理化建议

监理人审查承包人合理化建议的期限：＿＿＿＿＿＿＿／＿＿＿＿＿＿＿。发包人审批承包人合理化建议的期限：＿＿＿＿＿＿／＿＿＿＿＿＿。

承包人提出的合理化建议降低了合同价格或者提高了工程经济效益的奖励的方法和金额为：＿＿＿＿＿／＿＿＿＿＿＿。

10.7　暂估价

暂估价材料和工程设备的明细详见附件 11：《暂估价一览表》。

10.7.1　依法必须招标的暂估价项目

对于依法必须招标的暂估价项目的确认和批准采取第＿＿＿种方式确定。

10.7.2　不属于依法必须招标的暂估价项目

对于不属于依法必须招标的暂估价项目的确认和批准采取第3种方式确定。

第 3 种方式：承包人直接实施的暂估价项目

承包人直接实施的暂估价项目的约定：＿＿＿＿＿＿＿／＿＿＿＿＿＿。

10.8　暂列金额

合同当事人关于暂列金额使用的约定：＿＿＿＿＿＿＿／＿＿＿＿＿＿。

11.　价格调整

11.1　市场价格波动引起的调整

市场价格波动是否调整合同价格的约定：＿＿＿＿不作调整＿＿＿＿。

因市场价格波动调整合同价格，采用以下第2种方式对合同价格进行调整：

第 1 种方式：采用价格指数进行价格调整。

关于各可调因子、定值和变值权重，以及基本价格指数及其来源的约定：＿＿／＿＿；

第 2 种方式：采用造价信息进行价格调整。

（2）关于基准价格的约定：＿＿＿＿＿＿＿＿＿＿＿。

专用合同条款①承包人在已标价工程量清单或预算书中载明的材料单价低于基准价格的：专用合同条款合同履行期间材料单价涨幅以基准价格为基础超过5％时，或材料单价跌幅以已标价工程量清单或预算书中载明材料单价为基础超过8％时，其超过部分据实调整。

②承包人在已标价工程量清单或预算书中载明的材料单价高于基准价格的：专用合同条款合同履行期间材料单价跌幅以基准价格为基础超过3％时，材料单价涨幅以已标价工程量清单或预算书中载明材料单价为基础超过5％时，其超过部分据实调整。

③承包人在已标价工程量清单或预算书中载明的材料单价等于基准单价的：专用合同条款合同履行期间材料单价涨跌幅以基准单价为基础超过±8％时，其超过部分据实调整。

第 3 种方式：其他价格调整方式：＿＿＿＿＿＿＿／＿＿＿＿＿＿。

12.　合同价格、计量与支付

12.1　合同价格形式

1. 单价合同

综合单价包含的风险范围：_____/_____。风险费用的计算方法：_____/_____。

风险范围以外合同价格的调整方法：_____/_____。

2. 总价合同

总价包含的风险范围：_____/_____。风险费用的计算方法：_____/_____。

风险范围以外合同价格的调整方法：_____/_____。

3. 其他价格方式：_____/_____。

12.2 预付款

12.2.1 预付款的支付

预付款支付比例或金额：_____/_____。预付款支付期限：_____/_____。预付款扣回的方式：_____/_____。

12.2.2 预付款担保承包人提交预付款担保的期限：_____。预付款担保的形式为：_____/_____。

12.3 计量

12.3.1 计量原则

工程量计算规则：_____/_____。

12.3.2 计量周期

关于计量周期的约定：_____/_____。

12.3.3 单价合同的计量

关于单价合同计量的约定：_____/_____。

12.3.4 总价合同的计量

关于总价合同计量的约定：_____/_____。

12.3.5 总价合同采用支付分解表计量支付的，是否使用第 12.3.4 项（总价合同的计量）约定进行计量：____否____。

12.3.6 其他价格形式合同的计量

其他价格形式的计量方式和程序：_____/_____。

12.4 工程进度款支付

12.4.1 付款周期

关于付款周期的约定：_____/_____。

12.4.2 进度付款申请表的编制

关于进度付款申请单编制的约定：_____/_____。

12.4.3 进度付款申请表的提交

(1) 单价合同进度付款申请单提交的约定：_____/_____；

(2) 总价合同进度付款申请单提交的约定：_____/_____；

(3) 其他价格形式合同进度付款申请单提交的约定：_____/_____。

12.4.4 进度款审核和支付

(1) 监理人审查并报送发包人的期限：_____/_____。发包人完成审批并签发进度款支付证书的期限：_____/_____。

（2）发包人支付进度款的期限：＿＿＿＿＿＿＿＿／＿＿＿＿＿＿＿＿＿。发包人逾期支付进度款的违约金的计算方式：＿＿＿＿＿＿／＿＿＿＿＿＿。

13. 验收和工程试车

13.1　分部分项工程验收

13.1.2　监理人不能按时进行验收时，应提前＿＿＿／＿＿小时提交书面延期要求。

关于延期最长不得超过：＿＿＿／＿＿小时。

13.2　竣工验收

13.2.2　竣工验收程序

关于竣工验收程序的约定：＿＿承包人自检合格，申请验收报告提交后15日内＿＿。

发包人不按照本项约定组织竣工验收、颁发工程接收证书的违约金的计算方法：＿＿＿＿／＿＿＿＿＿。

13.2.5　移交、接收全部与部分工程

承包人向发包人移交工程的期限：＿＿竣工验收合格后次日＿＿。

发包人未按本合同约定接收全部或部分工程的，违约金的计算方法为：＿30天内每日损失平均值计算＿。

13.3　工程试车

13.3.1　试车程序

工程试车内容：＿＿＿＿＿＿＿＿＿＿／＿＿＿＿＿＿＿＿＿＿＿。

（1）单机无负荷试车费用由＿＿＿＿／＿＿＿＿承担；

（2）无负荷联动试车费用由＿＿＿＿／＿＿＿＿承担。

13.3.3　投料试车

关于投料试车相关事项的约定：＿＿＿＿＿＿／＿＿＿＿＿＿＿。

13.6　竣工退场

13.6.1　竣工退场

承包人完成竣工退场的期限：＿＿＿＿＿＿／＿＿＿＿＿＿。

14. 竣工结算

14.1　竣工付款申请

承包人提交竣工付款申请单的期限：＿＿＿＿＿＿＿／＿＿＿＿＿＿＿。竣工付款申请单应包括的内容：＿＿＿＿＿＿／＿＿＿＿＿。

14.2　竣工结算审核

发包人审批竣工付款申请单的期限：＿＿＿＿＿＿＿／＿＿＿＿＿＿。发包人完成竣工付款的期限：＿＿＿＿＿／＿＿＿＿＿。

关于竣工付款证书异议部分复核的方式和程序：＿＿＿＿＿＿＿／＿＿＿＿＿＿。

14.4　最终结清

14.4.1　最终结清申请单承包人提交最终结清申请单的份数：＿＿／＿＿。承包人提交最终结算申请单的期限：＿＿＿／＿＿＿＿。

14.4.2　最终结清证书和支付

（1）发包人完成最终结清申请单的审批并颁发最终结清证书的期限：＿＿＿＿／＿＿＿。

（2）发包人完成支付的期限：＿＿＿＿／＿＿＿。

15. 缺陷责任期与保修

15.2 缺陷责任期

缺陷责任期的具体期限：_____/_____。

15.3 质量保证金

关于是否扣留质量保证金的约定：_____/_____。

15.3.1 承包人提供质量保证金的方式质量保证金采用以下第__2__种方式：

(1) 质量保证金保函，保证金额为：_____/_____；

(2) 5%的工程款；

(3) 其他方式：_____/_____。

15.3.2 质量保证金的扣留

质量保证金的扣留采取以下第__2__种方式：

(1) 在支付工程进度款时逐次扣留，在此情形下，质量保证金的计算基数不包括预付款的支付、扣回以及价格调整的金额；

(2) 工程竣工结算时一次性扣留质量保证金；

(3) 其他扣留方式：____/____。关于质量保证金的补充约定：____/____。

15.4 保修

15.4.1 保修责任

工程保修期为：_____24个月_____。

15.4.3 修复通知

承包人收到保修通知并到达工程现场的合理时间：_____48小时_____。

16. 违约

16.1 发包人违约

16.1.1 发包人违约的情形

发包人违约的其他情形：_____/_____。

16.1.2 发包人违约的责任

发包人违约责任的承担方式和计算方法：

(1) 因发包人原因未能在计划开工日期前 7 天内下达开工通知的违约责任：_____56 天后，发包人仍不能使本合同目的实现的，承包人有权解除合同，发包人应承担由此增加的费用，并支付履约保证金金额同期银行活期存款利率的损失_____。

(2) 因发包人原因未能按合同约定支付合同价款的违约责任：_____解除合同后，发包人应在解除合同后28天内按通用条款相应条款内容支付相应款项，并解除履约担保_____。

(3) 发包人违反第 10.1 款［变更的范围］第（2）项约定，自行实施被取消的工作或转由他人实施的违约责任：_____/_____。

(4) 发包人提供的材料、工程设备的规格、数量或质量不符合合同约定，或因发包人原因导致交货日期延误或交货地点变更等情况的违约责任：_____/_____。

(5) 因发包人违反合同约定造成暂停施工的违约责任：_____/_____。

(6) 发包人无正当理由没有在约定期限内发出复工指示，导致承包人无法复工的违约责任：_____/_____。

(7) 其他：_____/_____。

16.1.3　因发包人违约解除合同

承包人按 16.1.1 项［发包人违约的情形］约定暂停施工满<u>56</u>天后发包人仍不纠正其违约行为并致使合同目的不能实现的，承包人有权解除合同。

16.2　承包人违约

16.2.1　承包人违约的情形

承包人违约的其他情形：_____/_____。

16.2.2　承包人违约的责任

承包人违约责任的承担方式和计算方法：_____/_____。

16.2.3　因承包人违约解除合同关于承包人违约解除合同的特别约定：___/___。

发包人继续使用承包人在施工现场的材料、设备、临时工程、承包人文件和由承包人或以其名义编制的其他文件的费用承担方式：_____/_____。

17. 不可抗力

17.1　不可抗力的确认

除通用合同条款约定的不可抗力事件之外，视为不可抗力的其他情形：_____/_____。

17.4　因不可抗力解除合同

合同解除后，发包人应在商定或确定后<u>48</u>天内完成款项的支付。

18. 保险

18.1　工程保险

关于工程保险的特别约定：_____/_____。

18.3　其他保险

关于其他保险的约定：_____/_____。

承包人是否应为其施工设备等办理财产保险：_____/_____。

18.7　通知义务

关于变更保险合同时的通知义务的约定：_____/_____。

20. 争议解决

20.3　争议评审

合同当事人是否同意将工程争议提交争议评审小组决定：_____否_____。

20.3.1　争议评审小组的确定争议评审小组成员的确定：_____/_____。选定争议评审员的期限：_____/_____。争议评审小组成员的报酬承担方式：_____/_____。其他事项的约定：_____/_____。

20.3.2　争议评审小组的决定

合同当事人关于本项的约定：_____/_____。

20.4　仲裁或诉讼

因合同及合同有关事项发生的争议，按下列第<u>2</u>种方式解决：

（1）向_____/_____仲裁委员会申请仲裁；

（2）向<u>××市中级</u>人民法院起诉。

附件：

协议书附件：

附件1：承包人承揽工程项目一览表

承包人承揽工程项目一览表　　　　　　　　　案例一表 4-1

单位工程名称	建设规模	建筑面积（m²）	结构形式	层数	生产能力	设备安装内容	合同价格（元）	开工日期	竣工日期
××市经开区蓬莱路	—	—	—	—	—	—	30001118.00		
××市广德路							41004068.00		
××市示范园区世纪大道东延伸段							33600672.06		

专用合同条款附件：

附件2：发包人供应材料设备一览表（略）

附件3：工程质量保修书

工程质量保修书

发包人（全称）：　　××市琅琊管理委员会

承包人（全称）：　　××省地矿建设集团有限公司

发包人和承包人根据《中华人民共和国建筑法》和《建设工程质量管理条例》，经协商一致就 ××市花山路道路工程 签订工程质量保修书。

一、工程质量保修范围和内容

承包人在质量保修期内，按照有关法律规定和合同约定，承担工程质量保修责任。

质量保修范围包括道路基础工程、面层工程、桥梁工程、排水工程和绿化工程，以及双方约定的其他项目。具体保修的内容，双方约定如下：

道路工程不均匀下沉部位的返工维修，沥青混凝土面层的开裂导致基层质量隐患的返工维修，桥梁主体结构及其面层、桥面系的维修及更换，绿化树木死亡后同规格树木的更换等。

二、质量保修期

根据《建设工程质量管理条例》及有关规定，工程的质量保修期如下：

1. 道路工程和桥梁主体结构工程为设计文件规定的合理使用年限；

2. 缺陷责任期为 2 年，缺陷责任期完成后进入保修期，保修期为 5 年；

3. 电气管线、给水排水管道、路灯设备和绿化工程为 2 年。

4. 其他项目保修期约定如下：　　无　　。

质量保修期自工程验收合格之日起计算。

三、缺陷责任期

本工程缺陷责任期为 2 年，缺陷责任期自工程竣工验收合格之日起计算。单位工程先于全部工程进行验收，单位工程缺陷责任期自单位工程验收合格之日起算。

缺陷责任期终止后，发包人应退还剩余的质量保证金。

四、质量保修责任

1. 属于保修范围、内容的项目，承包人应当在接到保修通知之日起 7 天内派人保修。承包人不在约定期限内派人保修的，发包人可以委托他人修理。

2. 发生紧急事故需抢修的，承包人在接到事故通知后，应当立即到达事故现场抢修。

3. 对于涉及结构安全的质量问题，应当按照《建设工程质量管理条例》的规定，立即向当地建设行政主管部门和有关部门报告，采取安全防范措施，并由原设计人或者具有相应资质等级的设计人提出保修方案，承包人实施保修。

4. 质量保修完成后，由发包人组织验收。

五、保修费用

保修费用由造成质量缺陷的责任方承担。

六、双方约定的其他工程质量保修事项：＿＿无＿＿。

工程质量保修书由发包人、承包人在工程竣工验收前共同签署，作为施工合同附件，其有效期至保修期满。

发包人(公章)：××市琅琊管理委员会　　承包人(公章)：××省地矿建设集团有限公司

地　　址：＿＿（略）＿＿　　　　　　　地　　址：＿＿（略）＿＿

法定代表人（签字）：＿＿（略）＿＿　　法定代表人（签字）：＿＿（略）＿＿

委托代理人（签字）：＿＿（略）＿＿　　委托代理人（签字）：＿＿（略）＿＿

电　　话：＿＿（略）＿＿　　　　　　　电　　话：＿＿（略）＿＿

传　　真：＿＿（略）＿＿　　　　　　　传　　真：＿＿（略）＿＿

开户银行：＿＿（略）＿＿　　　　　　　开户银行：＿＿（略）＿＿

账　　号：＿＿（略）＿＿　　　　　　　账　　号：＿＿（略）＿＿

邮政编码：＿＿（略）＿＿　　　　　　　邮政编码：＿＿（略）＿＿

附件 4：主要建设工程文件目录（略）

附件 5：承包人用于本工程施工的机械设备表

承包人用于本工程施工的机械设备表　　　　　　　　　　案例一表 4-2

序号	机械或设备名称	型号规格	数量	性能	序号	机械或设备名称	型号规格	数量	性能
1	反挖挖掘机	1.0m³	10	良好	9	沥青摊铺机	ABG423	3	良好
2	推土机	75kW	5	良好	10	轮胎压路机			良好
3	平地机	120kW	1	良好	11	自卸车		25	良好
4	装载机	15t	5	良好	12	稳定土拌合机			良好
5	静止压路机	18t	2	良好	13	全站仪	托普康	4	良好
6	振动压路机	26t	2	良好	14	经纬仪	J2		良好
7	振动压路机	18t	3	良好	15	水准仪			良好
8	东风自卸车	140—2	10	良好	16	实验室设备			良好

附件6：承包人主要施工管理人员表

承包人主要施工管理人员表　　　　　　　　　案例一表 4-3

职务	姓名	职称	执业或职业资格证明					备注
			证书名称	级别	证号	专业	养老保险	
项目经理	×××	高工	一级建造师	国家	AH6200186	市政	已交	
副经理	×××	经济师					已交	
总工程师	××	高工				公路	已交	
技术员	××	工程师	二级建造师	省级		市政	已交	
技术员	×××	工程师				市政	已交	
质检员	×××	工程师	二级建造师	省级		公路	已交	
安全员	××	工程师					已交	
检验员	×××	工程师				土木	已交	实验室
资料员	××	初级				土木	已交	

附件7：分包人主要施工管理人员表（略）

附件8：履约担保格式

履 约 担 保

××市琅琊管理委员会（发包人名称）

鉴于××市琅琊管理委员会（发包人名称）与××省地矿建设集团有限公司（承包人名称）于2014 年4 月18 日就××市花山路道路工程（工程名称）施工及有关事项协商一致共同签订《建设工程施工合同》。我方愿意无条件地、不可撤销地就承包人履行与你方签订的合同，向你方提供连带责任担保。

1. 担保金额人民币（大写）壹亿叁仟柒佰万元（￥137000000.00）。

2. 担保有效期自你方与承包人签订的合同生效之日起至你方签发或应签发工程接收证书之日止。

3. 在本担保有效期内，因承包人违反合同约定的义务给你方造成经济损失时，我方在收到你方以书面形式提出的在担保金额内的赔偿要求后，在 7 天内无条件支付。

4. 因本保函发生的纠纷，可由双方协商解决，协商不成的，任何一方均可提请××市人民 仲裁委员会仲裁。

5. 本保函自我方法定代表人（或其授权代理人）签字并加盖公章之日起生效。

（以下空白）

担保人：＿＿＿＿＿＿＿＿＿＿＿＿＿＿＿＿（盖单位章）

法定代表人或其委托代理人：＿＿＿＿＿＿＿＿＿（签字）

地　　址：＿＿＿＿＿＿＿＿＿＿＿＿＿＿＿＿＿＿＿

邮政编码：＿＿＿＿＿＿＿＿＿＿＿＿＿＿＿＿＿＿＿

电　　话：＿＿＿＿＿＿＿＿＿＿＿＿＿＿＿＿＿＿＿

传　　真：＿＿＿＿＿＿＿＿＿＿＿＿＿＿＿＿＿＿＿

＿＿＿＿＿年＿＿＿＿月＿＿＿＿日

附件9：预付款担保格式

预 付 款 担 保

××市琅琊管理委员会（发包人名称）

　　鉴于××市琅琊管理委员会（发包人名称）与××省地矿建设集团有限公司（承包人名称）于2014年4月18日签订的××市花山路道路工程（工程名称）《建设工程施工合同》，承包人按约定的金额向你方提交一份预付款担保，即有权得到你方支付相等金额的预付款。我方愿意就你方提供给承包人的预付款为承包人提供连带责任担保。

　　1. 担保金额人民币（大写）壹亿叁仟柒佰万元（￥137000000.00）。

　　2. 担保有效期自你方与承包人签订的合同生效之日起至你方签发或应签发工程接收证书之日止。

　　3. 在本保函有效期内，因承包人违反合同约定的义务而要求收回预付款时，我方在收到你方的书面通知后，再7天内无条件支付。但本保函的担保金额，在任何时候不应超过预付款金额减去你方按合同约定向承包人签发的进度款支付证书中扣除的金额。

　　4. 你方和承包人按合同约定变更合同时，我方承担本保函规定的义务不变。

　　5. 因本保函发生的纠纷，可由双方协商解决，协商不成的，任何一方均可提请××市人民仲裁委员会仲裁。

　　6. 本保函自我方法定代表人（或其授权代理人）签字并加盖公章之日起生效。

（以下空白）

担保人：＿＿＿＿＿＿＿＿＿＿＿＿＿＿＿＿（盖单位章）

法定代表人或其委托代理人：＿＿＿＿＿＿＿＿＿（签字）

地　　址：＿＿＿＿＿＿＿＿＿＿＿＿＿＿＿＿＿＿＿

邮政编码：＿＿＿＿＿＿＿＿＿＿＿＿＿＿＿＿＿＿＿

电　　话：＿＿＿＿＿＿＿＿＿＿＿＿＿＿＿＿＿＿＿

传　　真：＿＿＿＿＿＿＿＿＿＿＿＿＿＿＿＿＿＿＿

＿＿＿＿＿年＿＿＿＿月＿＿＿＿日

附件10：支付担保

支 付 担 保

××省地矿建设集团有限公司（承包人名称）

　　鉴于你方作为承包人已经与××市琅琊管理委员会（发包人名称）于2014年4月18日签订了××市花山路道路工程（工程名称）《建设工程施工合同》，应发包人的申请，我方愿就发包人履行合同预定的工程款支付义务以保证的方式向你方提供如下担保：

一、保证的范围及保证金额

1. 我方的保证范围是主合同约定的工程款。

2. 本保函所称主合同约定的工程款是指主合同约定的除工程质量保证金以外的合同价款。

3. 我方保证的金额是主合同约定的工程款的 100%，数额最高不超过人民币壹亿叁千伍佰万元。

二、保证的方式及保证期间

1. 我方保证的方式为：连带责任保证。

2. 我方保证的期间为：自本合同生效之日起至主合同约定的工程款支付完毕之日后 7 日内。

3. 你方与发包人协议变更工程款支付日期的，经我方书面同意后，保证期间按照变更后的支付日期做相应调整。

三、承担保证责任的形式

我方承担保证责任的形式是代为支付。发包人未按主合同约定向你方支付工程款的，由我方在保证金额内代为支付。

四、代偿的安排

1. 你方要求我方承担保证责任的，应向我方发出书面索赔通知及发包人未支付主合同约定工程款的证明材料。索赔通知应写明索赔的金额，支付款项应到达的账号。

2. 在出现你方与发包人因工程质量发生争议，发包人拒绝向你方支付工程款的情形时，你方要求我方履行保证责任代为支付的，需提供符合相应条件要求的工程质量检测机构出具的质量说明材料。

3. 我方收到你方的书面索赔通知及相应的证明材料后 7 天内无条件支付。

五、保证责任的解除

1. 在本保函承诺的保证期间内，你方未书面向我方主张保证责任的，自保证期间届满次日起，我方保证责任解除。

2. 发包人按主合同约定履行了工程款的全部支付义务的，自本保函承诺的保证期间届满次日起，我方保证责任解除。

3. 我方按照本保函向你方履行保证责任所支付金额达到本保函保证金额时，自我方向你方支付（支付款项从我方账户划出）之日起，保证责任即解除。

4. 按照法律法规的规定或出现应解除我方保证责任的其他情况时，我方在本保函项下的保证责任亦解除。

5. 我方解除保证责任后，你方应自我方保证责任解除之日起 10 个工作日内，将本保函原件返还我方。

六、免责条款

1. 因你方违约致使发包人不能履行义务的，我方不承担保证责任。

2. 依照法律法规的规定或你方与发包人的另行约定，免除发包人部分或全部义务的，我方亦免除其相应的保证责任。

3. 你方与发包人协议变更主合同的，如加重发包人责任致使我方保证责任加重的，需征得我方书面同意，否则我方不再承担因此而加重部分的保证责任，但主合同第 10 条［变更］约定的变更不受本款限制。

4. 因不可抗力造成发包人不能履行义务的，我方不承担保证责任。

七、争议解决

因本保函或本保函相关事项发生的纠纷，可由双方协商解决，协商不成的，按下列第____2____种方式解决：

(1) 向_____/_____仲裁委员会申请仲裁；

(2) 向××市中级 人民法院起诉。

八、保函的生效

本保函自我方法定代表人（或其授权代理人）签字并加盖公章之日起生效。

（以下空白）

担 保 人：_____略_____（盖单位章）

法定代表人或其委托代理人：_____略_____（签字）

地　　址：_____略_____

邮政编码：_____略_____

传　　真：_____略_____

_____年_____月_____日

附件 11：暂估价一览表（略）

思 考 题

1. 建设工程合同的类型有哪些？

2. 简述建设工程承包的类型。

3. 按国际通用规则承包商可以分为几类？根据建设工程招标投标法各类企业资质中要求的标准又是怎样的？

4. 为什么说建设工程合同文件中合同的协议书、合同的通用条款、合同的专用条款具有同等重要的法律地位？

第五章　市政与园林工程造价管理

【本章主要内容】

1. 建设工程造价领域的基本知识。

2. 市政与园林工程计价的原理和方法，工程造价中的费用组成及分类。

3. 市政与园林工程概（预）算的编制内容。

4. 市政与园林工程概（预）算的案例。

【本章教学难点与实践内容】

1. 建设工程中的概（预）算费用组成，工程总价与单价计算。建筑工程与安装工程中费用组成是本章难点。市政与园林工程造价的编制是本章的重点。通过学习本章内容，要求读者掌握建设工程清单计价中综合单价与合价计算方法，以及计算表格中各类费用组成方法。通过案例分析掌握建设工程施工预算及编制方法。

2. 实践课内容：在熟悉市政与园林建设工程设计图纸的基础上，利用软件计算工程施工图纸中的工程量，熟练掌握清单单价计算中相关数据库的建立，以及在预算、结算和决算中工程价格的调整原理与方法。

第一节　建设工程造价概述

一、建设工程基本概念

1. 基本建设

基本建设是指国民经济各部门为实现新的固定资产生产而进行的一种经济活动，也就是通过资产投资进行建造、设备安装和建筑等固定资产的活动以及与之相联系的其他经济活动。

基本建设的主要内容有：建筑安装工程（包括各种土木建筑、矿井开凿、水利工程建筑、生产、动力、运输、试验等各种需要安装的机械设备的装配，以及与设备相连的工作台等的安装），设备购置，勘察、设计、科学研究实验，以及征地、拆迁、设备试运转、职工培训和建设单位管理工作等均属于广义范畴的基本建设。

2. 基础设施

基础设施是指为社会生产和居民生活提供服务的物质工程设施，它是人类赖以生存发展的一般物质条件。基础设施不仅包括公路、铁路、机场、通信、水电煤气等公共设施（即俗称的基础建设），也包括教育、科技、医疗卫生、体育及文化等社会事业（即社会性基础设施）。

3. 固定资产

固定资产是指企业为生产产品、提供劳务、出租或者经营管理而持有、使用时间超过

12 个月，价值达到一定标准的非货币性资产，包括房屋、建筑物、机器、机械、运输工具以及其他与生产经营活动有关的设备、器具、工具等。它是企业赖以生存经营的主要资产，从其内涵看，固定资产按经济用途可以分为生产用固定资产、非生产用固定资产、租出的固定资产、非使用的固定资产、不需要的固定资产、融资租赁固定资产和接受捐赠固定资产等。

4. 建设项目

建设项目也称基本建设工程项目，是指按一个总体设计组织施工，建成后具有完整的系统，可以独立地形成生产能力或者使用价值的建设工程。一般以一个企业（或联合企业）、事业单位或独立工程作为一个建设项目。

凡属于一个总体设计中的主体工程和相应的附属配套工程、综合利用工程、环境保护工程、供水供电工程以及水库的干渠配套工程等，都统一作为一个建设项目；凡是不属于一个总体设计，经济上分别核算，工艺流程上没有直接联系的几个独立工程，应分别列为几个建设项目。

5. 建筑工程

建筑工程是指为满足人们生产和生活需要而建造的各类房屋建筑及附属设施的建造和与其配套的线路、管道、设备的安装活动所形成的工程实体。如工厂的厂房、住宅、大学的教室，以及园林工程中的亭、台、楼、阁等；构筑物包括水塔、输变电铁塔、铁路桥梁等。

6. 安装工程

安装工程是指工程建设中各类永久和临时性的设备、装置进行组装等工程内容，通常包括电气、通风、给水排水以及建筑物内管线的敷设、防腐与保温材料的安装，某些工业设备相关的管道安装也包含在安装工程中。简单地说安装工程是介于土建工程和装饰工程之间的工作，一般建设工程项目中均包含有安装工程的建设内容，如学校的体育馆建设工程中的运动设施装配、起吊、固定等，住宅小区中的通风暖气设备的安装，工业项目中建筑工程完成后工业设备的安装与调试等。

7. 市政公用工程

市政公用工程又称城市市政基础设施，是城市发展的基础，是持续地保障城市可持续发展的一个关键性设施。它主要由交通、给水、排水、燃气、环卫、供电、通信、防灾等各项工程系统构成。

市政公用设施包括：城市道路设施、城市桥涵设施、城市排水设施、城市防洪设施、城市道路照明设施、城市建设公用设施等。

8. 园林工程

园林工程指通过工程技术手段，给人类创造和谐、宜居和游憩的公用设施工程，其工程技术手段包括地形改造、掇山与置石、理水与驳岸修建、喷泉设施安装等。园林工程包括：园林建筑、园林假山、园林水景、园林给水排水、园路与广场和绿化种植工程等。

二、建设工程造价基本知识

1. 定额

定额是指在合理的劳动组织和合理地使用材料和机械的条件下，预先规定完成单位合格产品所消耗的资源数量的标准，它反映一定时期的社会生产力水平的高低。建设工程中为了完成某单位工程，施工中就要消耗一定的人工、材料、机械设备和资金，但是由于受技术水平、施工组织管理水平及其他条件的影响，其消耗的水平是不同的。所以为了统一考核管理，便于经营和经济核算，就需要一个统一的消耗标准，这种标准就是定额。

2. 预算定额

预算定额是以施工设计图纸中建筑物或构筑物各个分部分项工程为对象编制的定额，它是以施工定额为基础，综合社会各企业平均消耗在分部分项工程要素上的劳动力、材料和机械数量上的标准。预算定额属于计价定额，在工程建设定额中占有很重要的地位。

3. 概算定额

概算定额是以扩大设计阶段的分部分项工程为对象编制的一种计价性定额。概算定额是编制扩大初步设计概算、确定建设项目投资额的依据。

4. 施工定额

施工定额是施工企业为组织生产和加强管理在企业内容编制时使用的一种定额，它属于企业生产定额的性质。

5. 工程量清单

工程量清单是建设工程的分部分项工程项目、措施项目、其他项目、规费项目和税金项目的名称和相应数量的明细清单。是由招标人按照"计价规范"附录中相关清单项目编码、项目名称、计量单位和工程量计算规则进行编制，包括分部分项工程量清单、措施项目清单、其他项目清单等内容。

6. 综合单价

综合单价是完成一个规定计量单位的分部分项工程量清单项目或措施清单项目所需的人工费、材料费、机械使用费、企业管理费与利润，以及一定范围内的风险费用。

7. 投资估算指标

投资估算指标是在项目建议书和可行性研究阶段编制投资估算、计算投资需要量时使用的一种定额。一般以独立的单项工程或完整的工程项目为计算对象，编制内容是所有项目费用之和。其编制的基础仍然离不开预算定额、概算定额。

8. 措施项目

措施项目指为完成工程项目施工，发生于该工程施工准备和施工过程中的技术、生活、安全环境保护等方面的非工程实体项目。

9. 工程成本

工程成本是承包人为实施合同工程并达到约定工程标准，在确保安全施工的前提下，必须消耗或使用的人工、材料、工程设备、施工机械台班及管理等方面发生的费用，以及按规定缴纳的规费和税金的总和。

10. 人工费

人工费是指按工资总额构成规定，支付给从事建筑安装工程施工的工人和附属生产单位工人的各项费用，包括：计时工资或计件工资、奖金、津贴补贴、加班加点工资和特殊情况下支付的工资。

11. 材料费

材料费是指在施工过程中耗费的原材料、辅助材料、构配件、零件、半成品或成品、工程设备的费用。包括：材料（设备）原价、运杂费、运输损耗费、采购及保管费。

12. 施工机具使用费

施工机具使用费是指在施工作业中所发生的施工机械、仪器仪表使用费或租赁费。包括：施工机械使用费、仪器仪表使用费。

13. 企业管理费

企业管理费是建筑安装企业组织施工生产和经营管理所需要的费用，包括：管理人员工资、办公费、差旅交通费、固定资产使用费、工具用具使用费、劳动保险和职工福利费、劳动保护费、检验试验费、工会经费、职工教育经费、财产保险费、财务费、税金和其他费用（如技术转让、开发产生的费用，投标费、业务招待费、广告费、公证费、法律顾问费、审计费、咨询费、保险费等）。

14. 利润

利润是施工企业完成所承包工程获得的盈利。

15. 规费

规费是指按国家法律法规规定，由省级政府和省级有关权力部门规定必须缴纳或计取的费用。包括：社会保险费、住房公积金、工程排污费，其他应列而未列入的规费，按实际发生计取。

16. 税金

税金是指国家税法规定的应计入建筑安装工程造价内的营业税、城市维护建设税、教育费附加以及地方教育附加。

17. 工程造价信息

工程造价管理机构根据调查和测算发布的建设工程人工、材料、工程设备、施工机械台班的价格信息，以及各类工程的造价指数、指标等按旬、月发布的文件。

18. 工程造价

工程造价属于一种指数，它反映一定时期的工程造价相对于某一固定时期的工程造价变化的比值或比率。包括按单位工程或单项工程划分的造价指数，按工程造价构成要素划分的人工、材料、机械等价格指数。

19. 招标控制价

招标人根据国家或省级、行业建设主管部门颁发的有关计价依据和办法，按设计施工图纸计算的，对招标工程限定的最高工程造价。

20. 投标价

投标人投标时报出的工程造价。

21. 签约合同价

发、承包双方在合同中约定的工程造价，即包括了分部分项工程费、措施项目费、其他项目费、规费和税金的合同总金额。

22. 竣工结算及结算价

发、承包双方根据合同约定，对承包人完成合同工程的数量进行的计算和确认即竣工结算，也叫工程结算。竣工验收后发、承包双方依据国家有关法律法规和标准规定，按照合同约定并经过审计通过的工程造价即为结算价。

23.单价项目

工程量清单中以单价计价的项目，即根据合同工程图纸（含设计变更）和相关工程现行国家计量规范规定的工程量计算规则进行计量，与已标价工程量清单相应综合单价进行价款计算的项目。

24.总价项目

工程量清单中以总价计价的项目，即此类项目在相关工程现行国家计量规范中无具体的工程量计算规则，只能以总价（或计算基础费率）计算的项目。

三、建设工程项目的划分

建设工程概、预算中，对于一个建设项目进行计算往往是比较困难的。因而在计算中一般采用将建设项目根据其建设内涵进行层层分解，分解为最基本的单元——分部分项工程，然后根据造价计算的方法分别计算出分部分项工程的工程量清单单价、分部分项工程的措施项目清单单价、其他项目清单单价、零星工作项目单价和规费与税金清单价格，从而完成单位工程的工程造价。

要完成准确的工程造价，需要对工程项目进行科学合理的项目划分。在市政与园林建设工程概、预算中，由于市政与园林工程项目所具有的综合性，其工程施工内容可能会与其他专业工程的施工内容相同，在工程项目划分中要全面考虑到工程施工内容与专业工程施工方法的衔接，针对市政与园林工程的特点选用合理的相同（或相近）的专业工程的施工内容，满足工程造价的需求。所以，在市政与园林工程的工程造价概、预算过程中确认某分部分项工程完工涉及的建设工序内容及适宜的定额子目往往是比较困难的。在预算的定额应用条目中，可能会出现其他的定额条目的应用，因而在造价计算中一般先将建设项目进行层层分解，即将它们分解为最基本的单元，然后对这些基本单元进行工程量、清单计价方面的计算，再逐级累加从而组成建设项目的工程总价。

在工程项目管理中，一般将建设工程分解为建设项目、单项工程、单位工程、分部工程、分项工程五级，也就是说分部分项工程就是工程造价相关计算中的最基本计算单元。建设项目的层级划分及各层级之间的关系如图5-1所示。通过这样的分级，建设工程的造价过程就可以依据建设工程相关定额中各分项工程的相应条目及标准进行工程量计算和工程清单价格的相关运算。

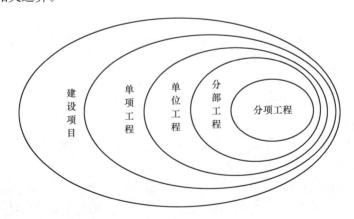

图5-1　建设项目层级划分及其关系

这五级建设工程项目的划分及概念如下：

1. 建设项目

建设项目见第一节基本概念部分。

2. 单项工程

单项工程是建设项目的组成部分，是指具有独立的设计文件，竣工后能独立发挥生产能力或产生经济效益的一组配套齐全的工程项目。一个建设项目可以有几个单项工程，也可能是一个单项工程。

3. 单位工程

单位工程是指有独立设计文件，并且可以独立作为一个施工对象组织施工的工程，但竣工后不能单独发挥生产能力或产生经济效益的工程。

单项工程与单位工程两者的主要区别在于竣工后能否独立地发挥生产能力或生产效益。

4. 分部工程

分部工程是指在单位工程中，按工程结构、所用工种、材料和施工方法的不同而划分的若干部分，其中的每一部分都称为分部工程。

5. 分项工程

分项工程是分部工程的组成部分，是指在分部工程中能够单独经过一定的施工工序就能完工，并且可以采用适当计量单位计算的建筑或设备安装工程。也就是施工中按不同的施工方法、不同的材料、不同的规模等因素划分的最基本的工程项目。

分项工程是工程项目施工生产活动的基础，也是计量工程用工、用料和机械台班消耗的基本单元，同时也是施工过程中工程质量形成的直接过程。

按照建设工程项目规模的不同，可以将建设项目分解为如图 5-2 所示的结构图。

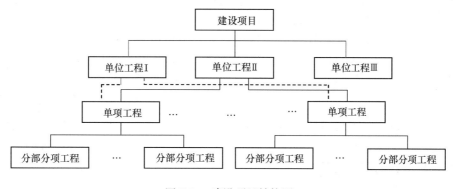

图 5-2　建设项目结构图

第二节　建设工程造价费用组成及分类

设计概算、施工图预算和工程招标控制价、投标报价、工程结算等是在工程建设过程中，不同参与主体在工程项目管理阶段，依照设计文件、招标工程量清单对工程项目的全部或部分工程按相关定额、指标及取费标准，计算和确定建设项目全部工程费用的技术经济文件。

在工程造价过程中，由于不同阶段的图纸深度及工程量算法不同，采用的计算依据和方法是不同的。为便于读者学习建设工程造价相关知识，有必要对工程项目的概、预算进行一定的分类。

一、建设工程概、预算分类

建设工程概、预算根据建设工程项目的不同建设阶段分为投资估算、设计概算、修正概算、施工图预算、施工预算等几种形式，这几种概、预算依据的设计文件的设计深度是不同的，其概、预算的计算深度也不同，它们对于建设工程项目价格的控制作用也有差异。

1. 投资估算

这类造价计算通常在编制建设项目建议书和可行性研究阶段使用，通过对建设项目总投资的粗略估算，达到项目投资控制目的。投资估算是建设项目决策的一项主要参考性技术指标。

2. 设计概算

设计概算主要指在工程项目的初步设计阶段，根据初步设计文件和图纸、概算定额（或概算指标）及有关费用标准，对设计出的工程项目费用进行概略性计算。它是国家确定和控制基建投资额度、编制基建计划、选择最优设计方案、推行限额设计的重要依据。

3. 修正概算

修正概算常发生在大型工程项目采用三阶段设计程序时，随着扩大初步设计阶段设计内容的深化，根据项目方案中发现的问题对完成的初步设计进行完善和细化，然后对方案进行概算修正，此时的概算称为修正概算。

4. 施工图预算

当施工图设计完成后，建设单位委托造价部门根据施工图纸和设计说明，以各地造价管理机构发布的《建设工程工程量清单计价规范》、预算定额，以及其他费用标准等为依据，对工程项目费用进行的较详细的计算。它是工程招标投标活动中招标人确定单位工程、单项工程招标控制价和投标人投标报价的依据。同时也是当事人签订工程承包合同、建设单位拨付工程款项和竣工决算的依据。

5. 施工预算

施工单位在编制施工组织计划和施工方案时，项目经理对工程施工过程中将要发生的工程费用进行的预算即为施工预算，它是项目经理在项目管理中指导和控制施工作业计划编制，实行项目部内部定额考核、班组核算的依据。

上述几种工程概、预算都是在工程项目实施前编制的工程项目预算文件，在工程项目竣工验收后，还要分阶段编制工程结算和决算，以确定工程项目的实际建设费用。在部分园林工程或小型农林工程中，因这类工程设计深度不够或缺乏工程量清单等因素，常以设计概算、施工图预算作为工程投资、施工控制的依据性文件。

二、建设工程概、预算的作用

1. 开展基本建设可行性研究与编制计划任务书的依据

国家或地方政府在对基本建设的中、长期规划进行研究时，往往对拟建基本建设项目的预算进行评估，分析其技术经济方面的可行性，同时还要考虑到项目竣工投产后的效益。在编制基本建设计划任务时，要以基本建设预算为依据。

2. 编制基本建设计划、确定和控制投资额的依据

基本建设计划是确定计划期内固定资产再生产的规模、方向、内容、进度和效果的计划。因此，编制基本建设计划时，要以基本建设工程预算为依据，确定建设工程的全部建设费用，以及材料、设备等实物需要数量，并以此作为基本建设投资控制的最高限额。在工程建设过程中如果超出该限额，相关部门将会被追查责任。

3. 设计方案进行技术经济分析的重要工具

建设项目的各个设计方案拟定后，可以利用基本建设工程预算中的总造价指标、各工程项目的造价指标、各种构件造价指标、单位面积造价指标、单位产品成本等指标对方案进行经济比较，找出各设计方案的不足之处，促使设计人员进一步改进设计。

4. 签订工程承包合同，进行工程项目投资包干和推进招标、投标的依据

签订工程承包合同时，可依据基本建设工程预算确定经济承包价值。基本建设预算可为工程项目投资包干中投资额和主要材料消耗包干资金额度提供依据。基本建设预算，也可作为招标投标工程编制标底的依据和投标单位的投标报价的参考。

5. 建设银行办理工程拨款、贷款和结算，实行财政监督的重要依据

中国建设银行是国家基本建设财务监督机构，建设银行以基本建设工程预算作为拨款、贷款最高限额的依据，累计总额不得突破工程预算。

6. 施工企业开展积极核算，落实承包经济责任制的依据

基本建设工程预算是考核企业经济承包后，经营者管理水平的依据，是企业开展经济活动分析，评价或衡量施工方案、技术组织措施是否先进合理的尺度。施工企业内部实行承包经济责任制时，工程预算作为逐层向下发包的成本控制极限。

7. 基建会计核算与基建统计工作的重要依据

基本建设会计是以实物指标和货币指标来核算建设工程人工、材料、施工机械等的实际消耗，会计有关科目只有和基本建设工程预算对口，才能对照进行成本分析，查明是节约还是浪费，并找出其原因。

基本建设统计的指标也必须和计划的指标取得一致，与基本建设工程预算对口。只有这样，分析统计出的数字和依据所得出的结论，才能真正反映出基本建设计划完成的情况和存在的问题。

三、建设工程定额分类

建设工程定额是指在正常的施工条件和合理的劳动组织、合理使用材料及机械的条件下，完成单位合格产品所必须消耗资源的数量标准。

建设工程定额中规定的资源消耗量是指按照国家有关规定的产品标准、设计规范和施工验收规范、质量评定标准，并参考行业、地方标准以及有代表性的工程设计、施工资料确定的工程建设过程中完成规定计量单位产品所消耗的人工、材料、机械等消耗的标准。

（一）建设工程定额的分类

1. 按生产要素内容分类

（1）人工定额

人工定额也称劳动定额，是指在正常的施工技术条件下，完成单位合格产品所必需的人工消耗量标准。

（2）材料消耗定额

材料消耗定额指在合理和节约使用材料的条件下，生产合格单位产品所必须消耗的一定规格的材料、成品、半成品和水、电等资源的数量标准。

（3）施工机械台班使用定额

施工机械台班使用定额又称为施工机械台班消耗定额，指施工机械在正常施工条件下完成单位合格产品所必需的工作时间。它反映了合理均衡地组织劳动和使用机械的单位时间内的生产效率。

2. 按编制程序和用途分类

（1）施工定额

指同一性质的施工过程中，将工序作为研究对象，表示生产产品数量与时间消耗综合关系编制的定额。施工定额是工程建设定额中分项最细、定额子目最多的一种企业性质的定额，属于基础性定额。它是编制预算定额的基础。

（2）预算定额

指以建筑物或构筑物施工中各个分部分项工程为对象编制的定额，预算定额是以施工定额为基础综合扩大编制的，同时也是编制概算定额的基础。

（3）概算定额

指以扩大的分部分项工程为编制对象编制的定额，其编制基础比预算定额要粗放得多。

（4）概算指标

它是概算定额的扩大与合并，是以整个建筑物和构筑物为对象、以更为扩大的计量单位来编制的。

（5）投资估算指标

该指标是在项目建议书和可行性研究阶段编制的投资估算中采用的，计算投资需要量时使用的一种指标，是合理确定建设工程项目投资的基础。

3. 按颁布单位和使用范围分类

（1）全国统一定额

指由国务院有关部门制定和颁布的定额，该定额在全国各地作为指导各地制定定额或造价规费的依据，其特征是通用性较强（如住房城乡建设部制定和颁发的定额）。

（2）行业定额

它也属于全国统一定额，其特征是专业性较强（由中央各部委根据专业性质不同制定和颁发的定额），这类定额需报国家计委备案，在某一专业范围内全国通用的定额。

（3）地方统一定额

指由各省、自治区、直辖市在国家统一定额的指导下，结合本地区特点编制的定额，该类定额只在本地区范围内执行，如各省的建筑工程预算定额、市政工程预算定额等。

（4）企业定额

施工企业根据本企业的施工技术和管理水平，以及有关工程造价资料制定的，并供本企业使用的人工、材料和机械台班消耗标准。企业定额只在企业内部使用，是企业素质的一个标志。企业定额水平一般应高于国内现行定额，才能满足生产技术发展、企业管理和市场竞争的需要。

4. 按投资的费用性质分类

（1）建设工程定额

该类定额是建设工程施工定额、预算定额、概算定额和概算指标等的统称。

（2）设备安装工程定额

该类定额是设备安装工程的施工定额、预算定额、概算定额和预算指标的统称。

（3）建筑安装工程费用组成

根据住房城乡建设部与财政部印发的《建筑安装工程费用项目组成》（建标〔2013〕44 号）的通知，建筑安装工程费用项目按其构成要素划分为人工费、施工机具使用费、企业管理费、利润和税金。其中，人工费、材料费、施工机具使用费、企业管理费和利润包含在分部分项工程费、措施项目费、其他项目费中，不再单独立项计算。

（二）建设工程定额在工程造价中的作用

（1）建设工程定额具有促进节约社会劳动和提高生产效率的作用。企业用定额计算工料消耗、劳动效率、施工工期并与实际水平对比，衡量自身的竞争能力，促使企业加强管理，厉行合理地分配和使用资源，达到节约目的。

（2）建设工程定额提供的信息为建筑市场供需双方的交易活动和竞争创造条件。

（3）建设工程定额有助于完善建筑市场信息系统。定额本身是大量信息的集合，它既是大量信息加工、综合的结果，又可以向使用者提供信息。建设工程造价就是依据定额提供的信息进行的。

（三）施工定额在施工企业管理中的作用

1. 施工定额是企业计划管理的依据

施工定额在企业计划管理方面的作用，表现在它既是企业编制施工组织计划的依据，又是企业编制施工作业计划的依据。

2. 施工定额是组织和指挥施工生产的有效工具

企业组织和指挥施工队、班组进行施工，是按照作业计划通过下达施工任务书和限额领料单来实现的。而领料单就是利用施工定额中的材料消耗编制的工料计划。

3. 施工定额是计算工人劳动报酬的依据

4. 施工定额是企业激励工人的目标条件

5. 施工定额有利于推广先进技术

6. 施工定额是编制施工预算，加强企业成本管理和经济核算的基础

7. 施工定额是编制工程建设定额体系的基础

四、建设工程费用组成

（一）建设工程计价原理与方法

建设工程计价是指按规定的计算程序和方法，用货币的数量形式表示建设工程的价值。建设工程的计价过程就是在现行计价制度（包括概、预算制度，工程量清单计价规范规定的计价方法）下，采用计价定额对构成建设工程的构造要素进行计价的过程。

建设工程计价的基本公式是：

建设工程造价＝Σ[单位工程基本构造要素(分项工程)工程量×相应单价]

1. 建设工程计价原理

建设工程计价原理的核心就是工程项目的分解与组合，工程造价编制的过程就是利用

工程量清单对拟建、在建工程项目分解、计算和单价组合的过程。

根据国家最新颁布的《建设工程工程量清单计价规范》GB 50500—2013 等规范文件规定，建设工程可以按定额计价，也可以按工程量清单计价方法确定工程造价。由此可见，建设工程的计价方法因采用的单价形式不同，存在两种计价方式。

2. 建设工程计价方法

（1）定额计价法

定额计价是根据招标文件，按国家建设行政主管部门发布的建设工程预算定额的"工程量计算规则"，同时参照省级建设行政主管部门发布的人工工日单价、机械台班单价、材料以及设备价格信息及同期市场价格，直接计算出直接费，再按规定的方法计算间接费、利润、税金，并汇总后确定建筑安装工程造价的过程。

定额计价的基本特征就是工程造价是用定额、费用和文件规定价格作为法定的依据且强制执行，不论是编制标底还是投标报价均以此为唯一的依据，承发包双方共用一套定额和费用标准确定标底和投标报价。当企业预算造价编制完成后，企业的利润就与预算成本和实际成本之间的差值产生关联了。即：当预算成本高于实际成本时，则企业利润产生并增加；反之，则企业利润被冲减甚至亏损。

定额计价在我国已经使用了很长时间，带有比较浓厚的计划经济色彩，是建立在以政府定价为主导的计划经济管理基础上的价格管理模式，它体现的是政府对建设工程价格的直接管理和调控。由于市场劳动力价值、原材料价格等年际间变化较大，国家及省自治区、市建设价格主管部门每隔一段时间都要重新发布或修改定额来对定额价格作修正。

用定额计价法编制建设工程造价的基本过程有两步：工程量计算和工程计价。工程量在同一地区均按照统一的项目划分和计算规则计算，工程量确定后，就可以按照一定的方法计算出公差的成本及盈利，最终确定工程预算。

（2）清单计价法

清单计价法又称为综合单价法，是指按照国家《建设工程工程量清单计价规范》GB 50500—2013 规定的程序、方法及计价依据编制招标标底和投标报价的过程。这种计价方法利用工程量清单工程量乘以综合单价即得出分部分项工程费用，再计算措施费、其他费用、零星工作费用、规费和税金等。清单计价法的核心工作是工程量清单的产生。

工程量清单是拟建工程的分部分项工程项目、措施项目、其他项目名称和相应数量的明细清单，是依据招标文件的规定、施工设计图纸、施工现场条件和国家制定的统一工程量计算规则，分部分项工程的项目划分及计量单位等有关法定技术标准，计算出的构成工程实体的各分部分项工程、可提供编制标底和投标报价的实物工程量的汇总清单。工程量清单是编制招标工程标底和投标报价的依据，也是支付工程进度款和办理工程结算、调整工程量以及工程索赔的依据。

清单计价法中的价格一般是合同双方协商确定的综合单价，而综合单价是指完成一个规定清单中的项目所需要的人工费、材料费和工程设备费、施工机具使用费和企业管理费和利润之和。

（3）两种计价方法的区别

清单计价是一种先进而全新的计价模式，它符合价格法中"市场形成价格"的规律，能反映出企业的个别成本，它与定额计价模式在造价构成的形式、单价的构成、子目的划分及计价依据上有明显的区别。这种区别主要表现在：

1）计价的依据不同

这是清单计价和定额计价最根本的区别，即传统的定额计价模式是定额加费用的指令性计价模式，它依据预算定额、单位估价表确定人工费、材料费、机械设备费，再以当地造价部门发布的市场信息对材料价格进行补益，按照统一发布的收费标准计算各种费用，最后形成工程造价。定额计价的唯一依据就是定额。

而工程量清单计价采用的是市场计价模式，由企业自主定价，实行市场调节的"量价分离"的计价模式，它依据招标文件统一提供的工程量清单，将实体项目与非实体项目分开计价。实体项目由企业根据自身的特点及综合实力自主填报单价，而非实体项目则由施工企业自行确定。工程量清单计价的主要依据是企业定额。

2）分项工程单价的构成不同

定额计价采用的单价为定额基价，只包含完成定额子目的工程内容所需的人工费、材料费、机械费，不包括间接费、计划利润、独立费及风险。其单价构成不完整，不能反映建筑产品的真实价格与市场价格，缺乏可比性。

清单计价采用的是综合单价，包含了完成规定的计量单位项目所需的人工费、材料费、施工机具费，还要包括管理费（现场管理费和企业管理费）、利润以及合同中明示或暗示的所有责任及一切风险。其价格构成是完整的，与市场价格十分贴近，具有可比性。清单计价是施工企业报价时的市场价，反映的是企业的个别成本。

3）费用划分存在差别

定额计价将工程费用划分为定额直接费、其他直接费、间接费、计划利润、独立费用和税金。

清单计价则将工程费用划分为分部分项工程费、措施项目费、其他项目费、规费和税金。两种计价模式的费用表现形式不同，但反映的工程造价的内涵是一致的。

4）工程项目的子目设置不同

定额计价中的预算定额子目一般是按施工工序进行设置，所包含的工程内容较为单一、细化，不同工序、不同部位、不同材料、不同施工机械设备的划分十分详细，计算时也十分繁琐。而工程量清单计价的子目划分则是按一个"综合实体"考虑的，一般包含多项工作内容，它将计量单位子目相近、施工工序相关联的若干定额子目组成一个工程量清单子目，也就是在全国统一的预算定额子目的基础上加以扩大和综合，最后进行计算的。

5）计价规则的不同

工程量清单计价中的工程量一般指工程的净用量，它是按照国家统一颁布的计算规则，根据设计图纸计算出的工程净用量。它不包含施工过程中的操作损耗量和采取技术措施的增加量，其目的在于将投标价格中的工程量部分固定不变，由投标单位自报单价，这样所有参与投标的单位均可在同一起跑线和同一目标下开展工作，可减少工程量计量损失，节省投标时间。

定额计价的工程量不仅包含工程的净用量，还包含施工操作的损耗量和采取技术措施的增加量，计算工程量时要根据不同的损耗系数和各种施工措施分别计量，这样得出的工程量都不一样，容易引起不必要的争议。

工程量清单计算相对而言更为简单，只计算净用量不必考虑损耗和措施增加量，计算结果一致。此外，全国各地定额计价的工程量计算规则都不相同，差别较大。而工程量清单的计算规则是全国统一的，确定工程量时不存在地域上的差别，给招标投标工作带来很大的便利。

6）计算程序存在区别

定额计价法首先按施工图计算单位工程的分部分项工程量，并乘以相应的人工、材料、机械台班单价，再汇总相加得到单位工程的人工、材料和机械使用费之和，由此得出直接费。然后，在此基础上按规定的计费程序和指导费来计算其他直接费、计划利润、独立费和税金，最终形成单位工程的造价。

工程量清单计价的计算程序是，首先计算工程量清单，其次是编制综合单价，再将清单中各分项工程量与综合单价相乘，得到各分项工程造价，最后汇总分项产生合价，形成单位工程造价。相比之下，工程量清单的计算程序显得简单明了，更适合工程招标采用，特别便于评标时对报价的拆分及对比。

7）招标评标办法存在区别

采用定额计价的招标，其标底的计算与投标报价的计算是按同一定额、同一工程量、同样的计算程序进行的，因而评标时对人工、材料、机械消耗量和价格的比较是静态的，是工程造价计算准确度的比较，而非投标企业施工技术、管理水平、企业优势等综合实力的比较。

工程量清单报价采用的是市场计价模式，投标单位根据招标人统一提供的工程量清单，按国家统一发布的实物消耗量定额，综合企业本身的实际消耗定额进行调整，以市场价格进行计价，完全由施工单位自行定价，实现投标人投标报价与工程将发生价格和市场价格的吻合，做到科学、合理地反映工程造价。评标时对报价的评定不再以接近标底为最优，而以"合理低价标价，不低于企业成本价"的标准进行评定。评标的重点是对报价的合理性进行判断，找出不低于企业成本的、合理的低报价，将合同授予合理低标者。这样一来，可使投标单位把投标的重点转移到如何合理地确定企业的报价上来，有利于招标投标活动的公平进行，实现优胜劣汰。

定额计价和清单计价最根本的区别是：①定额计价没有清单编码，是直接套定额，没有"综合单价"的概念。清单计价则有清单编码，且每个分项都有综合单价；②定额计价的唯一依据就是定额，而清单计价的主要依据是企业定额。

（二）市政与园林工程造价费用及计算

按照最新建设工程工程量清单计价规范，建设工程的造价费用由分部分项工程费、措施项目费、其他项目费、规费和税金组成。其中，分部分项工程费、措施项目费、其他项目费中均包含了项目施工中的人工费、材料费、施工机具使用费、企业管理费和利润。与以前的定额法进行工程概、预算的造价方法比较，建设工程项目的工程费组成及计算方法发生了很大变化。这种算法更好地体现出了现阶段企业在市场竞争中的市场行为，而政府调控行为基本被弱化了。

1. 清单计价法工程费用计算

市政与园林建设工程中的分部分项工程费 ＝Σ（分部分项工程量×综合单价），式中综合单价包括人工费、材料费、施工机具使用费、企业管理费和利润以及一定范围的风险费用。

在计算综合单价时，一般根据构成工程实体的分部分项工程工艺过程，及施工过程中消耗的人工费、材料费、施工机具使用费，以及完成该分部分项工程时花费的企业管理费、企业利润等计算出该分部分项工程的工程费，再按每完成一个计量单位的分部分项工程消耗的工程费计算出综合单价，最后根据工程量和综合单价计算出该分部分项工程费。

上述工程费的计算基础是先计算出该分部分项工程的工程量，然后根据完成该分部分项工程时的"工日消耗量"乘以"日工资单价"、"材料消耗量"乘以"材料单价"、"施工机械台班消耗量"乘以"机械台班单价"或"工程使用的仪器仪表摊销费"和"维修费"，再加上企业已完成该分部分项工程费为基础计算出的企业管理费，或以人工费和机械费为基础计算出的企业管理费，或直接以人工费为基础计算出的企业管理费，这里相关费用的占比或计算方法可以在招标文件或合同的专用合同条款中指明。

对于组成分部分项工程费的利润，投标人可以根据自身需求并结合市场实际情况自主确定，完全属于市场行为。但是在工程造价定额计价中，一般是以定额的人工费或（定额人工费＋定额机械费）为计算基数进行确定。在招标控制价中经常采用这种方式，而在费率取舍时，一般可以根据历年工程造价积累的资料，并结合建筑市场实际情况进行确定。在单位工程（单项工程）测算时，利润在税前建筑安装工程费中的部分一般按 5%～7% 的费率标准进行计算。

2. 分部分项工程清单计价中相关费用的计算

（1）人工费计算

$$人工费 ＝ \Sigma 每分项工程工日消耗量 \times 日工资单价$$

在新的建筑安装工程费用项目组织中，对于分部分项工程的人工费计算采用了两种计算公式，即适用于投标人投标报价时企业自主确定的人工费计算和适用于工程造价或采用国家定额及人工价格调整的日工资单价计算人工费。国家定额确定的日工资单价常参考完成实体工程量中的人工单价经综合分析而确定，即最低日工资单价不得低于工程所在地人力资源和社会保障部门所发布的最低工资标准（普工 1.3 倍、一般技工 2 倍、高级技工 3 倍）。

（2）材料费计算

材料费包括施工过程中消耗的材料和工程设备费用两部分。

$$材料费 ＝ \Sigma 材料消耗量 \times 相应材料单价，工程设备费 ＝ \Sigma 工程设备量 \times 工程设备单价。$$

其中，材料单价综合考虑了运杂费和运输过程中的损耗和材料的保管费率。即：材料单价＝[（材料原价＋运杂费）]×[1＋运输损耗率(%)]×[1＋采购保管费率(%)]。工程设备单价＝（设备原价＋运杂费）×[1＋采购保管费率(%)]。这些费率可以根据工程所在地标准，由合同当事人在专用合同条款中明确。

（3）施工机具使用费计算

施工机具使用费由施工机械使用费和仪器仪表使用费两部分组成。

施工机械使用费 ＝ Σ 施工机械台班消耗量 $\times$ 机械台班单价，其中的机械台班单价包含了该机械的台班折旧费、台班大修费、台班经常修理费、台班安拆费及场外运费、台班人工费、台班燃料动力费和台班车船税费之和。工程造价部门在确定施工机械使用费时，根据《建筑施工机械台班费用计算规则》结合工程所在地市场调查编制确定其施工机械台班单价。但是在投标报价时，投标人可以参考工程造价管理机构发布的台班单价，结合市场情况自主确定施工机械使用费报价。

仪器仪表使用费主要包括了用于该工程的仪器仪表的摊销费和设备维修费。小型园林工程中，该项费用可以忽略。

（4）企业管理费费率计算

该部分费率完全由工程造价管理机构确定，工程造价管理机构在定额中以定额人工费（或定额人工费＋定额机械费）为基数进行计算，投标人也可以根据分部分项工程费为基数计算。这几种计算方法为：

1）以分部分项工程费为计算基础

$$企业管理费费率（\%）=\frac{生产工人年平均管理费}{年有效施工天数 \times 人工单价} \times 人工费占分部分项工程费比例（\%）$$

2）以人工费和机械费合计为计算基础

$$企业管理费费率（\%）=\frac{生产工人平均管理费}{年有效施工天数 \times （人工单价 + 每一工日机械使用费）} \times 100\%$$

3）以人工费为基础计算

$$企业管理费费率（\%）=\frac{生产工人平均管理费}{年有效施工天数 \times 人工单价} \times 100\%$$

（5）利润计算

投标人可以根据企业自身需求并结合市场实际自主确定其利润，一并列入工程造价中。而在工程造价管理机构确定计价定额中的利润时，一般均是以定额人工费或（定额人工费＋定额机械费）作为基数，根据历年工程造价中积累的资料，并结合建筑市场实际情况确定。建筑安装市场工程费的利润在税前比重可按 5%～7% 的费率来计算。

3. 工程措施项目清单计价费用的计算

市政与园林建设工程的工程项目措施费，按国家规定由规范中应予计量的措施项目费和不宜计量的措施项目费用组成。

其中，应予计量的措施项目费及计算公式为：工程措施费＝∑（措施项目工程量×综合单价）。综合单价可以根据建筑安装定额计算得出。

施工中不宜计量的措施项目包括安全文明施工费、夜间施工增加费、二次搬运费、冬雨期施工增加费、已完成工程设备保护费、工程定位复测费、特殊地区施工增加费、大型机械进出场及安拆费、脚手架工程费等项目内容，这部分措施项目费计算的核心是"计算基数"的确定。该计算基数一般由定额基价（定额分部分项工程费＋定额中可以计量的措施项目费）、定额人工费（或定额人工费＋定额机械费）组成。而具体到各项费率标准则可以参照工程造价管理机构根据各专业工程的特点制定的费率进行计算。

4. 其他项目清单计价费用的计算

市政与园林建设工程的其他项目费，一般包含了来自招标人部分的项目费用，例如业主自主采购的部分机械设备、材料等的费用，为满足因设计变更或工程量计量变更产生的工程费用（暂列金额、计日工），来自投标人部分的项目费用主要包括总承包服务费和零星工作项目费等内容。

暂列金额由建设单位在招标前的投资概算中列出，它是建设单位根据建设工程的特点、设计深度、工程场地现状等因素，由造价单位按有关计价规定估算出的一部分投资金额。在项目的施工过程中由建设单位掌握使用，一般用于施工中因种种原因增加的施工项目内容，且该项目超出原设计图纸要求。如果在实际中发现该部分费用超出地方政府规定的最低招标价额度，需要对超出的部分施工内容进行新的造价和招标。一般暂列金额在项目竣工并使用时，发现扣除原合同价款调整后仍有余额，这部分资金可以归建设单位使用。

计日工由建设单位和施工企业根据实际发生的工作内容，按施工过程中的签证价格计算。

总承包服务费由建设单位在招标控制价中根据总包服务范围和有关计价规定编制，施工企业在投标时自主报价，施工过程中按签约合同价执行。

5. 零星工作项目费用的计算

这部分费用主要是计算完成施工图纸以外部分项目、临时性工作时消耗的人工费用、材料费用和施工机械费用。

6. 规费和税金的计算

规费包括企业给职工缴纳的养老保险费、失业保险费、医疗保险费等社会保险费和工伤保险费、住房公积金、工程排污费等项费用，各地政府制定的社会保险费和住房公积金费率略有差异，一般可在社保局等网站查询。其计算公式为：

社会保险费和住房公积金＝∑（工程定额人工费×社会保险费和住房公积金费率）

工程排污费等是应列入建设工程的规费的项目，一般按工程建设所在地环境保护部门规定的标准缴纳，按实际取值列入。

税金是指由施工企业按国家规定计入建设工程造价内，施工企业向税务部门缴纳的营业增值税、城市建设维护税、教育附加费、地方教育附加费和三峡水利建设基金等。税金缴纳按综合税率计算的，其综合税率取舍在设区的市、县城（或县级市、镇），以及乡镇均有不同。综合税率计算可以参考相关文件执行。已经实行营业税改增值税的，按交税地点现行税率计算。

第三节 工程量清单计价文件的编制

工程量清单价格通常是建设工程项目招标人编制招标控制价、投标人编制投标价格和评标委员会确定中标价格的依据。招标投标双方根据已批准的施工图纸或工程量清单，按照招标文件中明确的建设工程计价办法采用定额价格或综合单价价格来编制项目招标价或投标价。

建设工程的预算（或核算）是工程造价、施工管理和招标投标活动中非常重要的一项工作内容，是每一个参与工程项目建设的管理者都要了解或掌握的基本技能。近年来，随着国家对于建设项目工程造价方法的改革，清单计价法已逐渐成为工程预算（或核算）计价中的主流方式。本节重点以工程量清单计价法为例，按国家最新颁布的《建设工程工程量清单计价规范》GB 50500—2013 规定的程序、方法及计价依据，将建设工程预算编制的程序、工程量计算与汇总方法作简单介绍。

一、工程量清单计价文价的编制程序

（一）建设工程工程量计价依据

1. 国家发布的有关法律、法规、规章、规程等

2. 概、预算编制规范等文件

建设工程项目概算、预算编制办法，建设工程项目工程量清单计价规范等是工程量清单计价的主要依据。与市政与园林建设工程计价有关的规范有：《建设工程工程量清单计价规范》GB 50500—2013，《市政工程工程量计算规范》GB 50857—2013、《仿古建筑工程工程量计算规范》GB 50855—2013、《全国统一建筑工程基础定额》、《全国统一安装基础定额》、《全国统一市政工程预算定额》、《全国市政工程统一劳动定额》，以及各省、市住房和城乡建设厅编制的地方计价定额。

其中，《全国统一市政工程预算定额》共有九分册，分别是通用项目（第一册）、道路工程（第二册）、桥涵工程（第三册）、隧道工程（第四册）、给水工程（第五册）、排水工程（第六册）、燃气与集中供热工程（第七册）、路灯工程（第八册）、地铁工程（第九册），部分发达省份也相继编制了各省市政工程计价定额等文件用于指导各自区域内的工程计价。部分行业也先后编制了行业的概算、预算定额，如《公路工程概算定额》、《公路工程预算定额》、《水利建筑工程概算定额》、《水利建筑工程预算定额》等。

3. 施工图纸、设计说明及工程量（设备）清单

经各级施工图审查中心审核合格且完整的各专业工种的设计图纸、设计说明、设备清单等，包括：①各单位工程完整的平面图、立面图、剖面图、局部大样图，设计文字说明（如装修标准、广场及园路路面铺装、部分构件的尺寸等）；②水、电、燃气以及园林树木等专业的平面布置图、文字说明、设备清单等；③各种国家或地方发布的标准图集；④如果有设计变更，还需要有设计变更图。

4. 相关取费标准

在招标文件或施工合同中一般详细确定了招标项目中有关费用的取费标准，并对主要原材料价格等作了规定。措施费计算中技术、措施费用的确定与施工方案中的施工平面图、材料及构件的垂直运输及吊装方式的选择、现场场地施工排水、预制或现浇构配件的安排、采用脚手架的方式、模板的类型、材料配合比，以及施工中有无特殊工艺措施或材料代用措施存在一定的关系。

5. 施工现场情况

施工现场情况与措施费计算有一定的关系，产生的费用可以在其他项目清单计价和零星工作项目计价中体现出来。施工现场有关工程地质资料和地形图等，用以确定地下埋藏物情况、地下水位、自然地面标高、竖向高差、现场周围水电源设施、道路情况等。这些资料对于道路土方调整、园林地面塑形，施工过程中的排水、二次搬运及水电等临时性项目的预算有很大帮助。

6. 招标文件或承包合同中的具体规定

在工程项目的招标文件或承包与分包合同中，甲乙双方已协商确定了相关费用取费标准、有关工程量计算公式、计算表、法定计量单位，以及明确了各种材料检验（或试验）中的重量、容量、密度等的测定方法，这些内容对于提高预算编制的速度和质量有一定帮助。另外，施工活动中形成的有关变更、临时增加工作量、会议纪要等涉及工程量变化的文件对于工程竣工后结算、决算文件的编制也是必不可少的。

（二）工程量清单的编制程序

1. 工程量清单编制的一般规定

工程量清单是招标文件的组成部分，工程量清单编制一般由工程造价咨询机构、招标

代理机构等编制。招标控制价是以工程量清单为基础编制的，投标人的投标总价也是以工程量清单为基础，结合市场情况计算清单价、企业应取规费和利润等来确定。所以，招标控制价、投标价的确定过程中工程量清单的编制就显得非常重要。

在工程量清单编制中，首先要熟悉施工设计图纸和相关标准图集，深入施工现场了解现场情况，以便对单位工程（或单项工程）、分部工程，以及分项工程的工作内容及顺序进行划分。工程项目的分部分项工程根据相关专业工程工程量计算规范中"清单项目计价指引"的要求，对各分部分项工程进行统一的项目编码、项目名称的确定等前期准备工作。然后根据工程特点确定分部分项工程的计量单位和工程量计算规则与方式，如果出现"清单项目计价指引"中缺项的工作内容，应该由编制人作相应补充。

编制工程量清单的措施项目清单时应根据项目工程的具体情况，结合施工组织设计和相关技术规范，参照"清单项目计价指引"相应的措施项目名称列出工程项目名称，如果因工程具体特点，在"清单项目计价指引"中缺项的，可由编制人作补充。

其他项目清单的编制应根据招标文件要求，结合拟建工程实际情况，参照"清单项目计价指引"中相应的项目名称，按招标人部分、投标人部分分别列出。招标人部分包括预留金、材料购置费等，投标人部分包括总承包服务费、零星工作项目费等内容。

招标人材料购置费清单部分，编制时必须列明招标人自行采购材料的名称、规格型号、数量、单价和合价，其材料品种、数量、合计金额必须与其他项目材料购置费一致。

零星工作项目部分编制时，应根据工程特殊情况，由招标人预测可能出现的工作，编制人按零星工作的工种列出工作名单，并按工种列出材料、机械等项目。

工程量清单编制时规费和税金的取费可按工程所在地工程清单计价费用定额和工程所在地的税金计取规定进行编制。

最后，清单中需要评审的材料清单部分，要根据项目所在地住建厅编制的计价规则要求和工程实际情况进行编制，一般在招标文件中给予明确。

2. 市政与园林工程工程量清单的编制

（1）分部分项工程项目排列

根据设计图纸、施工组织设计等基本文件，对工程施工划分出合理的单位工程、单项工程，并在此基础上划分出分部分项工程。

（2）分部分项工程量清单项目名称和编码确定

根据"清单项目计价指引"中对应于拟建工程的分部分项工程进行项目编码，其中项目编码的前九位阿拉伯数字根据指引编码设置并填写在表格中，后三位编码由编制人根据分部分项工程量清单项目名称设置，由001起按顺序编制。

（3）工程量数量计算及单位

清单中的工程数量按"清单项目计价指引"中对应的工程量计算规则进行计算，所有工程项目的计量单位及有效数位：以"吨"计量的应保留小数点后三位数字；以"立方米"、"平方米"、"米"为计量单位的应保留小数点后两位数字；以"个"、"项"等为单位的应取整数。

3. 市政与园林工程措施项目清单的编制

措施项目清单中项目名称应根据拟建工程具体情况，并结合施工组织设计，参照"清单项目计价指引"的相应措施项目名称列项。如果指引中缺失，编制中应给予补充。

4. 其他项目清单的编制

其他项目清单中的项目内容应根据发包人要求，并结合拟建工程实际情况，参照"清单工程项目计价指引"中相应项目名称填写表格。

5. 招标人材料购置费清单编制

招标人自行采购的材料及名称、规格型号、数量、单价和合价等必须填写在对应表格中。

6. "零星工作项目表"的编制

根据拟建工程的具体情况，由招标人预测并填写在表格中。

7. 规费和税金清单的编制

规费按工程所在地省级住建厅发布的建设工程清单计价费用定额中的规定，并结合工程实际编制。税金按工程所在地税金计取编制。

8. 需评审的材料清单编制

按工程量清单计价规则要求和工程实际情况编制。

在上述内容的前面，增加工程量清单的封面、"填表须知"及填写的表格、盖章，工程量清单编制总说明等内容。装订成册即成为拟建工程的工程量清单部分内容。

（三）工程量清单控制价（或投标报价）的编制程序

1. 工程量清单控制价（或投标报价）编制的一般规定

当前工程招标、投标，以及合同价格执行时均采用建立在工程量清单计价规范基础上的综合单价法确定控制价（或投标报价）。工程量清单投标报价应根据工程量清单计价规范、招标文件的有关具体要求和工程量清单内容进行编制。而编制投标报价时还需要结合工程施工现场实际情况、拟定的施工方案或施工组织设计、投标人自身情况，企业定额和市场价格信息等进行编制。

在具体编制中，工程项目总价表中单项工程名称应按"单项工程造价汇总表"中的工程名称填写；控制价（或投标报价）总表中的单项工程金额按单项工程造价汇总表的合计填写。总承包服务费根据招标人工程分包和材料购置情况填写。

2. 分部分项工程清单计价表内容的编制

分部分项工程清单计价时，表格中所有内容均按照招标文件中工程量清单的相应内容进行填写。其综合单价应根据"清单计价依据"、工程造价管理机构发布的市场价格信息进行编制。而投标报价中的分部分项工程清单价格表中的综合单价由投标人自主确定。

3. 措施项目清单计价表内容的编制

控制价（或投标报价）表格中的措施项目清单综合单价计算按"清单计价依据"中的规则和公式计算，材料价格按工程造价管理机构发布的市场价格信息进行编制，投标报价中的措施项目及报价由投标人根据其施工组织设计和措施项目清单确定。

4. 其他项目清单计价表内容的编制

招标人部分的金额按招标人提出的数额填写，投标人部分的总承包服务费应根据招标人要求按实际发生的费用确定。

5. 零星工作项目计价表内容的编制

6. 规费和税金清单计价表内容的编制

控制价（或投标报价）中的规费和税金都要按工程项目所在地省级住建厅发布的建设工程清单计价费用定额中的规定计取，其中规费费率各地存在差别或设有区间，此时可以按区间上限计取。

7. 分部分项工程量清单项目综合单价分析表内容的编制

综合单价根据清单计价规则，由控制价编制人或投标人编制人根据计价规范规定，但是投标报价的综合单价还要结合投标人企业的实际情况和市场情况确定。综合单价确认后，再算出合价，其合价计算公式为：合价＝工程数量×综合单价。

综合单价计算过程为，首先计算出各分部分项工程的工程量，然后对应各分部分项工程定额，计算出各分部分项工程施工中需消耗的人工、材料、机械台班的数量及费用，再将三者的费用加起来作为基数计算出管理费、利润，最后全部相加得出综合合价。将合价除以工程量清单中按清单计算规则算出来的工程量就得到综合单价。

值得注意的是在计算费用时，相关取费标准是按定额子目的直接费为基数取费的，也就是按人工费、材料费和施工机具费的总和为基数计取。而安装工程费用则是按定额子目的人工费为基数进行计取的。

8. 措施项目费分析表内容的编制

表格中的序号、措施项目名称和金额应与措施项目清单计价表中的相应内容一致。

9. 主要材料价格表内容的编制

主要材料价格表中材料的价格信息，可以参照各地级市物价和建设主管部门发布的材料询价信息填写，具体采信标准在招标文件或合同专用条款部分作明确要求。

10. 需评审的材料表内容的编制

所填写内容中的材料顺序、名称、规格型号、单位、数量应与需评审的材料清单一致，单价应与工程量清单计价采用的相应材料的单价一致。

11. 分部分项工程量清单综合单价计算表内容的编制

表中相应内容应与"分部分项工程量清单计价表"和"分部分项工程量清单综合单价分析表"中相应内容一致，定额编号为清单项目工程内容所包括的消耗量定额的子目编号，表中人工费、材料费、机械费、管理费、利润、风险费要包含工程量清单项目所含某项工程所需的各相应费用。

12. 措施项目费计算表内容的编制

"措施项目费计算表（一）"主要用于计算施工技术措施费，其计算方法可参照"清单计价指引"规定或"分部分项工程清单综合单价计算表"方法计算。

"措施项目费计算表（二）"主要用于计算施工组织措施费，其计算可参照工程清单计价费用定额中相关内容计算。

上述各项表格计算并填写完成后，就组成了工程量清单报价。工程量清单报价由分部分项工程量清单报价、措施项目清单报价、其他项目清单报价、规费和税金组成。

在上述内容之前，增加工程量清单的封面、总说明、工程量清单招标控制价（或投标人投标报价）、工程项目总价表、单项工程造价汇总表、单位工程造价汇总表等，装订成册即成为拟建工程招标文件中的工程量清单控制价文件，或投标人的投标报价文件。

二、市政与园林工程工程量清单计价计算实例

（一）工程量清单编制过程

1. 工程量计算方法

建设工程的工程量计算方法一般有图纸计算法和软件计算法两种，其中图纸法计算法是对设计图纸中单位工程或单项工程的分部分项工程依照其施工顺序，按一定方法（如按顺时针顺序计算、按编号顺序计算、按建筑结构轴线计算、分层计算或分区域计算等方法）对各分项工程的工程量进行计算。计算得出的分项工程工程量，对应国家统一制定的《全国统一建筑工程基础定额》计算出相关人工费、材料费和施工机具使用费等，并以此为依据计算其他费用，将结果填写在表格中，以便于汇总。最后计算累加出分部分项工程的综合单价，将各分部分项工程的综合合价累加起来就得出该单位工程或单项工程的预算控制价格。

软件计算法是利用专业软件实现对工程量的计算与统计，其计算原理和计算公式等已在模块化设置的软件中分别设计，在不同建筑工作内容的子模块中写入工程量计算公式及计算规则。计算者要做的工作就是将图纸或工程量清单项目数据导入软件，完成数据录入工作。在辅助图形软件模块中可以看到所计算工程的三维图形及其在计算过程中的调减量及图形变化。在具体计算过程中可以按相应菜单进行规则选择、手工数量录入或按 CAD 图形进行自动计算。软件法计算工程量的菜单如图 5-3 所示。

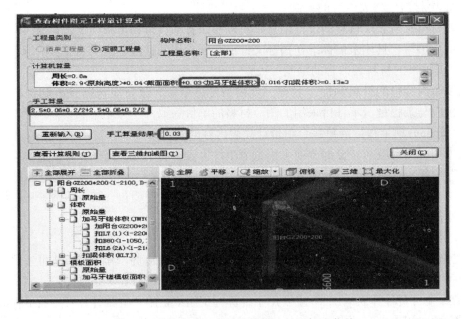

图 5-3　软件法中工程量计算模块的下拉式菜单

常见的计算软件有广联达软件股份有限公司开发的专业软件"广联达计价 GBQ4.0"、广西博奥科技有限责任公司开发的专业软件"博奥工程量清单计价软件 V2014$^+$"、"博奥清单计价软件 V2010"，上述软件都是基于《建设工程工程量清单计价规范》GB 50550—2013 编写开发的专业预算软件。

其中，广联达计价软件全模块就包含了计价软件 GBQ4.0/GBQ3.0、广联达建筑工程

预算定额、装饰装修工程预算定额、市政工程预算定额、园林工程预算定额、水电暖通安装工程预算定额等内容，以及相关图形算量软件 GCL2013、审核软件 GSH4.0、安装算量 GQI2015、钢筋抽样软件 GGJ2013、钢筋翻样软件 GFY2014 等 22 个软件。各软件及使用方法将在实践课环节进一步学习。

2. 工程量计算规则

在国家《建设工程工程量清单计价规范》GB 50550—2013 的正文和附表中，就编制工程量清单应遵循的规则、工程量清单计价活动规则等作了明确规定，其中附录部分对各工程的项目编码、项目名称、计量单位、工程量计算规则和施工中涉及的工程内容作了规定。涉及市政公用工程、园林景观工程的内容主要见附录 A、附录 D 和附录 E。其中，附录 A 为《建筑工程工程量清单项目及计算规则》，它适用于工业与民用建筑物和构筑物工程；附录 D 为《市政工程工程量清单项目及计算规则》，它适用于城市市政建设工程；附录 E 为《园林绿化工程工程量清单项目及计算规则》，它适用于园林绿化工程。《建设工程工程量清单计价规范》GB 50500—2013 中的正文及附录部分内容在实际应用时可以参照执行。

为便于教学与学习，将一些常见工程的工程量计算规则罗列出来，作为基础知识学习。更详细的内容读者可以在相关规范及软件的帮助中查找，以便于正确计算。

（1）建筑物及构筑物面积概念及计算

建筑面积是指建筑物各层面积的总和。建筑面积包括使用面积、辅助面积和结构面积。建筑面积计算方法如下：

1）单层建筑物不论其高度如何均按一层计算，其建筑面积按建筑外墙勒脚以上的外围水平面积计算。单层建筑物内如有部分楼层者也应计算其建筑面积。高低联跨的单层建筑物，如需分别计算建筑面积，当高跨为边跨时，其建筑面积按勒脚以上两端山墙外表面间的水平长度乘以勒脚以上外墙表面至高跨中柱为线的水平宽度计算；当跨度为中跨时，其建筑面积按勒脚以上两端山墙外表面间的水平长度乘以中柱外边线的水平宽度计算。

2）多层建筑物的建筑面积按各层建筑面积的总和计算，其底层按建筑物外墙勒脚以上外围水平面积计算，二层及二层以上按外墙外围水平面积计算。

3）地下室、半地下室等及相应出入口的建筑面积按其上口外墙外围的水平面积计算。

4）用深基础做地下架空层并加以利用的，如架空层高超过 2.2m 的，则地下层按围护结构外围水平面积计算建筑面积。

5）穿过建筑物的通道，建筑物的门厅、大厅，不论其高度如何，均按一层计算建筑物面积，门厅、大厅内回廊部分按其水平投影面积计算建筑面积。

6）建筑物内的技术层，且层高超过 2.2m 的应计算建筑面积；建筑物内有分楼隔层时，此部分也计算建筑物面积，如利用屋顶空间做阁楼层者，此部分按其面积的 25% 计算建筑面积。

7）有柱的雨篷按其柱外围水平面积计算建筑面积；独立柱的雨篷按其顶盖的水平投影面积的一半计算建筑面积；对于具有有柱车棚的货棚、站台等按柱外围水平面积计算建筑面积；单排柱、独立柱和车棚按其货棚等顶盖的水平投影面积的一半计算建筑面积；建筑物墙外有顶棚和柱的走廊按柱的外边线水平面积计算建筑面积，无柱的走廊、檐廊按其投影面积的一半计算建筑面积；两个建筑物间有顶盖的架空通廊，按通廊的投影面积计算建筑面积；无顶盖的架空通廊按其投影面积的一半计算建筑面积。

8) 室外楼梯作为主要通道和用于疏散的均按每层水平投影面积计算建筑面积，楼内有楼梯者，室外楼梯按其水平投影面积的一半计算建筑面积；对于凸出墙外的构件配件和艺术装饰物品和检修、消防用的室外爬梯等不应计算在建筑物面积内。

（2）土方工程工程量计算

土方工程项目包括平整场地、挖地槽、挖地坑、挖土方、回填方、运土等分项工程。在土方工程各分项工程的工程量计算中，首先应该统一各分项工程的工程量计算方式。在计算土方工程时应根据设计图纸中标明的尺寸，勘探资料明确的土质类别，施工组织设计中确定的施工方法、运土距离等资料分别计算相应工程量。在计算土方工程量时，因不同土质所消耗的人工、机械台班存在较大差异，综合反映的施工工艺、费用也不同，因此正确区分土方的类别，对于准确套用定额计算土方工程费用非常重要。

不同建设工程的土方工程工程量计算中，其工程量除图纸注明者外，均按图示尺寸以实际体积计算。其中：①挖土方：场地厚度在 30cm 以上，且槽底宽度在 3m 以上和坑底面积在 20m² 以上的挖土均按挖土方量计算；②挖地槽：凡槽宽在 3m 以内，槽长为宽 3 倍以上的挖土作业按挖地槽计算。外墙地槽长度按其中心线长度计算，内墙地槽长度以内墙地槽的净长度计算，宽度按图示宽度计算，凸出部分挖土量应予增加；③挖地坑：凡挖土底面积在 20m² 以内，宽度在 3m 以内，槽长小于宽 3 倍者按挖地坑计算；④回填土、场地填土分松填和夯填，以立方米计算，挖地槽原土回填的工程量按地槽挖土方量乘以系数 0.6 计算；管道回填土按挖土体积减去垫层和直径大于 500mm（包括 500mm 管道）的管道体积计算，管道小于 500mm 的可不扣除其所占体积，而管道在 500mm 以上的应减去管道体积，具体的工程量可按表 5-1 执行。

表 5-1

管径（mm） 管道种类	土方减去量（m³）					
	500~600	700~800	900~1000	1100~1200	1300~1400	1500~1600
钢管	0.24	0.44	0.71			
铸铁管	0.27	0.49	0.77			
钢筋混凝土管及缸瓦管	0.33	0.60	0.92	1.15	1.35	1.55

（3）基础垫层

基础垫层工程包括：挖基后素土夯实、基础垫层。基础垫层工程量均以立方米为单位计算，计算其长度时外墙按中心线、内墙按垫层净长，垫层的宽、高按图纸的图示计算。

（4）砖石砌筑工程

砖石工程包括：清理基槽、调制砂浆、砌筑基础与砌体、毛石基础及护坡等分项工程，其有关计算统一按规定进行。主要分项工程量计算规则为：

1) 砖墙砌筑中按标准砖墙体厚度计算，传统砖砌筑中不同墙体厚度对应的设计厚度数据参见表 5-2，这种对应关系在仿古建筑中极为有用。

不同墙厚下对应的设计厚度　　　　　　　　表 5-2

墙厚（与砖砌筑方式有关）	1/4	1/2	3/4	1	$1\frac{1}{2}$	2	$2\frac{1}{2}$	3
设计厚度（mm）	53	115	180	240	365	490	615	740

2）基础与墙身的划分。砖基础与砖墙以设计图纸中室内地坪为界，地坪以下为基础、以上为墙身，如墙身与基础材料不同按材料为分界线。

3）外墙基础长度，按外墙中心线计算；内墙基础长度按内墙净长计算，女儿墙工程量并入外墙计算。外墙长度按外墙中心线长度计算；砖基础工程量不扣除 0.3m² 以内的孔洞，基础内混凝土的体积应扣除，但砖过梁应另列项目计算。

4）计算实砌砖墙身时应扣除门窗洞口、过人洞口圈，以及嵌入墙身的钢筋砖柱、梁、过梁和圈梁的体积，但不扣除每个面积在 0.3m² 以内的孔洞梁头、梁垫、檩头、垫木、木砖，以及砌墙内的加固钢筋、墙基抹隔潮层等所占体积。

5）框架结构间砌墙，分别按内、外墙以框架间的净空面积乘以墙厚度计算，框架外表面镶贴的砖砌筑部分，也并入到框架结构中砌墙工程的工程量。

6）仿古建筑中的砖柱不分柱身和柱基，其工程量合并计算，按砖柱定额执行；空心花墙工程量按带有空花部分的局部外形体积以立方米计算，空花所占体积不扣除，实砌部分工程另按相应定额计算。

7）园林工程中的零星砌体定额适用于厕所、垃圾池、台阶及台阶挡墙、花台、花池、小型池槽、楼梯基础等，以立方米计算；毛石砌体按图示尺寸以立方米计算。

（5）混凝土工程

混凝土分部工程包括混凝土现浇、混凝土构件预制，混凝土构件的安装、混凝土构件接头灌缝，以及混凝土构件的运输等子项目。工程量计算规则如下：

混凝土以体积计算工程量，均按设计图纸中图示尺寸以构件的实体来计算，不扣除其中的钢筋、铁件、螺栓和预留螺栓孔洞所占的体积。

房建工程和仿古建筑工程，以及市政地面构筑物工程的混凝土基础，分带形基础、独立基础和满堂基础，其工程量计算分别执行各自定额。

混凝土浇筑柱的柱高按柱基上表面至柱顶面的高度计算。根据仿古建筑定额，仿古建筑中的混凝土柱上面的云头、梁垫的体积另列项目计算。依附于柱上的牛腿的体积应并入柱身计算。

混凝土梁的长度，梁与柱交接时梁长应按柱与柱之间的净距计算，次梁与主梁或柱交接时，次梁的长度算至柱侧面或主梁侧面；梁与墙交接时，伸入墙内的梁头应包括在梁的长度内计算。

混凝土板，除普通房建工程中的普通现浇楼板外，在仿古建筑中的混凝土板分有梁板、平板、亭屋面板、戗翼板。仿古建筑中的有梁板按其形式可分为梁式楼板、井式楼板和密肋楼板。当梁与板体积合并计算时，应扣除大于 0.3m² 的孔洞所占体积。亭屋面板的工程量按设计图示尺寸以实际体积立方米计算；计算时凡是不同类型的楼板交接时，均以墙的中心线为分界，伸入墙内的板头的体积应并入板内计算；现浇混凝土挑檐、天沟与现浇屋面面板连接时，按外墙皮为分界线；但与圈梁连接时，以圈梁外皮为分界线；戗翼板、椽望板等仿古建筑中的翘脚、飞椽部位以及与之连接的板，其工程量计算按设计尺寸以实际体积计算。

仿古建筑中的其他混凝土分项内容，一般参照房建工程混凝土分项工程工程量计算规则。如园林建筑中的整体楼梯工程量按水平投影面积计算，投影面积包括踏步、斜梁。楼梯与楼板的划分以楼梯梁的外侧面为界。单件体积小于 0.05m³ 的梁垫、云头、插角、宝顶、莲花头子、花饰块等不列入古式小构件定额。枋子、桁条、梁垫、梓桁、云头、斗栱、椽子等构件均按实际设计图示尺寸计算。

（6）（仿古建筑）木结构工程

仿古建筑中的木结构分部工程包括门窗制作及安装、木装修、间壁墙、顶棚、地板、屋架等分项工程。其工程量计算规则主要有：

木结构中的窗均按框外围面积计算，门框料是按无下坎计算；各种门如亮子或门扇安纱扇时，纱门扇或纱亮子按框外围面积另行计算；木窗台板按平方米计算，如图纸未注明窗台板长度和宽度时，可按窗框的外围宽度两边共加 10cm 计算，凸出墙面的宽度按抹灰面增加 3cm 计算；门窗贴脸的长度，按门窗框外围尺寸的延展米计算；木楼梯按水平投影面积以平方米计算；暖气罩、玻璃黑板按边框外围尺寸以垂直投影面积计算。

顶棚面积以主墙实际面积计算，不扣除间壁墙、检查洞、穿过木地板的柱、垛、附墙烟囱及水平投影面积 1m² 以内的柱帽等所占比例。楼梯底顶棚的工作量均以楼梯水平投影面积乘以系数 1.10，按顶棚面积计算。

厕所浴室木隔断，其高度自下横枋底面算至上横枋顶面，以平方米计算，门扇面积并入隔断面积内计算；预制钢筋混凝土厕所隔断上的门扇，按门扇外围面积计算，套用厕所浴室隔断门定额。

木栏杆的扶手以延长米计算。屋架以不同跨度按架计算，屋架跨度按墙、柱中心线计算。

（7）地面与屋面工程

地面与屋面分部工程包括地面、屋面两项工程。地面工程包括垫层、防潮层、整体面层、块料面层；屋面工程包括保温层、找平层、卷材屋面与屋面排水等。

1）地面工程工程量计算规则

楼地面层：包括水泥砂浆和花岗石、水磨石面层，其面积按主墙间净空面积计算，面层均按设计图纸图示尺寸以平方米计算。垫层：同地面层乘以厚度以立方米计算。防潮层：地面防潮层面积同地面面层，与墙面连接处高在 50cm 以内展开面积的工程按平面定额计算；超过 50cm 者其立面按立面定额计算。踢脚板：水泥砂浆踢脚板按延长米计算，水磨石等踢脚板均按设计图纸图示尺寸以净长计算。水泥砂浆及水磨石楼梯面层，以水平投影面积计算。坡道按水平投影面积计算。各类台阶均以水平投影面积计算。

2）屋面工程工程量计算规则

可站人平屋顶的保温层按设计图纸图示尺寸的面积乘以平均厚度以立方米计算，保护层按面积乘以厚度计算。

仿古建筑或普通房间工程中瓦屋面按设计图纸图示尺寸的屋面投影面积乘以屋面坡度延尺系数以平方米计算，瓦屋面的出线、披水、稍头抹灰、脊瓦加鳐等工料已经综合在定额中，不另计算。卷材屋面：按设计图纸图示尺寸的水平投影面积乘以屋面坡度延尺系数以平方米计算。

水落管长度：按设计图纸图示尺寸计算，如无图示尺寸，则按有沿口下皮计算至设计室外地坪以上 15cm 为止。

（8）装饰工程

房建、仿古建筑中的装饰工程包括抹白灰砂浆、抹水泥砂浆等分项工程等。装饰工程其工程量计算规则为：

1）工程量均按设计图示尺寸计算。

2）顶棚抹灰面积以主墙内的净空面积计算，不扣除间壁墙、垛、柱所占的面积；密肋梁和井字梁顶棚抹灰面积以展开面积计算；有坡度及拱顶的顶棚抹灰面积按展开面积以平方米计算。

3）内墙面抹灰面积应扣除门、窗洞口和空圈所占面积，但不扣除踢脚线、挂镜线 0.3m² 以内的孔洞和墙与构件交接处的面积。洞口侧壁和顶面抹灰不增加，但垛的侧面抹灰应与内墙面抹灰工程量合并计算。内墙面抹灰的长度以主墙间的图示净长尺寸计算。

4）外墙面抹灰面积应扣除门、窗洞口和空圈所占面积，但不扣除踢脚线、挂镜线 0.3m² 以内的孔洞面积，门窗洞口及空圈的侧壁、垛的侧面面积；独立柱及单梁等抹灰应另列项目，其工程量按结构设计尺寸断面计算；外墙裙抹灰按展开面积计算；阳台、雨篷抹灰按水平投影面积计算；挑檐、天沟、腰线、门窗套等结构尺寸断面以展开面积，并按相应定额以平方米计算；水泥黑板、布告栏按框外围面积计算；镶贴各种块料面层均按设计图示尺寸以展开面积计算。

5）刷浆、水质涂料工程中，墙面按垂直投影面积计算，但应扣除墙裙的抹灰面积，不扣除门窗洞口面积，但垛侧壁、门窗洞口侧壁、顶面也不增加；顶棚按水平投影面积计算，不扣除间壁墙、垛、柱、附墙烟囱和检查洞所占面积。

6）墙面贴壁纸按图示尺寸的实铺面积计算。

（9）钢结构工程

本分部工程包括钢制柱、梁、屋架等金属构架的制作与安装分项工程项目，其分部分项尺寸按图示尺寸计算。其切边、切肢部分，以及焊条、铆钉、螺栓等已包括在定额内，不再另计算。具体计算规则为：

1）构件均按焊接为主、局部采用螺栓连接时，定额中已考虑在内不作换算。

2）定额中的"钢材"栏中数字，以"数字×数字"区分。"×"以前数字为钢材耗用量，"×"以后数字为每吨钢材的综合单价。

3）定额中的钢材价格是按各种构件的常用材料规格和型号综合取定的，预算时不得调整。

4）钢雨篷、钢制天窗等支架制作中的工程量均按相关子目计算主材质量。

5）钢材重量的计算，按设计图纸的主材几何尺寸以吨计算重量，均不扣除孔眼、切肢、切边的重量。

6）计算钢柱工程量时，依附于柱上的牛腿及悬臂梁的主材重量应并入柱身主材重量计算，套用钢柱定额。

（10）脚手架工程

1）脚手架工程分部分项有关计算资料的统一规定

单层综合脚手架适用于檐高 20m 以内的单层建筑工程；多层综合脚手架适用于檐高

140m 以内的多层建筑物。凡属单层的建筑，执行脚手架分项中的单层建筑综合脚手架；二层以上建筑则执行高层建筑脚手架标准。综合脚手架定额中包括内外墙砌筑脚手架、墙面粉饰脚手架，单层建筑的综合脚手架包括顶棚装饰脚手架。各级脚手架定额中均不包括脚手架的基础加固，如需加固时，加固费用按实计算。

2）脚手架分部工程的工程量计算规则

综合脚手架按建筑面积以平方米计算。围墙脚手架按里脚手架定额执行，其高度以自然地坪到围墙顶面，长度按围墙中心线计算。外脚手架高度按挑檐高度计算，独立砖石柱的脚手架按单排外脚手架定额执行。在仿古建筑中的砌墙脚手架按墙面垂直投影面积计算；檐高 15m 以上的建筑物的外墙砌筑脚手架一律按双排脚手架计算；檐高 15m 以内的建筑物室内净高在 4.5m 以内者，内外墙砌筑均应按里脚手架计算。

（11）假山堆砌工程

中国园林艺术的一个特点就是把山石作为重要的景物来利用，使园林"无园不山，无园不石"，叠山工程已成为中国造园艺术中的一项重要工程。对于其工程量的计算，园林工程定额中已经考虑了园内山石倒运、必要的脚手架工程、施工时塞垫嵌缝用的石料砂浆，以及汽车起重机吊装的所有费用。定额中的主体山石料（如太湖石、房山石、英石、石笋等）材料的预算价格因产地、规格不同，可按市场价调整差价。

假山堆砌工程量计算规则为：

假山工程量按实际堆砌的石料以"吨"计算，如无法按进料数计算时，按假山外围投影高度分层分段，以 1m³ 外围体积按比例 1.25t 计算，石头本身的孔洞扣除，如果堆山洞口在 0.5m³ 以内不扣除，超过要扣除体积；假山石的基础和自然式驳岸下部的挡水墙，按相应项目定额执行；塑石假山的工程量按其外围表面积以平方米计算。

（12）绿化工程

1）绿化工程分部工程包括工程的准备工作、植树工程、花卉种植与草坪铺设，以及大树移植工程、绿化养护工程等分项工程。

绿化工程定额对部分植物材料在栽植、运输中已作了合理损耗规定，即乔木、花灌木、常绿树的损耗为 1.5%；绿篱、攀缘植物为 2%；木本花卉为 4%；草坪地被植物为 4%；草花为 10%。

2）绿化工程的工程量计算规则

苗木勘察现场以植株计算。灌木类以株计算，绿篱以延长米计算，乔木品种规格一律按株计算。对于拆除的障碍物按实际拆除体积以立方米计算。

植树工程中的刨树坑分为刨树坑、刨绿篱沟和刨绿带沟三种，将土壤土质分别划分为坚硬土、杂质土、普通土三类。刨树坑时从设计地面标高向下掘，无设计标高要求的一般按地面水平下掘。

绿化工程具体工程量计算规则为：①刨树坑以个计算，绿篱沟按延长米计算，绿带沟以立方米计算；②原土过筛，按筛后好土以立方米计算；③土坑换土，以实挖的土坑体积乘以 1.43 系数计算；④施肥、刷药、涂白、人工喷药、栽植支撑等项目的工程量按植物株数计算；⑤植物修剪，新树浇水的工程量除绿篱以延长米计算外，树木均按株数计算；⑥清理竣工现场，每株树木按 5m² 计算，绿篱每延长米按 3m² 计算；⑦盲管工程量按管道中心线全长以延长米计算。

3. 工程量计算举例

【例 5-1】某工程一层平面图如图 5-4 所示，试编制地面工程的工程量清单。已知地面工程具体做法如下（自上而下做法）：12mm 厚 1：2.5 水泥磨石地面磨光打蜡；素水泥结合层一道；20mm 厚 1：3 水泥砂浆找平、干后铺设玻璃分割条；60mm 厚 C15 混凝土垫层；150mm 厚 3：7 灰土垫层；素土夯实。

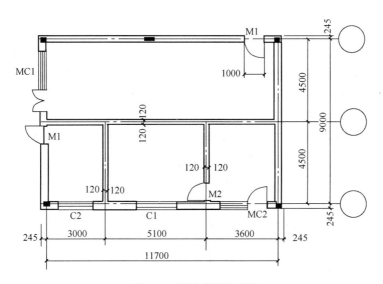

图 5-4　首层建筑平面图

【解】①现制水磨石地面面积：

$S_1 = (11.7 - 0.12 \times 2) \times (4.5 - 0.12 \times 2) = 48.82 \ \text{m}^2$

$S_2 = (11.7 - 0.12 \times 2 - 0.24 \times 2) \times (4.5 - 0.12 \times 2) = 46.77 \ \text{m}^2$

$S = S_1 + S_2 = 48.82 + 46.77 = 95.59 \ \text{m}^2$

② 编制出的"分部分项工程量清单"如表 5-3 所示。

分部分项工程工程量表　　　　　　　　　　　　　　　　　　　　表 5-3

序号	项目编码	项目名称	计量单位	工程数量
1	020101002001	现浇水磨石地面 面层：12mm 厚 1：2.5 水泥磨石地面磨光打蜡 20mm 厚 1：3 水泥砂浆找平 60mm 厚 C15 混凝土垫层 150mm 厚 3：7 灰土垫层 素土夯实	m²	95.59

4. 工程量清单表格填制

将计算出的各分部分项工程量结构根据其项目编码、项目名称等条目填入"分部分项工程量清单"中。如果需要进行工程量清单计价的编制，还需要根据"清单项目计价指引"中措施项目清单要求完成措施项目清单、其他项目清单、招标人材料购置清单等表格，以及零星工作项目表、规费和税金清单、需评审的材料清单的编制，即完成了工程量清单计价文件的编制。

（二）工程量清单招标控制价（或投标报价）的编制过程

工程量清单计价的工程费用目前均采用综合单价法计算，将最终计算出的结果分别填入清单计价规范中的相关分部分项工程工程量清单计价表、汇总表、总价表、单价或费用分析表、主要材料价格表等。上述价格计算及表格的填写是根据已计算出的工程量清单来完成的，具体价格计算过程如下：

1. 人工费、材料费与机械使用费计算

根据招标文件的工程量清单中各分部分项工程的工程量，参照建设工程清单及计价费用定额，计算分部分项工程完成时消耗的人工费、材料费和机械使用费。

2. 分部分项工程量清单价格费用的计算

根据招标文件或各地价格管理机构公布的价格信息中企业管理费取费和利润率标准，计算分部分项工程对应的综合单价、清单合价，以及工程量清单价格和清单价费用。其计算公式为：

综合单价＝规定计量单位的"人工费＋材料费＋机械使用费＋基数×（企业管理费＋利润率）＋风险费用"

分项工程清单合价＝综合单价×工程数量

分部工程清单合价＝Σ分项工程清单合价

分部分项工程清单价合计费用＝Σ分部工程清单合价

3. 措施项目清单价合计费用的计算

施工技术措施费用项目按综合单价法确定取费基数，计算出相应措施项目费并填入"措施项目清单计价表（一）"内。施工组织措施费按各省建设工程清单计价费用定额的规定进行计算，并填入"措施项目清单计价表（二）"内。

4. 其他项目清单价合计费用的计算

依照"清单项目计价指引"中相应项目名称，将其他项目清单价费用按招标文件以及规范规定将本项目综合单价计算出来。

5. 规费的计算

按招标文件或工程量清单计价规范中规费取费标准，将项目规费计算出来并填入表格。规费计算公式为：

规费＝［分部分项工程量清单计价合计费用＋措施项目清单计价合计费用＋其他项目清单计价合计费用］×规定费率

6. 税金的计算

按招标文件或工程量清单计价规范中税金税率标准，将项目税金计算出来并填入表格。税金计算公式为：

税金＝［分部分项工程量清单计价合计费用＋措施项目清单计价合计费用＋其他项目清单计价合计费用＋规费］×规定税率

7. 零星工作项目计价的计算

如果招标人预测有部分零星工作，则还需要将这部分工作内容，根据完成其工程量任务时因零星工作而消耗的人工费、材料费、机械使用费等计算出人工、材料和机械的综合单价与合价。

8. 工程量清单计价的工程费用计算

工程量清单计价的工程费用＝分部分项工程量清单计价合计费用＋措施项目清单计价合价费用＋其他项目清单计价合价费用＋规费＋税金

9. 各类费用计算及表格制作

将完成工程量清单工作中涉及的工程数量、消耗的人工费、材料费、机械费，以及工程涉及的管理费、利润和风险费等计算出来，并填入"分部分项工程量清单综合单价计价表"、"措施项目费计算表"中。

10. 工程量清单报价具体计算案例

【例5-2】将例5-1中相关工程量清单计价结果计算出来。

(1) 分部分项工程施工材料消耗量计算

【解】将例5-1中地面施工材料消耗量计算出来，根据结构施工厚度计算：

① 12mm 厚 1：2.5 水磨石磨光打蜡：$V = 0.012 \times 95.59 = 1.15 \text{ m}^3$

② 20mm 厚 1：3 水泥砂浆找平：$V = 0.02 \times 95.59 = 1.91 \text{ m}^3$

③ 60mm 厚 C15 混凝土垫层：$V = 0.06 \times 95.59 = 5.74 \text{ m}^3$

④ 150mm 厚 3：7 灰土垫层：$V = 0.15 \times 95.59 = 14.34 \text{ m}^3$

(2) 套用相关定额计算工程量清单计价综合价

【解】将上一步骤计算出的消耗量分别套用基础定额：

① 7-145 现浇水磨石地面：$3728.25 \times 1.15 \div 100 = 42.87$ 元

② 7-25 1：3 水泥砂浆找平层：$572.49 \times 1.91 \div 100 = 10.93$ 元

③ 7-23 60mm 厚 C15 混凝土垫层：$1609.48 \times 5.74 \div 10 = 923.84$ 元

④ 7-2 150mm 厚 3：7 灰土垫层：$462.86 \times 14.34 \div 10 = 663.74$ 元

(3) 计算该分部分项工程的合价与综合单价

【解】根据相应合价计算出综合合价与综合单价：

① 现浇水磨石地面综合合价：$3728.25 + 572.49 + 1609.48 + 462.86 = 6373.08$ 元

② 现浇水磨石地面综合单价：$6373.08 \div 95.59 = 66.67$ 元/m²

(4) 将计算结果分别填入清单计价表、计价汇总表和总价表中

分部分项工程工程量清单计价表（局部） 表5-4

序号	项目编码	项目名称	计量单位	工程数量	综合单价	合价
1	020101002001	现浇水磨石地面 12mm 厚 1：2.5 水磨石磨光打蜡 20mm 厚 1：3 水泥砂浆找平 60mm 厚 C15 混凝土垫层 150mm 厚 3：7 灰土垫层	m²	95.59	66.67	6373.08
	7-145	现浇水磨石地面	100m³	1.15	42.88	3728.25
	7-25	1：3 水泥砂浆找平层	100m³	1.91	10.93	572.49
	7-23	C15 混凝土垫层	10m³	5.74	922.84	1609.48
	7-2	3：7 灰土垫层	10m³	14.34	663.74	462.86

（三）工程量清单控制价（或投标报价）编制中相关表格填写

为便于读者对工程量清单计价中相关表格有客观的认识，编者将《建设工程工程量清单计价规范》GB 50500—2013 中相关表格的表头、表中内容列出，以完整地反映出某分部分项工程的清单控制价（或投标价）编制的内容。要求读者重点掌握表格中各要素的关系，以全面领会清单计价规范的内涵。具体的清单计价表格内容读者可以在第三章投标文件制作的案例部分中领会掌握。

1. 分部分项工程量清单计价表/工程量清单综合单价分析表

（1）分部分项工程量清单计价表

将利用图纸法或软件法计算得出的各分部分项工程工程量清单及综合单价、合价等填写到分部分项工程量清单计价表中，该表格式参见本章案例一表 5-5。

（2）分部分项工程工程量清单综合单价分析表

综合单价分析表中对分部分项工程量清单综合价的组成明细进行分析，尤其是对各项费用及其组成进行分析，将分析结果填入表中，该表格式参见本章案例一表 5-11。

2. 措施费项目清单计价表/措施项目费分析表

根据措施项目清单中的项目名称参照"清单项目计价指引"相应的内容填入"措施项目清单计价表（一）"，并将以工程量与综合单价为基础计算出的工程措施费填入措施项目清单计价表中，组织措施项目费用填入"措施项目清单计价表（二）"中。

（1）措施项目清单与计价表（一）、（二）

其中计价表（一）部分主要是施工过程中发生的管理措施方面的费用，如环境保护费、文明施工费、临时施工费等进行计算并填写，该表格式参见本章案例一表 5-6。

本部分内容主要包括计价表（二）主要对施工中的技术措施费用项目，如房建工程中的模板费、脚手架、垂直运输超高降效、施工排水和仿古建筑与园林绿化工程中的二次搬运费、大型机械设备进出场及安拆费等计算并填写，该表格式参见本章案例一表 5-7。

（2）措施项目分析表

措施项目费分析表主要是对投标人投标报价中措施费（一）和（二）两项内容中产生相关费用涉及的费用进行分析，该表格内容也成为评标专家对投标人投标报价合理性进行分析的依据。措施项目分析表格式参与本章案例中表 5-12。

3. 其他项目清单计价表

其他项目清单计价表主要包括项目实施过程中可能存在其他项目（如配套项目、临时增加的施工项目）有关材料购置等而设置的预留金、招标费用等，以及总包单位的管理服务费等项目费用。该表格式参见本章案例中表 5-8。

4. 零星工作项目计价表

零星工作项目计价表主要是对项目实施过程中可能出现的部分零星工作中消耗的人工、材料和机械设备费用作出分析，该部分内容是由投标人根据对工程项目地的考察而预先提出的部分零星工作费用。该表格式参见本章案例一表 5-9。

5. 规费和税金清单计价表

规费和税金清单计价表是对与施工有关的规费和税金按取费基数进行计价，规费包括工程排污费，职工的社会保障费、养老保险费、失业保险费、医疗保险费和住房公积金，现场人员的意外伤害保险等计算后填写，税金按规定取费即可。该表格式参见本章案例一表 5-10。

6. 单位工程造价汇总表/单项工程造价汇总表

将计算出的各分部分项工程量及清单价格汇总后，就组成了单位工程造价汇总表，该表格式参见本章案例一表 5-4。如果招标项目存在单项工程划分，还要将汇总结果填入单项工程造价汇总表，该表格式参见本章案例一表 5-30。

7. 工程项目招标控制价/投标报价总价表

招标文件中将所有招标项目的工程招标价格汇总起来就成为招标控制价，该价格成为公开招标时的招标标底。而投标人将其编制的投标价在投标报价汇总表中汇总后就成为投标人的投标报价。工程项目招标控制价总价表和工程项目投标报价总价表见表本章案例一表 5-2。

8. 编制说明、填写封面

根据《建设工程工程量清单计价规范》GB 50500—2013 中招标控制价与投标报价编制表格填写说明，由招标人填写招标文件工程量清单招标控制价（标底），或由投标人填写工程量投标报价表及投标总价封面和次封等内容。招标人和投标人在各自的招标控制价与投标报价文件编制说明中对采用条目、计算依据等进行说明。

最后，按计价规范要求填写控制价或投标报价封面后，装订成册就形成了工程量清单控制价或投标报价文件。

（四）建设工程工程量清单报价文件装订要求

根据《建设工程工程量清单计价规范》GB 50500—2013 要求，工程量清单招标控制价（或投标报价）应根据招标文件的有关要求和工程量清单进行编制，编制招标文件时应完成工程量清单所列项目的全部费用，清单报价与控制价（或投标报价）、投标人工程量清单报价表等内容。

工程量清单报价格式应随招标文件发至投标人，建设工程项目招标控制价（或投标报价）格式，要发至委托编制与审核的中介机构。根据上述要求，招标文件中招标控制价部分和投标文件商务卷的投标报价部分在装订时应包括下列内容：

（1）封面：控制价（标底）封面、投标报价封面；

（2）总说明；

（3）投标报价或控制价（标底）；

（4）工程项目总价表：包括工程项目控制价（标底）、工程项目投标总价表；

（5）单项工程造价汇总表；

（6）单位工程造价汇总表；

（7）分部分项工程量清单计价表；

（8）措施项目清单计价表；

（9）其他项目清单计价表；

（10）零星工作项目计价表；

（11）规费和税金清单计价表；

（12）分部分项工程量清单综合单价分析表；

（13）措施项目费分析表；

（14）主要材料价格表；

（15）需评审的材料表（仅投标用）；

（16）分部分项工程工程量清单综合单价计算表；

（17）措施项目费计算表（一）（仅投标用）；

（18）措施项目费计算表（二）（仅投标用）。

投标人在编制投标文件的商务标内容时，应根据招标文件要求，仔细研究施工图纸和项目地现状后，依据工程量清单和施工组织计划，完成商务标中相关内容的计算和编制，将编制好的投标文件商务卷装订成册。

此外，分部分项工程工程量清单综合单价分析（计算）表、措施项目费分析（计算）表，应根据招标人要求填写。

（五）市政与园林工程工程量清单控制价（投标报价）编制案例

编者以××市花城路道路工程的工程量清单控制价编制为案例，介绍市政与园林工程的相关造价知识。为了前文中商务标投标报价部分内容有所区别，案例采用该工程中的桥梁单位工程为主体，使读者重点掌握招标控制价与投标报价之间的细微差别。同时为节省篇幅将部分相同内容作省略处理。

根据《建设工程工程量清单计价规范》GB 50500—2013，工程造价文件由：封面、总说明、工程项目总价表、单项工程造价汇总表、单位工程造价汇总表、分部分项工程量清单计价表、措施项目清单计价表、其他项目清单计价表、零星工作项目计价表、规费和税金清单计价表、分部分项工程量清单综合单价分析表、措施项目分析表等内容组成。

【案例一】工程量清单控制价（投标报价）文件

1. 封面及次封（招标文件的招标控制价封面、工程量清单报价分别占一页）

××市花城路（花山—清流关）道路工程
工程量清单控制价

建设单位：××市琅琊管理委员会建设局

工程造价：（小写）＿＿＿＿＿177292691.07＿＿＿＿＿

（大写）壹亿柒仟柒佰贰拾玖万贰仟陆佰玖拾壹圆零柒分

工程造价
咨询单位：××求是工程建设造价师事务所有限公司（单位盖章）

法定代表人
或其授权人：＿＿＿＿＿＿（略）＿＿＿＿＿＿（签字盖章）

审核人：＿＿＿（略）＿＿＿（签字盖造价工程师执业专用章）

编制人：＿＿＿（略）＿＿＿（签字盖造价专业人员专用章）

编制时间：＿＿＿＿＿2012 年 12 月＿＿＿＿＿

（招标文件中控制价以下内容占一页）

花城路（花山—清流关）道路　工程

工程量清单报价表

招标人：_____（单位盖章）

法定代表人：_____（签字盖章）

审核人：_____（签字盖造价工程师执业专用章）

编制人：_____（签字盖造价专业人员专用章）

编制时间：_____

1. 封面（投标文件中商务卷的封面、投标总价次封面分别占一页）

投标文件的商务卷部分中的授权委托书、诚信投标承诺书、投标函等内容省略，这里仅列出封面、投标总价等内容。

花城路（花山—清流关）道路　工程

工程标号：gc2012xxxx—xx

投　标　文　件

（商务标）

投　标　人：_____××地矿建设集团有限公司_____（单位盖章）

投标人地址：_____（略）_____

法定代表人

或其授权人：_____（略）_____（签字盖章）

邮政编码：_____（略）_____

投标时间：_____（略）_____

（投标总价另占一页）

投 标 总 价

招 标 人：_____

工 程 名 称：_____

投 标 总 价（小写）：_____

　　　　　（大写）：_____

投 标 人：_____ （单位盖章）

法 定 代 表 人

或 其 授 权 人：_____ （签字盖章）

编 制 人：_____

编 制 时 间：_____

2. 编制总说明（占一页）

<table>
<tr><td colspan="2">总 价 表</td><td>案例一表 5-1</td></tr>
<tr><td>工程名称：</td><td></td><td>第 页共 页</td></tr>
</table>

一、工程概况

该工程为××市旅游区观光主干道，道路全长 11.40km，主要技术参数为：一级公路，计算车行速度为 60km/h；路面类型为沥青混凝土路面；路面结构设计标准轴线为 BZZ-100KN；交通饱和设计年限为 20 年，路面结构设计年限为 15 年。由土方工程、道路工程、桥梁工程、排水工程、照明工程、交通设施工程、绿化工程等组成。

1. 道路工程。横向断面结构为：10m 退让绿线＋4m 绿化带＋12m 车行道＋8m 中央分隔带＋12m 车行道＋4m 绿化带＋10m 退让绿线。路面结构设计：4cm AC-13F 细粒式沥青混凝土（改性 SBS 沥青）—乳化沥青黏层—6cm AC-20C 中粒式沥青混凝土—乳化沥青黏层—7cm AC-25C 粗粒式沥青混凝土—乳化沥青下封层、透层—18cm 水泥稳定碎石（含水泥 5％）—18cm 水泥稳定碎石（含水泥 5％）—18cm 低剂量水泥稳定碎石（含水泥 3％）。

2. 桥梁工程。共设计有 8 座桥梁，分别为正跨预应力结构混凝土桥和斜交预应力混凝土桥。桥面为 4cm AC-13F 细粒式沥青混凝土。

3. 排水工程。本工程辟水工程有雨水管道组成，污水管预留。雨水管排水主管采用 ϕ500mm×4000mm 钢筋混凝土承插管，雨水检查井为 1000mm×1000mm 砖砌圆井。

4. 照明工程。采用双排高单臂金属路灯，箱式变压器。

5. 绿化工程。道路中央分隔带和绿化带，采用中型乔木和球形灌木及色带绿篱。

二、招标范围

本招标工程为花城路（花山—城关）道路花山至清流关段工程，全长 5.4km。含土方、道路、排水、照明、交通标示和绿化工程共六个单位工程，具体范围按设计施工图纸。

三、清单编制依据

1.××市城乡建设规划设计院设计的施工图；

2.××市交通局委托××天禧工程造价咨询有限公司编制的《××市花城路道路工程施工招标文件》；

3. 工程量清单计价按照《建设工程工程量清单计价规范》（GB 50500—2013）等编制；

4. 施工单位投标报价时，应提供分部分项工程量清单综合单价计算表及措施项目计算表等文件。

四、工程应达到合格标准，工期按正常施工工期考虑

3. 工程项目控制价（标底）总价表

工程项目控制价（或投标报价）总价表一 案例一表 5-2

工程名称：花城路道路工程 第 1 页共 1 页

序号	单位工程名称	金额（元）	其中（元）		
			安全防护、文明施工费	规费	评标价
1	花城路道路工程土方工程	45454130.93	649333.49	1296999.48	43507797.96
2	花城路道路工程道路工程	69847719.10	142732.58	615246.38	69089740.14
3	花城路道路工程桥梁工程	12399339.87	59175.13	443928.76	11896235.98
4	花城路道路工程排水工程	1253229.52	24961.24	218833.49	1009434.79
5	花城路道路工程照明工程	88330.61	112.07	1542.99	86675.55
6	花城路道路工程交通工程	721498.49	3594.53	22185.18	695718.78
7	花城路道路工程绿化工程	25652232.02	72863.71	977557.72	24601810.59
8	花城路道路工程景观工程	3199795.56	9927.14	97978.17	3091890.25
9	花城路道路工程路灯安装工程	6676414.97	13828.08	172858.53	6489728.36
10	总承包服务费		—	—	—
11	预留金	12000000.00	—	—	—
12	材料购置费		—	—	—
	合　计	177292691.07			

4. 单位工程造价汇总表

单项工程造价汇总表 案例一表 5-3

工程名称：花城路道路工程 第 1 页共 1 页

序号	单位工程名称	金额（元）	其中（元）		
			安全防护、文明施工费	规费	评标价
1	花城路道路工程土方工程	45454130.93	649333.49	1296999.48	43507797.96
2	花城路道路工程道路工程	69847719.10	142732.58	615246.38	69089740.14
3	花城路道路工程桥梁工程	12399339.87	59175.13	443928.76	11896235.98
4	花城路道路工程排水工程	1253229.52	24961.24	218833.49	1009434.79
5	花城路道路工程照明工程	88330.61	112.07	1542.99	86675.55
6	花城路道路工程交通工程	721498.49	3594.53	22185.18	695718.78
7	花城路道路工程绿化工程	25652232.02	72863.71	977557.72	24601810.59
8	花城路道路工程景观工程	3199795.56	9927.14	97978.17	3091890.25
9	花城路道路工程路灯安装工程	6676414.97	13828.08	172858.53	6489728.36
	合　计	165292691.07			

5. 单位工程造价汇总表

本案例选用花城路道路工程中的一个单位工程（桥梁工程）为例，其他单位工程造价汇总表内容省略。

单位工程造价汇总表 　　　　　　　　　　　案例一表5-4

工程名称：花城路道路工程桥梁工程 　　　　　　　　第1页共1页

序号	项目名称	金额（元）
1	分部分项工程量清单计价合价	9297536.56
2	措施项目清单计价合价	1289410.34
3	其他项目清单计价合价	14428.34
4	规费	453322.10
5	人工费调整	887988.29
6	税金	456654.24
一	合　　计	12399339.87

6. 分部分项工程量清单计价表（桥梁工程局部表格内容）

本项目中各单位工程占用一个表格内容，本案例仅选用一个单位工程（桥梁工程）中相关分部分项工程量清单计价表内容，见案例一表5-5。其他单位工程的分部分项工程量清单计价表省略。

分部分项工程量清单计价表 　　　　　　　　　案例一表5-5

工程名称：花城路道路工程桥梁工程 　　　　　　　　第3页共7页

序号	项目编码	项目名称	项目特征	计量单位	工程数量	金额(元)		
						综合单价	合　价	其中人工费
……	……	……	……					
7	040301007001	机械成孔灌注桩	1. 桩径：φ1200 2. 深度：见设计图纸 3. 岩石类别：见设计图纸 4. 混凝土强度等级 C25 工作内容： 1. 工作平台搭拆 2. 成孔机机械竖拆 3. 护筒埋设 4. 泥浆制作 5. 钻、冲成孔 6. 余方弃置	m	840	1325.67	1113566.12	122315.22

序号	项目编码	项目名称	项目特征	计量单位	工程数量	综合单价	合价	其中人工费
						金额（元）		
8	040302001001	混凝土基础	1. 混凝土强度等级 C20 片石混凝土 2. 嵌料（毛石）比例：见图纸 3. 垫层厚度、材料、强度：见图纸 工作内容：1. 垫层铺筑 2. 毛石抛填、混凝土浇筑	m³	124.58	331.98	41358.12	1749.48
9	040302004001	墩（台）身	1. 部位：台身、侧墙 2. 混凝土强度等级：C20 片石混凝土 工作内容：1. 毛石抛填、混凝土浇筑 2. 养护	m³	429.520	331.98	142592.22	6031.75
10	040302004002	墩（台）身	1. 部位：墩柱 2. 混凝土强度等级：C30 混凝土 工作内容：1. 毛石抛填、混凝土浇筑 2. 养护	m³	43.960	419.85	18456.43	1461.27
……	……	……	……					
—	—	本页小计		—	—	—	1643245.10	154442.16

7. 措施项目清单计价表（一）、（二）

本项目中各单位工程占用一个表格内容，本案例仅选用一个单位工程（桥梁工程）中相关分部分项工程量清单计价表内容，见案例一表 5-6、表 5-7。其他单位工程的分部分项工程量清单计价表省略。

措施项目清单计价表（一）　　　　　　　　　案例一表 5-6

工程名称：花城路道路工程桥梁工程　　　　　　　第 1 页共 1 页

序号	项目名称	取费基数	费率（%）	金额（元）
1	环境保护费	1849222.92	0.350	6472.28
2	文明施工费	1849222.92	1.400	25889.12
3	安全施工费	1849222.92	1.800	33286.01
4	临时设施费	1849222.92	4.200	77667.36
5	夜间施工费	1849222.92		

序号	项目名称	取费基数	费率（%）	金额（元）
6	缩短工期措施费	1849222.92		
7	二次搬运费	1849222.92	0.500	9246.11
8	已完工程及设施增加费	1849222.92		
9	冬雨期施工增加费	1849222.92	1.500	27738.34
10	工程定位复测、工程点交、场地清理	1849222.92	0.600	11095.34
11	生产工具用具使用费	1849222.92	0.800	14793.78
12	其他施工组织措施费	1849222.92		
—	合　计			206188.34

措施项目清单计价表（二）　　　　　　　　　　　案例一表 5-7

工程名称：花城路道路工程桥梁工程　　　　　　　　第 1 页共 1 页

序号	项目名称	计量单位	工程数量	单价（元）	合价（元）	其中（元）人工费
1	混凝土、钢筋混凝土模板	项	1.00	498202.744	498202.744	173245.59
2	脚手架、平台、支架、万能构件、挂篮	项	1.00	29863.696	29863.696	5636.02
3	施工排水、降水	项	1.00	21297.024	21297.024	2560.00
4	围堰、筑岛	项	1.00	273223.890	273223.890	130874.00
5	现场施工围栏	项	1.00	20802.123	20802.123	1071.36
6	便道、便桥	项	1.00			
7	洞内施工通风、供水、供气、供电、照明及通信设施	项	1.00			
8	打拔工具桩、挡土板、支撑	项	1.00			
9	驳岸块石整理	项	1.00			
10	施工水、电接引费用	项	1.00	200000.000	200000.000	
11	大型机械设备进出场及安拆	项	1.00	60634.646	60634.646	1085.00
12	其他施工技术措施费	项	1.00			
—	合　计				1083222.00	314471.97

9. 其他项目清单计价表（桥梁工程）

本项目中各单位工程占用一个表格内容，本案例仅选用一个单位工程（桥梁工程）中相关分部分项工程量清单计价表内容，见案例一表5-8。其他单位工程的分部分项工程量清单计价表省略。

其他项目清单计价表　　　　　　　　　　　　**案例一表5-8**

工程名称：花城路道路工程桥梁工程　　　　　　　　　　第1页共1页

序号	项　目　名　称	金额（元）
1	招标人部分	
	招标代理费	65000.00
	清单控制价编制费	46000.00
	场地交易费	11000.00
	材料购置费	
2	投标人部分	
	材料试验费	14327.92
	总承包服务费	
	零星工作项目费	
	合　　计	136327.92

10. 零星工作项目计价表

本项目中各单位工程占用一个表格内容，本案例仅选用一个单位工程（桥梁工程）中相关分部分项工程量清单计价表内容，见案例一表5-9。其他单位工程的分部分项工程量清单计价表省略。

零星工作项目计价表　　　　　　　　　　　　**案例一表5-9**

工程名称：花城路道路工程桥梁工程　　　　　　　　　　第　页共　页

序号	名称	计量单位	数量	金额（元）	
				综合单价	合价
1	人　工				
1.1					
1.2					
—	小　计	—	—		—
2	材料				

序号	名称	计量单位	数量	金额（元）	
				综合单价	合价
2.1					
2.2					
—	小 计	—	—	—	
3	机 械				
3.1					
3.2					
—	小 计	—	—	—	
—	合 计	—	—	—	

11. 规费和税金计价表（桥梁工程）

本项目中各单位工程占用一个表格内容，本案例仅选用一个单位工程（桥梁工程）中相关分部分项工程量清单计价表内容，见案例一表 5-10。其他单位工程的分部分项工程量清单计价表省略。

规费和税金清单计价表　　　　　　　　　　　　案例一表 5-10

工程名称：花城路道路工程桥梁工程　　　　　　　　　　第 1 页共 1 页

序号	项目名称	取费基数	费率（%）	金额（元）
一	规 费	443928.76	100.000	443928.76
1	工程排污费			
2	社会保障费	325046.58	100.000	325046.58
(1)	养老保险费	928704.51	22.000	204314.99
(2)	失业保险费	928704.51	3.000	27861.14
(3)	医疗保险费	928704.51	10.000	92870.45
3	住房公积金	928704.51	12.000	111444.54
4	危险作业意外伤害保险	928704.51	0.800	7429.64
二	税 金	11781106.51	3.539	416933.36
三	合 计			860812.12

12. 分部分项工程量清单综合单价分析表（横向表格）

本项目中各单位工程占用一个表格内容，该部分内容一般仅在投标文件商务卷中使用。本案例仅选用一个单位工程（桥梁工程）中相关分部分项工程量清单计价表内容，见案例一表 5-11。其他单位工程的分部分项工程量清单计价表省略。

分部分项工程量清单综合单价分析表

案例一表 5-11

第 1 页 共 9 页

工程名称：××市花坡路（花山—清流关）道路工程　桥梁工程

序号	项目编码	项目名称	工程内容	定额编号	单位	综合单价组成						综合单价
						人工费	材料费	机械费	管理费	利润	风险费	
1	040101002001	挖沟槽土方	1. 土方开挖 2. 围护、支撑 3. 场内运输 4. 平整、夯实		m³	0.40		4.89	1.22	0.79		7.30
				1-243	1000m³	0.40		4.89	1.22	0.79		
2	040101003001	挖基坑土方	1. 土方开挖 2. 围护、支撑 3. 场内运输 4. 平整、夯实		m³	0.17		6.55	1.54	1.01		9.26
				1-194	1000m³	0.17		6.55	1.54	1.01		
……	……	……	……									
7	040301007001	机械成孔灌注桩	1. 工作平台搭拆 2. 成孔机械竖拆 3. 护筒埋设 4. 泥浆制作 5. 钻孔、冲成孔 6. 余方弃置 7. 灌注混凝土 8. 凿出桩头		m³	145.61	501.05	451.94	137.44	89.63		1325.67
				3-76	10m	15.30	0.23	11.65	6.20	4.04		
				3-99	10m	17.83	2.29	89.86	24.77	16.15		
				3-101	10m	51.24	2.89	287.72	77.96	50.84		
				3-213	10m³	49.51	487.56	41.29	20.88	13.62		
				……								
8	040302001001	混凝土基础	1. 垫层铺筑 2. 毛石抛填、混凝土浇筑 3. 养护		m³	14.04	312.60		3.23	2.11		331.98
				3-224	10m³	14.04	312.60		3.23	2.11		
……	……	……	……									

续表

序号	项目编码	项目名称	工程内容	定额编号	单位	综合单价组成						综合单价
						人工费	材料费	机械费	管理费	利润	风险费	
60	040701002031	非预应力钢筋	制作、安装		t	523.62	4204.55	670.34	274.61	179.09		5852.21
				7-12	t	523.62	4204.55	670.34	274.61	179.09		
61	040701002032	非预应力钢筋	制作、安装		t	238.86	4168.18	122.47	83.11	54.20		4666.82
				7-11	t	238.86	4168.18	122.47	83.11	54.20		
62	040701004001	后张法预应力钢筋	1. 钢丝束孔道制作、安装 2. 锚具制作、安装 3. 钢筋、钢丝束制作、张拉 4. 孔道压浆		t	886.62	8094.59	379.98	291.32	189.99		9842.49
				7-65	t	367.54	6248.73	232.14	137.93	89.95		
				D00007	套		232.29					
				7-74	100m	426.33	1355.41		98.06	63.95		
				7-75	10m³	92.75	258.16	147.84	55.34	36.09		
⋮	……	……	……									
74	040303002004	机械成孔灌注桩	1. 混凝土浇筑 2. 养护 3. 构件运输 4. 安装 5. 构件连接									549.76
				3-289	m³	61.94	339.81	90.20	34.99	22.82		
					10m³	48.72	328.44	25.93	17.17	11.20		
				3-396	10m³	7.63		38.30	10.56	6.89		
				3-334	10m³	5.60	11.37	25.97	7.26	4.74		
75	040701002033	非预应力钢筋	安装、制作		t	606.98	4125.27	61.02	153.64	100.20		5047.12
				7-8	t	606.98	4125.27	61.02	153.64	100.20		
⋮	……	……	……									

13. 措施项目费分析表

本项目中各单位工程占用一个表格内容,该部分内容一般仅在投标文件商务卷中使用。本案例仅选用一个单位工程(桥梁工程)中相关分部分项工程量清单计价表内容,见案例一表5-12。其他单位工程的分部分项工程量清单计价表省略。

措施项目费分析表 案例一表 5-12

工程名称:××市花城路(花山—清流关)道路工程桥梁工程 第 页共 页

| 序号 | 措施项目名称 | 单位 | 数量 | 金额(元) | | | | | | |
				人工费	材料费	机械使用费	管理费	利润	风险费	小计
1	混凝土模板	项	1.000	123245.59	229867.79	33373.94	36022.49	23492.93		446002.74
	桥涵护岸工程砖地模模板	10m²	107.730	8155.16	19972.45	61.59	1889.85	1232.51		
	桥涵护岸工程混凝土地模模板	10m²	103.680	13158.86	54220.14	4972.84	4170.29	2719.75		
	桥涵护岸工程实体式桥台模板	10m²	45.843	5360.39	8479.44	2286.78	1758.85	1147.08		
	桥涵护岸工程柱式墩台模板	10m²	17.584	3334.98	3704.57	1388.76	1086.46	708.56		
	桥涵护岸工程墩盖梁模板	10m²	30.557	4499.49	4246.69	2661.31	1646.98	1074.12		
	桥涵护岸工程台盖梁模板	10m²	108.240	17532.72	16654.66	10435.73	6432.74	4195.27		
	……									
2	脚手架、平台、支架、万能构件、挂件	项	1.000	5636.02	11924.68	841.53	1489.84	971.63		20863.70
	满堂式钢管支架	100m³	9.240	5207.48	10593.60	841.53	1391.27	907.35		
	……									
3	围堰、筑岛	项	1.000	120874.00	60790.40	6251.72	29238.91	19068.86		236223.89
	筑土围堰	100m	40.000	120874.00	60790.40	6251.72	29238.91	19068.86		
4	施工排水、降水	项	1.000	2560.00		8524.80	2549.50	1662.72		15297.02
	施工排除积水	m³	16000.000	2560.00		8524.80	2549.50	1662.72		
5	现场施工围栏	项	1.000	1071.36	9923.65		246.41	160.70		11402.12
	彩钢板施工围栏搭拆	100m	4.800	1071.36	9923.65		246.41	160.70		
6	便道、便桥	项	1.000							
…	……									

续表

序号	措施项目名称	单位	数量	金额（元）						
				人工费	材料费	机械使用费	管理费	利润	风险费	小计
10	施工水、电接引费用	项			200000.00					200000.00
	水电接引	处			200000.00					
11	大型机械设备进出场及安拆	项	1.000	1085.00	346.88	20642.84	4997.40	3259.18		30331.29
	短螺旋钻孔机进（退）场费	台次	1.000	155.00		2266.23	556.88	363.18		
	履带式起重机进（退）场费	台次	2.000	930.00	346.88	18376.61	4440.52	2895.99		
12	其他施工技术措施费	项	1.000							
一	合　计	—	—	254471.97	512853.40	69634.83	74544.55	48616.02		960120.77

14. 主要材料价格表

本项目中各单位工程占用一个表格内容，本案例仅选用一个单位工程（桥梁工程）中相关分部分项工程量清单计价表内容，见案例一表5-13。其他单位工程的分部分项工程量清单计价表省略。

主要材料价格表　　　　　　　　　　　案例一表 5-13

工程名称：花城路道路工程桥梁工程　　　　　　　　　　　第 2 页共 3 页

序号	材料编码	材料名称	规格、型号等特殊要求	单位	数量	单价（元）	合价（元）
1	081006	焊接钢管	DN50	kg	1446.0600	4.430	6406.05
……	……	……					
19	100800	商品混凝土 C25（泵送）		m³	1255.6664	321.96	404274.36
20	100804	商品混凝土 C40（泵送）		m³	312.3358	362.560	113240.47
21	100805	C40 钢纤维混凝土		m³	34.1040	720.000	24554.88
22	100809	商品混凝土 C50（泵送）		m³	138.8520	462.050	64156.57
23	100809	商品混凝土 C50（泵送）		m³	818.2524	462.050	378073.52
24	100817	商品混凝土 C30（泵送）		m³	903.2504	332.620	300439.13
……	……	……					
34	400518	钢绞线	φ15.2	t	29.9322	6004.670	179733.22

续表

序号	材料编码	材料名称	规格、型号等特殊要求	单位	数量	单价（元）	合价（元）
35	400522	R235φ10 钢筋		t	12.3369	4005.100	49410.52
36	400522	R235φ10 钢筋		t	35.0819	4005.100	140506.44
37	400522	R235φ10 钢筋		t	77.9219	4005.100	312084.92
38	400525	HRB335 钢筋 φ12		t	62.5040	4058.010	253641.86
39	400525	HRB335 钢筋 φ12		t	76.3100	4058.010	309666.74
40	400525	HRB335 钢筋 φ14		t	8.4583	3930.000	33241.20
41	400525	HRB335 钢筋 φ16		t	47.5935	3945.880	187798.32
……	……	……					
63	401193	钢筋混凝土排水管Ⅱ（承插）	DN1500	m	100.0000	845.000	84500.00
64	401193	钢筋混凝土排水管Ⅱ（承插）		m	96.5000	168.900	16298.85
65	401320	C20 混凝土预制块		m³	335.5490	760.000	255017.24
66	401323	机砖		千块	30.7031	337.140	10351.23
……	……	……					
95	407500	PVC 管	φ50	m	110.1600	6.900	760.10
96	407563	电焊条		kg	4661.1914	5.880	27407.81
97	407563	电焊条		kg	194.7295	5.880	1145.01
98	408039	草酸		kg	8.9111	3.680	32.7
……	……	……					
124	410634	其他材料费		元	0.1296	1.000	0.13
125	410635	其他材料费（调整）		元	42.6240	1.000	42.62
……	……	……					
133	D00014	花岗岩石材栏杆		m	184.7600	3000.000	554280.00
134	D00015	细粒式沥青混凝土（含摊铺）	AC-13F	m³	63.2832	1162.400	73560.39
135	D00016	中粒式沥青混凝土（含摊铺）	AC-20C	m³	79.1000	941.120	74442.59
136	100767	回程费占材料费		%	69.3750	1.000	69.38
137	900001	其他材料费占材料费		%	6353.5902	1.000	6353.59

15. 分部分项工程量清单单价计算表（横向排列）

该表内容过多，具体计算公式及计算过程限于篇幅而省略，该部分仅在投标人投标文件的商务标中使用。具体内容应根据招标人需要提出要求后填写。

分部分项工程工程量清单综合单价计算表　　　　　案例一表 5-14

工程名称：　　　　　　　　　　　　　　　　　　　　　　　　　计量单位：

项目编码：　　　　　　　　　　　　　　　　　　　　　　　　　工程数量：

项目名称：　　　　　　　　　　　　　　　　　　　　　　　　　综合单价：

序号	定额编号	工程内容	单位	数量	人工费	材料费	机械费	管理费	利润	风险费	小计
—	—	合　计	—	—							

16. 措施项目费计算表（横向排列）

该表中的计算表（一）的具体计算式及计算过程限于篇幅而省略，该部分仅在投标人投标文件的商务标中使用。具体内容应根据招标人需要提出要求后填写。

措施项目费计算表（一）　　　　　案例一表 5-15

工程名称：　　　　　　　　　　　　　　　　　　　　　　　　　计量单位：

项目编码：　　　　　　　　　　　　　　　　　　　　　　　　　工程数量：

项目名称：　　　　　　　　　　　　　　　　　　　　　　　　　综合单价：

序号	定额编号	工程内容	单位	数量	人工费	材料费	机械费	管理费	利润	风险费	小计
—	—	合　计	—	—							

该表中的计算表（二）为普通排列。

措施续费计算表（二）　　　　　案例一表 5-16

工程名称：　　　　　　　　　　　　　　　　　　　　　第　　页共　　页

序号	项目名称	单位	计　算　式	金额（元）
—	合　计	—	—	

17. 需评审的材料表

该部分内容仅投标时用，故在投标人投标文件的商务标中出现。

需评审的材料表　　　　　　　　　　　　　　　**案例一表 5-17**

工程名称：　　　　　　　　　　　　　　　　　　　　　第　页共　　页

序号	材料名称	规格、型号及特殊要求	单位	单价（元）	总用量

注："招标人材料购置费清单"上所列材料品种，不在此列。

思 考 题

1. 何为单项工程、单位工程、分部工程、分项工程？

2. 市政与园林工程项目概、预算概念？按工程项目不同设计阶段建设工程概、预算分为几种？

3. 建设工程预算费用由哪几项内容组成？

4. 按建设工程专业和费用性质可将定额分为几类？

5. 为什么说初步设计和施工图设计是建设工程概、预算编制的基础和核心？

6. 一般混凝土及钢筋混凝土工程的工程量计算的规则有哪些？

7. 简述园林建设工程的绿化工程工程量计算的规则。为什么在规则中还规定了对苗木与园林植物养护管理的具体要求？

8. 建设工程清单编制主要有几个步骤？其核心工作是什么？

9. 工程量清单计价中的措施费为什么由两张表组成？

10. 工程量清单计价中综合单价是如何计算出来的？试以案例说明其计算过程。

第六章 市政与园林工程施工阶段项目管理

【本章主要内容】

1. 建设工程项目管理的基础知识。

2. 施工现场管理中施工项目的质量、成本、进度和安全管理相关文件编制的原则和方法。

3. 工地施工管理的三控制（施工进度、施工质量和施工成本）、一管理（合同管理）中相关计划的制订与应用。

【本章教学难点与实践内容】

1. 市政与园林建设工程项目施工组织方案的编制方法，难点是单位（单项）工程及其分部工程的施工组织方案进度计划关键工作、关键工序的确定，施工进度计划中"横道图"进度计划的确定及工期计划调整。

2. 质量控制计划中要求正确理解与市政与园林工程项目有关的各专业工程，及工程施工与质量验收规范控制中的主控项目、一般项目，并了解质量检测与控制方法，以及分部工程验收评定标准。

3. 实践课内容：在熟悉建设工程施工图纸的基础上，通过确定各分部分项工程工作内容的顺序和交叉关系，利用定额计算完成该工程所消耗的施工工时、材料和机械设备数量、施工过程的计划工期，并利用关键工序指导调整工期，达到工期控制的目的。

第一节 工程施工阶段项目管理概述

一、工程施工阶段项目管理基本概念

1. 项目承包

受发包人的委托，按照合同约定，对工程项目的策划、勘察、设计、采购、施工、试运行等实行全过程或分阶段承包的活动，简称为承包。

2. 项目分包

承包人将其承包合同中约定工作的一部分发包给具有相应资质的企业承担，简称为分包，在建筑工程中这种分包多属于专项工程的分包。

3. 业主代表

项目建设单位派驻工地现场的项目负责人，一般由工程项目机构法人或其委托人担任。业主代表行使建设单位的项目管理责任，对工程项目负有全部责任。

4. 项目经理

经项目承包企业法定代表人授权委托，在承建工程项目上行使项目管理的代理人，是在现代工程项目管理中实行项目经理负责制的特定代表。

5. 总监理工程师

项目监理单位依据合同约定派驻到承建工程现场，行使项目管理监理职责的工程师。建设工程项目管理中总监理工程师对其管理的工程质量负有终身责任，是监理单位驻工地的代表。

6. 项目经理部

由项目经理在企业法定代表人授权和职能部门的支持下，按照合同约定和企业相关规定组建的，进行项目管理的组织机构，它具有一次性和授权组建的特性。根据项目管理的具体内容，项目经理部主要以工程项目的进度管理、质量管理、安全管理和成本管理为主要管理任务。

7. 项目监理部

依据《监理管理条例》，根据合同约定由监理单位组建并派驻工地现场进行工程施工监理的组织机构。其工作权限具体按合同约定和业主委托而定，由总监理工程师、专业监理工程师和监理员三级成员组成。

8. 工地例会

在工程施工阶段，针对施工管理中发现的问题分析原因、提出对策和方案而召开的工地管理会议，分为定期例会和不定期专项例会等形式。一般有项目监理部召开的每周例会、项目经理部的每日例会和业主代表召开的专项会议等类型。

二、工程施工阶段项目管理基本知识

工程施工阶段的项目管理范围包括，承包单位项目部在项目施工过程中对施工过程相关的内外部环境、施工过程消耗的人员、设备、材料的管理，以及项目部、监理部等责任方对工程项目、施工单元和工作界面的适当划分与分解。通过项目管理范围的划分与分解，保证每个工作单元均有明确的工作内容和责任者，并使各工作界面内工作内容的交接清晰明了，从而有利于管理者对项目进展进行全面地考核评估，对项目施工过程进行科学的管理。

本阶段的项目管理分别来自承包公司层和项目执行层两方面，产生的管理文件也是两级层次的。

1. 项目管理规划

项目管理规划是指导项目管理的纲领性文件，通过规划确定项目管理的目标、依据、内容、组织、资源、方法、程序和控制措施。一般项目管理规划包括项目管理规划大纲和项目管理实施规划两大类。

在市政与园林工程的项目管理中，项目管理规划由两部分文件组成，一部分是由项目经理部制定的文件，包括项目管理规划大纲、施工组织设计、单位（单项）工程施工专项组织设计、分部分项工程施工方案、特殊工程施工专项施工方案等；另一部分是由业主或其指定的监理方制定的文件，包括监理规划大纲、监理实施细则、监理旁站方案等。

2. 项目管理组织

项目管理组织是实施或参与项目管理工作，且有明确的职责、权限和相互关系的人员及设施的集合，包括项目发包人、承包人、分包人和其他有关单位为完成项目管理目标而建立的管理组织。施工阶段的项目管理组织包括项目经理部、项目监理部、业主代表办公室和设计单位代表办公室等。

项目经理部是承包人按合同约定设置的项目管理机构，承担项目的管理任务和实现目标的全部责任。项目经理部由项目经理全权负责，并接受承包人职能部门的指导、监督、检查、服务和考核，项目经理对项目资源的合理使用和动态管理负责。根据合同约定，项目部及项目经理接受项目业主及其委托的监理人的合同管理和约束。项目经理部的组织架构根据项目的规模、结构、复杂程度、专业特点、人员素质和工程特性确定。

项目监理部是监理单位按合同约定组建的项目管理机构，受业主的委托、依据授权在工地现场监督承包人按国家施工规范和设计要求进行科学施工，并对工程项目目标任务的完成负责。

施工现场业主代表办公室、设计单位现场代表办公室等也属于施工阶段项目的管理机构，其主体是业主代表和设计工程师代表。他们根据合同约定和发包人及设计单位法定代表人授权对工地实施各自权限范围内的管理。

3. 项目管理主体

项目经理部是项目施工管理的主体。项目经理部在项目启动前建立，并在项目竣工验收、审计完成后或按合同约定解体。

项目建设单位驻工地代表办公室是建设单位对项目进行管理的责任主体，一般派驻工地现场的业主代表由其负责人及各部门工程师组成。工地代表对发包人或项目建设单位法人负责。

项目监理部是根据监理合同约定由监理人派驻工地现场进行项目管理的第三方责任主体，根据合同约定，发包人对监理人的管理范围进行授权，监理工程师依照授权对项目进行专业管理。同时，监理人也受到国家相关法律、法规的约束，其监理活动受项目所在地政府质量监督管理站、施工安全监督管理站等职能机构的监督管理。

4. 项目管理规划大纲

项目管理规划大纲是指导项目管理工作的纲领性文件之一，对项目管理的目标、依据、内容、组织、资源、方法、管理程序和措施等进行确定，项目管理规划大纲由项目组织的管理层或其委托的项目管理单位进行编制。

根据项目管理主体不同，项目管理规划大纲编制的管理程序和方法、措施也有所不同。项目承包人编制的项目管理规划大纲负责在宏观上对其所承包的工程项目管理作出规划，提出项目管理的目标、资源配置方案和实现管理目标的措施。其编制重点是工程施工中的人员配备、材料购置与供应、重要施工机械的调配、项目管理中内部与外部关系的协调等方案的提出。业主编制的项目管理大纲则对驻地代表办公室的工作内容进行界定，并对其在项目管理过程中与外部环境的协调、大型设备的购置和运输等提出具体方案。监理人编制的监理规划大纲属于监理单位编制的项目管理规划大纲，它对监理部组织机构、监理工程师职责等进行了界定。

项目管理规划大纲可以根据项目管理需要确定，但一般包括以下内容：①项目概况；②项目管理范围规划；③项目管理目标规划；④项目管理组织规划；⑤项目成本管理规划；⑥项目进度管理规划；⑦项目质量管理规划；⑧项目职业健康安全与环境管理规划；⑨项目采购与资源管理规划；⑩项目信息管理规划；⑪项目沟通管理规划；⑫项目风险管理规划；⑬项目收尾管理规划。

5. 项目管理实施规划

项目管理实施规划是指导项目经理部进行项目管理工作的文件，由项目经理部组织编写、报送施工企业技术负责人审核，并报送监理工程师审查，通过审查后方能实施。除了大中型项目应单独编制项目管理实施规划外，承包人的项目管理实施规划也可以用施工组织设计代替，但其应能满足项目经理部对项目管理实施规划的要求。监理部总监理工程师编制的监理规划也需经由监理单位技术总负责人审核通过，并报送业主或业主驻地代表。

项目管理实施规划应包括以下内容：①项目概况；②总体工作计划；③组织方案；④技术方案；⑤进度方案；⑥质量计划；⑦职业健康安全与环境管理计划；⑧成本计划；⑨资源需求计划；⑩风险管理计划；⑪信息管理计划；⑫项目沟通管理计划；⑬项目收尾管理计划；⑭项目现场平面布置图；⑮项目目标控制措施；⑯技术经济指标。

6. 施工组织设计

一般在小型工程项目中，项目管理规划大纲与项目管理实施规划简化为项目施工组织设计，由承包单位技术负责人或项目经理编制。施工组织设计根据施工现场条件、施工图要求，以及现场的具体施工安排，对施工过程中的单位工程、分部工程等进行协调安排，并对人力、材料和机械设备进场计划等进行科学合理地安排。施工组织设计的编制必须有针对性，根据规范和图纸要求将设计师的设想变成工程现状。施工组织设计一经总监理工程师审核批准，施工过程必须严格按施工组织设计进行。

7. 专项施工方案

专项施工方案是由项目部技术负责人根据设计和规范要求，对于施工环节中具有安全风险、施工质量控制中可能会影响工程安全或使用功能的特殊施工节点，编制的专项施工组织设计。如对于超过一定规模的危险性较大的分部分项工程，即对超过 5m 深的深基坑开挖与支护、混凝土构件模板支撑高度超过 8m 或跨径超过 18m 或施工总荷载大于 15kN/m^2 或集中线荷载大于 20kN/m 的模板支撑系统等必须制订专项施工方案，且需经过专家论证会通过后方可实施。起重重量在 100kN 及以上的起重吊装工程、搭设高度 50m 及以上的落地钢管脚手架工程、拆除和爆破工程以及采用新技术、新工艺、新材料、新设备及尚无相关技术标准的危险性较大的分部分项工程等均需要编制专项施工方案，并经专家论证会议通过方可实施。

第二节　市政与园林工程施工阶段的项目管理文件及其编写

根据《建设工程项目管理规范》GB/T 50326—2006 的要求，项目管理规划大纲由项目管理组织中的承包单位管理层或其委托的其他有资质的组织负责编制。项目经理部负责编制项目管理规划，以及施工组织设计等文件。如果项目比较简单，项目管理大纲和规划可以放在施工组织设计的相关章节内。监理人负责编制监理大纲，项目监理部负责编制监理实施细则、旁站监理方案等监理文件。

一、项目管理规划大纲及其编写

项目管理规划大纲是投标人（承包人）对于项目管理的总体构想或项目管理的宏观方案，由项目管理主体或委托有资质的项目管理机构编写，是项目投标和签订施工合同的指导性文件，也是项目经理部或监理部项目管理工作的指导性文件，具有战略性、全局性和宏观性的特点。管理规划大纲一般明确了项目管理的目标、模式、组织架构和各级管理者的权利、责任和义务，也明确了项目管理的内容和相关资源使用计划。项目管理规划大纲编制完成后要报企业法人审核，并上报有关部门审批。

项目管理规划大纲的编写应该与招标文件的要求一致，为编制投标文件提供资料和签订合同提供依据。项目管理规划大纲编写的依据主要包括：建设项目可行性研究报告，项目设计文件，涉及的相关法律、法规，相关规范和标准，招标文件，建设工程施工（或监理）合同范本等内容。

项目管理规划大纲的编写应包括以下内容：

1. 项目概况

项目概况应包括项目的功能、投资、设计、环境、建设要求、实施条件（合同条件、现场条件、法律法规、资源条件）等内容，在编写项目管理规划大纲时，不同的项目管理者可根据各自的管理要求确定具体内容。

2. 项目范围规划

在编写项目范围规划时，应该对项目的实施范围和最终交付工程的范围进行描述。

3. 项目目标管理规划

项目目标管理规划中应明确项目的质量、成本、进度和职业健康安全的总目标，并对目标进行分解。目标管理规划也成为投标人的承诺，以及中标后合同的谈判与签订、工程施工过程中对于项目经理部（或监理部）的目标考核指标。

4. 项目组织管理规划

项目组织管理规划应包括项目的组织形式、组织架构，项目经理部（或监理部）及其他职能部门主要成员的人选，拟建立的项目管理规章制度等。投标人一般会在项目管理组织规划中向招标人确认项目经理人选（或总监理工程师人选）。

5. 项目成本管理规划

项目成本管理规划应建立健全项目成本管理体系，明确成本管理中企业部门和项目经理部之间的业务分工和职责关系，把管理目标分解到各项技术工作和管理工作中，即项目组织管理层负责项目的成本管理决策，并确定项目的合同价格、成本计划和成本目标。项目经理部负责项目成本的管理，实施成本控制，实现项目管理目标责任书中的成本目标。

成本管理规划应该包括管理依据、管理程序、管理计划、实施方案、控制和协调方法等内容。

6. 项目进度管理规划

项目管理组织应按招标文件中关于项目工期的总要求，建立项目进度管理制度，制定进度管理目标，根据项目实施特点、专业、阶段或实施周期对进度目标进行分解。还应提出项目控制性进度计划，包括项目总进度计划、分阶段进度计划、子项目进度计划和单体进度计划，按时间周期提出年（季）度计划。

项目进度管理规划应包括管理依据、程序，进度管理的控制和协调方案等内容。

7. 项目质量管理规划

项目质量管理规划应建立质量管理体系，设立专职管理部门或委派专职质检员。质量管理规划应满足发包人及其他相关方，以及建设工程技术标准和产品的质量要求。

在项目质量管理规划中，应通过对相关人员、机具、设备、材料、施工方法、环境等要素的管理，实现过程、产品和服务的质量目标。

8. 项目职业健康安全与环境管理规划

在项目职业健康安全管理规划中，责任主体应根据风险预防要求和项目的特点，制订项目的职业健康安全生产技术方案。根据《建设工程安全生产管理条例》和《职业健康安全管理体系》的标准要求，建立企业针对项目特点的职业健康安全管理体系。

责任主体应建立并持续改进环境管理体系，根据批准的建设项目环境影响报告，通过对环境因素的识别和评估，确定项目的环境管理目标及主要指标。

9. 项目采购与资源管理规划

在项目采购与资源管理规划中，承包人应成立采购和资源供应部门，制定采购管理制度、工作程序和采购供应计划，以满足项目施工过程中对材料与设备、人员等的需求。

项目采购规划及其细则应符合有关合同、设计文件所规定的数量和技术要求、质量标准。在项目采购规划中应根据项目合同、设计文件、项目管理实施规划和有关采购管理制度编制采购计划。

10. 项目合同管理规划

项目合同管理包括发包方与承包方之间的合同管理、承包方与分包方之间的合同管理，以及发包方与设备供应方、承包方与材料供应商或设备供应商的合同管理。管理工作的重点是检查分包合同是否违背主合同的相关内容，对权益人是否有损害等。

11. 项目信息管理规划

在项目信息管理规划中，要明确项目信息管理体系的构建，明确信息管理的总体思路、内容框架和信息采集、流通的方案等。

12. 项目沟通管理规划

在项目沟通管理规划中，要明确项目沟通过程中相关管理组织和部门的权利、责任和义务，各管理组织及个人进行信息沟通、关系协调的方案。

13. 项目风险管理规划

在项目风险管理规划中，要根据项目特点、外部环境等因素，对可能出现的重大风险因素的风险程度进行预测、评估，制订风险控制规划方案。

14. 项目收尾管理规划

项目的收尾管理规划主要是对项目收尾过程中，有关项目的竣工验收、工程结算、决算，工程项目的维修保养等管理制订的规划方案。

二、项目管理实施规划及其编写

项目管理实施规划是投标人获得项目的中标通知书后，由项目经理部经理（或总监理工程师）根据承包合同的要求，编制的项目管理文件。

项目管理实施规划应以项目管理规划大纲的总体构想和决策意图为指导，具体规定各项管理业务的目标要求、职责分工和管理方法，把履行合同和落实项目管理目标责任书的任务，贯彻在项目管理实施规划中，使其成为项目管理人员的行为指南。

项目管理实施规划是承包人组建项目经理部（或项目监理部）后，项目经理（或总监理工程师）进驻工地现场，在充分了解项目管理各方的要求、工地内外部条件，对建设单位提供的施工图纸进行充分研究后，依据相关法律、法规以及项目管理规划大纲的要求，由项目部经理或总监理工程师编写的项目管理文件。项目管理实施规划属于项目管理中具体实施方法的管理文件，其主要内容的编制应考虑到各单位（或分部）工程具体工作内容的规划和施工先后顺序问题，其编制过程应力求各工程内容施工的统一协调性。

1. 项目管理实施规划编制的依据

项目管理实施规划的编制依据包括：与施工过程有关的法律、法规，施工规范、施工图纸等；承包人编制的项目管理规划大纲；项目管理目标责任书和施工合同。其中项目管理规划大纲最为重要，两者之间要保证内容的一致性和连贯性。

2. 项目管理实施规划的主要内容

（1）项目概况

项目概况在项目管理规划大纲的基础上，应该根据项目实施的需求作进一步细化。在项目管理实施规划中，要明确指出工程项目的工程特点、工程实施中的难点和特殊情况，对工程建设地点内外部环境状况、交通现状、水电资源及与外部联系情况、施工条件等因素作出说明，并明确项目经理部或监理部项目管理的任务和要求。

（2）项目总体工作计划

在项目管理实施规划中，要明确将项目管理的目标、实施时间和阶段性施工时间具体化，在总体工作计划中根据工程项目特点明确施工顺序，对整个施工过程作阶段性划分并对施工各阶段各类资源的投入计划作出明确安排。在实施规划中明确施工方法和施工机械的选择与安排，明确施工过程中具体的技术线路、组织路线和实施过程的管理路径。如明确对单项工程（或单位工程）的施工时间安排、各分部分项工程施工的技术线路或流程、施工期间对资源的分配及进场安排计划等，目的是最大限度地确保项目按总体进度计划顺利实施。

根据施工阶段性安排和施工顺序，明确施工中相关资源的需求计划，包括劳动力、主要材料和周转材料、机械设备、预制品和特殊材料与设备、施工中的大型设备的需求计划等。

（3）项目组织方案

编制者在项目实施规划中需列出项目内容的结构图，明确项目之间施工资源的需求及分配。通过组织项目结构图、组织结构图、合同结构图、编码结构图、工作流程图、项目经理部任务分工表、职能分工表及相应说明等图表，明确项目管理过程中的组织架构和流程以及责任主体的责、权、利关系。

（4）技术方案

技术方案主要是技术性或专业性工作内容的实施方案，编制中应辅助以构造图、流程图和表格等形式，便于操作中进行技术交底和检查。例如，在房建或仿古建筑工程项目管理实施规划中对于深基坑、塔吊和人货垂直运输电梯、大体积混凝土浇筑、大型仿古建筑木架构、大体积钢构架工程施工就必须另行编制专项技术方案。对于工程项目中涉及新技术、新设备、新材料、新工艺的施工也需要编制专项方案。

（5）进度计划

项目管理实施规划应编制出能反映工程施工过程中各分部工程施工工艺关系和组织关系的计划、可反映时间顺序的计划、反映相应进程的资源（劳动力、材料、机械设备和大型工具等）需用量计划以及相应的说明。

（6）质量计划

项目管理实施规划要依据合同中对项目的质量要求，依据《建筑工程施工质量验收统一标准》GB 50300—2013、各专业工程施工与验收规范等要求，明确质量目标和为实现质量目标而制订的隐蔽验收、各分部分项工程验收批、分部验收和单位工程（或单项工程）验收中的质量控制流程、报验计划等。

（7）造价控制计划

项目造价控制计划主要是根据项目工程量及变更来控制或管理项目的造价计划，使项目实施期间对各类资源的使用与招标文件中的工程量清单尽可能保持一致。对于因设计变更导致的工程量变化、零星工作而增加的工程量变化，在项目管理实施规划的造价总控制计划中以不超过合同控制价为目的。

（8）职业健康安全与环境管理计划

明确职业健康安全与环境管理的目标，工程施工中对相关部位的安全、人员安全培训教育、大型机械施工、通道口安全设施防护设备、用电设备安全设置和检查等作出详细计划。

（9）成本计划

根据项目管理大纲中的成本管理目标，实施规划中应明确计算出各分部工程施工中可能消耗的各类资源的使用量，并制订出成本管理计划。通过制订具体的资源使用量计划和计量控制，根据实际使用量与计划量之间的对比、分析和调整，达到成本动态控制目的。这种计划措施包括劳动力使用中的倒班制度、机械使用周期和维修周期、材料购置进场时的现场计量等。

（10）资源需求计划

根据工程总体施工计划和进度计划，制订出资源需求计划。该计划包括劳动力需求计划、主要材料和周转材料需求计划、机械设备需求计划、大型预制件的订货和需求计划等。在编制资源需求计划前，项目经理应与公司材料采购部门、资金管理部门和供应单位协商，项目经理编制的资源需求计划也应提交企业材料供应部门。

（11）与项目管理大纲配套的其他计划

为保持与管理大纲的一致性，还需要编制风险管理计划、信息管理计划、项目沟通管理计划和项目收尾管理计划，这些计划都需要按相应章节的条文及说明编制。为了满足项目实施的需求，上述内容在编制时应尽量细化，尽可能利用图表表示。

（12）项目现场平面布置图

项目现场平面布置图应按施工总平面图和单位工程施工平面图设计和布置的要求进行编制，施工现场平面布置布局需符合国家有关标准。

（13）项目目标控制措施

项目管理目标控制措施应针对目标需要进行制定，具体包括技术措施、经济措施、组织措施及合同措施。

（14）技术经济指标

技术经济指标应根据项目的特点选定有代表性的指标，且应突出实施难点和对策，以满足分析评价和持续改进的需要。

三、项目施工组织设计的编写

项目经理部组建并进驻工地后，项目经理应立即组织项目部技术负责人等学习贯彻项目合同、项目管理规划大纲、项目管理实施规划等文件，并根据工地现场实际情况，编写项目施工组织设计、部分专项技术方案等项目部管理文件。

施工组织设计是项目部根据施工工程特点、工地施工条件等因素，编制的工程项目施工管理文件，因而具有很强的针对性。项目实施过程中，所有施工环节都是在设计图纸、相关施工规范的指导下，严格执行经审核同意的施工组织设计中相关分部的施工，以确保项目施工工期、质量和职业健康安全等事宜。

（一）施工组织设计编制的准备工作

1. 施工组织设计的编制依据

施工组织设计编制的主要依据是：项目承包合同文件、项目管理规划大纲、项目管理实施规划、建设单位移交的施工设计图纸、相关施工规范等文件。

项目经理部技术负责人在充分了解施工中有关工期的时间节点、图纸供应情况与设计变更和现场计量变更等规定，施工物资与设备供应时间、方式及进场计划，以及明确各专业劳务分包队伍进场的时间、数量的前提下，才能根据施工项目的特点和项目管理实施规划中相关施工顺序、工作面划分、工序安排等技术方案，编制出符合实际的施工组织计划。制订合理的分部工程、单项工程或单位工程的施工工作面、工序安排、物资供应、施工班组人员调配等方案，并根据实际情况制定出合理的施工组织措施、技术措施和管理措施。

2. 现场调查

项目部经理、技术负责人在进驻施工现场后，要对工地现场及周围的环境情况等进行调查，核对设计文件中标注的建筑物位置，收集施工工程现场周围的地形、地貌、水文资料，红线范围内既有房屋、通信及电力设备、地下管网、坟地及其他建筑物等的情况。在市政道路、公路等项目中还要查看施工现场沿途交通道口、水塘等的布局情况，以便提出合理的地面建筑物拆迁方案和构筑物改建计划，供建设单位参考。如果存在大型施工设备、项目生产设备的供应和进场时，还要考虑大型设备及预制件的运输通道等问题，以确保施工现场道路的畅通，机械与材料、电力设备的合理堆放，职工生活设施和管理用房等设施的有效安置。

3. 其他准备工作

为使项目部编制的施工组织设计具有针对性，项目施工科学合理，在编制施工组织设计时还要注意以下几点：

（1）必须对施工相关的技术经济条件进行广泛的调查研究，积极征求相关单位意见，请建设单位组织施工设计交底，同时在编制前由项目部技术负责人对项目部成员和分包单位负责人进行施工项目相关技术交底。在交底例会上请建设单位、设计单位和监理单位进行工程建设条件介绍和设计交底。

（2）当建设项目存在总包和分包情况时，由项目部负责编制施工总设计或者分阶段施工组织设计，分包单位在项目部的总体部署下，负责编制其分包范围内的施工组织设计，并报请项目部技术负责人审核。对于特殊部位、重大且有风险的施工应编制专项施工方案。

（3）对于采用新技术、新工艺、新材料和新设备的施工内容也要编制专门的施工方案，必要时组织行业专家进行论证。

（二）施工组织设计的编制

通过对施工图纸和施工合同、工程量清单等文件的研究，依照分部分项工程施工的工序确定各分部分项工程的施工顺序和施工方案，利用工程量清单及建筑工程消耗量定额、装饰工程消耗量定额、园林绿化及仿古建筑工程消耗量定额、市政工程消耗量定额等相关规范和定额文件，计算并确定施工期间有关资源的需求量、供应计划，计算并优化施工工期及方案等。最后根据施工图纸设计出施工总平面图，从而完成施工组织设计的编制。

1. 分部分项工程工程量的计算

根据项目招标文件工程量清单，或依据施工图纸进行相关分部分项工程的工程量计算，以工程量为依据，参考相关工程消耗量定额、企业内部定额和承包商类似工程施工管理经验，确定完成该工程所需要的劳动力、材料与设备、机械台班等数量。分部分项工程量可以参考项目招标文件中的工程量清单，但是为了更真实地反映施工现场情况，项目经理部可以根据工程实际情况，以及工程中的单位工程、分部工程的执行情况自行计算各阶段施工的工程量，以确保施工工序的合理组织。

2. 确定施工方案

如果在项目管理实施规划中，或施工组织总设计中有了明确的施工顺序或原则，则施工组织设计就是将实施规划或总施工组织设计中的规划方案具体化。否则就应该仔细研究施工过程中各主要分部、分项工程的施工方法和机械的选择，从而准确地确定出整个单位工程的施工策略。各分部分项工程施工中有关作业面划分、施工顺序和流水段划分也要在施工方案中得到体现。

在施工方案中，对各分项工程工作内容的质量控制点、验收方式等都需要作出明确计划，以指导施工过程中的质量控制。质量控制严格按各专业施工与验收规范和建筑工程质量验收统一标准要求，制订出分部分项工程验收的具体方案。质量控制应对分部工程、单项工程（或单位工程）的验收流程、竣工验收流程等作出具体规划。

有关职业健康与安全、环境保护施工方案也要针对工程项目现场存在的安全及环境保护施工方案进行具体的规划，预测职业健康与安全隐患存在点并提出预案。对于施工中可能会产生的污染、扰民等情况作出预判，根据项目管理实施规划中的目标和要求提出具体的措施。

3. 确定施工工期，优化方案形成施工进度计划

根据流水作业的原理，按照施工工期的要求、现场工作面状况、大型工程机具对施工中分层分段的影响因素，合理组织流水工作段和面，并确定劳动力、机械台班的具体需要量、各工作的持续时间等因素，确定施工中的关键工作、关键工序等，从而编制出合理的施工网络计划（或相对简单的横道图计划）。

4. 确定各种资源的需求量并制订供应计划

根据分部分项工程量及工程消耗量定额，可以计算并确定完成各分部分项工程的劳动力需要量，同时根据材料消耗量计算并确定相应的材料和加工预制品的主要种类和数量、消耗的机械台班等数据。

根据施工过程各阶段的劳动力、材料和机械需求量的动态变化图，在实际施工过程中，绘制出调整或优化后的每日或每周实际劳动力、材料和机械需求量变化图，两图间若存在峰值出现的时间差或出现过大的峰值等情况，就意味着实际进度及资源消耗与计划的进度及消耗量之间存在偏差。此时，项目经理就需要对进度计划作适当的调整与修改，通过调整劳动力、材料和机械等资源的供应来达到调整施工进度的目的。

5. 设计施工平面图

施工平面图一般在施工图的基础上，依据施工方案规划出合理的材料堆放及仓库区、合理的塔吊等机械设备的布置位置，以使场地和机械发挥最大效益。同时，要使材料的进场、加工和制成品的保护等合理化，使施工期间各生产要素在空间、时间上合理配置，各作业互不干扰，保证施工进度控制、质量控制和职业健康与安全生产得到落实。

（三）施工组织设计的主要内容

施工组织设计的内容要与项目管理实施规划的内容保持一致，其中部分具体化的内容必须与工地实际情况一致。所以，工程概况部分首先就要详细介绍本工程的特点、施工中的难点、外部环境状况对施工环节的影响等内容，然后根据施工进度、质量方案等进行施工组织设计的编制。

施工组织设计的内容必须根据不同施工工程的特点和要求，依据工地现场和施工条件，从实际出发确定各种生产要素的基本组合方式。生产要素在时间和空间关系上的安排，必须根据承包商的自身条件和工程的特点来确定。

项目经理部编制的施工组织设计主要由以下内容组成：

（1）封面（独立占一页）；

（2）施工组织设计编制依据及说明；

（3）工程概况；

（4）施工现场总体部署；

（5）施工准备项目管理组织机构；

（6）施工准备与资源配置；

（7）施工平面布置与管理；

（8）工程放线与测量；

（9）主要分部分项工程施工方法；

（10）塔吊、幕墙、深基坑开挖及支护专项方案，脚手架、大型设备安装等专项施工方案。对于该部分特殊或分包的专项工程，根据施工图实际情况可以在总施工组织设计中中以专门章节形式表述，也可以编制为独立的专项施工方案；

（11）施工工期计划与工期保证措施；

（12）施工质量保证措施；

（13）职业健康及安全文明施工保证措施；

（14）建筑节能施工方案，对于多单项工程及其他大型工程项目需要编制独立的节能施工专项方案；

（15）竣工交付使用后的回访工作；

（16）附各种资源需要量及其供应计划。

承包商施工的最终目的是遵守国家相关法律、法规及规范，按合同约定的工期，优质、低成本地完成所承包的建设工程，保证项目按期投产和交付使用。因此，在施工组织设计的基本内容中，施工方案、施工质量控制、职业健康与安全文明施工、工期进度计划等内容是施工组织设计的关键内容，也是决定其他项目管理内容的基础。分部分项工程施工进度计划是整个工程项目能否顺利施工、按期完工的根本，是完成其他所有内容的保证。另外，施工过程涉及的各种资源配置及供给、施工现场的平面布置也是施工方案编制与执行、施工进度得以实现的前提和保证。

第三节　市政与园林工程项目管理文件编制示例

本节内容主要以案例的形式，介绍市政与园林工程项目管理过程中的项目管理规划大纲、项目管理实施规划及施工组织设计等文件的编制。本节选用的案例都是编者在工程项目管理实践中编制或收集修改后产生的，它们分别从监理人及总监理工程师、承包人及项目经理部经理的角度反映了各自的工程项目管理实践经验。读者可以作为领会项目管理主要内容的学习资料，也可以作为今后编制市政与园林工程以及建筑工程项目管理文件时的参考资料。

一、项目管理规划大纲

项目管理规划大纲的案例采用的是监理人在某安置小区工程投标文件中编写的该项目管理规划大纲，该大纲是监理人拟派驻工地的总监理工程师根据招标文件和招标人提供的施工图纸，结合现场勘察后编制形成的。为节省篇幅，编者对部分内容作了删减。

【案例一】项目管理规划大纲——监理规划大纲

菱溪苑安置小区工程监理规划大纲

一、项目概况

（一）工程项目的各项参数

工程名称：菱溪苑安置小区三期工程

工程地点：××市世纪大道南侧与菱溪路西侧区域

建设单位：××市琅琊投资发展有限公司

勘察单位：××市地质勘察院

设计单位：××市城乡建设规划设计院

承建单位：××龙海建工集团有限公司

监理单位：××项目管理有限公司

审计单位：××市诚信工程咨询有限公司

工程投资：约 2.7 亿元人民币

工程工期：600 天

工程质量等级：合格

（二）工程概况

本工程建筑主要有地下车库、人防地下车库，以及十幢住宅楼和商业管理用房、幼儿园等。项目的总建筑面积为 135742.36m²，其中人防工程建筑面积为 3796.93m²、地下车库建筑面积为 25553.96m²。

住宅楼均为地下一层、地上 18 层建筑，建筑物高度为 55.7m，商业用房为地上两层建筑、高度为 7.8m，幼儿园为地上三层建筑、高度为 9.9m，人防工程为地下一层、地下车库为地下一层。所有建筑均为桩基十筏板基础、框架一剪力墙结构。

二、监理工作范围

根据招标文件和双方当事人签订的监理合同，本项目监理工作范围为本项目施工阶段的监理服务工作，即从监理部入驻工地现场后的本项目施工阶段的所有施工项目。包括从施工场地的前期准备开始，到本工程收尾期间的所有工作。

三、监理工作项目管理目标

本项目在工程实施过程中，承包方与发包方签订的施工合同中规定的施工质量为"合格"标准，合同工期为 600 日历天。针对上述合同约定，监理工作主要围绕质量标准和合同工程的顺利完成展开工作。本监理工作项目管理规划大纲中承诺：

1. 质量管理目标及其分解

本工程所有单位工程均达到"合格"标准，为实现此总目标要求在监理工作中对所有单位工程的分部分项工程施工管理按照合格标准进行管理，依照《建筑工程施工质量验收统一标准》GB 50300—2013、相关专业工程施工与验收规范中的所有主控项目和一般项目达标的要求进行。为达到工程项目质量标准，监理工作中特将质量管理目标分解到分部、分项工程及其检验批验收中去，从施工的最基本单元——工序即开始进行质量监控。各分级质量控制中的质量管理要求为：

（1）检验批：做到质量检查验收时所有检验批质量验收中的主控项目全部合格，一般项目检查点合格率在抽样检验中合格，在采用计数抽样检查时一次合格率和二次合格率符合 GB 50300—2013 和各专业工程施工与验收规范的规定。

（2）分项工程：质量验收时所含检验批质量均验收合格，所含检验批的质量验收记录应完整。

（3）分部工程：质量验收时所含的分项工程的质量均应验收合格，其质量控制资料应完整，有关安全、节能、环境保护和主要使用功能的抽检结果应符合相应规定。

2. 成本管理目标及其分解

根据施工承包合同中合同总价款，施工单位制定的项目管理规划中的成本管理目标不能超过合同目标。本监理规划大纲中的目标管理将严格围绕合同价款的目标，督促承包方严格管理，从分包合同及其管理、材料的进场时间周期、材料等施工资源的合理使用，以及工期管理等方面入手，控制项目成本不超出合同价款的 5%。

3. 进度管理目标及其分解

根据合同中总的合同工期，监理部进场后要根据施工现场作业环境等条件，监督承包人划分合理的作业点，通过多个单位工程同时开工的模式以确保工期完成。就本工程而言，重点是在完成桩基施工后，及时进行深基坑开挖、深基础施工的任务，以便能使后期施工具备工作面。因此，项目进度管理中的基坑开挖、施工、验收等是项目进度管理中的重中之重。全面督促并做好监理服务工作，确保工期总目标和重要分部工程施工工期进度目标的实现。

4. 职业健康与安全施工管理目标

根据项目合同管理目标和国家职业健康与安全管理规范，本项目职业健康与安全管理的总目标是"零伤亡"，安全指标达到国家规范标准。为实现本目标，项目管理中做到对于深基坑作业点外围围挡防护、塔吊与人货电梯作业、职工生活设施及食堂卫生等关键点作为管理的重点。要求施工项目部设置安全科，且安全员人数配备不能少于规范标准，监理部设置专职或兼职安全监理工程师负责该项工作，督促项目部安全员等履行自己的职责。

四、监理人项目管理组织监理规划

根据本项目的建设规模、工程特点，以及监理人项目管理的方式，本项目管理的组织结构形式拟采用垂直管理模式。在管理期间根据工程的进展情况，对监理成员可以作适当的补充和调整。该组织规划的方式具体如图案例一图 6-1 所示。

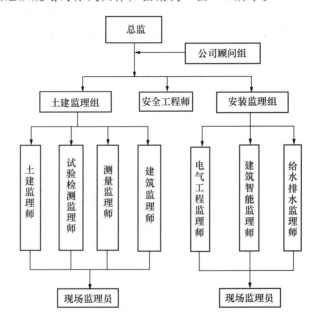

案例一图 6-1　监理机构组织架构图

工程监理机构组织采用三级负责制，监理人根据合同约定将委派有经验、负责任的国家注册监理工程师担任项目总监，项目监理部由项目总监理工程师（总监代表）负责，二级组织分别由土建专业监理组、设备安装监理组和安全监理工程师组成，各监理组分别由相关专业监理工程师组成，即土建监理组由土建、检验、建筑工程师组成，安装监理组由电气专业监理工程师、给水排水专业监理工程师和智能工程监理工程师组成。三级组织由材料见证取样员及现场监理员等人员组成。

监理人委派的总监理工程师为×××（国家注册监理工程师）、结构监理工程师××（工程师）并兼任项目总监代表、土建监理工程师×××、水电施工监理工程师××（工程师）、测量工程师等人员根据工程施工进展进驻工地，以保证项目施工的顺利实施。

五、施工质量管理监理规划

1. 施工质量目标分解

菱溪苑三期建设工程施工项目质量总目标为合格，项目监理工作中关于质量控制的总目标也为合格标准。

为达到菱溪苑三期建设工程合格质量标准，监理部在施工监理过程中特将施工总项目分解为不同的单位工程，各单位工程的质量目标均为合格；根据各单位工程工作内容将单位工程同时分解到地基与基础、主体结构、建筑装饰装修、建筑屋面、建筑给水排水及采暖、建筑电气、智能建筑、节能共 8 大分部工程，每个分部工程的质量要达到合格；每个分部工程要分解到各自的分项工程，每个分项工程的每个检验批工程质量要达到合格。

2. 各分解目标的质量控制点

分解质量控制点的目的是指为了保证作业过程中质量而确定的重点控制对象、关键部位和薄弱环节，监理工程师在日常监理工作中抓好对分解的各质量控制点的检查和质量监督，是监理工程师进行质量控制工作的重要内容。在质量监督控制中，监理工程师对于影响工程施工质量的五个因素，即：施工原材料、施工机械、施工人员、施工工艺及施工环境做实时监督，把好监理关。为此，要求监理部成员在现场监理中重点做好工程的全面质量控制，对这五大要素要实行全面的、全过程的管理。

3. 质量目标的组织、技术、经济和合同控制措施

监理人要求监理项目部为完成施工项目的质量控制目标，针对施工过程不同阶段的特点，在施工质量管理的事前、事中和事后三个阶段采取相应的组织措施、技术措施、经济措施和合同措施。

（1）施工准备阶段质量预控措施

通过组建现场监理机构，完善工作条件，监理人将依据监理合同约定，组建本工程现场监理机构，根据招标文件要求配置监理人员，对监理人员进行必要的岗前培训。建立监理工作规章制度，要求所有监理人员进场后首先熟悉工程文件，检查施工条件。根据合同要求及时编制监理实施规划、细则以及其他监理计划文件，协助发包方按时完成设计交底和图纸会审工作，总监理工程师应对设计技术交底会议纪要签字确认。

审查承包单位的施工组织设计，审查承包单位的质量管理、技术管理和质量保证体系，确保工程项目施工时的质量，审核分包单位资格。

验收施工控制测量成果，在业主提供的基准控制点的基础上，报批控制网或加密控制网布设与地形图测绘的施测方案，并派出测量监理工程师对测量的全过程进行旁站监督。

审查工程开工报告，具备开工条件时总监理工程师报请业主同意，及时签发"开工令"。召开第一次工地会议，确定例会事项。

（2）原材料、构配件及设备质量控制

专业监理工程师应对承包单位报送的拟进场工程材料、构配件和设备的报审表及其质量证明资料进行审核。对于本工程中使用的各类原材料、构配件等实行严格的见证取样检测制度，只有检查合格的原材料、构配件才能用于工程施工。

（3）工程验收质量控制

专业监理工程师要对承包单位报送的分项工程质量验评资料在 24 小时内完成审核，并予以签字确认。总监理工程师应及时组织监理人员对承包单位报送的分部工程和单位工程质量验评资料进行审核和现场检查，符合要求后予以签字确认。及时组织验收，完成交工环节。

（4）严格按合同管理要求，实行质量一票否决制合同是工程管理的依据，工程合同条款中写入的质量保证内容，使工程师在管理上始终处于主动、积极的地位。在管理上运用质量问题与计量支付相挂钩的手段来强化对承包人的质量管理。每月结算工程款时，必须先通过质量认证，实行质量一票否决制。

六、施工进度管理监理规划

按合同约定时间，及时督促承包人开工，建立项目进度管理及施工进度控制制度。在满足工程项目建设总进度计划要求的基础上，监理部要根据项目特点、施工工艺等，制订项目施工进度计划，并对其执行情况加以动态控制。每周对施工进度计划进行考核，将计划工期与项目施工的实际进度进行比较，分析动态进度变化并找出影响进度的因素，督促项目部做好进度控制管理工作，确保工程项目按期竣工交付使用。

在进度计划编制方面，监理部应重视项目的特点和施工进度控制的需要，编制对施工进度具有一定控制性和操作性的项目施工进度计划，监理部编制的施工进度计划可按不同周期进行编制、并进行施工进度计划的控制，如年度、季度、月度和旬的计划等。

监理工程师通过重点审核进度计划是否符合施工合同中开、竣工日期，项目实际施工进度计划与合同工期和监理部阶段性目标的响应性与符合性来检查施工单位的施工进度。

在具体的施工进度监理中，要求监理工程师对项目施工计划施工方案中的关键路线安排和关键工程的施工进度计划监控作为监理工程师进度控制的要点。监理工程师在检查项目部编制的进度计划中，要对项目经理部编制进度计划中相关分部工程或施工作业点的施工工序的合理性、工期计划是否已进行了优化、进度安排是否合理进行审查，对为保证施工工期计划而确定的劳动力、材料与构配件、设备及施工机具、水、电等生产要素供应计划是否能保证施工进度计划的需要，且供应是否均衡等内容进行审查。

专业监理工程师应依据施工合同有关条款、设计施工图纸资料，以及经过批准的施工组织设计中有关施工进度控制方案，对进度目标进行风险分析，制定防范性对策，经总监理工程师审定后报送建设单位。

专业监理工程师通过现场检查和记录实际进度完成情况对工程进度进行控制，根据施工进度计划，定期召开工地例会来协调施工进度，及时发现、解决影响工程进度的干扰因素，促进施工项目的顺利实施。

1. 工程进度目标的分解、预先控制措施和全面控制措施

（1）工程进度控制目标及分解

根据进度控制的总目标，将项目工程进度目标分解为单位工程进度目标，将单位工程进度目标分解为分部工程或子分部工程进度目标。同时还要将分部工程项目的施工进度控制目标按季度、月、旬进行分解，并用网络图或横道图表示出来，这样有利于监理工程师对各承包单位进度的控制和监督。

（2）进度目标控制措施

通过对承包人工期目标的组织、技术、经济和合同控制措施等实现进度目标的控制，达到项目按期完成并交付使用的总体目标。

（3）进度目标的全面控制

通过对项目实施进度进行事前控制、事中控制，督促承包人按合同技术条款规定的内容和时限，用网络图形式编制施工总进度计划。施工总进度计划中要求说明施工方法、施工场地、道路利用的时间和范围、临时工程和辅助设施的利用计划以及机械需用计划、主要材料需求计划、劳动力计划、财务资金计划等，并督促承包人根据本工程特点和难点，对总进度计划进行合理分解，以保证其可操作性。在单项工程开工前，督促承包人根据施工措施计划、施工方案，报送施工进度计划；随工程项目进展，督促定期（月、旬）报送施工进度计划。

以控制性总进度计划为依据，对施工进度计划报告进行查阅和审议。并在合同规定的时限内，以合同规定的程序与方式，对承包人报送的施工进度计划提出明确的审批意见。

督促承包人依据承建合同规定的合同总工期目标、阶段性工期控制目标和报经批准的施工进度计划，合理安排施工进展，确保施工资源投入，做好施工组织与准备，做到按章作业、均衡施工、文明施工，避免出现突击抢工而赶工的局面。

编制单位工程施工形象进度图，将工程实际进展（包括工程量和时间）形象表示，对进度偏离情况及时进行对比检查和控制，从而对施工现状及未来进度动向加以分析和预测，使工程的形象进度满足控制性总进度计划的要求。总监理工程师要将批准的施工总进度计划作为合同进度计划和控制本合同工程进度的依据，并找出关键路线及阶段性控制点，作为进度控制的工作重点。

由于承包人的责任或原因使施工进度严重拖延，致使工程进展可能影响到合同工期目标的按期实现，或业主为提前实现合同工期目标而要求承包人加快施工进度，监理机构将根据工程承建合同文件规定发出要求承包人加快工程进展或加速施工的指令，督促承包人作出调整安排，编报赶工措施报告，报送监理机构批准，并督促其执行。

督促承包人按工程承建合同规定的期限，递交当月、当季的施工进度报告。

2. 进度控制的手段

为做好施工进度的事前控制，监理工程师将按照国家颁布的《建设工程监理规范》要求，做好审批承包单位报送的施工总进度计划，施工的年、季、月度施工进度计划。在施工期间，专业监理工程师对施工进度计划的实施情况进行检查、分析，当发现实际进度符合计划进度时，通知承包单位编制下一期进度计划。当发现实际进度滞后于计划进度时，专业监理工程师书面通知承包单位分析进度落后原因，采取纠偏措施并监督实施整改措施。

总监理工程师提供召开工地每周的例会，对工地施工进度进行专题分析和检查。例会中召集现场各参建单位参加会议，对每周已完成工程及下周实施工程进行检查和现场进度协调，通过例会协调总包单位不能解决的内外关系。当实际进度与计划进度出现偏差时，要求施工单位采取组织措施、其他配套措施如改善外部配合条件、劳动条件，实施强有力的调度等。督促承包商调整相应的施工计划、材料设备供应、资金供应计划等，在新的条件下组织新的协调和平衡。

运用合同措施是控制工程进度的理性手段，总监理工程师按照《建设工程监理规范》的规定，有权签发《工程暂时停工指令》。当承包商提出工程延期要求，经审查要求符合施工合同文件的规定时，现场项目监理机构予以受理并作出是否延长工期的决定。监理工程师除了监督承包人的施工进度外，还应及时要求业主落实按合同规定应由业主提供的施工条件，如施工图纸、技术资料、施工征地等内容，以保证给施工提供良好的外围环境。

七、项目成本管理监理规划

投资控制是发包人、监理人在整个工程项目管理中的主要控制项目，监理工程师必须坚持以"承包合同为依据，工序工程为基础，施工质量为保证，量测核定为手段"的支付原则，严格按合同支付结算程序，协助业主控制资金使用。

根据菱溪苑三期招标文件中工程施工控制价目标，《建设工程监理规范》中关于工程量确认和费用支付的约定，监理人要坚持施工进度完成工程量达到合同规定的工程量后，只对工程中验收合格的分部工程、单位工程的工程量进行计量及签证制度。协助专业造价控制部门做好项目的工程量计量、工程阶段性计价等任务，在施工现场对于工程造价的控制主要通过相关专业工程师对工程量的确认完成。

根据招标文件，本工程在桩基及基础施工完成、结构主体完成（可以按施工总体部署，相应数个单位工程捆绑作为一批次的工程实施计价）、建筑装饰与设备安装、室外附属工程施工等几个阶段完成并验收合格后，才能成为该工程项目成本中的进度款支付节点。

本工程项目成本管理的总目标是"不超过合同中投资总控制价的5%"，为达到本目标监理单位对其工作范围内，监理单位的各阶段的成本管理分解为：①桩基及基础阶段，严格按工程量清单计价中的综合合价为本阶段的管理目标；②结构主体施工及验收阶段，其成本造价严格控制在工程量清单计价的综合合价基础上，成本控制价不得超过总价款的0.5%；③建筑装饰与设备安装阶段，其成本造价严格控制在工程量清单计价中综合合价的基础上，成本增加值不得超过总价款的1.5%；④户外附属工程施工阶段，其成本价控制在该部分工程清单计价中综合合价的基础上，其成本增加值不得超过总价款的4%。

八、项目职业健康安全与环境管理监理规划

项目实施过程中的职业健康安全是管理工作的重点，生产必须安全、安全才能生产，让每一位工程项目参与者"高高兴兴上班来，安安全全回家去"是项目管理的终极目标。为此，监理人及驻场地的监理工程师应当按照法律、法规和工程建设强制性标准实施安全管理。监理工程师应当审查承包人施工组织设计中的安全技术措施或专项施工方案是否符合工程建设强制性标准，如发现存在安全事故隐患时，应当要求施工单位整改；情况严重的，应当要求施工单位暂时停止施工，并及时报告建设单位。施工单位拒不整改或不停止施工的，工程监理单位应当及时向有关主管部门报告。

监理人员应该明确各自的监理责任，协助发包人监督好承包人的职业健康安全各项工作，针对本工程项目特征，本公司根据招标文件要求将配备各类专业的监理工程师。监理工程师按《工程建设监理规范》GB/T 50319—2013和《建设工程监理范围和规模标准规定》的职责要求，对监理人员职责作如下规定：

1. 总监理工程师的职责

（1）对所监理工程项目的安全监理工作全面负责；

（2）确定项目监理部的安全监理人员，明确其工作职责；

（3）主持编写监理规划中的安全监理方案，审批安全监理实施细则；

（4）审核并签发有关安全监理的《监理通知》和安全监理专题报告；

（5）审批施工组织设计和专项施工方案，组织审查和批准施工单位提出的安全技术措施及工程项目生产安全事故应急预案；

（6）审批《起重机械拆装报审表》和《起重机械验收核查表》；

（7）签署《安全防护、文明施工措施费用支付审批表》；

（8）签发《工程暂停令》，必要时向有关部门报告；

（9）检查安全监理工作的落实情况。

2. 专职安全监理人员的职责

（1）编写安全监理方案和安全监理实施细则；

（2）审查施工单位的营业执照、企业资质和安全生产许可证；

（3）审查施工单位安全生产管理的组织机构，查验安全生产管理人员的安全生产考核合格证书、各级管理人员和特种作业人员上岗资格证书；

（4）审核施工组织设计中的安全技术措施和专项施工方案；

（5）核查施工单位安全培训教育记录和安全技术措施的交底情况；

（6）检查施工单位制定的安全生产责任制度、安全检查制度和事故报告制度的执行情况；

（7）核查施工起重机械拆除、安装和验收手续，签署相应表格；检查定期检测情况；

（8）核查中小型机械设备的进场验收手续，签署相应表格；

（9）对施工现场进行安全巡视检查，填写监理日记；发现问题及时向专业监理工程师通报，并向总监理工程师或总监代表报告；

（10）主持召开安全生产专题监理会议；

（11）起草并经总监授权签发有关安全监理的《监理通知》；

（12）编写监理月报中的安全监理工作内容。

3. 本工程安全监理人员配备及分工

总监理工程师全面负责监理机构安全监理工作，专业安全监理工程师负责监理机构日常安全监理工作，专业监理工程师负责本专业的安全监理工作，监理员负责日常安全监理的巡视、旁站及安全监理信息记录。

4. 环境管理监理规划

本项目环境管理的目标是杜绝现场施工中非清洁垃圾外运，材料运输车辆进出施工现场时保持车辆清洁卫生，要求施工主道路硬化。严格执行××市渣土车管理有关规定和特殊时段禁止生产的规定。

九、项目合同管理监理规划

根据合同赋予监理人的有关权限，由监理部总监理工程师签发工程开工令、暂停令等。但是，暂停令的签发应征得发包人的同意或事后经发包人同意，应根据暂停工程的影响范围和影响程度，按照施工合同和委托监理合同中的专项约定签发。总监理工程师在签发工程暂停令时，应根据停工原因的影响范围和影响程度，确定工程项目停工范围。总监理工程师在签发工程暂停令之前，应就有关工期和费用等事宜与承包单位进行协商。

对于施工过程中发生的工程变更，监理部应按程序处理工程变更。设计单位对原设计存在的缺陷提出的工程变更，应编制设计变更文件；建设单位或承包单位提出的工程变更，应提交总监理工程师，由总监理工程师组织专业监理工程师审查。审查同意后，应由建设单位转交原设计单位编制设计变更文件。当工程变更涉及安全、环保等内容时，应按规定经有关部门审定。

项目监理机构在工程变更的质量、费用和工期方面取得建设单位授权后，总监理工程师应按施工合同规定与承包单位进行协商，经协商达成一致后，总监理工程师应将协商结果向建设单位通报，并由建设单位与承包单位在变更文件上签字。在总监理工程师签发工程变更单之前，承包单位不得实施工程变更。未经总监理工程师审查同意而实施的工程变更，项目监理机构不得予以计量。

十、项目信息管理监理规划

为解决合同实施过程中有关各方的责、权、利关系，以便更好地进行施工项目管理的"三控制"，促进工程施工合同的全面履行，进一步促进工程信息传递、反馈、处理的标准化、规范化、程序化和数据化，并确保工程档案的完整、准确、系统和有效利用，制定工程资料管理办法，建立计算机信息管理辅助系统十分重要。

监理人拟通过以下方法加强项目的信息管理：

(1) 组织项目基本情况信息的收集，实现计算机信息管理；

(2) 项目报告及各种资料的格式、内容、数据结构要求规范化；

(3) 保证信息系统正常运行；

(4) 监理机构配备资料员，负责具体的文件管理工作。

根据《建设工程文件归档整理规范》GB/T 50328—2014 中的规定要求，建立监理案卷并进行分类存放管理、保管，以便于跟踪检查。

十一、项目沟通管理监理规划

监理人规定监理部通过工地例会、专门会议等形式与工地管理各方进行沟通，所有会议都必须形成会议纪要，会议纪要文件交参会各方会签。

当监理人认为会议或交谈不方便或不需要，或需要精确地表达监理人的意见时，应通过监理工作联系单形式书面协调。必要时可以用监理备忘录形式将重要事情以备忘录作书面说明。

当监理人调整有关监理部人员组成，尤其是进行总监理工程师调整时，应取得发包人同意并以监理人法人委托文件的形式重新向管理机构和发包人备案后才能更换。其他诸如合同内容变更等需要监理人协调的项目沟通管理事宜，应该由监理人解决并通知项目监理部总监理工程师。

项目施工阶段监理部的协调工作主要包括：①进度问题的协调；②质量问题的协调；③对承包商违约行为的处理；④合同争议的协调；⑤对分包单位的管理；⑥与设计单位的协调等。

十二、项目风险管理监理规划

通过对招标文件、施工图纸和现场的研究，监理人认为本工程中的预应力管桩、深基坑开挖等方面存在安全管理风险。在基础工程大体积混凝土浇筑中存在混凝土供应、浇筑工艺等各种潜在的质量风险。在主体结构施工时，高层建筑的垂直度控制中的放线及控制、楼柱位置偏移等均成为质量控制的难点和重点。在本建筑节能施工中玻化微珠保温浆料这种节能新材料的施工方法、工艺、质量控制等应该引起足够的重视，否则容易引起保温浆料在后期使用中脱落的质量风险。房屋工程中屋顶渗漏、室外墙面渗漏、卫生间楼地面的渗漏、门窗的渗漏、上下水及设备管道渗漏问题，一直是长期困扰着建筑业多年的工程质量通病，严重时将影响到房屋工程的基本使用功能。该工程施工中也存在质量风险。

此外，在塔吊作业和人货电梯的垂直运输中施工场地外围的高压输电线路距离较近、人货电梯司机的专业培训等情况，都是本工程施工过程中的重大安全风险点。

所以要求监理部在施工期间的监理工作中对上述风险点的监理工作作重点安排，为此监理单位制定详细的风险管理规划非常必要，规划中要求监理工程师在本项目风险管理中，根据建设工程监理规范、施工合同通用条款和监理合同的要求，对工地现场所有重大风险点的监理工作作详细安排，并安排安全专业监理工程师负责安全事宜，对重大风险点的施工进行旁站监理，并做好每天的旁站监理日志。

对于上述管理工作的各类风险点，要求由项目监理部编制具体的监理实施细则，项目经理部编制专项施工方案。

十三、项目收尾管理监理规划

单位工程竣工验收前，监理工程师组织施工和建设单位，采用检测设备，进行分室验收。验收中主要检查墙面、地面和顶棚面层质量，门窗安装质量，防水工程质量，房屋的空间尺寸，给水、排水系统安装质量，室内电气工程安装质量等，使每一间房屋使用功能都能得到充分的保证。

在本工程项目竣工验收前，监理部积极协助发包人对相关资料、现场管理状况做好验收前的准备工作。协助发包人适时进行防雷、消防、电梯、规划等验收工作，督促承包人做好预验收前的各项准备工作。

工程竣工验收后，积极协助发包人、承包人的进行工程结算、结算工作。并督促承包人进入工程的后期维护、保养工作。

二、项目管理实施规划

项目管理实施规划由项目经理部（或项目监理部）进驻工地现场后，项目部或监理部负责人（或技术负责人）在充分研究合同、项目管理规划大纲、施工图纸以及现场施工条件后，分别编制项目管理文件。一般项目管理实施规划文件是项目管理规划大纲文件的具体化，项目部编制的项目管理实施规划经承包人技术负责人审核并签署后，要报请监理部总监理工程师审核、批准后才能使用。

该部分内容中仍然选用编者在工作实践中编制的"菱溪苑三期工程监理实施规划"为范本，使读者重点理解如何将监理人编制的规划大纲内容具体化到项目管理实施规划中。

【案例二】项目管理实施规划

××市菱溪苑三期工程监理实施规划

一、工程概况
（一）工程的各项参数以及现场状况表述
1. 工程的各项参数
（因与监理规划大纲内容相同，此处省略）
2. 工程概况
（因与监理规划大纲内容相同，此处省略）

（二）工程特点、实施难点、监理工作重点

1. 工程特点

本工程项目主体结构为框架剪力墙结构，存在深基坑开挖和地下室大体积混凝土浇筑，主要建筑物负一层为地下自行车库、负二层为机动车车库。工程施工中的主体结构工程钢筋混凝土使用量大，为保证塔吊等作业效率，施工承包单位根据塔吊作业半径，采用优化后的塔吊使用方式。建筑物均属高层建筑，在施工作业中存在大量垂直作业的情况，项目管理中文明与安全施工显得非常重要。

根据施工现场平面图布置，整个作业现场拟分为三个作业区域，每个区域都分别由不同的施工分包劳务队伍进驻施工。为保证施工场地原材料入场，要求承包单位设立专人负责原材料进场时的计量与堆放管理。施工中采用商品混凝土，搅拌站距离施工地点较远，如何保证混凝土的质量和运输，以及进入施工现场后机械的调度管理等成为施工进度、混凝土浇筑质量保证措施的重点。为此，要求项目部在施工现场管理中对主要场地施工通道必须按标准化工地管理方案，对主要道路进行硬化处理。而且在建筑物外为道路平整好场地，供混凝土泵送车的固定作业。在地下车库、地下人防掩蔽部顶层混凝土浇筑、养护达到强度标准后，混凝土泵送车作业区、混凝土罐车通道及外围的室内脚手架支撑区必须保留。

此外，本工程各单位工程施工涉及土建、安装、给水排水、电气、通风与空调等分部工程的施工，应做好各工种的交叉施工和施工交接，而且完成整个施工包含的项目内容将花费很长的时间，如何做好成品或半成品的保护也成为项目管理中务必考虑的因素。在主体结构的施工和验收中，地下车库、人防地下掩蔽部工程要分别作为两个单项工程进行独立施工和验收，尤其是人防掩蔽部工程存在专业结构施工和专业设备安装等环节。

2. 工程施工实施难点

本项目工程单位工程均为高层，除普通住房用房外还包括人民防空掩蔽部工程和地下车库工程，这部分工程施工涉及深基坑开挖和大体积钢筋混凝土浇筑作业。框架一剪力墙结构竖向施工中如何控制建筑物垂直度，大量梁、板的标高和平面水平度，窗户及门的洞口尺寸等对于控制房屋尺寸结构非常重要。在地下车库、人防掩蔽部，以及房屋主体结构施工中，对于钢筋进场品种规格的控制和对于钢筋的加工、制作、安装、接头位置、梁柱抗震节点的处理及混凝土的浇筑、养护等是本项目监理质量控制的重点和难点。

3. 本项目各分部工程实施中的监理工作重点

本项目各单位工程施工中的分部分项工程划分、分项工程施工中的检验批划分等都具有共性，所以本监理实施规划将各单位工程中的分部分项工程的施工、管理等集中为分部分项工程的内容进行规划和管理。形成的监理工作重点如下：

（1）桩基及基础分部工程施工中监理工作重点

预应力管桩施工桩的质量，控制重点主要是：预应力管桩进场后质量保证资料和桩身外观检查；压桩时管桩头焊接、桩身焊接检查；静压机仪表压力值检测和桩施工质量检验中的大、小应变检查。筏板基础浇筑中，监理工作重点主要是钢筋进场质量监控，钢筋加工、安装质量控制，及大体积混凝土浇筑的旁站监理。

（2）深基坑开挖和支护分部工程施工中监理工作重点

深基坑土方开挖的监理工作主要是检查基坑边坡、积水坑的设置，机械开挖顺序等，

施工安全是该阶段的重点；边坡支护作业中与施工现场原有建筑外围的支护桩作业、边坡锚固与混凝土硬化处理，对基桩的保护等工作也是该阶段的工作重点。

（3）人防掩蔽部、地下车库单位工程主体施工中的监理工作重点

人防掩蔽部、地下室主体结构施工中地面垫层及地面Ⅰ级防水作业中，防水层施工厚度、防水效果检查；主体结构施工中涉及梁柱交接部位的钢筋加工、绑扎搭接情况，混凝土的连续浇筑与养护检查；相关预留洞口、设备安装预制件和管线设置检查；人防掩蔽部混凝土工程模板分项工程中固定件的处理必须符合人民防空掩蔽部的密闭性要求，人防工程中施工单位确定的施工工艺等是该阶段监理工作检查的重点。

（4）框架—剪力墙主体结构钢筋混凝土施工中的监理工作重点

该阶段施工中各层柱、板墙定位测量放线，柱、板墙与梁搭接区钢筋处理，模板高度控制、墙柱钢筋保护层厚度控制，顶板钢筋保护层厚度控制，混凝土浇筑质量控制，以及管线预埋位置等质量控制；高层建筑结构和砌筑工程施工中的脚手架悬挑固定环部位、脚手架搭设中水平杆连系及剪刀撑、扫地杆搭设等涉及质量安全的工程部位是监理工作重点。

（5）建筑节能专项工程施工中的监理工作重点

建筑节能材料进场质量控制，施工前专项施工方案检查，施工过程中基层处理、无机玻化微珠材料施工厚度控制、各种热桥处理、锚固件锚固质量检查、屋顶节能及防水处理、窗户洞口处节能材料施工细部处理、门窗材料及加工处理等，节能施工验收中节能系数是否达标检查等是监理工作重点。根据国家节能施工专项要求，监理在节能施工中必须作旁站监理。

（6）电气与设备安装工程中的监理要点

本工程设备安装包括电梯设备安装、消防设备安装，以及电气设备安装中的可视对讲设备、监控设备、各种照明系统的安装等。电气与设备安装施工属于专业性很强的施工，根据各专业工程施工及验收规范要求，监理工作必须做好对各类原材料进场时的质量监控、安装施工中管线预埋及线路铺设、设备基础施工中预埋件施工、设备安装调试等过程的监理工作。

（7）人防掩蔽部、地下车库工程中各类专用设备安装中监理要点

人防掩蔽部、地下车库中的专用设备主要包括各类钢制防滑门与隔离门、通风设备、照明设备、洗消设备和防火隔离设备等。由于这部分设备安装的专业性非常强，需要有专业生产厂家进场进行施工，该分部工程的监理工作重点就是在人防质检站的相关专业工作人员业务指导下，配合专业生产厂家技术人员的施工，即监理工作重点放在外部协调等方面。

（8）小区附属工程施工中的监理要点

小区附属工程施工中的监理工作重点放在小区道路、广场标高控制，雨污水管道及检查井位置、标高的控制中，并做好本工程竣工验收的扫尾作业。

二、项目总体工作计划及监理工作

根据本工程工地现状及施工环境条件等因素，本工程计划采取三阶段施工。即地下车库及地面五栋单位工程的施工为第一阶段，人防掩蔽部工程及地面三栋单位工程施工为第三阶段，其余几栋单位工程的施工，因它们属于独立的单位工程，施工单位计划作为承包工程第

二阶段的施工内容。为此，在监理实施规划中，针对地下车库的桩基和地下深基坑开挖、筏板基础施工及地下室＋地面高层主体结构施工的施工顺序展开工程项目管理。在第一阶段施工的监理工作中，安排相关土建监理工程师、安全专业监理工程师和相应的监理员到岗履行职责。其他几栋独立的单位工程施工在地下车库主体结构子分部验收后即开始该阶段的施工，监理规划及实施细则也按其进度同步实行。在人防地下室及地面单位工程的施工阶段，针对人防地下室桩基和地下深基坑开挖、扩大的条形基础施工＋浅厚度筏板施工工艺、人防地下室主体结构＋地面高层主体结构工程的施工顺序展开工程项目管理。

该阶段施工中，要求项目经理部编制出深基坑施工专项方案、人防工程施工专项方案。监理部也要编制出相应工程的监理实施细则和重点部位的旁站监理方案。

三、项目监理部管理机构组织形式、人员结构及职责任务

1. 本工程监理组织形式和组织机构

针对本项目的单项工程多，投资规模大、施工内容多，涉及建筑、结构、节能、给水排水、强弱电、通风空调等专业工程施工的特点，以及本项目的服务内容、服务期限、工程类别、规模、技术复杂程度、工程环境等因素，本监理项目部决定采用直线制监理组织形式。（监理机构组织结构图参见本章案例一图 6-1）。

2. 监理项目部人员结构

本工程监理机构组织采用三级负责制，项目监理部由项目总监理工程师（总监代表）负责，二级组织由土建专业监理组、设备安装监理组和安全监理工程师组成，各监理组分别由相关专业监理工程师组成，即土建监理组由土建、检验、建筑工程师组成，安装监理组由电气专业监理工程师、给水排水专业监理工程师和智能工程监理工程师组成。三级组织由材料见证取样员及现场监理员等人员组成。本监理部总监经验丰富、专业配备齐全、人员数量满足工程监理要求，监理人员素质高、专业能力强，能适应本项目的监理需要。

3. 本项目部监理人员职责任务

3.1 总监理工程师应履行下列主要职责：

（1）确定项目监理机构人员的分工和岗位职责；

（2）主持编写项目监理规划、审批项目监理实施细则，并负责管理项目监理机构的日常工作；

（3）审查分包单位的资质，并提出审查意见；

（4）检查和监督监理人员的工作，根据工程项目的进展情况可进行监理人员调配，对不称职的监理人员应调换其工作；

（5）主持监理工作会议，签发项目监理机构的文件和指令；

（6）审定承包单位提交的开工报告、施工组织设计、技术方案、进度计划；

（7）审核签署承包单位的支付申请、支付证书和竣工结算；

（8）审查和处理工程变更；

（9）主持或参与工程质量事故的调查；

（10）调解业主与承包单位的合同争议、处理索赔、审批工程延期；

（11）组织编写并签发监理月报、监理工作阶段报告、专题报告和项目监理工作总结；

（12）审核签认分部工程和单位工程的质量检验评定资料，审查承包单位的竣工申请，组织监理人员对待验收的工程项目进行质量检查，参与工程项目的竣工验收；

(13) 主持整理工程项目的监理资料。

3.2　施工专业监理工程师应履行下列主要职责：

(1) 负责编制分部及重要分项工程监理实施细则；

(2) 负责工程施工质量监理工作的具体实施；

(3) 组织、指导、检查和监督质量监理员的工作，人员需要调整时，向总监理工程师提出建议；

(4) 审查承包单位提交的涉及施工质量的计划、方案、申请、变更，并向总监理工程师提出报告；

(5) 负责工程验收及隐蔽工程验收；

(6) 向总监理工程师提交质量监理工作实施情况报告，对重大问题及时向总监理工程师汇报和请示；

(7) 根据质量监理工作实施情况做好施工方面的监理日记；

(8) 负责质量监理资料的收集、汇总及整理，参与编写监理月报；

(9) 负责工程计量工作，审核工程计量的数据和原始凭证。

3.3　监理员应履行下列主要职责：

(1) 在质量监理工程师的指导下开展现场监理工作；

(2) 检查承包单位投入工程项目的人力、材料、主要设备及其使用、运行状况，并做好检查记录；

(3) 复核或从施工现场直接获取工程计量的有关数据并签署原始凭证；

(4) 按设计图及有关标准，对承包单位的工艺过程或施工工序进行检查和记录，对加工制作及工序施工质量检查结果进行记录；

(5) 担任旁站工作，发现质量问题及时指出并向质量监理工程师报告；

(6) 做好监理日记汇总和有关监理记录。

3.4　见证取样员应履行下列主要职责：

(1) 在总监理工程师的指导下开展现场见证取样监理工作和监理资料收集整理工作；

(2) 参与初步复核承包单位报送的质量验收和见证取样计划，并将初步复核的情况向专业监理工程师和总监报告；

(3) 现场复查进场材料、设备、构配件表观质量、数量、质保资料，按规定进行见证取样复试送检工作，并将进场实物验收情况向专业监理工程师和总监报告；

(4) 对现场施工中的试验和检测项目进行见证取样送检工作，试验和检测成果资料收集工作，并将试验检测情况向专业监理工程师和总监报告；

(5) 负责监理部的测量和试验检测设备的保管和使用；

(6) 负责监理资料和施工资料的收集和整理工作，负责建立进场材料台账的记录工作。

四、进度计划及其控制

1. 项目经理部编制进度计划报监理工程师审核

工程师重点审核进度计划是否符合施工合同中开、竣工日期的规定，施工进度计划与合同工期和阶段性目标的响应性与符合性；审核进度计划中的主要工程项目是否有遗漏，分期施工是否满足分批动用的需要和配套动用的要求，总承包、分包单位分别编制的各单项工程进度计划之间是否相协调。

审核施工进度计划中各项目之间逻辑关系的正确性与施工方案的可行性，施工顺序的安排是否符合施工工艺的要求；关键线路安排和施工进度计划实施过程的合理性，工期是否进行了优化，进度安排是否合理；劳动力、材料、构配件、设备及施工机具、设备、水、电等生产要素供应计划是否能保证施工进度计划的需要，供应是否均衡。

2. 项目监理部编制控制性进度计划

监理部依据本项目的特点和施工进度控制的需要，编制出深度不同的控制性和直接指导项目施工的进度计划，包括：施工总进度计划、单位工程（或单项工程）施工进度计划，以及按不同周期的进度计划，如年度、季度、月度和旬计划等。

监理部编制的施工进度控制性方案的主要内容包括：

（1）施工进度控制目标分解图；

（2）实现施工进度控制目标的风险分析；

（3）施工进度控制的主要工作内容和深度；

（4）监理人员对进度控制的职责分工；

（5）进度控制工作流程；

（6）进度控制的方法（包括进度检查周期、数据采集方式、进度报表格式、统计分析方法等）；

（7）进度控制的具体措施（包括组织措施、技术措施、经济措施及合同措施等）；

（8）尚待解决的有关问题。

3. 工程进度控制措施

（1）进度的事前控制

编制项目实施总进度控制计划，审核施工单位提交的施工进度计划是否符合总工期控制目标的要求，审核施工进度计划与施工方案的协调性和合理性等。审核施工单位提交的施工方案，审核保证工期，审核施工组织设计中保证工期的技术、组织措施的可行性和合理性。审核施工单位提交的施工总平面图：主要审核施工总平面图与施工方案、施工进度计划的协调性和合理性。制定由业主供应材料、设备的需用量及供应时间参数，编制有关材料、设备部分的采购计划。

（2）进度的事中控制

建立反映工程进度的监理日志，逐日如实记载每日施工部位及完成的实物工程量，如实记载影响工程进度的各种因素，工程进度的检查中重点审核施工单位每月提交的工程进度报告是否如实反映。分析报告中计划进度与实际进度的差异，形象进度、实物工程量与工作量指标完成情况的一致性。按合同要求及时进行工程计量验收。

工程实际进度与计划进度发生差异时，应分析差异的产生原因，并提出调整进度的措施和方案，相应调整施工进度计划及设计、材料设备、资金等进度计划，必要时调整工期目标。

每周利用例会组织现场协调会，检查分析工程项目进度计划完成情况，提出下一阶段进度目标及落实措施。定期向业主报告工程进度情况，现场监理组每月报告一次。

（3）进度的事后控制

制定保证总工期如期完成的对策与技术措施，如通过增加材料使用量来缩短工艺时间、减少技术间隙期、通过增加人力实行平行流水立体交叉作业等。在组织措施中，通过增加作业对数、增加工作人数、增加工作班次等实现优化。在经济措施方面，如实行包干奖金、提高计件单价、提高奖金水平等。其他配套措施，如改善外部配合条件、改善劳动条件、实施强有力的调度等。制定总工期突破后的补救措施。调整相应的施工计划、材料设备、资金供应计划等，在新的条件下组织新的协调和平衡。

4. 工程进度控制工作制度

监理部督促工程项目经理部建立一系列工程进度控制的工作制度，并在平时的工作中检查制度落实情况，这些工作制度包括：工程进度控制施工进度计划的审批制度，施工进度监督及报告制度，进度协调会议制度，图纸审查、工程变更和设计变更制度等。

五、施工质量控制

（一）施工质量总目标及目标分解

菱溪苑三期建设工程施工项目质量总目标为合格，项目监理工作中关于质量控制的总目标也为合格标准。

为达到质量控制总目标，监理部特将施工总项目目标分解到不同的单位工程，并将单位工程的质量控制目标再分解到地基与基础、主体结构、建筑装饰装修、建筑屋面、建筑给水排水及采暖、建筑电气、智能建筑、节能 8 大分部工程，每个分部工程同样分解质量目标到各自的分项工程，要求每个分项工程的每个检验批工程质量达到合格。

（二）分解目标的质量控制点以及质量控制措施

1. 各分解目标的质量控制点

在本工程施工过程中，特别选择以下质量控制点作为重点质量控制：

（1）各分部分项工程施工过程中的关键点以及隐蔽工程；

（2）人防地下室、地下车库大体积混凝土浇筑施工；

（3）地下室地基渗漏、屋顶渗漏施工；

（4）节能保温系统施工。

对于影响工程施工质量的五个因素，即：施工原材料、施工机械、施工人员、施工工艺及施工环境，项目监理部将重点做好全面质量控制，对这五大要素要实行全过程的管理模式。

2. 各分部工程质量控制点的监理控制措施

监理对质量控制点的控制措施：监理采取见证取样、巡视、旁站、平行检验、复核、隐蔽验收、组织分部验收等手段，加强对质量控制点的质量控制。对于各分部工程的质量控制点及监理过程中采取的质量控制措施见案例二表 6-1～表 6-6。

基础分部质量控制点和监理控制措施　　　　　　　　　　　　案例二表 6-1

序号	工程名称	质量控制点	监理控制措施
1	预应力管桩	桩体质量、桩位、承载力、成品桩质量、接桩、桩检测	测量复核、旁站、隐蔽验收；组织各责任单位进行验收
2	土方子分部	土方开挖、基坑支护、土方回填	组织各责任单位进行验收
3	钢筋混凝土子分部	独立基础、筏板基础、地下室池壁及顶板	见证取样，隐蔽验收，平行检验；组织各责任单位进行验收
4	防水子分部	防水混凝土、卷材防水层、涂料防水层、金属板防水层	旁站，见证取样，平行检验；组织各责任单位进行验收

主体分部质量控制点和监理控制措施　　　　　　案例二表 6-2

序号	工程名称	质量控制点	监理控制措施
1	主体分部	混凝土结构、钢筋混凝土结构、砖结构	见证取样、巡视，隐蔽验收，平行检验，抗震节点隐蔽，旁站；组织各责任单位进行验收
2	砌体（轻型泡沫砖砌块）	砌块、砂浆、轴线、皮数杆、组砌、拉接筋、砂浆饱满度、构造柱、抗震节点	见证取样，巡视，隐蔽验收，平行检验

装饰分部质量控制点和监理控制措施　　　　　　案例二表 6-3

序号	工程名称	质量控制点	监理控制措施
1	地面	整体面层：基层，水泥混凝土面层；板块面层：基层，砖面层，大理石面层和花岗岩面层	见证取样，巡视，隐蔽验收，平行检验
2	抹灰	一般抹灰	见证取样，巡视，平行检验
3	门窗	金属门窗安装，特种门安装，门窗玻璃安装	见证取样，巡视，平行检验
4	涂饰	水性涂料涂饰，溶剂型涂料涂饰	见证巡视，隐蔽验收，平行检验

给水排水分部质量控制点和监理控制措施　　　　　　案例二表 6-4

序号	工程名称	质量控制点	监理控制措施
1	给水排水分部	给水、排水、卫生器、采暖	组织各责任单位进行验收
2	室内给水系统	给水管道及配件安装，室内消火栓系统安装，给水设备安装，管道防腐，绝热	巡视，平行检验，隐蔽验收
3	室内排水系统	排水管道及配件安装，雨水管道及配件安装	巡视，平行检验，隐蔽验收
4	卫生器具安装	卫生器具安装，卫生器具给水配件安装，卫生器具排水管道安装	巡视，平行检验，隐蔽验收
5	室外给水管网	给水管道安装，消防水泵接合器及室外消火栓安装，管沟及井室	巡视，平行检验，隐蔽验收
6	室外排水管网	排水管道安装，排水管沟与井池	巡视，隐蔽验收

电气分部质量控制点和监理控制措施　　　　　　案例二表 6-5

序号	工程名称	质量控制点	监理控制措施
1	电气分部	变配电、干线、动力、照明、防雷	组织各责任单位进行验收
2	变配电室	变压器，成套配电柜、控制柜（屏、台）和动力、照明配电箱（盘）及控制柜安装，裸母线、封闭母线、电缆沟内和电缆竖井内电缆敷设，电缆头制作、导线连接和线路电气试验，接地装置安装，避雷引下线和变配电室接地干线敷设	见证取样，巡视，平行检验，隐蔽验收
3	供电干线	桥架安装和桥架内电缆敷设，电缆沟内和电缆竖井电缆敷设，电线、电缆导管敷设，电线、电缆穿管敷线，电缆头制作、导线连接和线路电气试验	见证取样，巡视，平行检验，隐蔽验收

续表

序号	工程名称	质量控制点	监理控制措施
4	电气动力	动力、照明配电箱（盘）及控制柜安装，低压电动机、电加热器及电动执行机构检查、接线，电线、电缆导管敷设，电线、电缆穿管敷线，电缆头制作、导线连接和线路电气试验，插座、开关、风扇安装	见证取样，巡视，平行检验，隐蔽验收
5	电气照明安装	照明配电箱（盘）安装，电线导管敷设，电线敷设，导线连接和线路电气试验，普通灯具安装，专用灯具安装，插座、开关、风扇安装，建筑照明通电试运行	见证取样，巡视，平行检验，隐蔽验收
6	备用和不间断电源安装	不间断电源的其他功能单元安装	巡视，平行检验，隐蔽验收
7	防雷及接地安装	接地装置安装，避雷引下线和变配电室接地干线敷设，建筑物等电位连接，接闪器安装	巡视，平行检验，隐蔽验收

节能分部质量控制点和监理控制措施　　　　　　**案例二表 6-6**

序号	工程名称	质量控制点	监理控制措施
1	节能分部	墙体、幕墙、门窗、屋面、地面、采暖、通风、空调、配电、监测	组织各责任单位进行验收
2	墙体节能工程	主体结构基层，保温材料，饰面层等	见证取样，旁站，隐蔽验收
3	门窗节能工程	门，窗，玻璃，遮阳设施等	见证取样，旁站，隐蔽验收
4	屋面节能工程	基层，保温隔热层，保护层，防水层，面层等	见证取样，旁站，隐蔽验收

（三）工程质量控制基本流程

1. 工程质量控制基本程序

（1）原材料、构配件及设备签认程序框图（案例二图 6-1）

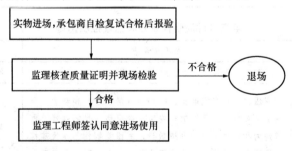

案例二图 6-1　原材料、构配件及设备监理签认程序

（2）工程质量控制工作程序框图（案例二图 6-2）

（3）工程质量问题处理程序图（案例二图 6-3）

2. 工程质量事故处理程序图（案例二图 6-4）

3. 分部工程验收与竣工验收程序图（案例二图 6-5）

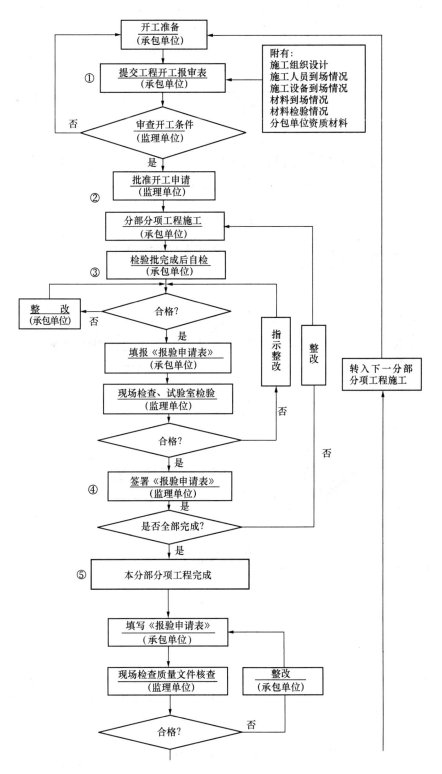

案例二图 6-2　施工过程中监理质量控制程序（一）

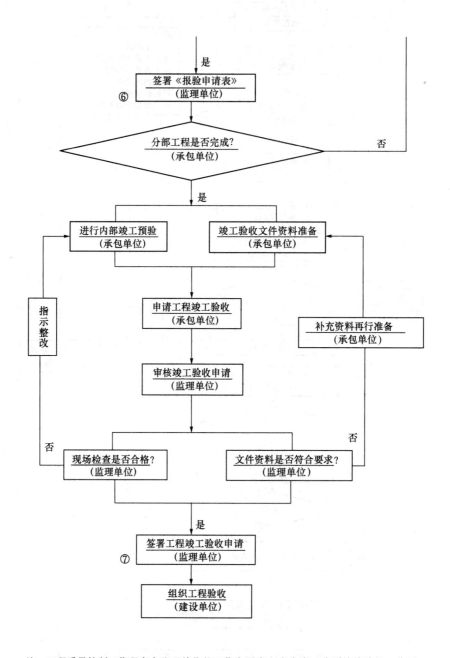

注：工程质量控制工作程序中监理单位的工作主要有七个内容，分别从检验批、分项工程、分部工程、单位工程等工程施工过程中对施工单位和监理自身的工作内容进行监控。（如图①、②③④、⑤、⑥、⑦）

案例二图 6-2 施工过程中监理质量控制程序（二）

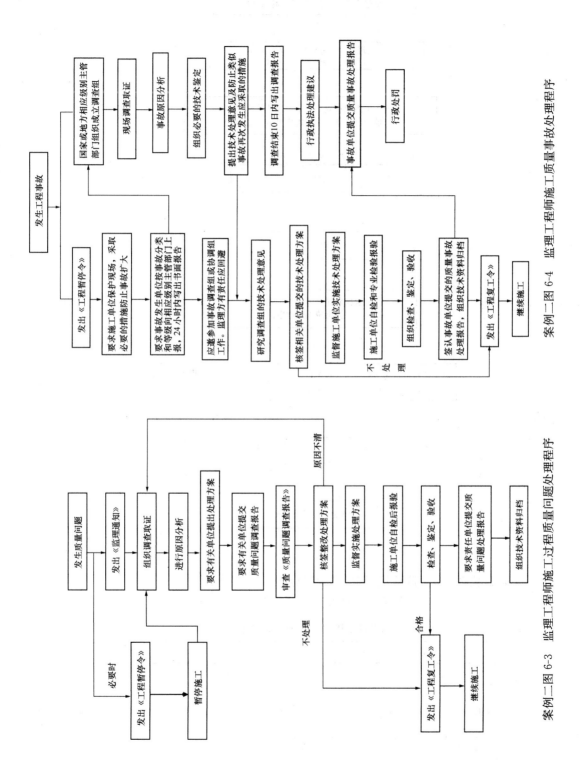

案例二图 6-4　监理工程师施工质量事故处理程序

案例二图 6-3　监理工程师施工过程质量问题处理程序

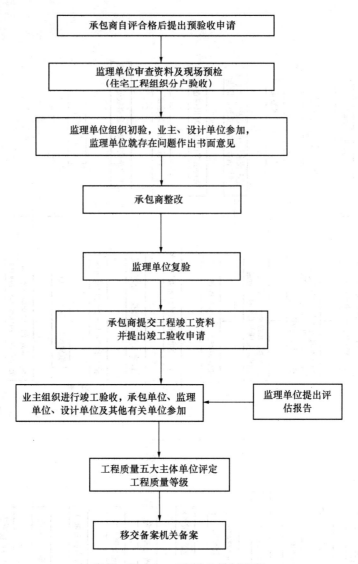

案例二图 6-5　工程验收控制程序

4. 本工程试验检测监理见证取样控制要点

本工程试验检测见证取样控制要点见案例二表 6-7。

房建工程试验检测见证取样一览表　　　　　　　　　　　　　案例二表 6-7

序号	检验名称及相关标准	检验项目	见证取样规定
1	混凝土（JGJ 55—2000）	配合比	每种强度以及每种组料做一组
2	混凝土试块（GBJ 107—87）	抗压强度	混凝土试样应在混凝土浇筑地点随机取样。每拌制 100 盘且不超过 100 立方米的同配合比其取样不少于一次
3	砂浆（JGJ 98—2000）	配合比	每种强度以及每种组料做一组
4	砂浆试块（JGJ 70—90）	抗压强度	砌筑砂浆和建筑地面用砂浆，以每一层取样不少于一次

续表

序号	检验名称及相关标准	检验项目	见证取样规定
5	钢筋连接（GB 50204—2002）	抗拉强度闪光弯曲	同钢筋级别≤300个头，作为一个检验批，抗拉或弯曲取一组试件三根
6	混凝土实体检测（GB 50204—2002）	实体混凝土强度钢筋保护层	混凝土强度采用同条件试块检测钢筋保护层按2%构件不少于5件
7	建筑物（GB 50210—2002）	节能、保温垂直度标高	抽样一组
8	屋面防水（GB 50207—2002）	淋水、蓄水	全数试验
9	管道系统（GB 50242—2002）	冲洗试验	全数试验
10	卫生器具（GB 50242—2002）	满水试验	全数试验
11	地漏（GB 50242—2002）	排水试验	全数试验
12	排水管道（GB 50242—2002）	通球试验	全数试验
13	线路、设备（GB 50303—2002）	绝缘电阻	全数试验
14	接地（GB 50303—2002）	接地电阻	全数试验
15	线路插座开关（GB 50303—2002）	接地检验	全数试验
16	照明通电（GB 50303—2002）	全负荷运行	全数试验
17	漏电开关（GB 50303—2002）	模拟试验	全数试验

六、成本控制

项目监理部在造价控制方面的主要工作是：施工过程中产生的造价都必须建立在工程质量合格的基础之上，以及工程施工控制在合同工期范围内；在项目实施过程中要严格控制设计变更手续，对施工中工程量变化的确认要求履行业主、审计、施工和监理四方确认并签字的原则；坚持"承包合同为依据，工序工程为基础，施工质量为保证，量测核定为手段"的支付原则，严格按合同支付结算程序，协助业主控制资金使用。监理人应配合发包人、承包人，完成上述各阶段的工程款支付工作，对于本项目的成本管理规划的总目标和各阶段控制目标作出明确规划。

本工程项目成本管理的总目标是"不超过合同中投资总控制价的5％"，相应的在施工各阶段的成本管理目标被分解为：①桩基及基础阶段，严格按工程量清单计价中的综合合价为本阶段的管理目标；②结构主体施工及验收阶段，其成本造价严格控制在工程量清单计价的综合合价基础上，成本控制价不得超过结构主体工程总价款的0.50％；③建筑装饰与设备安装阶段，其成本造价严格控制在工程量清单计价中综合合价的基础上，成本增加值不得超过装饰与设备安装工程总价款的1.5％；④户外附属工程施工阶段，其成本价控制在该分部工程清单计价中综合合价的基础上，其成本增加值不得超过该阶段工程总价款的4％。

七、职业健康安全与环境管理

菱溪苑三期工程位于××市交通主干道世纪大道旁，南部紧靠部队营房，且该营房有一通道从施工场地通过，现场又与该小区二期工程紧邻，施工中的交通安全隐患较突出。工地区域内上空还有两条高压线路等，这给工程施工中塔吊作业等增加了不安全的因素，加上本工程中单体工程皆为高层，防高空坠落必然就成为控制的重点。工程施工期间相互影响，也给安全控制增加了不安全的因素，这就要求监理人员要进行更加严格的安全管控，在施工中严格按照××省标准化文明工地的标准施工。

为充分保障本工程施工期间职业健康安全达到合同要求和监理规划大纲中的总目标，监理部拟实行监理工程师安全责任制的形式，保证项目实施期间不发生大型、恶性安全事故。

（一）安全生产的监理责任制

1. 监理安全总则

本项目监理部按照法律、法规和工程建设强制性标准实施监理，并对建设工程安全生产承担监理责任。监理工程师首先重点审查施工组织设计中的安全技术措施或者专项施工方案是否符合工程建设强制性标准。

监理部在实施监理过程中，发现存在安全事故隐患的环节，应当要求施工单位立即整改；情况严重的，应当要求施工单位暂时停止施工，并及时报告建设单位。施工单位拒不整改或不停止施工的，工程监理单位应当及时向有关主管部门报告。

2. 监理机构人员安全职责

（1）总监理工程师的职责

① 对所监理工程项目的安全监理工作全面负责；

② 确定项目监理部的安全监理人员，明确其工作职责；

③ 主持编写监理规划中的安全监理方案，审批安全监理实施细则；

④ 审核并签发有关安全监理的《监理通知》和安全监理专题报告；

⑤ 审批施工组织设计和专项施工方案，组织审查和批准施工单位提出的安全技术措施及工程项目生产安全事故应急预案；

⑥ 审批《起重机械拆装报审表》和《起重机械验收核查表》；

⑦ 签署《安全防护、文明施工措施费用支付审批表》；

⑧ 签发《工程暂停令》，必要时向有关部门报告；

⑨ 检查安全监理工作的落实情况。

（2）专职安全监理工程师的职责

① 编写安全监理方案和安全监理实施细则；

② 审查施工单位的营业执照、企业资质和安全生产许可证；

③ 审查施工单位安全生产管理的组织机构，查验安全生产管理人员的安全生产考核合格证书、各级管理人员和特种作业人员上岗资格证书；

④ 审核施工组织设计中的安全技术措施和专项施工方案；

⑤ 核查施工单位安全培训教育记录和安全技术措施的交底情况；

⑥ 检查施工单位制定的安全生产责任制度、安全检查制度和事故报告制度的执行情况；

⑦ 核查施工起重机械拆除、安装和验收手续，签署相应表格，检查定期检测情况；

⑧ 核查中小型机械设备的进场验收手续，签署相应表格；

⑨ 对施工现场进行安全巡视检查，填写监理日记，发现问题及时向专业监理工程师通报，并向总监理工程师或总监代表报告；

⑩ 主持召开安全生产专题监理会议；

⑪ 起草并经总监授权签发有关安全监理的《监理通知》；

⑫编写监理月报中的安全监理工作内容。

（3）监理员的职责

检查施工现场的安全状况，发现问题予以纠正并及时向专业监理工程师或安全监理人员报告。

3. 本工程安全监理人员配备及分工

总监理工程师全面负责监理机构的安全监理工作，专业安全监理工程师负责监理机构的日常安全监理工作，监理员负责日常安全监理的巡视、旁站及安全监理信息记录。为实现安全目标的组织、技术、经济和合同控制措施见案例二表 6-8。

安全目标的组织、技术、经济和合同控制措施　　　案例二表 6-8

序号	控制时段	措施类型	措施内容
1	事前	组织措施	组建监理机构，明确安全责任
			审查各施工方的项目机构、安保组织、人员资质
		技术措施	审批专项施工组织设计和专项施工方案，检查现场施工准备
			审查承包单位的安全管理、安全保证体系
			编制监理规划中安全监理、安全监理方案和安全监理细则
			开工前施工安全准备工作检查
			工程开工报告中安全审查
			参加第一次工地会议，提出安全控制要求
		经济措施	熟悉安全奖惩措施
			分析各种计划对安全目标控制影响
		合同措施	熟悉各施工合同，掌握有关安全目标控制条文
			审核分包单位资格，专职安全员配备
2	事中	组织措施	检查施工方安全管理人员在岗情况
			检查监理人员安全职责履行情况
		技术措施	检查施工安全技术措施和专项施工方案的落实情况
			检查施工单位执行工程安全建设强制性标准的情况
			施工现场发生安全事故时，进行技术分析
			危险性较大的分部分项工程的安全旁站监理
			施工机械及安全设施的安全技术监理
			安全控制点的重点控制
		经济措施	安全防护、文明施工措施费用审批
			对出现的安全问题采取经济措施
		合同措施	审查工程变更对安全的影响
			检查合同履行对安全的影响
3	事后	组织措施	组织业主、施工和监理进行分阶段安全评定
		技术措施	进行分部分项安全验收
			核查分项安全资料
		经济措施	协调标准化工地奖励措施
			协调对工程安全问题处理的经济措施
		合同措施	按规定协调处理好工程安全遗留问题
			总结合同履行情况对工程安全影响

（二）职业健康安全生产监理预控方法

1. 施工过程中安全监理预控方法

监理人员每日对施工现场进行巡视时，应检查安全防护情况并做好记录。安全监理人员应按安全监理方案定期进行安全检查，检查结果应写入项目监理日志。针对发现的安全问题，按其严重程度及时向施工单位发出相应的监理指令，责令其消除安全事故隐患。

监理部应要求施工单位每周组织施工现场的安全防护、临时用电、起重机械、脚手架、施工防汛、消防设施等安全检查，并派人参加。项目监理部应组织相关单位进行有针对性的安全专项检查，每月不少于1次。

2. 监理例会与安全专题会议

在定期召开的监理例会上，应检查上次例会有关安全生产议决事项的落实情况，分析未落实事项的原因，确定下一阶段施工安全管理工作的内容，明确重点监控的措施和施工部位，并针对存在的问题提出意见。

总监理工程师必要时应召开安全专题会议，由总监理工程师或安全监理人员主持，施工单位的项目负责人、现场技术负责人、现场安全管理人员及相关单位人员参加。监理人员应做好会议记录，及时整理会议纪要，会议纪要应要求参会各方会签，及时发至相关各方，并有签收手续。

3. 对存在职业健康安全隐患的处理程序

在施工安全监理工作中，监理人员通过日常巡视及安全检查，发现违规施工和存在安全事故隐患的，应立即发出监理指令。监理指令分为口头指令、工作联系单、监理通知、工程暂停令四种形式。

4. 监理与相关单位的沟通

项目监理部应每月总结施工现场安全施工的情况，通过监理月报形式向建设单位报告当月安全生产情况。总监理工程师在签发《工程暂停令》后及时向建设单位报告，对施工单位拒不执行《工程暂停令》的，总监理工程师应向建设单位及监理单位报告。必要时填写《安全隐患报告书》，向工程所在地建设行政主管部门报告，并抄报建设单位。在安全监理工作中，针对施工现场的安全生产状况，结合发出监理指令的执行情况，总监理工程师认为必要时，可编写书面安全监理专题报告，交建设单位或建设行政主管部门。

（三）职业健康安全生产监理控制措施

（1）审查施工组织设计中的安全技术措施；

（2）审查危险性较大的分部分项工程的专项施工方案；

（3）检查施工现场安全生产保证体系；

（4）安全监理交底；

（5）核查开工条件；

（6）检查施工单位现场安全生产体系的运行，并将检查情况记入项目监理日记；

（7）危险性较大的分部分项工程安排专职安全监理工程师；

（8）塔吊、人货电梯等施工机械安装及拆卸中的安全旁站监理。

（四）施工安全监理资料的管理

安全监理资料管理的基本要求是：收集及时、真实齐全、分类有序，安全监理资料应纳入本项目监理部的工程监理资料管理，由安全监理人员审核后交由资料管理员保管。安全监理资料应建立案卷，分类编目、编号，以便于跟踪检查，安全监理资料的收发、借阅应通过资料管理员履行手续。

安全监理档案的验收、移交和管理参照《建设工程资料管理规程》和《建设工程施工安全资料管理规程》中的规定执行。

八、项目合同管理

项目监理部的合同管理主要是对承包人分包行为、材料和设备采购行为的管理，以及项目实施过程中发生工程变更、索赔及反索赔控制等。

（一）对承包人分包、材料采购等的合同管理

项目监理部应协助建设单位，审查承包人分包工程是否符合招标文件、施工合同的有关约定，并审查分包商资质等材料。对于材料、设备采购行为，监理部应检查所购材料是否满足设计要求和工程量清单中相关条款的要求。

（二）工程变更及索赔、反索赔控制措施管理

1. 工程暂停及复工

总监理工程师在签发工程暂停令时，应按照施工合同和委托监理合同的约定签发。以下几种情况总监理工程师可签发工程暂停令，即建设单位要求暂停施工且工程需要暂停施工时，施工出现了安全隐患或重大工程质量事故需要进行停工处理时，施工中发生了必须暂时停止施工的紧急事件等情况。

总监理工程师在签发工程暂停令时，应根据停工原因的影响范围和程度，确定工程项目停工范围。总监理工程师在签发工程暂停令之前，应就有关工期和费用等事宜与承包单位进行协商。

总监理工程师应在施工暂停原因消失，具备复工条件时，及时签署工程复工报审表，指令承包单位继续施工。由于承包单位原因导致工程暂停，在具备恢复施工条件时，项目监理机构应审查承包单位报送的复工申请及有关材料，同意后由总监理工程师签署工程复工报审表，指令承包单位继续施工。

2. 工程变更的管理

设计单位对原设计存在的缺陷提出的工程变更，应编制设计变更文件；建设单位或承包单位提出的工程变更，应提交总监理工程师，由总监理工程师组织专业监理工程师审查。审查同意后，应由建设单位转交原设计单位编制设计变更文件。当工程变更涉及安全、环保等内容时，应按规定经有关部门审定。

项目监理机构在工程变更的质量、费用和工期方面取得建设单位授权后，总监理工程师应按施工合同规定与承包单位进行协商，经协商达成一致后，总监理工程师应将协商结果向建设单位通报，并由建设单位与承包单位在变更文件上签字。

在总监理工程师签发工程变更单之前，承包单位不得实施工程变更，未经总监理工程师审查同意而实施的工程变更，项目监理机构不得予以计量。

3. 减少工程延期发生的预防措施

监理工程师为减少工期延误，应选择合适的时机下达开工令，避免由于业主的前期准备工作不足，如征地、拆迁、设计图纸、资金等问题，造成工程延期和费用索赔。提醒业主履行施工承包合同中规定的职责，避免由于场地"三通一平"、设计图纸提供、工程款的支付等问题，造成工程延期费用索赔，妥善处理工程延期事件，尽量减少工程延期及其

损失。

当承包单位提出工程延期要求符合施工合同文件的规定条件时，项目监理机构应予以受理。当影响工期事件具有持续性时，项目监理机构可在收到承包单位提交的阶段性工程延期申请表并经过审查后，先由总监理工程师签署工程临时延期审批表并通报建设单位。当承包单位提交最终的工程延期申请表后，项目监理机构应复查工程延期及临时延期情况，并由总监理工程师签署工程最终延期审批表。项目监理机构在作出临时工程延期批准或最终的工程延期批准之前，均应与建设单位和承包单位进行协商。由于工程延期造成承包单位提出费用索赔时，项目监理机构应按规范的规定处理。当承包单位未能按照施工合同要求的工期竣工交付造成工期延误时，项目监理机构应按施工合同规定从承包单位应得款项中扣除误期损害赔偿费。

九、信息管理

为解决合同实施过程中有关各方的责、权、利关系，更好地进行"三控制"及促进工程承建合同的全面履行，进一步促进工程信息传递、反馈、处理的标准化、规范化、程序化和数据化，并确保工程档案的完整、准确、系统和有效利用，监理部制定工程资料管理办法，建立计算机信息管理辅助系统十分重要。

1. 组织项目基本情况信息的收集并系统化

监理资料管理的主要内容有：监理文件档案资料（包括图纸、监理资料）的收、发文与登记。监理档案资料传阅中的，传阅人员阅后在文件传阅纸上签名制度和登记、归档制度。监理档案资料的分类存放，监理人员在监理过程中及时收集、整理相关文件并归档，工程竣工验收前将监理过程所形成的资料文件编目、装订成册，交公司归档管理。对施工单位施工期间送交的工程报验资料，及时进行审核批复反馈，并留存一份施工资料，分类整理归档。

在工地现场的信息管理过程中，监理部应及时向建设单位提供由监理月报、监理会议纪要，质量评估报告、监理工作总结组成的监理工作阶段性文件。

2. 项目各种资料的格式、内容、数据结构要求规范化

规范监理规划、监理控制计划，监理月报、监理会议纪要，质量评估报告、监理工作总结等监理文件的格式、内容和编报程序。

对项目部编制的施工组织设计、安全组织设计、施工方案及专项施工方案等提出具体的编制要求。规范施工单位监理用 A 表、监理单位监理用 B 表和各单位监理通用 C 表等表格填制要求，审批程序。规范分部工程、分部分项和检验批质量报验表，规范质量保证资料和隐蔽验收报审表，规范监理单位各种工作台账表。

3. 保证信息系统正常运行

按照项目实施、项目组织、项目管理工作过程建立项目管理信息系统流程，在实际工作中保证这个系统正常运行，并控制信息流。监理在建立规划和监理细则中设置各种工作流程图，重要的流程图上墙，便于信息流程的正常运行。

十、项目沟通协调管理

（一）监理部的组织协调管理

1. 通过会议协调

监理部会议协调的方式包括第一次工地会议、监理例会、专业性监理会议等。第一次

工地会议应在项目总监理工程师下达开工令之前举行，会议由监理工程师和建设单位联合主持召开，总承包单位授权的代表参加，也可邀请分包单位参加，必要时邀请有关设计单位人员参加。

监理例会是由监理工程师组织与主持，按一定程序定期召开的监理工作会议，会议中集中研究施工中出现的计划、进度、质量及工程款支付等问题。监理工程师将会议讨论的问题和决定记录下来，形成会议纪要，供与会者确认和落实。本项目监理例会每周召开一次，参加会议成员包括：项目总监理工程师（也可为总监理工程师代表）、其他有关监理人员、项目经理、承包单位其他有关人员。

监理例会会议的主要议题包括：①检查上次会议纪要中需落实问题的执行情况；②本周工程施工质量、进展分析及研究布置；③对下月（或下周）的进度预测；④施工单位投入的人力、设备情况检查落实；⑤外包加工半成品、订货材料的质量与供应情况；⑥有关施工过程中的技术问题；⑦索赔工程款支付；⑧业主对施工单位提出的违约罚款要求。

2. 通过书面方式进行协调

当会议或者交谈不方便或不需要时，或监理人员需要精确地表达自己的意见时，就会用监理工作联系单、监理通知书和监理工作备忘录等管理文件以书面协调的方式进行协调，书面协调方法的特点是具有合同效力。

（二）组织协调的工作内容

1. 项目监理机构内部的协调

根据监理合同的约定，在工程项目进行的不同阶段监理工程师进行项目管理的工作需要与施工内容相一致，项目监理部必须根据不同施工阶段工作内容处理好监理部相关人员的协调，监理实施中如有人员需求、试验设备需求、材料需求等及时与监理公司联系要求配齐上述需求。监理力量的安排必须考虑到监理合同中有关人员需求的约定、工程进展情况，做出合理的安排，以保证工程监理目标的实现。

2. 项目监理机构与业主的协调

监理工程师首先要理解建设工程总目标、理解业主的意图，利用工作之便做好监理工作的宣传，增强业主对建设工程管理各方职责及监理程序的理解，增进业主对监理工作的理解与支持。主动帮助业主处理建设工程中的事务性工作，以自己规范化、标准化、制度化的工作去影响和促进双方工作的协调一致。

3. 项目监理机构与承包商的协调

监理工程师对工程施工质量、进度和工程投资的控制都是通过承包商的工作来实现的，所以做好与承包商的协调工作是监理工程师组织协调、进行项目管理的重要工作内容。为此，要求监理部工作人员通过对承包单位的监理工作，实现对施工进度中存在问题的协调与解决、施工质量中问题的检查与协调、对承包商违约行为的处理、有关合同争议的协调，同时通过对分包单位的合同的管理，以及协助承包单位与设计单位的协调等完成施工监理工作。

4. 项目监理机构与政府部门及其他单位的协调

监理单位的监理活动除受监理合同约束外，其监理活动还要受项目地建设主管机构的监督，根据《建设工程监理范围和规范标准》、《建设工程安全生产管理条例》等国家法律、法规工程所在地政府质量监督管理站、工程安全监督站等部门对建设工地的管理活动中行使管理职权。所以，在监理工程师工地管理活动中就存在与政府相关部门以及其他单位之间的协调。

三、项目管理实施细则和工程施工组织设计

项目管理实施细则包括项目部编制的项目施工组织设计、单位工程施工方案、专项工程施工方案、监理部编制的监理实施细则、监理旁站方案等施工管理文件。对于投资规模较小或工程结构较为单一的工程，前述的项目管理实施规划可以与施工组织设计合并编写，可以将实施规划的相关内容编制在施工组织设计中。编者选用了某市政道路工程中的施工组织设计，读者通过本案例可以掌握项目管理实施细则与施工组织设计的主要内容，并与本书前文项目招标投标中投标人编制的施工组织设计作一比较，了解施工阶段的项目管理实施细则是如何将前期的纲要具体化的。

【案例三】施工组织设计

××市花城路道路工程施工组织设计

第一节　工　程　概　况

一、工程概况

花城路属××市省道S311××绕城线花山至城郊段新建及改建工程，位于××市琅琊风景区。建成后将成为××市琅琊风景名胜区西线的旅游观景大道，全路段北起城郊滁定路，南至览山路，道路全长10821.827m。本项目为该道路工程第一标段工程，施工段为南接花山览山路，北部延伸至清流关，本施工段道路设计全长5.4km。

本道路主要技术参数为：一级公路，计算车行速度为60km/h；路面类型为沥青混凝土路面；路面结构设计标准轴线为BZZ-100kN；交通饱和设计年限为20年，路面结构设计年限为15年。

二、工程地质、水文条件

工程地位于琅琊山西侧，地质构造属于中生代的火山岩及火山碎屑岩、局部地区亦见红色砂砾岩。年降雨量1050mm左右，地下水动态受季节变化及大气降水影响较大，多雨季节地下水位高反之则低。道路红线范围内有七处河沟或排洪沟，八座水塘。

土壤属高丘碳酸盐岩类丘陵地带，以黑色石灰土和棕色石灰土为主。部分基岩裸露处有石灰岩、条带灰岩，多含碎屑碎石片。

三、交通条件

道路红线范围内与花山览山路（×007县道）、琅琊山节能电站厂区道路以及星罗云布的乡耕道等交汇。上述道路都可以作为本道路施工中施工便道的连接线，但是项目部进场施工后应对上述道路做好摸底细查工作，为工程作业点划分及机械施工通道，同时在施工期间容易成为安全隐患，须做好与道路交口的安全维护。

四、工程施工特点分析

本工程由道路工程、桥涵工程、雨污水管线工程、道路照明工程、交通标识标线工程和绿化景观工程等分部工程组成。根据对施工现场的进一步勘察，本工地施工现场具有施工线路长、几座桥梁的施工点距离周围可利用的施工道路距离远的特点，存在场地分散、

作业面长等问题。而且道路沿线有几个鱼塘在原图纸上没有标识，暗浜鱼塘的处理可能会增加土方工程量并导致工程计量工作的增加。为便于集中管理，结合现场条件，本工程计划将工程划分为两个道路施工工区，桥梁施工作为独立的施工点共同接受项目部和作业点的领导。在施工工区和作业点分别搭建简易工棚和职工生活设施，在花山乡租用附近中学操场，搭建工棚作为项目部办公场所。

施工时正好处于施工地区雨季和夏季炎热季节，保证施工质量和施工人员的安全存在较大不确定性。桥梁施工点夏季容易发生洪水和泥石流，作业点及基坑容易坍塌等。而且本工程道路绿化树木栽植期间，树木的运输和栽植中安全及树木成活率也是问题。

本工程与现有市政道路××路和××路相交，并与本道路工程走向基本平行的×20县道公路距离较近，因此，项目部决定利用该县道作为两个作业区和桥梁施工点材料、机械进场的主要通道。由于该道路工程附近居民较多，道路属于新建工程导致桥梁施工点等的施工场地材料运输难度增加，加上施工点与多条农村机耕道相交，交通状况复杂给工程管理增加了很大的难度，并可能遇到各种社会矛盾，施工时除需要根据实际情况精心组织，采用合理的施工方案外，还要积极宣传，做好地方的思想工作，争取最大限度得到地方政府的支持。

施工用水、用电及临时用地等根据现场实际情况解决，原则上项目部生活用水、用电采用当地自来水和电力设施。工地生产用水采用经化验合格的河道河水，不足部分采用自来水补充，施工用电与当地供电部门洽商解决。

五、工程参加单位

（由于本道路的建设单位、勘察设计单位、监理单位、施工单位及审计组等参建单位名称已经在前文工程的投标文件部分中出现，故省略。）

第二节 施 工 组 织 机 构

本工程项目经理部实行项目经理领导下的施工组织架构，本施工组织设计主要根据该架构特点制定各级岗位责任制，紧紧围绕工程质量、工期、成本及安全、文明施工等情况，切实抓好项目部的目标管理工作。

一、施工组织管理机构

本工程施工项目部由项目经理、项目副经理、项目技术负责人、测量员、施工员、安全员、质检员等管理人员，及专业机械施工队组成。本工程施工管理组织机构配置如案例三图 6-1 所示。

二、主要管理人员岗位责任制

（一）施工管理主要人员的岗位职责

1. 项目经理职责

（1）项目经理对公司经理负责，对项目部所承建的工程质量负责。贯彻公司的质量方针和目标，全面履行工程承包合同。

（2）参加公司经营部组织的合同评审，向项目业务人员进行合同交底。向公司经营部汇报提出重大变更的合同评审要求，并负责评审后执行工作。

（3）组织制订工程进度和劳动力、材料、施工机械设备的使用计划，分别报公司有关职能部门审查，批准物资采购计划。

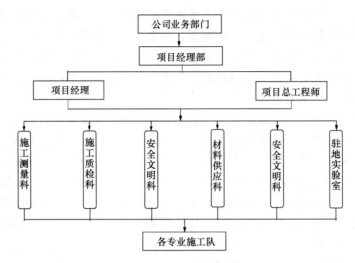

案例三图 6-1 本工程施工组织管理机构图

（4）根据施工机械设备使用计划，组织施工机械进场，安排持有操作证的人员上岗，并建立合格操作者名册。

（5）按当地政府和公司规定，开展安全生产和文明施工，对所有进场人员均应进行三级教育。

2. 项目技术负责人职责

（1）对项目经理负责，主管项目内工程技术和质量工作，并对项目技术、质量工作和工程符合性负责。

（2）编制项目质量保证计划，组织编制施工组织设计、施工方案、作业指导书并上报技术部门审核、公司总工批准，处理施工方案更改问题。

（3）组织图纸自审，参加业主主持的图纸会审并做好记录。组织协调设计文件的更改，上报业主批准，评审设计更改，对重大设计变更上报公司总工和技术部门处理。负责向项目施工管理人员进行技术交底。

（4）负责项目的检验和试验的把关，保证未经检验和试验的物资、半成品、成品不得进入施工现场、使用和安装，负责处理对外委托原材料、成品的检验和试验。组织项目部有关人员进行施工中的工序、分项、分部及单位工程检验评定。

（5）负责管理质量记录，组织有关人员收集整理工程竣工资料，上交公司技术部门审核和存档。

3. 施工员职责

（1）对项目施工工序管理负责，严格执行工艺规程和工序管理制度，负责向班组作技术、安全、质量交底。

（2）制订施工过程控制计划，明确关键过程、特殊过程，并对特殊过程进行连续监控。负责例外放行卡的填写、报批、标识记录工作。负责处理施工方案更改事宜。

（3）负责向项目班组下达施工任务并检查施工任务、质量目标完成情况，填写施工日志。

（4）认真填写施工过程各种记录，并收集、整理、填写编目，送交审核。

（5）参加工程质量检查的质量审核及分析会议。制定或落实有关的纠正措施、预防措施。

4. 材料员职责

（1）对物资的供应及质量负责。

（2）负责管理工地相关材料的采购和进场验收，熟悉常用材料的标准和验收方法。

（3）依据施工图预算、材料汇总表编制物资需用计划，经技术负责人审核，项目经理批准，上报公司材料部门。根据施工中工期调整等原因，在项目经理的指导下负责向公司提出变更物资需用计划。

（4）负责编制物资采购计划，上报项目部技术负责人审核，项目经理批准。

（5）协同采购员对进场物资、外加工件、半成品进行验证，及时通知有关人员进行检验和试验，负责收集随行物资的质量保证文件并移交给检验、质检人员。负责材料管理中计量器具的管理。对进场物资做好标识记录。

（6）按规定对材料、半成品、成品等做好搬运、贮存、防护和交付工作。

（7）参加或接受质量检查、质量审核和质量分析会议。向主管部门传递有关信息，针对物资的不合格，制定或落实有关的纠正措施和预防措施。

5. 质检员职责

（1）负责工程质量的检验、监督、检查，并对检验核定的结果负责。

（2）坚持原则，秉公办事，严格执行工艺规程，其工作不受生产进度和行政领导的影响，有权越级反映质量问题。熟练掌握建筑安装工程检验评定标准和质量检查方法。

（3）参与制订过程检验和试验计划，监督施工生产过程中的质量控制情况，严格执行"三检"制，发现问题及时反映，必要时检查上岗证、材料、设备合格证及其他工艺文件。

（4）负责对材料、半成品、工程及设备进行检验，负责对材料、半成品、分项、分部工程检验状态进行标识记录，核定分项工程质量等级。在有追溯要求场合，填写追溯卡。

（5）认真填写质量检验、监督过程中各种记录，并进行整理、编目，负责工程质保资料的检查、审核。

（6）协助并参加各种质量检查、质量审核及分析会议，落实有关的纠正措施和预防措施。

6. 安全员职责

（1）负责项目部的安全生产、劳动保护工作，落实质量体系的有关要求。

（2）贯彻执行安全法规、法令、条例及公司的安全制度、措施。

（3）认真做好安全施工的宣传、教育和管理工作，特别是对进场新工人的安全教育工作。

（4）深入施工现场，掌握安全生产动态，发现问题并制止纠正，及时向领导反映情况。

（5）有权制止违章作业，有权抵制或报告违规指挥行为，有权对于违章作业的班组和相关人员给予罚款，遇有严重险情有权停止施工并及时上报领导。

（6）认真填写记录，并做好收集、整理、编目等管理工作。

（7）参加或接受安全检查、质量审核，制定或落实有关纠正和预防措施。

第三节　施工现场总体布置

一、施工总体部署

1. 项目部人员部署

为确保工程质量、安全、工期，选择有丰富施工经验的国家注册一级建造师担任本项目经理部经理。项目经理被授权组织项目经理部班子，项目经理部行使和履行合同的权利与义务，以确保现场的各项管理工作到位。项目部总工程师负责整个项目的技术指导，并直接领导项目部施工员、质检员的工作，负责施工质量控制各项事宜。在工区配置技术员1～3名，其中一名担任工区负责人，工区负责人直接向项目经理负责。资料员、安全员和材料员向项目经理负责，同时接受公司相关业务部门的指导。

2. 施工区段划分

根据施工项目内容和施工地实际情况，施工划分为2个工区，每个工区相对独立。一工区负责里程桩号×.×××到×.×××区段的施工、二工区负责里程桩号×.×××到×.×××区段的施工，每个工区设置区段长全面负责本区段施工协调管理。根据本工程5座桥梁中有3座桥梁作业点在一工区作业区段的情况，桥梁施工作业组放置到一工区，在一工区内成立桥梁施工组，桥梁施工组直接由项目部技术负责人负责。

3. 施工队伍组织

本工程道路土石方工程、路基工程和路面工程施工均采用机械施工，桥梁施工采用传统施工工艺。项目部根据公司劳务分包合同，使用参加过相同工程施工，且技术过硬、人员配备齐全的机械施工队伍承担本工程的施工任务。施工队向分别向工区负责人与项目部负责。施工队伍下设作业机械作业队、专业施工班组。

二、项目施工用电安排布置

根据现场情况和项目部施工工区的划分，项目部和两个工区生活用电从当地社区生活用电电网接入，桥梁施工用电从项目部总配电箱通过电缆架空或埋地敷设的方式接至施工作业点。施工现场用电按照《施工现场临时用电安全技术规范》JGJ 46—88之规定执行实施。

三、项目施工用水安排

根据现场踏勘情况，职工生活用水采取从附近居民区自来水管道接入方式，生产用水由经检验合格的河水解决。

四、临时设施搭建

1. 项目部、工区管理用房

根据工程特点，在桥梁施工点、工区和项目部所在地需搭设工程施工所需临时用房，以满足职工生活、办公的需要。办公住房、职工生活用房采用彩钢活动板房，附属厨房、卫生间等采用砖砌结构加盖石棉瓦屋顶形式。

2. 施工机械道路

在与现有两条道路的连接处修筑施工机械、混凝土运输罐车和混凝土泵车进出临时道路。施工中存在开挖施工便道下沉时，在道口设置安全护栏并挂牌公示。

3. 各路口、场外标识标牌

各路口、项目部场外标牌按规定尺寸制作，并在路口和指定地点树立，在路口重点树立安全标识标牌，做好安全警示和场外非施工人员的分流。在项目部按规定制作交通工程文明施工牌4块、安全无事故累计天数牌4块、工地主要管理人员名单牌4块，专用警示牌8块。

五、场内其他布置

项目部及各施工区段（点）现场设置施工标志牌，标明工程概况，施工主要项目管理人员，安全情况记录及施工平面布置简图。在沿线的道路边，设置一些必要的信号，如危险信号、安全信号，施工期间禁止汽车等车辆过往，保证工程安全有序进行。

六、施工现场总平面见附表：施工总平面图

第四节　项目施工方案的确定

一、项目施工前期准备

1. 技术准备

项目部进驻施工现场后，由项目总工程师负责组织相关技术员编制道路工程试验段施工方案、桥梁施工组织设计等技术文件。施工方案严格按图纸和相关规范执行，大力推广应用新技术、新工艺、新材料、新设备，依靠技术实力科学组织施工，确保按期完成施工任务。

组织现场经理部人员进一步勘察现场，熟悉图纸，由项目部总工向项目部主要成员进行合同、技术、施工标准和规范的交底。根据工程施工总进度计划，各项分部工程进度安排，由总工负责、相关技术员向专业施工班组进行专项施工方案和图纸方面的技术交底和交工交底。

项目部对施工中使用的检测和测量等仪器提前做好计量鉴定，保证本工程中使用的器具都在测定有效期内，并做好台账记录。根据监理单位提供的工地内或附近有关平面、高程控制点有关数据，对数据进行复测演算。从监理工程师处办好交桩手续，在现场监理指导下进行符合精度要求的高程控制网和平面控制网测绘放样。在施工点设置临时水准点和轴线控制桩，做好各施工断面的定位放样工作。

2. 施工机械及物资准备

根据进度计划和施工安排，及时调动相关机械车辆进驻各施工点，施工设备、车辆数量详细材料见附表。

根据图纸计算本工程各施工区段不同时期所需的主要材料及其规格、数量，及时组织货源，项目部编制材料进场计划上报公司核准，公司组织采购与进货，并按时收取材料质保单。

3. 施工生产准备

将施工用电源、水源及时接入施工点，通过布置管线、线路到达各用电、用水点。制订并确认施工车辆燃油供应计划及供应单位。

在施工区及其周围张贴施工工程牌，宣传工程实施意义，并与当地行政、事业单位取得联系，取得相应支持、理解、配合，做好受影响居民区便道的设置及安全防护。

二、项目施工工序流程

施工计划采用两个施工工区、六个施工段（每个工区划分出两段道路施工段、在两工区内分别设置三座和两座桥梁施工点）。本项目施工程序如案例三图6-2所示。

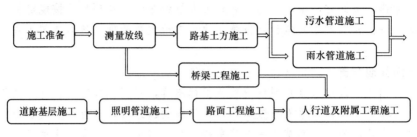

案例三图 6-2 本工程施工工艺流程总图

三、测量放线方案

根据业主（监理单位）提供的导线控制点（基准点）进行测量放线。在全线至少设置3个导线控制基准点，在现场增设工程施工控制点，并保护好全部导线控制点（基准点）。

（1）对工程师提供的控制点及水准点、控制点的坐标及水准点高程资料进行交测验算，以检查其准确性，并在得到资料后7天内向监理工程师提交检查结果，如发现有误，及时通知监理工程师和业主代表，并与其进行必要的检查核实。

（2）为完成测量任务，我们将选用数量足够、可靠、精密及经过精确校正的仪器设备。实施测量前将测量计划方案上报监理单位审批同意后，再通知测绘员与施工员在各工程施工部位进行测量放样。

（3）根据监理单位提供的水准网点，在道路沿线增设水准控制点。测量水准点标志做到耐久、明显、易读。对每一个新设的点，都通过不同于该点建点时所用的测点进行校核。

（4）根据监理单位提供的导线点，用全站仪测量放置各施工部位的控制点和道路控制中线与边线。各控制点应标明桩号及高程、方位，项目部技术员按桩号自检填写记录表后，向监理单位进行交桩报验工作。施工测量成果经监理单位查验合格并批复后进行下道工序施工。

（5）施工期间，现场人员要保护好基准点及道路控制点桩，如果基准点、控制点发生损坏及移动，应迅速重新埋设基准点和控制点。

（6）定期对各基准点、控制点进行复测，以保证控制点的精度和一致性，从而保证整个工程的控制精度。

四、道路工程施工方案

（一）施工要求

严格按各专业施工与验收规范及本项目部编制的施工组织设计要求施工，按施工图施工，发现问题及时通过监理单位或业主与设计院联系。

填方路基施工前，应先行清除地表上的树根、草皮或腐殖土。土方回填应分层碾压，分层回填土方厚度不超过30cm，每层均应进行土层密实度检测并形成实验报告，达到设计要求后方可进入下道工序。土方基础压实度实验采用重型压实标准。

道路路基土方工程完工后，沿线应根据按道路施工与验收规范要求做回弹模量试验，试验结果达到设计要求才能进入下道工作。

水泥稳定石粉渣层施工严格按《××省道路施工稳定石粉渣基层施工规定》要求施工，水泥稳定石粉渣材料要求采用搅拌站机械拌合。水稳层施工采用分层（两层）施工工艺，机械摊铺、机械压实，第一层保养达标后及时进行第二层摊铺作业。养护期满进行压实度、道路弯沉实验，出具实验报告后进行路基、路床的交工验收工作。

沥青混凝土施工严格按设计图纸进行，沥青混凝土施工作业分包给有资质的专业公司施工。项目部严格监督并进行沥青混凝土质量控制和验收工作。

人行道板、道牙侧石与平石分别采用水泥预制场预制构件和石材场加工件，现场不得自制。

（二）路床施工方案

1. 土方挖方段施工

根据道路设计标高，在挖方段采用机械施工工艺，按道路土方施工中土方平衡原则挖方产生的土方量就近用于填方段素土回填所需之土方。根据图纸放出土方开挖上口线，技术员验收后方可开挖。采用自上而下分层开挖，在挖至距离路床底 0.20cm 以内时，测量员应放出距超出路床（槽底）0.20cm 的水平线，挖至路床底标高时，随时校验路床底标高，最后清除床底（槽底）土方，严禁超挖。

根据公司已有工程施工的经验，配置合理的机械数量。保证挖掘机工作量与运输土方车辆之间的合理配置。同时，预留部分弃土用于挖方中发现的暗塘（暗浜）清理后的素土回填。

挖方标高达到设计基础标高后，清理并机械压实基础。全站仪监测并设置道路中线和边线控制桩，记录数据后报请监理工程师复验。

对于较高挖方标段，可以采用分层"纵挖法"进行施工，挖方严格按施工组织设计进行放坡，保证施工安全。

2. 土方回填段施工

（1）填方段施工前预先进行表土及植物、树木根系和腐殖土的清理工作。对部分施工路段范围内存在的地上建筑、设施、文物进行清理。

（2）进行施工段道路中心线与边线控制桩的放样，控制桩上面标出土方回填的高程。

（3）对于路基填料进行复查和取样实验，测定其最大干密度、最佳含水量、塑性指数或颗粒分析、填料强度等，实验严格按《公路土工试验规程》JTGE 40—2007 规范要求办理，以使路基填料达到设计与规范要求。

回填作业严格按设计与规范要求，进行分层回填分层压实的工艺。具体施工方法为：自卸汽车卸载回填土、现场推土机和平底机械配合作业，回填厚度不得大于 30cm，然后机械持续碾压直至达到压实度要求。如果回填地点遭遇地下水时，应及时挖沟排除，若路床以下位于含水量较多的土层时，也应该及时更换上透水性良好的材料。

回填层施工时每层应该放坡，上层回填层应逐层内收，以保证设置的放坡系数值达到施工组织设计要求。

（4）灰土回填时，材料中的石灰含量必须达到设计要求。对于使用的石灰必须在现场进行消解，使石灰充分硝化为熟石灰，灰土采用现场拌合或场外拌合后摊铺工艺。具体方法现场与工程师协商后确定。

（5）鱼塘或水沟处，首先须挖出淤泥并使基础土质达到设计要求，采用片石等材料回填，然后再用山皮石回填，根据图纸进行素土和灰土的回填至设计标高。

（6）路床回填施工工艺

挖掘机装土至运输车辆——→自卸运输车辆分运到填筑路段——→推土机推平（分层）——→检查摊铺厚度并调整——→振动压路机碾压——→压实度检验——→填筑3～4层后恢复道路中桩、并调整边坡位置，同时纵向分段留台阶（确保分段填筑搭接质量）——→填筑后刷坡与路基填筑同步。

（7）填方工程完成后，实验室工程师与监理工程师一道进行路基压实度检测，检测方法严格按规范进行重型击实试验，保证路基回填土压实度达到设计标准。对于部分路段出现因施工工艺导致出现的"弹簧土"或"橡皮土"施工点，应采用挖掘机挖出不符合质量要求的土后，及时用达标的"好土"换土回填的方式进行整改。

3. 路床土方施工试验段

为了更好地指导土方机械作业队进行机械施工作业，项目部将会同监理单位在××.×××—××.×××路段进行土方压实试验段施工。通过压实实验路段取得的各种土样作业方法、施工机械，每层松土摊铺厚度，机械压实遍数等试验数据，用来指导大规模填方路段路基的施工。土层摊铺采用运输车辆定点卸土，推土机初平、平地机复平，边坡边角以及障碍点人工配合（以控制边线标高）的方式，按照试验段施工得出的松铺厚度进行摊铺。碾压采用14T振动压路机碾压，碾压采用先慢后快、由弱到强、由边部再到中央、由低处到高处纵向进退式反复碾压的方式进行。

每一层压实层均按检验标准进行压实度实验，合格后方能进行上层土方回填作业。土质路床顶面压实完成后进行"弯沉检验"。

（三）路基施工方案

1. 级配碎石底基层及水泥稳定层施工

根据施工图纸要求，级配碎石施工中的碎石最大粒径不超过50mm，集料的压碎值不大于25％～35％，级配碎石基层材料组成和塑性指数需满足设计要求。本工程施工中的级配碎石材料采用厂拌法施工，厂拌施工点采用外包方式。（厂拌法工艺流程图略）

级配碎石摊铺作业，采用摊铺机预装混合料后均匀摊铺在基层，摊铺预定的宽度按道路宽度调整，级配碎石摊铺厚度一般为8～16cm，当厚度大于16cm时分层摊铺。材料摊铺后用平地机进行整平和整形，整形后基层用振动压路机进行碾压。为达到压实密度，一般需碾压6～8遍，路面的两层可多压2～3遍，碾压时随时洒水以保持最佳含水量。

2. 水泥稳定碎石基层施工及质量要求

根据施工图纸要求，本路段采用水泥稳定碎石基层施工，集料采用粒径10mm以下碎石加6％水泥，基层施工采用厂拌法。（厂拌法工艺流程图略）

水泥稳定石屑基层施工中集料进场后，摊铺每一流水作业段200m/天，摊铺后即进行振动碾压。当天两工段施工的相接处采用搭接拌合，即前段预留5～8m不碾压，与第二段重新拌合一起碾压。每一段碾压完成检查合格后，立即开始养护，不得延误，养护期为7d。如果采用水泥稳定层分层施工，下层不需要经过7d养护期，但在上层铺筑之前，下层必须始终保持表面湿润，用不透水薄膜或湿沙进行养护。养护结束后将覆盖物清除干净，再进行上层水稳层的摊铺施工。

压实选用压路机碾压，应根据摊铺厚度选择适宜压路机及其振动幅度和振动频率，避免出现铺料被推移、起坡波和损坏集料等现象。

3. 级配碎石或水泥稳定碎石层施工质量控制

对进场材料进行集料含水量、级配值和水泥含量的测试试验，对施工后质量控制主要进行材料均匀性、压实度、塑性指数和弯成值检测试验。

水泥稳定碎石层施工质量控制：终压结束后检测道路标高，若发现问题应用机械刮平至设计标高后再碾压达到标准，然后用土工布等物覆盖后进入正常养护。

（四）沥青混凝土路面施工方案

本路段路面面层设计为粗骨料沥青混凝土 6cm 和细骨料沥青混凝土 4cm。为保证施工质量，按合同及项目管理规划大纲要求施工采用专业沥青混凝土施工公司分包的方式，项目部对分包单位施工的质量进行全程监控。

1. 施工准备工作

沥青混凝土所用粗细料、填料以及沥青均应符合设计及技术规范要求，分包专业公司在施工前将材料及其混合料配合比上报项目部，并经过监理单位审核同意后才能进行混合料采购、加工与现场施工。按图纸要求混合料配合比包括：矿料级配、沥青含量、材料稳定度（包括残留稳定度）、饱和度、流值、马歇尔试件的密度与空隙率等资料报请监理工程师审核批准。

沥青混合料拌合设备、运输车辆以及摊铺设备等应符合招标文件及规范要求。

道路附属工程中的路缘石、路沟、检查井、雨箅子等的接触面应均匀涂上一层沥青，以利于沥青混凝土材料与设施的粘接。

（1）施工测量放样

先行恢复道路中线并复测道路标高，然后按摊铺机摊铺宽度设置摊铺厚度控制桩，以利于摊铺机的自动找平。每隔直线 10m 设一钢筋桩，平曲线每 5m 设一桩，桩的位置位于道路中央隔离带所摊铺结构层宽度外 20cm 处。

（2）对拌合场沥青混凝土混合料质量的控制

拌合场拌合楼的出料口应该预先加热，以保证沥青材料出料时的沥青混合料温度超过 160℃。沥青混合料的运输采用分保公司的自卸车辆，运输时车辆车厢（马槽）用篷布覆盖保温。

2. 沥青混合料的摊铺及碾压

（1）沥青混合料摊铺

沥青混合料摊铺前，进行摊铺机作业线路导线点及高程点的复测与恢复，由测量员对路面中心线和边线的位置进行放样复核，使其精度达到规范要求。混合料使用自动沥青摊铺机进行摊铺和刮平，摊铺机自动找平时，采用所摊铺料层的高度靠金属边桩钢丝所形成的参考线控制，横坡靠横坡控制器控制。

沥青混合料在摊铺机出料口处温度保持在规范要求范围内，粗骨料混合料摊铺后及时碾压。摊铺前，在水泥稳定层表面均匀喷洒一定厚度的"乳化沥青"封油，保证封油层沥青均匀渗入水泥稳定层。在与已有道路交接入口处摊铺时需做好切口，并使接入处整齐。在粗骨料与细骨料上下两层之间的横向接缝应错开 50cm 以上。沥青混合料摊铺时必须保证气温不低于 10℃。

（2）碾压

沥青混合料摊铺整平，对不规则的表面修正后，立即对混合料进行全面均匀地碾压压实。初压是在混合料摊铺后较高温度下进行，混合料温度不应低于120℃。碾压时不得对混合料形成推移、发裂。碾压机械采用双钢轮振动压路机，碾压初压两遍。复压紧跟初压后进行，此时混合料温度在90℃左右，复压采用轮胎压路机，复压遍数为4～6遍直至混合料面无显著轮迹为准。终压紧跟复压后进行，此时混合料温度不得低于70℃，仍然采用轮胎压路机碾压，碾压2～4遍直至无轮迹，路面压实成型的温度符合规范要求。

碾压从道路外侧开始并纵向实施碾压，直至道路中线，碾压时轮距应该重叠。为防止压路机碾压时沥青混合料粘轮现象发生，可向碾轮洒少量水或混有少量洗涤剂的水，保证碾轮适当潮湿。

3. 摊铺沥青混合料的接缝、修边处理和清场

沥青混合料的摊铺应尽量连续进行作业，压路机行驶不得超过新铺混合料的无保护端部，横缝应在前次行程端部切割完成。接铺新混合料时，应在上次行程的末端涂刷适量粘层沥青，然后紧贴着先前压好的材料加铺混合料，注意调整好材料高度，为碾压留出充分的预留量。

相邻两幅及上下层横向接缝均应错位1m以上，横缝的碾压采用横向碾压后再进行常规碾压。

修边切下的材料及其他废弃沥青混合料均应从路上清除。

五、人行道及道路附属工程

根据设计，人行道采用透水砖平铺工艺，其施工剖面从上而下的结构层为：透水混凝土人行道砖、5♯水泥砂浆层3cm、C10混凝土基础厚10cm、碎石基层厚10cm，人行道施工技术措施略。

本标段沿线道路附属工程包括侧石和平石；侧石采用花岗岩块石，规格为800mm×300mm×120mm，平石为C30预制混凝土构件，规格为800mm×200mm×80mm。

侧石、平石施工方法：①放线刨槽，按校准的路边进行划线、刨槽，槽内侧加钉做控制边线，反复校核保证侧平石的高程和曲线，以求平顺、无波浪，曲线圆润无折角；②安放砌筑侧石及平石，在刨好的槽面上放1cm砂浆垫层，按放线高程和位置先安砌平石再安砌侧石、安砌平石的顺序循环施工，用橡皮锤敲打牢固平稳。安放砌筑侧石后，在侧石靠背处用混凝土处理；③侧石靠背处混凝土处理、还土；④侧石与平石结合部位勾缝。

六、雨污水工程施工

（一）技术要求

根据设计路面雨水收纳口的雨水箅子为路沿单侧安置，分别位于道路两侧机动车道外边沿，管道中心线距离道路中心线5m。路口雨水交汇处设置偏沟式双箅雨水口，直线路段设偏沟式单箅雨水口。雨水口采用铸铁箅圈，并设混凝土边框，雨水沉井深度1m。雨水箅子检查井室与雨水连接井连接管采用PE波纹管，链接管单箅、双箅分别采用DN200、DN300波纹管。

雨水管管道选材与接口方式：车行道下的雨水、污水管道采用Ⅱ级承插式钢筋混凝土排水管，在其他地面下的排水管道当管顶覆土大于4m时采用Ⅰ级承插式钢筋混凝土排水管，管道Ⅰ、Ⅱ级钢筋混凝土采用承插橡胶密封垫接口，接口施工方法见《钢管混凝土结构技术规范》GB 50936—2014。

管槽（管沟）底部处理，钢筋混凝土管沟槽处用C10混凝土垫层处理、波纹管沟槽底部用碎石+细砂作垫层处理。回填时两侧同时回填并夯实,钢筋混凝土管道回填至管顶上部 50cm 以上部位至路面回填土部分应按道路回填方案作回填处理。

(二)施工方法

施工工艺如下:

放线──→基槽开挖──→管道垫层──→检查井砌筑──→管道安装──→管道土方回填──→闭水试验──→检查验收。

1. 管沟开挖

根据管线分布和现场勘察结果,本分部工程施工拟采用机械开挖加人工修槽的开挖方法。管槽开挖放坡系数 1:0.30,沟底开挖底宽度应比管道边沿加宽 50cm,以保证基础施工和管道安装有足够的空间。开挖弃土随挖随运出,不影响施工。当出现沟槽开挖深度超过 2m 的地质路段,采用人工开挖并进行沟壁支护,当机械开挖至设计基础底标高 20cm 时,改用人工挖基至设计标高。

2. 地基处理

按规范对基础底部整平处理,如果部分地段出现地质情况或承载力不符合设计要求情况,应及时与业主、监理工程师及设计单位协商,根据实际情况采用重锤夯实、换填灰土、填筑碎石,以及排水降低水位等方法作处理,经复查达到设计及有关规范标准后再进行基础施工。

钢筋混凝土管基础一般采用 135°和 180°混凝土带状基础,混凝土强度等级为 C10。

3. 管道安装

钢筋混凝土承插管道安装,采用汽车吊吊装管体的方式进行作业,两管承插安装使用挖机抓斗辅助方式。波纹管安装用人工安装。

4. 土方回填

回填前应排除积水,并保护接口不被损坏。回填填料符合设计和规范要求,管道两侧和检查井四周应同时分层、对称回填夯实。基础外围填方宜采用灰土回填,并控制回填土的含水量至最优含水量。回填时,管道两侧填筑要交替进行,每层虚铺厚度不大于 30cm,且两侧对称填筑、分层进行填筑、逐层夯实。管道胸腔部分采用人工或蛙式打夯机夯实,每层用 15cm 回填填料分层填筑夯实,管顶以上部分用蛙式打夯机夯实,每 30cm 后用回填填料分层填筑夯实,回填夯实密度严格按回填土标准执行。

5. 检查井、雨水口施工

检查井施工应与管道施工同步进行,检查井基础与管道基础同时浇筑,排水管检查井内流槽应与井壁同时砌筑,表面采用水泥砂浆分层压实抹光,流槽与上下游管道底部接顺。检查井室砌筑时应同时安装好踏步,安装踏步后再砌筑砂浆,未养护达到强度前不得踩踏。

检查井与雨水口砌筑至设计标高后,应及时浇筑或安装顶板、井圈,盖好井盖。雨水口安装位置应符合设计要求,不得歪扭,井圈与井墙吻合,井圈与道边侧石、平石连接自然。

(三)排水管管道的闭水试验

排水管道闭水试验按规范中的方法进行,即在试验段内灌水,井内水位不低于管道顶部上 2m(一般以一个井段作为一段试验段)。用 1:3 水泥砂浆将试验段两井内的上游管口砌筑 24cm 厚的水泥标砖堵头,并用 1:2.5 砂浆抹面,将管段封闭严密。等养护达到强度后（一般养护3～4d）再进行灌水试验。

七、桥梁施工

本工程桥梁施工地段分别在两个工区，其中一工区施工段有桥梁三座，分别位于里程桩号××.×××、××.×××和××.×××；二工区施工段的道路桥梁共有两座，分别位于××.×××和××.×××。考虑到本工程施工特点，项目部独立设置技术及管理团队，该单位工程由项目部总工程师负责具体的施工过程。根据设计图，一工区的两座桥梁均为正交预应力钢筋混凝土简支空心板桥、一座桥梁为斜交预应力钢筋混凝土简支空心板桥，二工区两座桥均为正交预应力钢筋混凝土简支空心板桥。桥梁下部结构采用钢筋混凝土双柱式桥墩及重力式桥台，基础采用机械钻孔水下混凝土灌注桩，孔径1400mm。桥梁工程具体的施工方案如下：

（一）钻孔灌注桩基础施工

根据设计及桥梁处地质构造特点，河流处淤泥较厚且勘察中发现地下水丰富，存在部分流沙段。本工程桥梁桩基施工方法采用钢桶护壁冲击成孔施工工艺，以避免冲击成孔中流沙引起的塌孔现象。机械采用75kW电振动打桩机，该机械采用50T履带吊作为起吊设备，打击桩锤与钢护筒采用法兰连接定位。

1. 桩位测量定位

全站仪放样，桩位采用预先地面混凝土浇筑预成孔，孔位置及其直径与设计直径一致，孔深度大约为60cm。

2. 钢护筒测量定位放置

混凝土预成孔养护成型后，打桩机自行移动到桩位，并用全站仪复核位置无误后，垂直起吊钢护筒到预设的孔位中。

3. 钢护筒的下沉

为保证钢护筒能顺利下沉到岩层中去，应尽量减少中间停顿时间，防止淤泥和流沙层的固结而加大下沉的阻力，从而增加护筒下沉的难度。

4. 冲击锤钻孔

钻孔作业必须连续进行，不得中断，开始钻进时适当控制速度，护筒顺利下沉时再进入正常钻进速度。当钻进深度到达设计要求时，对孔径、孔深度等进行检查确认，填写终孔检查表，经监理工程师复查认可后，进行清空和灌注水下混凝土的准备工作。

5. 钢筋笼制作及吊装就位

钢筋笼制作严格按设计要求，材料进场时建立台账并对材料质保资料做详细记录。钢筋等按检验批做检验试验。

钢筋笼在现场制作完成，为使钢筋笼具有足够刚度和稳定性，便于运输和吊装、灌注水下混凝土时不致松散、变形，加工制作钢筋笼时应每隔2m增设加固钢筋一道。并在骨架上焊接吊环，骨架主钢筋外侧焊接足够量的定位钢筋，以控制混凝土保护层厚度。

钢筋笼吊装时，应准确就位，至设计深度时加以固定，待水下混凝土灌注完毕并初步凝固后方接触钢筋笼的固定设施。

6. 导管

采用法兰盘接头导管，吊装导管前先试拼，检查连接牢固性，并对导管进行密封试验。导管应垂直吊装，并使之位于井孔中央，在混凝土灌注中导管应顺利升降，以防导管卡住。

7. 灌注水下混凝土

(1) 导管吊装下口至孔底距离 20～40cm 时停止，进行灌注前冲洗导管试验。

(2) 首批灌注混凝土的数量应满足导管埋入混凝土的深度不小于 1m，作为封底混凝土。检查封底情况，确认封底成功后进行正常混凝土灌注。

(3) 灌注应连续有序进行，尽可能缩短拆除导管时间。灌注时使混凝土匀速下降，防止在导管内形成高压气囊影响混凝土沉降。当孔内混凝土面接近钢筋骨架时，使导管保持稍大的埋深，并放慢灌注速度。

(4) 灌注结束时，进入导管的混凝土量应减少，使导管内混凝土压力降低，导管外井孔的泥浆因比重增大，会使混凝土顶升困难，可在井孔内加少量水，以使泥浆比重降低，使灌注顺利进行。

(5) 为确保桩定混凝土质量达标，混凝土灌注至桩顶设计标高 1.0m 以上。

(6) 灌注时按检验批标准，及时制作同批次混凝土试块。

(7) 当灌注完成后立即拔出钢护筒。

8. 桩基检测检验

桩基质量检验主要按照规范进行桩基质量检测检验。主要进行桩的静载荷试验和超声波低应变检验两项，以检测桩基竖向抗压承载力和桩的完整性。如果超声波完整性检验的结果无法取得满意结果，也可以采用桩钻心法在实验室内进行进一步检测。

桩基检测方法参照《建筑基桩检测技术规范》JGJ 106—2014 规范确认检验批数量和质量判定标准。

(二) 墩台（承台）台身施工

1. 桩头破桩

桩基养护完成，对检验合格的桩基的桩头部分进行破桩，使桩头钢筋完全暴露出来，钢筋露头长度满足设计与规范关于不同规格钢筋搭接长度要求。

2. 模板工程

(1) 模板制作。采用整体钢制模板，选用 5mm 厚钢板做模面，框架用 75°角钢，加劲肋用 120 型槽钢。模板要求表面平整，尺寸偏差符合设计要求，且模板具有足够的刚度、强度和稳定性，拆装方便，接缝严密不漏浆。

(2) 模板及支架安装。支架立柱应在两个相互垂直的方向加以固定，支撑部分必须安置在可靠的地基上，支架结构的立面、平面均应安装牢固，能抵挡振动棒的偶然撞击。模板安装完好后，检查轴线、高程符合设计要求，固定模板，保证模板在混凝土灌注过程中不变形、不移位，模板内干净无杂物。

3. 钢筋的制作

(1) 进场使用钢筋应附有质检报告，钢筋表面清洁，无油腻、鳞锈等。钢筋加工制作时的下料、钢筋的弯制加工等符合设计要求。

(2) 成型钢筋安装时，桩顶钢筋与承台或墩台基础钢筋的锚固严格按规范和设计要求连接，使桩与台身钢筋连接牢固，形成一体。

(3) 基底预埋钢筋位置准确，骨架绑扎中适量放置垫块，以保证钢筋在模板中的位置准确和保护层厚度达到规范和设计要求。

4. 混凝土浇筑

使用有资质的混凝土搅拌站的商品混凝土，根据设计要求，项目部出具经监理工程师审核的混凝土配合比，商混站按其配合比加工混凝土并运输到施工地点。混凝土浇筑时采用混凝土泵车泵送混凝土入模，插入式振动棒捣固的方式作业。

浇筑前对进场混凝土的均匀性和坍落度进行检查。浇筑混凝土使用脚手架应做专项检查，以保证施工安全。

混凝土浇筑用分层浇筑，厚度不应超过 30cm，每层浇筑中振动达到标准时间后，边振动边徐徐提出振动棒，避免振动棒碰撞钢筋、预埋件和模板。每次振捣的部位必须振动到该部位混凝土密实为止，即混凝土不再下沉、不冒出气泡、表面呈现平坦、泛浆。

混凝土的浇筑应连续进行，如因故间断时，其间断时间应小于前层混凝土初凝固时间或能重塑的时间，若超过间断时间，再次浇筑必须采取措施或按工作缝处理，以保证混凝土质量。

浇筑过程中，随时观察预埋螺栓、预留孔、预埋支座等的位置是否发生移动，若发现移动时及时校正。如果发现模板、支架支撑出现变形、移位或沉陷应立即加以校正并加固处理后方可继续浇筑。

待养护成型拆模后，及时用塑料薄膜包裹成品并定时洒水养护。养护到期后对墩台位置等进行测量检测，并用墨线划出各墩的中心线、支座十字线、梁端的位置等。

(三) 梁体工程施工

预应力空心梁板采用现场加工制作的方式。其加工过程及技术措施为：

1. 预应力空心梁板材料要求

混凝土按设计要求采用 C40 混凝土，预应力梁板预制钢筋采用预应力钢绞线（规格 $\phi^1_{15.2}$），普通钢筋采用 HRB335、HRB400 级钢筋，其他材料必须满足设计要求。

2. 梁板预制

后张法预应力梁板预制场地规划合理，便于施工。对台座范围内的土层采用掺灰换土并振压以增加场地承载力，场地周围采取排水措施，防止场地产生沉降。

（1）梁板预制

模板采用定性钢模板，模板强度、刚度满足施工要求，尺寸准确，便于安装和拆除。模板缝隙严密排列整齐，浇筑前清理模板。内膜及气囊质量达标，气囊使用次数不超过规范。

浇筑混凝土前，先由项目部验收合格并报请监理工程师检查验收合格后签署混凝土浇筑令。

钢筋加工制作严格按设计与规范进行，搭接、锚固必须满足设计规范要求。绑扎钢筋放入模板时检查位置和保护层，内膜气囊小心装入，且位置准确，不得产生折叠和不到位情况。监理工程师做工序检查。

混凝土浇筑和振捣。混凝土按分层、连续浇筑完成，混凝土振捣尽量采用侧模振捣工艺，应防止插入式振捣棒接触模板和钢筋，以免破坏或使模板变形。

混凝土达到一定强度后拆模进行正常养护。

（2）预应力张拉

预应力钢筋张拉顺序应对称，当同时张拉时，两端不得同时放松，先在一端锚固，再在另一端补足张拉力后进行锚固。两端张拉力应一致，二端伸长值相加后应符合设计规定要求。

当张拉长束因千斤顶张拉活塞行程不足需要多次张拉时，应分级张拉。中间各级临时锚固后，重新安装千斤顶并重新读表和测量伸长值后继续张拉，避免形成伸长值测量累计误差。

预应力张拉时应均匀缓慢升高千斤顶油压值，逐步张拉至控制应力。张拉过程中的预应力张拉程序为：

$0 \rightarrow 20\% \sigma con$（读伸长值 L2 并作记录）$\rightarrow \sigma con$（读伸长值 L3 并作记录）$\rightarrow$ 卸载至零

即：张拉值控制顺序初应力时，量取千斤顶活塞的伸长量 L1，张拉达 20%con 时再量取千斤顶活塞的伸长量 L2，二者之差为钢束的实际推算伸长量值。张拉达 100%con 时再量取千斤顶活塞的伸长量 L3，L3 与 L1 二者之差为钢束的实际张拉伸长值。实际张拉伸长值与实际推算张拉伸长值之和与理论伸长比较，其误差不超过 ±6%，否则应停机检查原因，予以调整后方可张拉，必要时进行处理。预应力张拉的理论伸长量计算按规范要求进行，采用平均张拉应立法计算。

3. 预应力梁板的安装

根据梁板质量，决定采用 750kN 汽车式起重机吊运安装，运输采用平板车运输。预制梁板运至现场后，起重机起吊梁板到支架上，调整支架高度，使梁板位置及标高达到设计与规范要求。

（1）架设方法的选择。根据本公司相同工程施工经验，拟采用双吊机吊装法使梁板逐步安装就位。吊装前对梁盖、梁板等构件检查评定质量合格，对支座受力位置等进行检查。起吊场地、设备等检查后，报请监理工程师批准后正式进行梁板安装施工。

（2）梁板安装施工顺序。测量放样→安装支座→平板车梁板运输就位→汽车吊机安装就位→双机挂吊梁板两端→起吊到位→验收→横向钢板焊接。

起吊前，所有支座、梁板上测量放线用墨斗线划出支座纵横中心线及轮廓线，梁板中心线，以确保支座安装位置的正确和梁板位置的准确，放线时应考虑桥梁纵坡对平面跨径尺寸的影响。

梁板就位时，在梁板侧面的端部挂线锤，根据墩台顶面标出的梁端横线及该线上的标出的边缘点来检查和控制梁的顺桥及横桥向正位。局部细微调整可以用千斤顶完成。梁板的顺桥位置以固定端为准，横桥向位置以梁的纵向中心线为准。

（3）由于梁板安装属于悬空作业，同时考虑到桥梁跨径、吨位、场地等因素，给施工带来的一定风险。梁板安装时应该有专人统一指挥，现场特设专职安全员一人负责现场安全事宜。吊装指挥员统一信号，在起吊、梁板横移、梁板下放时必须速度缓慢、匀速，严禁忽快忽慢或吊机突然制动。

（4）桥面施工

梁板安装工作完成后，将梁板预留的钢筋拉直，并且将梁—梁间钢筋按规范要求搭接绑扎。整个桥面上部钢筋网按设计要求进行加工制作并绑扎成型，绑扎时注意搭接锚固。安置模板后，进行混凝土浇筑并正常养护。

桥头应安装伸缩缝，桥面混凝土初凝前进行收浆拉毛，用土工布覆盖进入养护阶段。桥面施工完毕并使混凝土养护达到一定强度后，进行防撞护栏施工，防护栏按设计要求采用花岗岩石材制作而成。

八、照明路灯施工

根据设计文件，本工程道路照明采用普通高杆高压钠灯方式，灯杆位置位于快车道与慢车道分割绿化带内。照明安装工程主要内容及技术措施方案如下：

1. 电缆敷设安装

（1）电缆预埋管安装

电缆预埋管采用阻燃性 PVC 导管，导管连接采用热熔焊接工艺，导管预先埋设在道路绿化带内，预埋深度不小于 50cm，与灯杆基座连接采用套管连接工艺。

（2）电缆导管管口引出与保护

电缆导管内穿以直径不小于 2mm 的镀锌铁丝，在电缆导管终端引出口挂设标签，标签上注明该电缆导管的名称和起讫处，以便后续电缆的敷设施工。电缆导管管口采用塑料包装堵封保护。

（3）电缆线安装

按照设计关于电缆型号、规格的要求，将电缆与预先穿入预埋导管内的镀锌铁丝连接，直接牵引铁丝将电缆传入预埋管内。进入灯杆接线盒内的电缆按规范分相与灯杆内相关电线连接。

灯杆接地线埋设深度不得小于 60cm。灯杆接地采用扁钢接地方式。

2. 灯杆安装

（1）灯杆基座施工

在绿化带内进行灯杆基座基础开挖，至设计标高后，将按规范要求绑扎好的灯杆基座钢筋笼放入基础。基座预埋螺栓，该螺栓用胶带绑扎保护；钢筋笼内预埋电缆导管。按设计要求的混凝土强度等级进行混凝土浇筑。

（2）灯杆安装

路灯安装使用的灯杆、灯臂、抱箍、螺栓、压板等金属构件应作热镀锌处理，防腐、防锈处理符合国家相关规范规定。螺母固定宜加垫片和弹簧垫，紧固后露出螺母不得少于两个螺距。

（3）照明灯具的安装

按设计要求的灯具种类和功率、型号等进行照明灯具的安装。

3. 照明控制柜的安装

按设计要求分别在道路两侧快、慢车道绿化带内安装照明控制柜各一部。设备进场后材料员应开箱检验，报经业主与监理工程师同意后方可进行安装。电器柜等的机械闭锁、电气闭锁动作应准确可靠，遇隐蔽工程时应提前通知业主与监理工程师验收合格后才能进入下道工序。

电缆敷设后，进行设备柜基础施工，施工时预留好固定电器设备的螺栓构件。设备固定后，连接电缆线，电线进入配电箱、控制柜和接线盒等应有保护套，线缆在管内及设备内部不能有接头和缠绕。

4. 照明分部工程的验收交工

通电后照明检验，待合格后提请监理工程师组织分部工程验收。

九、路面交通标识线与标牌施工

1. 道路分道线施工

标线使用的涂料、漆料按要求采用热熔反光涂料，严格按《道路交通标志和标线》GB 5768—2009 标准执行，进场材料形式检验报告、合格证等齐全。道路交通标线控制点放样后，报请监理验收。

标线涂料采用热熔标线涂料及底油，采用标线施工车辆法施工。施工时严格按《路面标线涂料》JT/T 280—2004 标准进行原材料的配合。喷涂或涂刷标线前，道路表面进行彻底清洁、并等路面干燥后才能进行作业，喷涂标线或涂刷标线时应设立警示牌防止车辆在未干的涂漆面上驶过。

用热熔型标线机施工时，热熔釜中料温度应在 $180 \sim 200 ℃$，根据放样通过料斗将涂（漆）料均匀地涂在底漆干燥的路面上。挂涂后立即用玻璃微珠撒布器均匀地将玻璃微珠均匀撒布在刚挂涂的涂料上。

2. 交通引导线施工

施工方案同分道线，略。

3. 人行横道线施工

施工方案同分道线，略。

4. 交通标牌施工

交通标牌采用标准专业厂家订制加工方式，标牌底版及反光油漆等严格按规范进行生产。按设计要求，在标牌安置处进行基础及固定螺杆的施工，在标杆基础混凝土强度达到 70% 以上后，才能进行标志杆安装。门架安装以高空汽车吊为工具，安装时先拼装立柱和横梁，然后再起吊安装，采用经纬仪校正，拧紧各部件螺栓，吊装标志板。最后，采用机械起吊定位安装。

十、景观绿化工程施工

1. 放线与地形塑造

根据设计图纸将分隔带内各种绿化树种的位置标示出来，对于绿篱灌木带则画出种植区域。对于有些大树种植时存在土层厚度要求的，根据规范要求进行土壤的塑形作业以满足大树生长。

2. 土质要求

种植土按规范要求，其土质 pH 值为 $5.5 \sim 7.5$，不含建筑和生活垃圾。回填种植土深度乔木需大于设计中最大乔木栽植土球周围 80cm 的合格土层、灌木要求大于 50cm 厚、草坪与地被植物大于 30cm。地面施有机肥料后应进行一次 $20 \sim 30$cm 深的翻耕，将肥料与土壤充分混匀。乔木、灌木栽植时可将土肥在穴边预先混匀后，再依次放入穴底和种植池。

3. 苗木栽植

种植穴位置、规格要符合带土球的种植穴比土球大 $16 \sim 20$cm、穴口深度一般比土球高度稍深 $10 \sim 20$cm 的原则，种植穴上下口大小口径一致，禁止挖成尖刀穴。

定植时将苗木放入穴内使苗木居中，再将树木立起扶正，使苗木保持垂直。然后分层将种植土回填并夯实，保证土面能够盖住树木的根茎部位。初步栽好后应检查树干是否保持垂直、树冠有无偏斜，如有及时扶正并加上种植土。最后将余下的种植土绕根颈一周培土、起浇水堰。定植后浇第一遍水，最后用木棍、毛竹或钢管等扶正固定。

第五节 施工进度计划安排

一、编制依据

（1）招标文件、设计图纸和工程量清单，项目管理规划大纲；

（2）施工现场条件、施工点地质条件；

（3）相关分部工程施工技术规范、验收标准；

（4）劳动定额、机械定额、工期定额；

（5）公司现有技术力量、施工班组劳动力现状、施工机械队伍及设备情况；

（6）本公司以往相同工程施工经验。

二、施工进度总体安排

项目经理部将组织相关单位，在项目总工程师带领下，按合同工程量清单要求严格执行公司和项目部经理指令，按照本工程施工内容，采取"先节点性重点工程，后一般性工程"及严格按工程施工工序的原则。结合本工程情况，先进行施工试验段的作业，按工程量清单和相关规范，施工图纸和规范要求进行道路工程的施工试验段施工，根据试验段成果组织施工车辆和工序，质量检验等。并以此为依据进行施工总进度计划和各分部分项工程施工进度计划的编制与安排。桥梁施工进度计划严格按工程量清单及施工定额编制进度计划，进度计划分为项目总体进度计划、两个施工工区进度计划和桥梁施工进度计划。

根据合同工期，本工程总工期确保在开工后×××个日历天内完成合同内全部工程内容，确保工程顺利竣工。进度计划安排见附表。

三、施工工期保证措施

（一）工程进度控制的管理措施

1. 施工进度事前控制

（1）以施工机械进场计划安排施工材料、各施工队进场、设备机具的进场。

（2）对关键工序或特殊施工分项工程编制相应的施工进度计划，制定相应的节点，编制节点控制计划。如桥梁分部工程中的桩基工程就必须制订出详细的节点控制计划，以保证施工质量和进度计划的实施完成。

2. 施工进度事中控制

（1）制订各工区和桥梁施工点施工的进度计划、季度计划、月计划。在施工过程中项目部严格按已经制订的施工进度计划检查各工区施工进度情况。

（2）项目部每周定期召开一次协调会，协调施工过程中发生的矛盾和存在的问题，对于外部因素的干扰及时向监理单位和业主代表反映。协调会上各施工队汇报进度，项目部经理按每周进度要求检查完成情况，并布置下周施工生产进度。

（3）项目部主要管理人员在收工前检查各施工点情况，施工结束前项目部召开一次碰头会，协商解决当天出现的问题。

（4）根据施工现场实际情况，及时修改和调整施工进度，并定期向业主、监理单位和设计单位通报工程施工进度情况。

3. 施工进度事后控制

根据施工进度计划，及时组织公司有关部门进行分项工程验收与交工。项目部资料员定期整理有关工程进度的资料进行汇总编目，建立完善的管理档案。分部工程施工完成后进行组织验收，并报请监理单位组织进行分部工程的验收与交工。

4. 施工进度管理措施

（1）根据施工组织设计方案要求和进度控制计划、劳动力、机械需求计划，按期组织施工队伍的机械、人员进场作业。项目部与各施工队伍签订施工管理责任书，建立相应的管理制度。

（2）公司选用具有长期合作关系的劳务商作为评审和选择对象，施工机械尽量选用较新出厂的机械设备。

（3）对劳务企业的管理通过项目部按月对劳务企业作业签发《合同履约单》，安排施工任务，并检查监督各作业队的施工质量、安全生产和现场用料情况。通过奖惩措施，激励工人工作积极性。

（4）项目部在后勤保障上建立相应规章制度，保证施工人员的生产、生活安全高效。

（二）组织保证措施

项目经理部组织工程师和相关技术员积极参与业主举行的图纸会审，根据现状、图纸审核和项目部技术交底中发现的问题或交代不清楚的内容进行整理，将问题与监理单位协商后，与设计单位沟通解决。

为确保施工工期计划，项目经理部技术负责人应优化施工方案，通过调整施工机械配备、劳动力计划，以及各种材料的购置调运计划，制订出切实可行的施工工期计划网络图，并根据施工过程中出现的各类情况，调整施工网络计划，满足缩短工期的目的。

为保证桥梁施工工期，项目部在必要时可通过增加模板套数的措施，加快施工进度。视工程施工进度需要，公司承诺将确保相应设备和材料的采购与供应，保证工程施工顺利进行。

定期召开项目经理部会议，对本工程施工进度、物资、劳动力、资金和设备进行总调度和平衡，解决施工过程中的各类矛盾和问题，使本工程顺利进行。

充分发挥我公司施工组织管理的优势，组织多支成建制的作业队，由项目经理部委派管理人员按工序、分区域、作业段交叉施工，进行全过程监控，确保工期目标实现。

项目部根据进度计划安排，提前计划出满足施工需求的资源量，并上报公司计划采购部门及时采购设备、材料，根据计划及时采购进场，并安排专人看管。安全员配合施工技术员做好用电、用水工作，使工作进展顺利。项目部经理积极协调好当地居民工作，并与监理、设计单位协调好关系，使工作中减少纠纷，加强配合。

（三）总体技术措施

为了确保工程合同工期按期完成，本监理部将采取如下几项技术措施，确保完成施工任务：

（1）项目部经理和技术负责人认真审阅图纸，熟悉施工步骤和抓住施工要点，及时对班组进行技术交底等，确保施工严格按规范施工，保证质量，不返工、不费工。在分项工程的关键工序施工时，及时向监理工程师沟通报验，做到及时验收交工。

（2）运用网络计划技术原理编制进度计划，确保关键线路上的关键工作能按计划完成。必要时项目部每天根据检查的关键工作进展情况，及时调整施工相关资源的使用和配合。每天根据施工情况，汇总后经项目经理进行比较分析，调整进度计划，确保施工总工期。

（3）出现施工实际进度比计划进度慢时，在确保总工期不变的前提下，项目经理部将通过增加劳动班组数量（增加劳动时间，实行三班倒工作方式等）、调配增加施工机械或使操作人员轮休而机械连续工作的方式提高工作效率，以达到保质量、抢工期的目的。

（4）建立施工进度实施组织系统，进行施工任务目标分解，把目标落实到施工队伍、作业班组甚至每一个施工人员身上。项目部与各班组签订任务书，明确各班组任务目标，通过奖罚制度，促进班组能按质按期完成各自的施工任务。

（5）及时收听天气预报，抢晴天，抢雨水间歇期，抓住有利时机，环环相扣，步步为营。雨期施工应适当调整计划，并挖好排水沟，尽量减少雨水对施工进度的影响。

（6）根据施工进度变化情况，及时安排施工机具、设备等进场。在重要施工节点，根据施工要求，统一协调安排施工队伍的人力、机械，确保设备和材料合理配置、互相配合、协调，保证整个工程的工期。

第六节　质量保证措施

一、质量管理目标

本项目的质量管理目标是：单位工程合格率100％，优良率95％以上，在施工现场中接受业主、监理和设计部门的业务指导，确保合格工程。

二、质量保证措施

1. 建立健全质量管理体系

项目经理部建立质量领导小组，安排专职质检员2名，各班组负责人兼职班组质检员。各工序班组进行自检，互检后再交由质检员进行专业质检，检查合格后报监理工程师检查。

2. 建立施工前的技术交底制度

做好图纸会审工作，坚持按图施工和按相关规范施工。做好技术交底，落实质量管理计划，项目部技术负责人负责对施工队伍、班组做好施工内容的技术交底。

3. 材料进出场、工序等的验收关

严把材料质量关，各种原材料、半成品、成品必须附有出厂合格证，原材料必须按检验批标准取样送实验室试验合格后方可使用，杜绝使用不符合规范要求的材料，认真做好隐蔽工程和各分项工程的检查验收前的内部检查验收，做好质量评定。

4. 制定质量保证的相关制度

制定各分项分部工程质量保证措施，并在施工中狠抓落实。建立质量奖惩制度，强化全员质量意识，把工程质量优劣与职工报酬挂钩。掌握工程施工过程中的质量动态，项目部做好内部资料整理工作。

5. 建立施工资料归档管理制度

凡本工程进行中产生的所有文件资料，包括经工程师批准的施工图纸和合同，有关的通知、指标、要求、请求、同意、决定、证书、证明等相关各方往来函件，以及经工程师签发的各种报表等文件全部由专职资料员归档管理。

在施工过程中，施工员要逐日做好施工记录（包括图片、照片、录像资料），对各道工序施工质量的检查记录、检测报告和整改文书等做到手续齐全，经责任人签字后分类归档，凡本工程所使用的商品混凝土、钢材和其他材料，以及各类外协件等所有材料合格证书、质保书、试验报告经检验无误后存档。文件资料的收集和保管按规定程序进行，由资料员负责保管，以免发生遗漏和丢失。

三、质量保证体系

项目部建立项目技术负责人负责的技术、工序质量保证体系。

1. 技术保证体系

（1）认真做好图纸会审工作和技术交底工作。施工前必须对施工图纸认真学习、仔细审查，及时发现其中存在的问题或矛盾之处，提请监理工程师作出修改，不注意研究施工图纸的正确性是不能保证工程质量的，因此，图纸会审是一项极其严肃的重要技术工作。

（2）认真编制施工组织设计和施工技术措施设计。重要的分项工程开工之前编制详细的工作程序，所编制的施工文件均应报请监理工程师审核，经批准后实施。

（3）项目部定期召开工作总结会，使参与施工任务的技术人员、工人和其他人员各自明确所担负工程任务的特点、技术要求、施工工艺、规范要求、质量标准、安全措施等，做到心中有数，各负其责，权限分明。

（4）测量放线由施工负责人具体负责实施，严格控制边界及高程，做好现场施工管理，测量数据按制度严格把关，认真管理。

（5）施工过程中，严格执行规范和操作规程。

2. 工序质量保证体系

按工序质量要求制定标准化作业程序，保证各道生产工序合格。各工序完成后都必须通过班组自检、互检，项目部质检员专检后，报请监理工程师核检，达到标准后，方可进行下道工序的施工。

通过试验段施工对比结果正确配置施工机械，做好施工前和施工中的机械设备的维修保养工作，使机械设备经常保持良好状态。

正确合理地确定施工方法、工艺流程安排、工序间的衔接，保证工艺流程的最优化，预防质量问题的出现。

3. 质量保证体系

项目经理部坚持以全面质量管理，建立健全对内质量管理、对外质量保证的质保体系，理顺内部、外部纵横关系，从开工到竣工做到硬件与软件并重，争创优质工程。

（1）建立明确的岗位责任制和承包奖罚制，奖罚分明，工程结束后，坚决按奖罚协议兑现。详见质量奖惩措施章节。

（2）建立项目经理领导下的，由技术管理、施工管理、质量管理、物资管理、安全管理、文明环保管理组成的完善的组织网络，明确工程质量必须达到优良级。详见施工组织措施章节。

（3）明确建设单位对工程优良级的规定，上下一致，共同努力，要通过各种途径提高广大职工对优良级工程的深刻认识和高度重视，保证优良级工程不折不扣地实现。

（4）实行全面质量管理教育，对全体职工进行质量意识、质量管理知识普及教育和技术培训，对本工程施工的质量管理要求达到清楚、对技术措施会用的要求，在工作中严格执行。

（5）按照计划、实施、检查、处理四个阶段（PDCA）开展质量管理活动，并发动职工积极参加管理活动，提高企业素质。

（6）及时做好工程质量确认及隐蔽工程的签证工作，加强与监理部门的衔接与协调。

4. 全面质量管理

（1）全面质量管理的要义

项目经理部要求施工队伍严格树立"为用户服务"和"下道工序就是用户"的观点，要求施工质量高标准，工作质量严要求，工程质量达到规定优良标准，发现问题要在本工序解决，不给下道工序留麻烦，保证用户满意。

树立以预防为主，把产生不符合质量要求的因素消灭在生产过程之中，在生产过程中保证质量，其中人、设备、材料、方法和管理都直接影响施工质量，要求这五个因素都能符合要求并相对稳定。

全面管理就是全过程、全企业、全员的管理，要求施工人员都必须"从我做起"，以坚持自检、互检、队组开展质量管理小组活动，使质量管理落实到每个施工人员身上。

（2）全面质量管理的方式

制定详细而明晰的施工组织设计指导工程施工。选定恰当的组织形式，建立相应职能部门，发挥专长，推动全面质量管理。坚持科学的管理方法，检查管理施工预控质量执行情况，以保证施工质量。各级职能机构充分发挥指挥、调度、领导生产活动的职能。PD-CA循环要不断运动，不断提高，自我完善。

四、工程施工质量控制点及方法

（1）熟悉和掌握施工图纸，做好图纸会审和技术交底。

（2）选择技术过硬的施工队伍，合格的材料供应商。

（3）施工员在项目部专业工程师指导下根据试验段取得的机械配置方案，检查机械、车辆配备情况。

（4）施工员组织施工班组对各自负责的施工质量进行自检，发现问题立即整改。如果出现争论则由项目技术负责人协调解决。项目部技术负责人、项目经理进行现场检查，核查工程隐蔽、预验收过程。

（5）隐蔽工程在隐蔽前必须进行验收，只有通过隐蔽验收合格才能进行隐蔽。分项工程完成后由施工员先行验收，然后由质检员核定质量等级。分部工程质量验收在分项工程验收验评的基础上由公司质检部门会同项目经理进行验收。

（6）采购并确定进场的材料、预制件、设备的质量，对影响工程质量、使用功能及观感的材料设备进行预控。

第七节　冬、雨期施工措施

由于道路工程施工受天气状况影响较大，尤其是在冬季、雨季施工时，往往会因雨水导致施工过程中断。从公司确定安排的施工工期看，提前或按期完成施工合同工期是一个非常艰巨的任务。为了优质、有效地完成施工任务，项目部特制定出冬、雨期施工的措施。

一、冬、雨期施工措施

（1）认真分析研究各单位工程的作业量和施工点情况，对影响施工及制约工期的因素进行专题分析，做出周密的施工进度计划，在施工中严格按照计划施工，如出现不符合施工计划的情况，及时分析原因，并提出补救措施。

（2）施工内容中桥梁施工是影响本工程的节点性工程，为此本项目部计划在道路分部工程施工中采用多点、多部机械同时施工的方式，桥梁施工中的桩基先期施工，采用两个作业点各安排两台机组作业。待桩基工程检验合格后，桥台（桥身）施工同时开工，由两个施工队伍展开施工质量、工期的竞赛。

（3）在道路施工分部工程中，地下管道的施工是最为关键的工程内容。在施工安排上本公司拟采取在施工点多投入机械，分段开挖等方式。在处理各种管道平面流水交叉作业时，采取先施工雨水管道、后污水管道的方式，分段开挖、分段、安装施工，及时回填。从而保证给市政给水和燃气管道等外部专项施工提供充足的工作面和时间。项目部可以通过及时插入施工的方式，见缝插针，争取缩短地下管道的施工工期。

（4）在水泥石粉稳定层施工中，充分利用机械化作业的优势，采用以机械摊铺为主、挖机与人工摊铺为辅的作业方式。摊铺作业可以划分为四个作业点，在施工标段的中部本公司拟自建水泥石粉稳定拌合站，运输车辆综合调度，以保证摊铺作业大面积展开，一次性完成。这样既缩短了工期，又节约了成本。

（5）桥梁施工如果在冬季进行，混凝土中需要添加混凝土抗冻早强外加剂。拌合站对骨料进行覆盖以防止冰雪引发冻结。浇筑完成后及时覆盖草栅（帘）保温，必要时搭暖棚保温。延长拆模时间，待混凝土强度达到其允许受冻的临界强度时再行拆除模板。

（6）沥青混凝土路面施工采用专业化施工公司分包的方式，分包公司具有大型沥青混凝土拌合站、专业运输车队和大型沥青混凝土摊铺设施，通过专业化的施工，可大大地加快路面施工进度和提高施工质量。

二、具体方法措施

（1）道路路基土方施工尽可能地避开雨季。根据本招标工程地点的气象特点，在本工程开工后的4、5月份为少雨季节，通过在这段时间的加班加点施工，可以完成土方施工总量的85％，为完成土方工程奠定基础。

（2）路基土方的雨季期施工时，通过采取施工中土方回填压实中每层表面横坡不小于3％的设计，以便横向排水。同时在施工作业中通过如下措施控制施工速度：运土量，随挖、随运、随平、随压实的作业流程。如果遇到降水，采用先快速粗平土层并压实方式，防止雨水灌透土层延长摊晒期。同时禁止在雨天路基上行车，对已经成型的路基及时做好纵、横向排水和截水沟的开挖，保证路基不进水、不浸泡。

（3）雨季时管道基槽随挖、随安装管道并及时回填压实。开挖形成的弃土堆放应远离沟槽，以免下雨造成塌方。形成的沟槽底部设置排水槽，并及时用抽水机抽出集水坑内积水。

（4）如果在水泥石粉稳定层施工中，材料铺设完毕尚未碾压成型时遇到雨水，应做好排水工作，保证石粉内不积水，以免造成因含水率过大引起的泛浆，使水泥流失。

（5）沥青混凝土路面施工禁止在雨期施工，在冬季气温低于10℃时也禁止施工。

第八节　职业健康与安全文明施工措施

创建文明工地、推行文明施工和文明作业是确保工程安全生产、树立企业良好形象的关键。创建文明工地不仅是管理性很强的工作也是技术性很强的工作，公司、项目部、施工队伍三方面通过签订管理协议，使措施落实到人。

一、现场容貌环境管理

施工现场道路畅通，桥梁施工区施工场地做硬化处理、周围设置排水系统，并保证排水系统畅通。道路土方施工无积水和临时给水管线无滴漏水现象，工地与外围便道搭设安全防护围墙。

工区及项目部门口树立施工"五牌一图"，入口处搭设铁门并设门卫，张挂门卫制度。各作业施工车辆收工后，所有机械车辆按类型在施工点按划定区域停放。维修服务区设置在一工区大院中。

施工道口与周围道路交汇处用钢管搭架，并悬挂明显的标示牌。如果出现有高差时一定要维护起来。

桥梁施工作业区各种原材料、构件均按施工平面图分区域堆放，预制场区和桩基施工区用钢管架维护起来，并将施工道路适当硬化，以利于载重混凝土罐车和泵送车辆通行。

二、办公、生活区卫生

办公区及生活设施区活动板房严禁私自乱接电线和使用电器，由公司统一安装空调或电扇解决。工地设男女宿舍和男女厕所，安排专人保洁员定期做好卫生保洁工作。

食堂卫生要符合《食品卫生法》相关规定，对食品加工人员定期统一进行卫生体检。

三、分工标志管理

现场管理人员和工人带粉色安全帽，现场指挥、管理人员佩戴分工标识卡，危险区施工设置值班人员佩戴安全值班人员工作卡。

四、现场防火管理

作业点采购并设置消防用沙桶、灭火器材，办公与生活区严禁乱拉照明和生活用电。工棚内严禁私自用大功率电器，严禁用煤火取暖。

五、文明施工措施

制定文明施工准则，所有施工人员、操作人员严格执行。各班组负责人在召开班前交底会和技术交底会时，倡导文明施工，严禁野蛮施工，各工种应服从施工负责人的安排，上一道工序完成验收合格后，方可进入下一道工序。项目部根据工程进展和状况每周或每天召开施工协调会，明确施工任务和节点目标。为做好文明施工，本公司将力求做到以下几点：

（1）加强队伍管理，使施工人员保持良好的精神面貌，施工人员之间团结协作，确保无争吵，无赌博，酗酒等现象。

（2）加强施工现场管理，施工现场布置合理，无零散现象，材料堆放整齐，标牌清楚明确。现场做到工完场清，垃圾随时清理集中堆放，施工区域和临时设施处干净整洁。

（3）加强协调工作，及时与当地群众、兄弟单位协调好关系，保证工程顺利进行。

六、环境保护措施

（1）加强施工过程管理，严禁施工中形成的建筑垃圾，以及生活区生活垃圾、粪便等倾入施工点附近的河中。机械保养维护所产生的废机油、废弃物等应有专门的收集箱，应定期处理。

（2）材料有专人负责，防止作业过程中材料倾入河中，既造成环境污染又造成材料浪费。弃土等严格按施工方案中的弃土场使用方案，将弃土集中堆放。工程结束后对弃土场进行绿化处理。

（3）管理区严格按环保规程要求搭建大型设施。污水排放、化粪池的建造等符合环保要求，并定期处理。

（4）密切与当地市政管理、环卫部门联系，对临搭建过程中产生的建筑垃圾或施工过程中产生的各类垃圾联系落实去处，定期处理，确保施工管理区环境整洁、干净。

（5）经常使用的公用设施、道路等派专人负责维护清扫。

第九节 交工与竣工验收

一、交工验收前的准备工作

在工程正式交工验收前，由项目部先行组织各有关施工队伍进行全面预备验收，检查有关工程的技术资料、各工作内容的施工质量，如发现存在问题，及时进行整改处理，直至合格为止。

二、竣工验收的资料整理

（1）项目部将通过监理单位、公司领导督促业主完善和办理有关施工手续，如办理施工证、开工报批报建手续，以及其他需要办理的手续文件等。

（2）公司要求与专业分包单位、劳务等签订施工合同，并由项目部资料员做好资料保存。

（3）设计施工图纸的会审，图纸变更记录及确认签证。

（4）施工组织设计方案。

（5）施工日志。

（6）工程例会记录及工程整改意见联系单。

（7）采购的工程材料的合格证、商检证及检验报告。

（8）隐蔽工程验收报告。

（9）自检报告。

（10）竣工验收申请报告。

三、交工验收的标准

（1）工程项目按照工程合同的规定和设计图纸要求已全部施工完毕，达到国家与本工程施工及验收规范规定的质量标准，并满足使用的要求。

（2）交工前，整个工程达到使用标准，所有设备运转正常。

（3）施工点范围内场地清洁整理完毕。

（4）技术档案资料整理齐备。

第十节 施工组织设计附表

本施工组织设计中，除采用文字表述的内容外，部分内容如拟投入的机械、劳动力计划，项目施工计划进度网络图，施工总平面图以及临时用地，均用图表形式表示。

一、拟投入的主要施工机械设备表

拟投入的主要施工机械设备表 案例三表 6-1

序号	机械或设备名称	型号规格	数量	性能	序号	机械或设备名称	型号规格	数量	性能
1	反挖挖掘机	1.0m³	10	良好	9	沥青摊铺机	ABG423	3	良好
2	推土机	75kW	5	良好	10	轮胎压路机			良好
3	平地机	120kW	1	良好	11	自卸车		25	良好
4	装载机	15t	5	良好	12	稳定土拌合机			良好
5	静止压路机	18t	2	良好	13	全站仪	托普康	4	良好
6	振动压路机	26t	2	良好	14	经纬仪	J2		良好
7	振动压路机	18t	3	良好	15	水准仪			良好
8	东风自卸车	140-2	10	良好	16	实验室设备			良好

二、拟投入的劳动力计划表

劳动力计划表 案例三表 6-2

工种	按工程施工阶段机械、工程量情况投入劳动力情况（单位：人）				
	测量放线	路基土方施工	路基水稳施工	沥青工程施工	桥梁工程施工
测量工	12	6	6	4	2
机械工	—	—	20	10	4
机电工	—	—	—	—	6
木 工	—	—	—	—	12
钢筋工	—	—	—	—	26
模板工	—	—	—	—	12
其他工	—	4	8	10	—
合 计					

注：1. 投标人应按所列格式提交包括分包人在内的估计劳动力计划表。

2. 本计划表是以每班八小时工作制为基础进行编制的。

三、进度计划
（一）总施工进度计划的横道图

天数\工序	1-30	31-60	61-90	91-120	121-150	151-180	181-210	211-240	241-270	271-300	301-330	331-365
施工准备、放线	▬											
土石方工程	▬	▬										
排水工程		▬	▬	▬								
道路工程				▬	▬	▬						
桥梁工程							▬	▬				
景观工程									▬	▬		
路灯安装工程										▬		
绿化工程									▬			
交通设施工程											▬	
竣工验收												▬

案例三图 6-3 ××市花城路道路工程施工进度计划横道图

（二）试验段各分部（子分部）工程施工进度计划表（略）

（三）道路路基施工进度计划网络图（略）

（四）桥梁施工进度计划网络图（略）

四、施工总平面布置图及临时用地表（略）

思　考　题

1. 工程项目管理规划大纲编制的主体是谁？在哪一阶段即开始进行编制？

2. 项目管理规划大纲与项目管理实施规划的编制依据有何异同？

3. 简述工程项目管理的主要内容。

4. 在施工组织设计方案的编制中，施工工期的施工天数如何确定？

5. 工期计划调整中的关键工序、关键工作是如何确定的？

6. 投标决策应遵循的原则是什么？

7. 工程项目部（或项目监理部）的组织架构是依照什么确定的？

8. 请认真体会本章案例中的"施工组织设计方案"与前述章节投标文件技术标编制中相同内容文件的异同。

第七章 市政与园林工程项目验收管理

【本章主要内容】

1. 介绍了建设工程竣工验收的基本知识和工程竣工验收的条件与方法。

2. 工程验收过程中工程质量基本单位检验批抽检合格计算与判定标准，通过案例介绍了工程验收中的检验批验收、分部分项工程验收中的相关内容。

3. 介绍了市政与园林工程中各分部分项工程划分及检验批验收中主控项目、一般项目和允许偏差项目检查的内容。

4. 市政与园林工程竣工验收资料的编辑与资料管理，施工单位、监理单位及建设单位在竣工验收中的主要任务。

【本章教学难点与实践内容】

1. 市政与园林工程竣工验收中有关工程检验批数量划定、检验批验收抽检样本数量及其判定合格的方法是本章的重点和难点内容。建设工程验收中质量合格判定标准及其计算、一次抽样判定和二次抽样判定规定，工程验收中检验批资料的整理、分部分项工程验收资料和分部验收中相关资料的编制非常重要。

2. 教学过程中可以利用多媒体手段将主控项目、一般项目控制点和允许偏差项目计算以具体案例的形式进行讲解；并结合规范将一次抽样判定、二次抽样判定中有关合格判定指标作详细介绍。读者可以通过案例具体学习与掌握工程验收的相关资料及制作。

3. 实践课内容：利用软件计算工程检验批验收中的相关数据，并结合案例判定检验批验收中抽样样品是否合格；学会利用软件制作与整理工程施工过程中的相关资料。

第一节 建设工程验收概述

一、建设工程验收的基本概念

1. 检验项目

检验项目是指在工程建设过程中，根据施工规范和验收中的主控项目与一般项目进行质量检验，其中对材料、过程工序等质量经过一定的程序进行检验，即为该工程检验项目。检验特指对被检验项目的特征、性能进行测量、检查、试验等，并将检验结果与标准进行比较，以确定项目每项性能是否合格的活动。

2. 材料的进场检验

材料的进场检验指对进入施工现场的建筑材料、构配件、设备及器具，按相关标准、要求进行检验，并对其质量、规格及型号等是否符合要求作出确认的活动。

3. 见证检验

见证检验指施工单位在工程监理单位或建设单位的见证下，按照有关规定从施工现场随机抽取试样，送至具备相应资质的检测机构进行检验的活动。

4. 复检

复检指建筑材料、设备等进入施工现场后，在外观质量检查和质量证明文件核查符合要求的基础上，按照有关规定从施工现场抽取试样送至实验室进行检验的活动。

5. 检验批

检验批是指在施工过程中，检验对象按相同的生产条件或按规定的方式汇总起来供抽样检验用，是由一定数量样本组成的检验体。

6. 验收

验收一般指工程质量在施工单位自行检查合格的基础上，由工程质量验收责任方组织，工程建设相关单位参加，由质量验收单位对检验批、分项、分部、单位工程及隐蔽工程的质量进行抽样检验，对技术文件进行审核，并根据设计文件和相关标准以书面形式对工程质量是否合格作出确认。

7. 主控项目

主控项目是指在工程质量验收中，对工程安全、节能、环境保护和主要使用功能起决定性作用的检验项目。

8. 一般项目

除主控项目以外的检验项目。

9. 允许偏差项目

允许偏差项目属于一般项目中的内容，指通过定量测定的方式对样本抽检并计算后，与规范中的标准范围进行分析对比，并作出判定的项目。

10. 计数检验

计数检验是指通过确定某检验批的抽样样本中不合格的个体数量，对样本总体质量作出判定的一种检验方法。

11. 计量检验

计量检验是指以某检验批抽样样本的检测数据计算总体均值、特征值或推定值，并以此判断或评估总体质量的检验方法。

12. 错判概率

错判概率是指在检验批检验中，其合格批被判为不合格批的概率，即合格批被拒收的概率，一般用 α 表示。

13. 观感质量

观感质量指在分部工程验收中，通过观察和必要的测试方法来反映的工程外在质量和功能状态。

二、建设工程验收的基本知识

（一）工程验收的概念

依据《建筑工程施工质量验收统一标准》GB 50300—2013 的相关规定和施工图纸要求，施工单位完成其承建工程的某分部分项工程、单位工程或全部工程后，按照规定进行的验收与后续交工过程，即为工程验收。

建设工程验收包括监理人主导的验收、建设单位（法人）主导且为行为主体的验收和以政府为主体的验收，监理人主导的验收包括隐蔽验收、分项工程中的检验批验收、分部工程验收等，发包人主导的验收包括单位工程的专项验收、合同中工程量清单完工后的初步验收以及最后的竣工验收，政府为主体的验收往往包括项目实施中的阶段验收、专项验收、项目使用后的竣工验收等。

1. 工序检查验收

工序检查验收属于施工单位自身层面的验收，施工单位每完成一道工序后，应该经班组自检、专职质量检查员检查，合格后还需要进行工序交接检查，只有上道工序满足下道工序的施工条件和要求才能进入下道工序的施工。同样，相关专业工序之间也应进行交接检验，使各工序之间以及相关专业工程之间形成有机的整体。

对于监理工程师有要求的重要工序，还应经监理工程师检查认可，才能进行下道工序的施工。

2. 检验批验收

检验批验收属于监理单位层面上的验收，是工程验收过程中的最小单位，是分项工程、分部工程、单位工程质量验收的基础。检验批验收包括两方面的内容：资料检查、主控项目和一般项目检验。其中，质量控制资料反映了检验批从原材料到最终验收的各施工工序的操作依据、检查情况以及保证质量所必需的管理制度等，对其完整性的检查实际上是对施工过程控制的确认，是检验批合格的前提。检验批的合格与否主要取决于检验批中主控项目和一般项目的检验结果，主控项目必须全部符合有关专业验收规范的规定，即主控项目不允许有不符合要求的检验结果；对于一般项目虽然允许存在一定数量的不合格点，只要其数量没有超过"合格"判定基本百分率，仍然判定检验批质量为合格。这些不合格点的指标与合格要求偏差较大或存在严重缺陷检查点的，需要进行维修处理，以不影响使用功能或观感质量。

一个检验批可能由一道或多道工序组成，根据目前工程建设实践状况，监理单位对工程质量控制一般延伸到检验批。对工序的质量一般由施工单位通过自检予以控制，但重要工序的工程质量应经监理工程师检查认可。

检验批可以用全数或抽检的方式进行验收，如果工程项目中涉及多个单位工程，且使用的材料、构配件、设备等属于同一个批次，即可采用抽检的方式进行质量控制性检查，而且抽检过程中出现不合格率大于规定时可以进行复检，根据一次抽检或二次抽检结果判定合格与否。有关检验批验收中，检验批数量、抽样检查与复检的数量及合格率等方面的具体要求，可参考相关专业验收规范中的具体规定。

3. 第三方检验机构的现场检查

本类检验属于现场检验，检查内容一般都属于工程验收检验批或分部分项工程中的主控项目内容，这种检验一般是委托有资质的专业机构检验送检样本或进行现场检验。对于某些材料或设备仅通过资料和外观观感是无法断定其质量状况的，应通过施工单位、监理单位取（送）样员检证取样，或专业检验机构工程师携带仪器设备进驻现场进行检验，此时监理工程师必须在场并根据实际情况确定检测部位和位置。

第三方检验机构借助实验设备对送样材料或工程实体进行检测检验，通过统计分析试验数据，作出样本是否达到设计或规范要求的判断，其结果必须签注责任人和机构的检验资质章和检验章，监理工程师依据检验结果来判断或认定检验结果。

4. 分项工程验收

分项工程验收是以检验批为基础进行的验收，一般情况下检验批和分项工程两者具有相同的性质，只是批量的大小不同而已。分项工程质量合格的条件是构成分项工程的各检验批验收资料齐全完整，且各检验批均已验收合格。分项工程验收属于专业监理工程师层面上的验收。

施工单位完成某分项工程且自检合格后，报请专业监理工程师进行检查验收。分项工程的所有检验批验收必须合格且资料完整，如果存在某检验批的某些一般项目外观观感有瑕疵，但不影响使用功能时应给予合格判定，施工单位应按监理工程师指令予以整改。

5. 分部工程验收

分部工程验收是本分部工程以所含各分项工程验收合格为基础进行的验收，属于以监理部总监理工程师为主、建设单位为辅，勘察与设计、施工单位负责人均参加的质量验收活动。首先，组成分部工程的各分项工程已验收合格且相应的质量控制资料齐全、完整。此外，由于各分项工程的功能与性质不相同，在分部工程验收时，其分项工程不能简单地组合后加以验收，尚需进行以下两类项目检查验收：

（1）涉及安全、节能、环境保护和主要使用功能的地基与基础、主体结构和设备安装等分部工程应进行有关的见证检验或抽样检验；

（2）以观察、触摸或简单测量的方式进行观感质量验收，并由验收人的主观判断，其检查结果无法给出"合格"或"不合格"的结论，而是综合给出"好"、"一般"、"差"的质量评价结果。验收中对于"差"的检查点应按照监理工程师指令进行返修处理。

对于重大分部工程的验收或应报请项目地建设工程质量监督机构质监员现场监督验收，对于验收结论参与验收各方均须签字认可。

6. 单位工程验收

单位工程验收有时也称为质量竣工验收，即建筑工程已完成工程量清单中所有建设内容，或建设项目已经具备生产或使用功能时进行的工程验收。它是工程投入使用前的最后一次验收，也是最重要的一次验收。单位工程验收合格的条件有四个：

（1）构成单位工程的各分部工程验收合格。

（2）有关的质量控制资料完整。

（3）涉及安全、节能、环境保护和主要使用功能的分部工程检验资料应复查合格，这些检验资料与质量控制资料经检查应全面完整，无漏检缺项。其次，复核分部工程验收时补充进行的见证抽样检验报告结论符合设计和规范要求，满足安全和使用功能的要求。

（4）对主要使用功能进行抽查，尤其是对建筑工程和设备安装工程的工程质量进行综合检查，即在分部、分项工程验收合格的基础上由参加验收的各方人员商定，并用计量、计数的方法抽样检验，其检验结果应符合有关专业验收规范的规定。

单位工程验收由建设单位项目负责人组织，由于勘察、设计、施工、监理单位都是责任主体，因此各单位项目负责人均应参加验收，施工单位的项目技术负责人、质量负责人和监理单位总监理工程师也应参加。

7. 竣工验收

工程竣工验收是指建设工程依照国家有关法律、法规及工程建设规范、标准的规定已完成工程设计文件要求和合同约定的各项内容，建设单位已取得政府有关主管部门（或其委托机构）出具的工程施工质量、消防、规划、环保、城建等验收文件或准许使用文件后，组织工程竣工验收并编制完成《建设工程竣工验收报告》。

工程项目的竣工验收是施工全过程的最后一道程序，也是工程项目管理的最后一项工作。它是建设投资成果转入生产或使用的标志，也是全面考核投资效益、检验设计和施工质量的重要环节。

（二）工程验收的基本规定

1. 根据《建筑工程施工质量验收统一标准》GB 50300—2013 规定，建筑工程施工验收必须符合以下基本要求：

（1）工程质量验收的前提是施工单位自检合格，验收时施工单位对自检中发现的问题已完成整改。

（2）参加工程质量验收的各方人员须符合相关专业和职称资格要求，即符合国家、行业和地方有关法律、法规规定的要求，如无规定时可由参加验收的单位协商确定。

（3）检验批的质量判定中，相关主控项目和一般项目的划分应符合各专业工程质量验收规范的规定。

（4）对涉及结构安全、节能、环境保护和主要使用功能的试块、试件及材料，应在进场时或施工中按规定进行见证检验。

（5）隐蔽工程在隐蔽前应由施工单位通知监理单位进行验收，并应形成验收文件，验收合格后方可继续施工。

（6）对涉及结构安全、节能、环境保护和使用功能的重要分部工程，应该在验收前按规定进行抽样检验，且可适当扩大抽样检验的范围。结构安全、使用功能、节能、环境保护检查的具体内容应结合各专业工程验收规范确定，其抽样检验和实体检验结果应符合有关专业验收规范的规定。

（7）工程的观感质量可通过观察和简单的测试确定，其中观感质量的综合评价结果应由验收各方共同确认并达成一致。对验收中发现的影响感官及使用功能或质量评价为差的项目，施工单位应进行返修整改。

2. 判定市政与园林工程施工质量验收合格的条件应符合下列规定：

（1）符合工程勘察、设计文件的要求。

（2）符合建设工程施工与验收标准和相关专业验收规范的规定。

三、建设工程验收的程序

（一）工程验收划分及要求

建设工程施工质量验收应划分为单位工程、分部工程、分项工程和检验批，其中检验批验收是最基础的验收。分部工程、分项工程的划分和验收内容应按 GB 50300—2013 标准附录 B 中内容进行。

（二）工程质量验收的程序

市政与园林建设工程的验收要严格按检验批、分项工程、分部工程、单位工程、竣工验收的顺序进行。

（三）工程质量验收中各级质量验收合格的判定

1. 检验批质量验收合格应符合的规定

（1）主控项目的质量经抽样检验均应合格。

（2）一般项目的质量经抽样检验合格。当采用计数抽样时，其合格点率应符合有关专业验收规范的规定，且不得存在严重缺陷。规范对于检验批抽样中的最小抽样数量也有明确的规定（表7-1），对于出现明显不合格的个体可不纳入检验批，但对该个体必须进行处理，并使其满足有关专业验收规范的规定，同时对处理情况予以记录后重新验收。对于计数抽样的一般项目，正常检验一次、二次抽样可按 GB 50300—2013 标准中的附录 D 判断。即主控项目在计量抽样中所对应的合格质量的错判概率 α 和漏判概率 β 均不宜超过 5%，一般项目中对应于合格质量水平的 α 不宜超过 5%、β 不宜超过 10%。

检验批最小抽样数量　　　　　　　　　　　　　　　　　表 7-1

检验批的容量	最小抽样数	检验批的容量	最小抽样数
2～15	2	151～280	13
16～25	3	281～500	20
26～50	5	501～1200	32
51～90	6	1201～3200	50
91～150	8	3201～10000	80

（3）具有完整的施工操作依据、质量验收记录。

2. 分项工程质量验收合格应符合的规定

（1）所含检验批的质量均应验收合格。

（2）所含检验批的质量验收记录应完整。

3. 分部工程质量验收合格应符合的规定

（1）所含分项工程的质量均应验收合格。

（2）质量控制资料完整。

（3）有关安全、节能、环境保护和主要使用功能的抽样检验结果应符合相应规定。

（4）观感质量应符合要求。

4. 单位工程质量验收合格应符合的规定

（1）所含分部工程的质量均应验收合格。

（2）质量控制资料应完整。

（3）所含分部工程中有关安全、节能、环境保护和主要使用功能的检验资料应完整。

（4）主要使用功能的抽样结果应符合相关验收规范的规定。

（5）观感质量应符合要求。

5. 建筑工程施工质量不符合规定时的处理办法

经返工或返修的检验批，应重新进行验收。经有资质的检测机构检测鉴定能够达到设计要求的检验批，应予以验收；经有资质的检测机构检测鉴定达不到设计要求，但经原设计单位核算认可能够满足安全和使用功能的检验批，可予以验收；经返修或加固处理的分项、分部工程，满足安全及使用功能要求时，可按技术处理方案和协商文件的要求予以验收。

工程质量控制资料应齐全完整，当存在资料缺失时，应委托有资质的检测机构按有关标准进行相应的实体检验或抽样试验。

经返修或加固处理仍不能满足安全或使用要求的分部工程及单位工程，严禁验收。

(四) 相关验收资料表格

1. 检验批质量验收记录表

检验批质量验收记录表参见案例一中表 7-2，该表格由施工项目部质量检查员填写，并经专业监理工程师组织验收后填写验收结论。

2. 分项工程质量验收记录表

分项工程质量验收记录表参见案例二中表格 7-2，该表由施工项目部质量检查员填写，报请验收并通过验收后由专业监理工程师填写验收结论，返施工单位有资料员整理存档。

3. 分部工程验收记录表

分部工程验收记录表参见案例三表 7-2，该表由监理工程师填写，经验收各单位签字确认后交施工单位资料员整理存档。

4. 单位工程验收记录表

该表格由监理单位填写，总监理工程师根据会议参会单位意见，由各责任人签字盖章，综合验收结论由建设单位填写。

单位工程质量竣工验收记录　　　　　　表 7-2

工程名称		结构类型		层数/建筑面积	
施工单位		技术负责人		开工日期	
项目负责人		项目技术负责人		完工日期	

序号	项　目	验收记录	验收结论
1	分部工程验收	共__分部，经查__分部，符合设计及标准规定__分部	
2	质量控制资料核查	共__项，经核查符合规定__项，经检查不符合规定__项	
3	安全和使用功能核查及抽查结果	共核查__项，符合规定__项，共抽查__项，符合规定__项，经返工处理符合规定__项	
4	观感质量验收	共抽查__项，符合规定__项，不符合规定__项	
综合验收结论			

参加验收单位	建设单位	监理单位	施工单位	设计单位	勘察单位
	（公章）	（公章）	（公章）	（公章）	（公章）
	项目负责人： 年 月 日	总监理工程师： 年 月 日	项目负责人： 年 月 日	项目负责人： 年 月 日	项目负责人： 年 月 日

注：单位工程验收时，验收签字人员应由相应单位的法人代表书面授权。

四、市政与园林工程项目竣工验收应满足的条件

市政与园林工程的竣工验收建立在施工过程中各分部工程验收合格的基础上，当建设工程项目相关专业验收完成后，证明项目已具备使用功能，且能发挥建设工程的投资、经济与社会价值。若前期已经完成分部工程、单位工程验收的工程项目，因这部分项目已经组织过验收，整个项目的竣工验收时就不再重新验收。其他专业验收如房屋建筑工程和仿古建筑工程中的防雷工程验收、消防工程验收、电梯工程验收、规划验收等，由建设单位组织、政府各专业工程专门管理机构监督或参与进行。如防雷工程验收就是由气象部门管理并监督进行验收，消防工程验收由地方消防支队（或大队）管理并监督进行验收，电梯工程验收由地方质量监督局管理并监督进行验收，规划验收由地方政府规划局管理并监督进行验收，由此形成完整的项目验收过程。

工程项目的竣工验收是验收全过程的最后一道程序，也是工程项目管理的最后一项工作。按照国家《房屋建筑和市政基础设施工程竣工验收规定》（建质〔2013〕171号）规定，建设工程应满足以下要求，方可进行竣工验收：

（1）完成工程设计和合同约定的各项内容；

（2）施工单位在工程完工后对工程质量进行检查，确认工程质量符合有关法律、法规和工程建设强制性标准，符合设计和相关规范要求，并提出工程竣工报告；

（3）对于委托监理的工程项目，监理单位对工程进行了质量评估，具有完整的监理资料，并提出工程质量评估报告；

（4）勘察、设计单位对勘察、设计文件及施工过程中由设计单位签署的设计变更通知书进行了检查，并提出质量检测报告；

（5）有完整的技术档案和施工管理资料；

（6）有工程使用的主要建筑材料、建筑配件和设备的进场试验报告，以及工程质量检测和功能性试验资料；

（7）建设单位已按合同支付工程款；

（8）有施工单位签署的工程质量保修书；

（9）对于住宅工程，进行分户验收并验收合格，建设单位按户出具《住宅工程质量分户验收表》；

（10）建设主管部门及工程质量监督机构责令整改的问题全部整改完毕；

（11）法律、法规规定的其他条件。

房屋建筑工程和市政基础设施工程完成上述几项工作后，施工单位即可向建设单位提交工程竣工报告，申请工程进行竣工验收。建设单位在收到工程竣工验收申请报告的7个工作日内，对符合竣工验收要求的工程，须组织勘察、设计、施工、监理等单位形成验收组，由建设单位制订验收方案并进行工程的竣工验收工作。竣工验收可以在整个建设项目全部完成后一次性集中验收，也可以对一些分期建设的单位工程在其建成，且相应的辅助设施予以配套并能够正常使用后，进行分期、分批组织验收，以使其及早发挥投资效益。

第二节 建设工程验收实例及计量检验

一、建设工程验收施工质量合格判定标准

（一）检验批验收时抽检样本合格判定

在工程项目验收中，利用数理统计学原理，通过对拟验收项目进行取样或抽样检测的方式建立样本质量数据库，对样本中的个体质量情况利用仪器设备等严格按检验规范进行测验、试验获取数据。经对样本数据的平均值、离均差、置信度等进行分析，可以得出由样本代替总体并判断置信度达到 95% 的结论。这种方法在建筑工程质量评价中经常采用。

在建设工程验收的基本单位——检验批验收中，对于检验批质量的控制采用主控项目和一般项目两类指标，在观感检查中利用验收设备也会测得一组数据作为样本，并以此作为质量判定的指标。在实际测验或检验中，使用抽样检测的方法对检测样本进行定性或定量检查，使检验批达到 100% 合格是不合理、也不可能的。所以，规范 GB 50300—2013 明确指出，对于工程质量验收时检验批中主控项目的 α、β 均不宜超过 5% 即可；对于一般项目的 α 不宜超过 5%、β 不宜超过 10% 就认可达到合格标准。规范中这样的要求与数理统计中样本的置信度要求一致，即当样本结果的置信度为 0.90 时，其相应的 α、β 均为 0.05；当样本置信度为 0.85，其相应的 α、β 为 0.10。

那么，建筑工程的质量检测中样本的置信限阈值应如何计算，如何判断工程质量是否符合设计要求？规范 GB 50300—2013 中规定：当抽检检验批结果的标准差 σ 未知时，通过计量抽样检验批的均值 μ 的推定区间上限 μ_{k1} 和下限值 μ_{k2} 计算可以用以下公式计算：

即：

$$\mu_{k1} = m - k_1 s; \quad \mu_{k2} = m - k_2 s \tag{7-1}$$

式中，m 为样本平均值，s 为样本偏差值，k_1、k_2 为推定区间上下限值的系数，该系数可在《建筑结构检测技术标准》GB/T 50344—2004 等专业规范中查取获得。

【例1】某结构混凝土设计强度为 C25，对现场结构实体进行了抽取芯样检测，其样本容量 n 为 20，试件抗压强度平均值 $m = 30.4\text{MPa}$，样本偏差 $s = 3.64\text{MPa}$。按《钻芯法检测混凝土强度技术规程》JGJ/T 384—2016 的规定，取置信度为 0.85 时，样本对总体的错判概率 $\alpha \leqslant 0.05$，漏判概率 $\beta \leqslant 0.10$。求该类混凝土强度标准值推定区间上、下限值，并判定是否符合设计要求。

【解】由《钻芯法检测混凝土强度技术规程》JGJ/T 384—2016 第 3.2.2 条规定，标准值推定区间上、下限值计算公式为：$\mu_{k1} = m - k_1 s$；$\mu_{k2} = m - k_2 s$；

由 $n = 20$，置信度 0.85 查推定区间上、下限值系数可得到其 $k_1 = 1.271$，$k_2 = 2.396$；

则推定区间上、下限值为：

上限：$\mu_{k1} = m - k_1 s = 30.4 - 1.271 \times 3.64 = 25.8\text{MPa}$

下限：$\mu_{k2} = m - k_2 s = 30.4 - 2.396 \times 3.64 = 21.7\text{MPa}$

即该检验批混凝土强度的推定区间为：（21.7MPa，25.8MPa）。

又按《钻芯法检测混凝土强度技术规程》第 3.2.2 条规定，宜以推定区间上限 μ_{k1} 作为检验批混凝土强度的推定值，现有：$\mu_{k1} = 25.8\text{MPa} > 25\text{MPa}$（C25 混凝土强度等级要求为 25MPa），故可判定该检验批混凝土强度为"合格"。

（二）检验批验收时，一般项目正常检验一次、二次抽样合格判定

在《建筑工程施工质量验收统一标准》GB 50300—2013 中，对于分项工程或检验批验收中采用计数抽样的一般项目，正常检验时一次抽样可按表 7-3 内容判定合格，正常二次检验抽样可按表 7-4 判定。

样本容量在两个表给出的数值之间时，合格判定数和不合格判定数可通过插值并四舍五入取整数确定。

一般项目正常检验一次抽样判定　　　　　　　　表 7-3

样本容量	合格判定数	不合格判定数	样本容量	合格判定数	不合格判定数
5	1	2	32	7	8
8	2	3	50	10	11
13	3	4	80	14	15
20	5	6	125	21	22

一般项目正常检验二次抽样判定　　　　　　　　表 7-4

抽样次数	样本容量	合格判定数	不合格判定数	抽样次数	样本容量	合格判定数	不合格判定数
(1)	3	0	2	(1)	20	3	6
(2)	6	1	2	(2)	40	9	10
(1)	5	0	3	(1)	32	5	9
(2)	10	3	4	(2)	64	12	13
(1)	8	1	3	(1)	50	7	11
(2)	16	4	6	(2)	100	18	19
(1)	13	2	5	(1)	80	11	16
(2)	26	6	7	(2)	160	26	27

（三）一般项目正常检验抽样次数及合格判定的规定案例

分项工程验收或检验批验收时，一般项目正常检验时一次抽样，假如检验中检查了 20 个点作为样本，即样本容量为 20，在试样中如果有 5 个或 5 个以下试样被判定为不合格时，则该检验批可以判定为合格；当 20 个试样中有 6 个或 6 个以上的试样被判定为不合格时，则该检验批可判定为不合格。

在一般项目正常检验中，采用二次抽样检测时，假设样本容量仍然为 20，当 20 个试样中有 3 个或 3 个以下试样被判定为不合格时，则该检验批可以判定为合格；当 20 个试样中有 6 个或 6 个以上的试样被判定为不合格时，则该检验批可判定为不合格；当有 4 或 5 个试样被判定为不合格时，应进行第二次抽样，样本容量也为 20 个，两次抽样的样本容量为 40，当两次不合格试样之和为 9 或小于 9 时，该检验批可判定为合格，当两次不合格试样之和为 10 或大于 10 时，该检验批可判定为不合格。

二、检验批验收资料

当单位工程或单项工程中的检验批及其容量按专业验收规范或现场经项目部、监理部等协商并报请业主同意后，对分项工程中的检验批也要进行验收。验收按检验批验收中的主控项目和一般项目的规定进行报验，由监理工程师采用全数验收或计数（量）抽检验收，并对验收结果予以签收。由于检验批验收是工程项目分项工程、分部工程、单位工程（或单项工程验收）的最小单位，所以检验批验收的资料一定要真实可靠。

一般检验批资料可以包含在分项工程的各工序验收中，如某分项工程施工包括了原材料进场或安装设备进场、原材料质量检测、原材料加工、原材料安装、其他施工工序过程等，项目经理部质检员（或材料员）等均需要进行相应质量检验或报验过程，尤其对于监理工程师制订或涉及安全、使用功能的工序一定要经各工序检验批验收，并形成原始验收资料。

下面以案例形式介绍检验批验收的相关资料：

在房屋建筑工程或仿古建筑工程中，以某钢筋混凝土基础为例，系统介绍该分项工程涉及的相关工序或检验批验收中形成的相关验收资料。钢筋混凝土基础分项工程由以下九道工序组成，该钢筋混凝土基础分项工程的完整工序及检验批验收资料如下。

【案例一】检验批验收资料

1. 钢筋原材料报审及检验批验收记录

工序质量报验或检验批报审（报验）材料由报审、报验单和对应的检验批质量验收记录表组成，其中报审、报验单已经采用统一格式，见案例一表7-1和案例一表7-2，检验批因其验收的主控项目和一般项目内容不同其表格内容差异较大。依据《建筑工程施工质量验收统一标准》GB 50300—2013标准规定，检验批验收必须严格按施工工序涉及的施工与验收依据进行。

表 B.0.7　　　　钢筋原材料报审、报验单　　　　案例一表7-1

工程名称：_____　　　　　　　　编号_____

致：_____（项目监理单位） 　　我方已完成　基础承台钢筋原材料进场　工作，经本项目部自检合格，请予以审查或验收。 附件：□ 隐蔽工程质量检验资料 　　　■ 检验批质量检验资料 　　　□ 分项工程质量检验资料 　　　□ 施工试验室证明资料 　　　■ 钢厂钢筋形式报告、标签等资料 <div align="right">承包单位项目经理部（章）：_____ 项目经理：_____　日期：_____</div>
审查或验收意见：   <div align="right">项目监理机构（章）：_____ 专业监理工程师：_____　日期：_____</div>
注：1. 承包单位项目经理部应提前提出本报验单，需经检测试验判定合格的工序验收项目，应在检测合格后交监理工程师给予签批。 　　2. 大型设备开箱检查设计单位代表应参加。

注：本表一式二份，项目监理机构、施工单位各一份。

钢筋原材料检验批质量验收记录　　　　　　　　　　　　**案例一表 7-2**

编号：

单位（子单位）工程名称	××××医技楼	分部（子分部）工程名称	地基与基础分部—基础子分部工程	分项工程名称	钢筋混凝土扩大基础分项工程
施工单位	××建筑安装有限公司	项目负责人		检验批容量	5
分包单位		项目负责人		检验批部位	基础承台
施工依据	《混凝土结构工程施工规范》GB 50666—2011		验收依据	《混凝土结构工程施工质量验收规范》GB 50204—2002（2011 版）	

		验收项目	设计要求及规范规定	最小/实际抽样数量	检查记录	检查结果
主控项目	1	形式检验报告	第 5.1.1 条	全数	质量证明文件齐全	合格
	2	力学性能和重量偏差检验	第 5.2.1 条	全数	质量证明文件齐全，试验合格	合格
	3	抗震用钢筋强度实测值	第 5.1.2 条	全数	第三方检测机构检查合格	合格
	4	化学成分等专项检验	第 5.1.3 条	全数	第三方检测机构检查合格	合格
一般项目	1	外观质量	第 5.2.4 条	2/2	共 5 批次，抽检 2 批次，合格	合格

施工单位检查结果	专业工长： 项目专业质量检查员： 年 月 日
监理单位验收结果	专业监理工程师： 年 月 日

329

2. 钢筋加工报审及检验批验收记录

现代项目管理较多使用管理软件，形成了大量格式化表格文件，使得该工序的报审、报验表格形式及内容与原材料报审、报验表相同，差别仅在于第一张表格完成的工作内容，其他内容格式相同。为节省篇幅文中采取省略方式（以下均采用相同方式），仅对检验批验收记录作为案例列出，见案例一表7-3。

钢筋安装检验批质量验收记录　　　　　　　　　　案例一表7-3

编号：

单位（子单位）工程名称	××××医技楼		分部（子分部）工程名称	地基与基础分部—基础子分部工程	分项工程名称	钢筋混凝土扩大基础分项工程		
施工单位	××建筑安装有限公司		项目负责人		检验批容量	50		
分包单位			项目负责人		检验批部位	基础承台		
施工依据	《混凝土结构工程施工规范》GB 50666—2011			验收依据	《混凝土结构工程施工质量验收规范》GB 50204—2002（2011版）			

验收项目			设计要求及规范规定	最小/实际抽样数量	检查记录			检查结果
主控项目	1	受力钢筋的弯钩和弯折	第5.3.1条	5/5	共50处，检查5处，全部合格			合格
	2	箍筋弯钩形式	第5.3.2条	5/5	共50处，检查5处，全部合格			合格
	3	钢筋调直后进行力学性能和重量偏差检验	第5.3.2A条	5/5	共50处，检查5处，全部合格			合格
一般项目	1	钢筋调直	第5.3.3条	5/5	共50处，检查5处，全部合格			合格
	2	钢筋加工的形状、尺寸	受力钢筋顺长度方向全长的净尺寸（mm）	±10	5/5	+8，−4，−7，+4，+5		合格
			弯起钢筋的弯折位置（mm）	±20	5/5	+12，+14，−3，+11，+9		合格
			箍筋内净尺寸（mm）	±5	5/5	+2，+4，−1，−3，+4		合格
施工单位检查结果					专业工长：项目专业质量检查员：　　　　年　月　日			
监理单位验收结果					专业监理工程师：　　　　年　月　日			

3. 钢筋安装报审及检验批验收记录

钢筋安装检验批质量验收记录

案例一表 7-4

编号：

单位（子单位）工程名称	××××医技楼		分部（子分部）工程名称	地基与基础分部—基础子分部工程	分项工程名称	钢筋混凝土扩大基础分项工程	
施工单位	××建筑安装有限公司		项目负责人		检验批容量	50	
分包单位			项目负责人		检验批部位	基础承台	
施工依据	《混凝土结构工程施工规范》GB 50666—2011			验收依据	《混凝土结构工程施工质量验收规范》GB 50204—2002（2010 版）		

		验收项目		设计要求及规范规定	最小/实际抽样数量	检查记录	检查结果
主控项目	1	受力钢筋的品种、级别、规格和数量		第 5.5.1 条	全数/50	共 50 处，检查 50 处，全部合格	合格
一般项目	1	绑扎钢筋网	长、宽（mm）	±10	5/5	+3，−2，+7，−3，+8	合格
			网眼尺寸（mm）	±20	5/5	+15，+14，−13，−20，+16	合格
	2	绑扎钢筋骨架	长（mm）	±10	5/5	+8，+4，−7，+4，−9	合格
			宽、高（mm）	±5	5/5	+2，+4，−3，−4，+3	合格
	3	受力钢筋	间距（mm）	±10	5/5	+8，+3，+4，−3，+2	合格
			排距（mm）	±5	5/5	+2，+3，−4，+5，−2	合格
			保护层厚度（mm） 基础	±10	5/5	+6，+5，−9，+2，−5	合格
			保护层厚度（mm） 柱、梁	±5			
			保护层厚度（mm） 板、墙、壳	±3			
	4	绑扎箍筋、横向钢筋间距（mm）		±20	5/5	+12，+7，+14，−9，+12	合格
	5	钢筋弯起点位置（mm）		20	5/5	12，15，14，11，8	合格
	6	预埋件	中心线位置（mm）				
			水平高差（mm）				

施工单位检查结果	专业工长： 项目专业质量检查员： 年 月 日
监理单位验收结果	专业监理工程师： 年 月 日

4. 模板安装报审及检验批验收记录

模板安装检验批质量验收记录

案例一表 7-5

编号：

单位（子单位）工程名称	××××医技楼		分部（子分部）工程名称	地基与基础分部—基础子分部工程	分项工程名称	钢筋混凝土扩大基础分项工程
施工单位	XX建筑安装有限公司		项目负责人		检验批容量	3
分包单位			项目负责人		检验批部位	基础承台
施工依据	《混凝土结构工程施工规范》GB 50666—2011			验收依据	《混凝土结构工程施工质量验收规范》GB 50204—2002（2010版）	

		验收项目		设计要求及规范规定	最小/实际抽样数量	检查记录	检查结果
主控项目	1	模板支撑、立柱位置和垫板		第4.2.1条	全数/3	共3处，检查3处，全部合格	合格
	2	避免隔离剂粘污		第4.2.2条	全数/3	共3处，检查3处，全部合格	合格
一般项目	1	模板安装的一般要求		第4.2.3条	全数/3	共3处，检查3处，全部合格	合格
	2	用作模板的地坪、胎膜质量		第4.2.4条	全数/3	共3处，检查3处，全部合格	合格
	3	模板起拱高度		第4.2.5条	全数/3	共3处，检查3处，全部合格	合格
	4	预留件、预留孔允许偏差	预埋钢板中心线位置（mm）				
			预埋管、预留孔中心线位置（mm）	±5	3/3	+2，+3，−4，	合格
			插筋 中心线位置（mm）				
			插筋 外露长度（mm）				
			预埋螺栓 中心线位置（mm）				
			预埋螺栓 外露长度（mm）				
			预留洞 中心线位置（mm）				
			预留洞 外露长度（mm）				
	5	模板安装允许偏差	轴线位置（mm）	4	3/3	3，4，2	合格
			地模上表面高度（mm）	±5	3/3	+3，+2，−4	合格
			截面尺寸（mm） 基础	±10	3/3	−5，+7，+4	合格
			截面尺寸（mm） 柱、墙、梁				
			层高垂直度（mm） 不大于5m				
			层高垂直度（mm） 大于5m				
			相邻两板表面高低差（mm）	2	3/3	2，1，3	合格
			表面平整度（mm）	5	3/3	4，5，3，2，2	合格

施工单位检查结果	专业工长： 项目专业质量检查员： 年 月 日
监理单位验收结果	专业监理工程师： 年 月 日

5. 混凝土原材料报审及检验批验收记录

目前国家规定施工过程中所有混凝土必须使用商品混凝土，商品混凝土原材料及其加工质量应该由商品混凝土搅拌站负责，商品混凝土搅拌站也是混凝土质量的责任人。所以，该检验批资料应该由商品混凝土搅拌站提供。

混凝土原材料检验批质量验收记录　　　　　**案例一表 7-6**

编号：

单位（子单位）工程名称	××××医技楼		分部（子分部）工程名称	地基与基础分部—基础子分部工程	分项工程名称	钢筋混凝土扩大基础分项工程
施工单位	××建筑安装有限公司		项目负责人		检验批容量	
分包单位			项目负责人		检验批部位	基础承台
施工依据	《混凝土结构工程施工规范》GB 50666—2011			验收依据	《混凝土结构工程施工质量验收规范》GB 50204—2002（2010 版）	

		验收项目	设计要求及规范规定	最小/实际抽样数量	检查记录	检查结果
主控项目	1	水泥进场检验	第 7.2.1 条		质量证明文件齐全，试验合格	合格
	2	外加剂质量及应用	第 7.2.2 条		质量证明文件齐全，试验合格	合格
	3	混凝土中的氯化物/碱的总含量控制	第 7.2.3 条		试验合格，资料齐全	合格
一般项目	1	矿物掺合料质量及掺量	第 7.2.4 条		质量证明文件齐全，通过进场验收	合格
	2	粗、细骨料的质量	第 7.2.5 条		检查合格	合格
	3	拌制混凝土用水	第 7.2.6 条		检查合格	合格

施工单位检查结果	专业工长： 项目专业质量检查员： 年　月　日
监理单位验收结果	专业监理工程师： 年　月　日

6. 混凝土配合比设计报审及验收记录

根据规范要求，施工中使用的混凝土质量由项目经理部根据设计要求提供混凝土配合比，并由监理工程师现场审查。

混凝土配合比设计检验批质量验收记录　　　　案例一表7-7

编号：

单位（子单位）工程名称	××××医技楼		分部（子分部）工程名称	地基与基础分部—基础子分部工程	分项工程名称	钢筋混凝土扩大基础分项工程
施工单位	××建筑安装有限公司		项目负责人		检验批容量	
分包单位			项目负责人		检验批部位	基础承台
施工依据	《混凝土结构工程施工规范》GB 50666—2011			验收依据	《混凝土结构工程施工质量验收规范》GB 50204—2002（2010版）	

		验收项目	设计要求及规范规定	最小/实际抽样数量	检查记录	检查结果
主控项目	1	配合比设计	第7.3.1条		设计配方符合要求，达到质量要求	符合要求
一般项目	1	开盘鉴定	第7.3.2条		检验合格，资料齐全	合格
	2	砂、石含水率调整配合比	第7.3.3条		检验合格	合格

施工单位检查结果	专业工长： 项目专业质量检查员： 年　月　日
监理单位验收结果	专业监理工程师： 年　月　日

7. 混凝土施工报审及验收记录

混凝土施工检验批质量验收记录 案例一表7-8

编号：

单位（子单位）工程名称		××××医技楼	分部（子分部）工程名称	地基与基础分部—基础子分部工程	分项工程名称	钢筋混凝土扩大基础分项工程
施工单位		××建筑安装有限公司	项目负责人		检验批容量	200m³
分包单位			项目负责人		检验批部位	基础承台
施工依据		《混凝土结构工程施工规范》GB 50666—2011		验收依据		《混凝土结构工程施工质量验收规范》GB 50204—2002（2010版）

验收项目			设计要求及规范规定	最小/实际抽样数量	检查记录	检查结果
主控项目	1	混凝土强度等级及试件的取样和留置	第7.4.1条		见证取样件试验合格	合格
	2	混凝土抗渗及试件取样和留置	第7.4.2条		试验合格	合格
	3	原材料每盘称量的偏差	第7.4.3条		抽查一次，合格	合格
	4	初凝时间控制	第7.4.4条		抽查三处，均合格	
一般项目	1	施工缝的位置和处理	第7.4.5条			
	2	后浇带的位置和处理	第7.4.6条			
	3	养护措施	第7.4.7条		检查合格	合格

施工单位检查结果	专业工长： 项目专业质量检查员： 年 月 日
监理单位验收结果	专业监理工程师： 年 月 日

8. 模板拆除报审及验收记录

模板拆除检验批质量验收记录

案例一表 7-9

编号：

单位（子单位）工程名称	××××医技楼		分部（子分部）工程名称	地基与基础分部—基础子分部工程	分项工程名称	钢筋混凝土扩大基础分项工程
施工单位	××建筑安装有限公司		项目负责人		检验批容量	200m³
分包单位			项目负责人		检验批部位	基础承台
施工依据	《混凝土结构工程施工规范》GB 50666—2011			验收依据	《混凝土结构工程施工质量验收规范》GB 50204—2002（2010 版）	

		验收项目			设计要求及规范规定	最小/实际抽样数量	检查记录	检查结果
主控项目	1	底模及支架拆除时的混凝土强度	构件类型	构件跨度（m）	达到设计的混凝土立方体抗压强度标准值的百分率（%）			
			板	≤2	≥50		达到设计强度的80%，符合规定	合格
				>2，≤8	≥75			合格
				>8	≥100			
			梁、拱、壳	≤8	≥75			
				>8	≥100			
			悬臂构件	—	≥100			
	2	后张法预应力构件侧模和底模的拆除时间			第4.3.2条			
	3	后浇带拆模和支顶			第4.3.3条			
一般项目	1	避免拆模损伤			第4.3.4条		合格	合格
	2	模板拆除，堆放和清运			第4.3.5条		合格	合格

施工单位检查结果	专业工长： 项目专业质量检查员： 　　　　　　年　　月　　日
监理单位验收结果	专业监理工程师： 　　　　　　年　　月　　日

9. 现浇结构外观及尺寸偏差报验及验收记录

模板拆除检验批质量验收记录

案例一表 7-10

编号：

单位（子单位）工程名称			××××医技楼	分部（子分部）工程名称	地基与基础分部—基础子分部工程		分项工程名称		钢筋混凝土扩大基础分项工程	
施工单位			××建筑安装有限公司	项目负责人			检验批容量		5件	
分包单位				项目负责人			检验批部位		基础承台	
施工依据			《混凝土结构工程施工规范》GB 50666—2011	验收依据		《混凝土结构工程施工质量验收规范》GB 50204—2002（2010版）				
	验收项目			设计要求及规范规定	最小/实际抽样数量	检查记录				检查结果
主控项目	1	外观质量			第8.2.1条	全数	全部合格			
一般项目	1	外观质量一般缺陷			第8.2.2条	全数	全部合格			合格
	2	轴线位置（mm）	基础		15	5/5	7，4，5，8，6			合格
			独立基础		10					
			墙、柱、梁		8					
			剪力墙		5					
	3	垂直度（mm）	层高	≤5m	8					
				>5m	10					
			全高（H）		$H/1000$ 且 $\leqslant 30$（$H=$＿＿mm）					
	4	标高（mm）	层高		±10					
			全高		±30					
	5	截面尺寸			+8，−5	5/5	+3，−2，+6，+4，−2			合格
	6	电梯井	井筒长、宽对定位中心线（mm）		+25，0					
			井筒全高（H）垂直度（mm）		$H/1000$ 且 $\leqslant 30$（$H=$＿＿mm）					
	7	表面平整度（mm）			8	5/5	7，3，6，4，2			合格
	8	预埋设施中心线位置（mm）	预埋件		10					
			预埋螺栓		5					
			预埋管		5					
	9	预留洞口中心线位置（mm）			15					
施工单位检查结果			专业工长：项目专业质量检查员：年 月 日							
监理单位验收结果			专业监理工程师：年 月 日							

三、分项工程验收资料

分项工程验收是在工序验收（或隐蔽验收）中相关检验批验收合格的基础上，由专业监理工程师主导的工程验收，验收时监理工程师除检查检验批验收及其记录是否齐全、合格外，对建筑实体也要做简单的检查，对发现的问题应责令项目经理部监督整改。如果出现了某检验批验收不合格的情况，要对该检验批重新进行整改后的二次验收。

下面仍然以某工程基础混凝土分项工程为例，介绍该分项工程的验收及其资料的组成。

【案例二】分项工程验收资料

以某工程钢筋混凝土基础子分部工程中的混凝土模板分项工程为例，该分项工程分别由垫层、承台、基础柱和基础梁等内容组成。验收资料由统一报审、报验单和基础模板分项工程质量验收记录组成，见案例二表 7-1 和案例二表 7-2。

表 B.0.7　　　基础模板分项工程质量验收记录报审、报验单　　案例二表 7-1

工程名称：_____　　　　　　　　　　　编号_____

致：_____（项目监理单位） 　　我方已完成_____基础模板分项工程质量验收_____工作，经本项目部自检合格，请予以审查或验收。 　　附件：□ 隐蔽工程质量检验资料 　　　　　□ 检验批质量检验资料 　　　　　■ 分项工程质量检验资料 　　　　　□ 施工试验室证明资料 　　　　　□ 其他   　　　　　　　　　　　　　　承包单位项目经理部（章）：_____ 　　　　　　　　　　　　　　项目经理：_____　日期：_____
审查或验收意见： 　　_____ 　　_____   　　　　　　　　　　　　　　项目监理机构（章）：_____ 　　　　　　　　　　　　　　专业监理工程师：_____　日期：_____
注：1. 承包单位项目经理部应提前提出本报验单，需经检测试验判定合格的工序验收，应在检测合格后交监理 　　　　工程师给予签批。 　　　2. 大型设备开箱检查设计单位代表应参加。

注：本表一式二份，项目监理机构、施工单位各一份。

基础模板 分项工程质量验收记录 案例二表7-2

编号：_____

单位（子单位）工程名称	××××医技楼		分部（子分部）工程名称	基础结构分部/模板结构子分部工程	
分项工程工程量	4		检验批数量	20	
施工单位	××建筑安装有限公司		项目负责人		项目技术负责人
分包单位			分包单位项目负责人		分包内容
序号	检验批名称	检验批容量	部位/区段	施工单位检查结果	监理单位验收结论
1	模板安装、拆除	5	垫层	符合要求	符合设计和规范要求
2	模板安装、拆除	5	承台	符合要求	符合设计和规范要求
3	模板安装、拆除	5	基础柱	符合要求	符合设计和规范要求
4	模板安装、拆除	5	基础梁	符合要求	符合设计和规范要求
……					
15					
说明：					
施工单位检查结果		项目专业技术负责人： 年 月 日			
监理单位验收结果		专业监理工程师： 年 月 日			

四、分部工程验收资料

分部工程验收是在相关分项工程验收合格的基础上，由总监理工程师主导的工程验收，建设单位项目负责人（或现场代表）、勘察单位、设计单位项目负责人（或驻工地工程师）参加，对于重要分部工程验收，需地方政府质量监督机构——质量监督站派监督员参与监督分部工程验收。验收中除检查相关分项工程验收合格资料外，还要检查第三方质量检测单位现场抽样检查和取送样材料的检验试验结果，并对现场工程实体进行验收检查。

分部验收时，参与验收的各方项目负责人或现场代表除检查组成该分部工程的各分项工程质量验收记录、第三方具有资质的检验单位相关检测试验报告等文件外，还要对工程实体的外观观感质量进行评价，最终形成分部工程验收记录材料。分部工程验收记录表格文件包括：分部（子分部）工程验收通知书或重要分部（子分部）工程验收告知书，分部工程验收表等文件。

【案例三】分部工程验收资料

下面以某园林仿古建筑工程的屋面分部工程为例，介绍分部工程的验收及其资料组成。该建筑屋面分部工程由建筑物屋面基层与保护（找平层）、保温与隔热（匀质保温防火板保温层）、防水与密封（卷材防水层）、瓦面与板面（烧结瓦和混凝土瓦铺装）和细部构造（檐口）等分项工程组成。验收中除检查上述分项工程验收记录等资料外，还需要检查取送养试件的检测试验报告、检测单位现场钢筋混凝土结构工程实体的回探检测报告或对混凝土结构实体的钻芯检测报告等资料。最后与会各方协商对本次基础混凝土结构分部验收作出合格与否的结论报告，见案例三表 7-1 和案例三表 7-2。

建筑屋面分部工程　　报验表　　　　　　　　案例三表 7-1

工程名称：_____　　　　　　　　　编号_____

致：_____（项目监理单位） 　　我方已完成_____玉暖阁楼屋面工程_____（分部工程）施工，经本项目部自检合格，请予以验收。 附件：■ 分部工程质量资料   　　　　　　　　　　　　　　　承包单位项目经理部（章）：_____ 　　　　　　　　　项目经理：_____　　日期：_____
验收意见：   　　　　　　　　　　专业监理工程师：_____　　日期：_____
验收意见：   　　　　　　　　　　项目监理机构（章）：_____ 　　　　　　　　　　总监理工程师（签字）_____ 　　　　　　　　　　　　　　　　　　　　　　年　月　日
注：1. 承包单位项目经理部应提前提出本报验单，需经检测试验判定合格的项目，应在检测合格后监理工程师 　　　　 给予签批。 　　　 2. 大型设备开箱检查设计单位代表应参加。

　注：本表一式三份，项目监理机构、建设单位、施工单位各一份。

<u>玉暖阁楼屋面</u>　分部工程质量验收记录　　　　案例三表7-2

编号：_____

单位（子单位） 工程名称	玉暖阁楼	子分部工程 数量	建筑屋面	分项工程 数量	5
施工单位	××建筑安装有限 公司	项目负责人		技术（质量） 负责人	
分包单位		分包单位 负责人		分包内容	

序号	子分部工程名称	分项工程名称	检验批数量	施工单位检查结果	监理单位验收结论
1	建筑屋面	基层与保护	1	符合要求	符合规范，达到设计要求
2	建筑屋面	保温与隔热	1	符合要求	符合规范，达到设计要求
3	建筑屋面	防水与密封	1	符合要求	符合规范，达到设计要求
4	建筑屋面	瓦面与板面	1	符合要求	符合规范，达到设计要求
5	建筑屋面	细部构造	1	符合要求	符合规范，达到设计要求
6					
质量控制资料			完整齐全		
安全和功能检查结果			符合规范达到设计要求		
观感质量检验结果			一般		
综合验收 结论	经参加验收的各方成员对本分部工程的5个分项工程质量验收资料检查，和对建筑物实体的现场检查，认为本工程质量控制资料齐全完整，建筑物屋面观感质量检查结果为"一般"，整个工程施工质量达到设计图纸要求和规范要求，同意验收。				

施工单位 项目负责人： 年　月　日	勘察单位 项目负责人： 年　月　日	设计单位 项目负责人： 年　月　日	监理单位 总监理工程师： 年　月　日

注：1. 地基与基础分部工程的验收应由施工、勘察、设计单位项目负责人和总监理工程师参加并签字；

　　2. 主体结构、节能分部工程的验收应由施工、设计单位项目负责人和总监理工程师参加并签字。

××公园"玉暖阁"建筑屋面　分部（子分部）工程验收通知单

××市建设工程质量监督站：

　　××公园"玉暖阁"建筑屋面　工程拟定于 ＿＿＿ 年 ＿＿＿ 月 ＿＿＿ 日在 ＿＿＿＿＿＿＿＿＿＿＿＿＿＿地点进行工程验收，现将拟参加人员名单及验收情况表报上，请核查并安排人员到现场监督。

　　附：1. 拟参加验收人员名单；
　　　　2. 验收条件检查情况表。

质监站签收人：

建设单位（公章）

或项目监理机构

年　月　日

附1

拟参加验收组人员名单 案例三表 7-3

姓　名	验收组职务	工作单位	职务、职称
×　×　×	组　长	××监理有限公司	总监、高级工程师
×　　×	副组长	××市××区建设局	股长、工程师
×　×　×	成　员	××建筑安装有限公司	项目经理、工程师
×　×　×	成　员	××市规划设计院	工程师
×　×　×	成　员	××建筑安装有限公司	项目部技术负责人
×　　×	成　员	××监理有限公司	专业监理工程师

附2

××公园"玉暖阁"建筑屋面 分部（子分部）工程验收条件检查情况 案例三表 7-4

序号	内　容	
1	完成分部（子分部）工程各项内容	
2	施工单位已自评合格	
3	分部（子分部）工程已报验，且总监理工程师已批准	
4	质量控制资料完整	
5	结构实体检测结果合格	
6	样板间验收结果合格	

经检查，具备工程验收条件

项目负责人（签字）：　　　　　　　　　　　　　　总监理工程师（签字）：

年 月 日

　　注：由监理单位填写。

第三节 市政与园林工程验收中的分项工程

市政与园林工程涉及的单位工程或分部工程的种类繁多，在编制质量控制和验收资料时，必须参照相关的专业工程施工及验收规范标准划分分项工程及检验批，才能较好地达到质量控制和验收的目标。市政与园林工程的施工质量控制和验收在全面执行 GB 50300—2013 的同时，还要执行《城镇道路工程施工与质量验收规范》CJJ 1—2008、《城市桥梁工程施工与质量验收规范》CJJ 2—2008、《园林绿化工程施工及验收规范》CJJ 82—2012、《房屋建筑和市政基础设施工程竣工验收规定》（建质〔2013〕171 号）、《给水排水构筑物工程施工及验收规范》GB 50141—2008 和《古建筑修建工程施工及验收规范》JGJ 159—2008 等国家地方行业法规，市政与园林工程验收中相关的分项工程及检验批的划分以上述规范为依据。由于内容繁多，编者特将市政与园林工程涉及的相关分部工程的分项工程，及在验收中分项工程或检验批对应的主控项目、一般项目和允许偏差项目整理出来，以帮助读者掌握，为从事相关施工管理工作奠定基础。

一、市政道路工程中的分部分项工程及检验批

（一）市政道路工程中的分部分项工程及检验批

市政道路工程一般可以划分为路基、基层、面层、雨污水及附属工程等分部工程。施工中根据工作内容划分出分项工程，分项工程中根据道路长度，并结合道路宽度等因素合理划分出相应的检验批及数量，检验批划分可以参考《市镇道路工程施工与质量验收规范》CJJ 1—2008 和《建筑工程施工质量验收统一标准》GB 50300—2013。市政道路工程的主要分部分项工程及其检验批验收中的主控项目与一般项目如下：

1. 土方路基工程

主控项目：路基压实度；弯沉值。一般项目：路床纵断面高程；路床中心偏差；路床平整度；路床宽度；路床横坡和边坡。

2. 石方路基工程

主控项目：上边坡稳定性。一般项目：路床纵断面高程；路床中心偏移；路床宽度和边坡。

3. 石灰稳定土、碎石、石灰、粉煤灰稳定基层及底基层工程

主控项目：素土、石灰、粉煤灰、砂砾、钢渣和水等原材料质量；基层、底基层压实度；基层、底基层试件无侧限抗压强度等。一般项目：表面状况；基层及底基层的中心线偏移；纵断高程、平整度、宽度、横坡和摊铺厚度。

4. 水泥稳定基层或底基层工程

主控项目：水泥、素土、粒料和水等原材料；基层、底基层压实度；基层或底基层 7d 无侧限抗压强度。一般项目：表面状况；基层及底基层的中心线偏移；纵断高程、平整度、宽度、横坡和摊铺厚度。

5. 混凝土、沥青混合料面层工程

（1）水泥混凝土面层

1）混凝土原材料检验批

主控项目：水泥进场检验；外加剂质量及应用；钢筋品种及质量；混凝土质量控制。

一般项目：矿物骨料的质量；搅拌混凝土的水等。

2）混凝土配合比检验批

主控项目：配合比设计。一般项目：开盘鉴定；砂、石含水率调整配合比等。

3）混凝土面层检验批

主控项目：混凝土弯拉强度；混凝土面层厚度。一般项目：混凝土面层平整度；边角整齐度等外观质量；道路纵断面高程、中线偏位、宽度、横坡、井框与路面高差、相邻板的高差、纵缝直顺度、横缝直顺度、蜂窝麻面面积等。

（2）热拌沥青混凝土面层

1）热拌沥青混合料原材料检验批

主控项目：道路用沥青进场检验；混合料用粗集料、细集料、矿粉、纤维稳定剂质量；热拌改性沥青材料进场检验。一般项目：无。

2）热拌沥青混合料面层质量检验批

主控项目：混合料压实度、面层厚度、道路弯沉值。一般项目：路面平整度；混合料面层允许偏差项目包括纵断面高程、中线偏位、平整度、宽度、横坡、井框与路高差、抗滑系数与构造等。

（3）冷拌沥青混凝土面层

同热拌沥青混凝土面层质量控制标准，略。

6．道路附属工程

（1）料石铺砌人行道面层

主控项目：路床与基层压实度、砂浆强度、石材强度、盲道铺砌方法等。一般项目：无。

（2）混凝土预制砌块铺砌人行道面层

主控项目：路床与基层压实度、混凝土砌块强度、砂浆抗压强度、盲道铺砌方法等。一般项目：铺砌质量包括稳定性、无翘动、表面平整度、线缝直顺、线宽均匀、积水情况等。允许偏差项目包括平整度、坡度、井框与路面高差、相邻块高差、纵缝直顺度、横缝直顺度、缝宽等。

（3）沥青混合料铺筑人行道面层

主控项目：路床与基层压实度、沥青混合料品质。一般项目：混合料压实度、表面质量（包括平整度、密实情况、无裂缝、其他）、接茬应平顺、与构筑物衔接平顺、无反坡积水等。允许偏差项目：平整度、坡度、井框与路面高差、厚度等。

（4）路缘石

1）石材路缘石

主控项目：石材材质及质地。一般项目：外形尺寸、铺砌平整度、平石与路面间平整度等。

2）预制混凝土路缘石

主控项目：预制混凝土预制块强度、路缘石弯拉强度、预制块吸水率等。一般项目：路缘石加工尺寸、铺砌质量等。

（二）道路雨水支管与雨水口的分项工程及检验批

市政雨污水工程根据设计可以作为道路工程中的分部工程，也可以独立施工作为给水排水工程。这里编者将其简单地划归到道路工程中，作为其中一个分部工程。市政道路工程中的雨污水工程包括给水排水管道工程、雨水支管与雨水口工程两个分部分项工程。后者的分项工程及检验批验收时的主控项目、一般项目及允许偏差项目如下：

主控项目：雨水管材支管应符合《混凝土和钢筋混凝土排水管》GB/T 11836—1999标准的有关规定，雨水管材波纹管质量应符合波纹管技术标准，管道基础混凝土强度应达到设计强度要求，井室砌筑砂浆应符合规范要求，回填土应符合压实度要求。一般项目：雨水口内壁勾缝应直缝、无漏勾，井框、井算应完整，井框、井算安装平稳、牢固。雨水支管安装应直顺，无错口、反坡、存水，管内部清洁媒介扣除内壁无砂浆外露及破损现象，管端面应完整。允许偏差项目：井框与井壁吻合、井框与周边路面吻合、雨水口与路边线间距、井内尺寸等。

二、市政给水排水工程的分部分项工程及检验批

1. 沟槽开挖与回填分项工程

主控项目：管道沟槽底部开挖宽度、放坡系数应符合规范要求，沟槽支撑时砌构件、支撑的方式符合要求，支护板拆除应考虑到回填土高度、回填土质量符合设计要求。压力管道回填前必须做水压试验且达到合格标准，回填时回填材料不得损伤管道。一般项目：槽底至管顶以上50cm范围内不得有有机物，采用石灰土、砂、砾石等材料回填时质量符合规定要求，管道两侧及管顶回填层压实度符合规范要求。

2. 管道安装分项工程

（1）管道安装工程

主控项目：混凝土预制管或其他材质管道进场质量达到设计要求；管道完整无损伤；管道地基与基层质量达到设计要求；管口接口工作坑尺寸符合规范要求。一般项目：无。

（2）管道井室砌筑工程

主控项目：现场浇筑混凝土或砌体水泥砂浆强度达到设计要求；钢筋及模板、拆模时混凝土强度要求参考混凝土施工规范；井室在路面范围内时，应采用石灰土、砂、砂砾等材料回填。一般项目：井室周围回填压实时应沿井室中心对称进行，不得漏夯；回填材料压实后应与井壁紧贴；井框与路面高差符合要求。

（3）管道防腐、保温层

主控项目：钢制管道内、外防腐层应完整无损伤；管道保温层施工时保温层材料、支架或吊架等位置符合设计要求。一般项目：保温层厚度；防腐沥青厚度和延度尺寸。

三、道路照明工程的分部分项工程及检验批

市政道路照明工程可以划分为配电设备、架空线路、埋地电缆、路灯灯杆及灯具等分部工程，配电设备可以划分为配电箱（柜）、配电室土建工程、配电设备安装工程、路灯控制系统工程等分项工程，每个工程由一组检验批组成。根据电源的导入方式可以将其划分为架空线路和埋地电缆两个分项工程，其中埋地电缆因与现代城市地下管廊系统结合，未来将占主导地位。埋地电缆检验批可以根据长度作适当划分。市政道路照明工程中的主要分部分项工程及检验批验收中的主控项目与一般项目如下。

1. 配电柜（箱）安装

主控项目：高压配电柜、低压配电柜接地应符合要求；配电柜的顶面封闭外壳防护等级符合要求；配电柜装置在室内布置时通道最小宽度满足要求；配电柜基础混凝土强度或

砖砌尺寸符合设计和规范要求。一般项目：配电柜安装垂直度、水平偏差、盘面偏差；配电柜外表无损伤；安全警示牌醒目。

2. 配电电器安装

主控项目：电器设备型号、规格应符合要求；质量达标；电器应接地可靠；信号灯、故障报警等信号装置可靠；熔断器、自动开关的整定值符合设计要求。一般项目：配电柜内设备间、导电体与裸露的不带电体间运行间隙符合规定要求；引入柜（箱）内的电缆应排列整齐、避免交叉；固定牢靠；橡胶绝缘芯线采用外套绝缘保护。

3. 路灯控制系统

主控项目：路灯控制器应符合规范要求；路灯控制器接地符合要求，控制器防尘性能不低于《外壳防护等级（IP 代码）》GB 4208—93 的要求；监控系统无线发射塔应符合规范《电气装置安装工程接地装置施工及验收规范》GB 50169—2006 的要求。一般项目：监控系统终端无线通讯方式具备智能路由中继能力；监控系统功能满足设计要求。

4. 架空线路

主控项目：电杆外观质量符合规范要求；电杆基坑质量满足规范要求；线路横担质量满足规范要求；绝缘子及瓷横担质量满足规范要求；导线架设及导线外观质量符合要求。一般项目：电杆埋设深度符合要求；横担之间的最小垂直距离符合要求；拉线钢绞线、聚乙烯绝缘钢绞线以及镀锌铁线上线路的安装固定。允许偏差项目：电杆垂直度、电缆、电线固定间距；导线紧线弧垂符合设计要求。

5. 电缆线路

主控项目：电缆进场材料质量要求；电缆套管埋设质量、电缆直埋深度和覆土厚度。一般项目：电缆之间、电缆与管道、建筑物之间的安全距离；电缆套管弯曲半径。允许偏差项目：电缆在承力钢绞线上固定距离；电缆固定间距、弯曲半径等。

6. 路灯灯杆与灯具

主控项目：灯杆质量、基座混凝土强度；灯具配件质量、灯具额定功率、灯杆接地等满足设计及规范要求；灯杆内导线质量及其连接。一般项目：灯杆间距；灯杆基础连接螺栓高度、路面光的分布情况。

四、桥梁工程的分部分项工程及检验批

城市桥梁结构类型有简支梁板桥、连续梁桥、连续钢构桥、斜腿钢构桥、拱桥、斜拉桥、悬索桥等，一般市政工程中以简支梁板桥、连续梁桥、拱桥、斜拉桥等为主，桥的结构梁则有 T 形梁、空心梁板、箱梁、预应力钢筋混凝土梁和钢制梁等。基础结构类型主要有桩基础、扩大基础、沉井基础等。由于各种结构类型、细节构造不同，加上现场各种地形、地质和水文条件变化等，形成了千变万化的桥梁结构设计。但是根据桥梁施工过程及工序特征，可以将桥梁工程分为基桩分部工程，下部基础、承台、墩柱、盖梁、桥台等下部分部工程，上部预制梁、支座和梁安装分部工程，拱桥的拱圈和拱上结构分部工程，斜拉桥的主体结构和缆索安装分部工程，以及桥面系分部工程和桥面附属工程等。

上述分部工程施工可根据施工图纸、工作内容划分出各自的分项工程，分项工程可根据工序及其数量、施工点等合理划分出相应的检验批。本书按城市桥梁工程中较为简单的几种桥梁结构类型，对其主要分部分项工程及检验批验收中的主控项目与一般项目作如下介绍：

1. 桩基与基础工程

桥梁的基础工程施工中涉及的分部（或子分部）工程包括桩基、扩大基础、沉井基础、承台基础等，施工中涉及的分项工程主要有模板与支架、钢筋、混凝土、砌体等，其分项工程及检验批验收中的主控项目、一般项目主要包括：

（1）预制沉入桩分项工程及检验批验收

主控项目：预制桩进场材料质量检查（不得出现大面积的孔洞、露筋和受力裂缝）。一般项目：实心桩的横截面边长、长度、桩尖对中轴线的倾斜、桩轴线的弯曲矢高、桩顶平面对桩中轴线的倾斜、接桩的接头平面与桩轴平面垂直度；空心桩的内径、壁厚、桩轴线的弯曲矢高；桩身表面质量。

（2）混凝土灌注桩分项工程及检验批

主控项目：成孔后的地质情况；混凝土原材料、混凝土配合比、混凝土施工、桩身质量。一般项目：钢筋笼制作与安装。允许偏差项目：桩位、沉渣厚度、桩垂直度等。

（3）现浇混凝土扩大基础分项工程及检验批

主控项目：地基承载力；模板与支架；钢筋原材料、加工制作与安装；水下混凝土原材料、配合比、混凝土施工和外观质量；回填土压实度等。一般项目：基底高程、基坑尺寸、轴线偏位；混凝土基础断面尺寸、顶面高程、基础厚度等。

（4）沉井基础分项工程及检验批

主控项目：钢壳沉井的钢材、电焊条等原材料质量及其焊接质量；钢壳沉井气筒水压试验；水下混凝土质量及配合比；混凝土浇筑质量等。一般项目：沉井尺寸（半径、长度及宽度）、混凝土井壁或钢壳和混凝土井壁厚度、平整度等。

（5）现浇混凝土承台分项工程及检验批

主控项目：地基承载力；模板与支架；钢筋原材料、加工制作与安装；水下混凝土原材料、配合比、混凝土施工和外观质量等。一般项目：承台表面外观质量；承台的断面尺寸、承台厚度；顶面高程、轴线偏位和预埋件的位置等。

2. 墩台工程

墩台分部工程可分为现浇混凝土墩台与盖梁、预制钢筋混凝土柱、重力式砌体墩台和台背回填土等子分部工程，相应的分项工程包括模板与支架、钢筋、混凝土、预应力混凝土和砌体等，其检验批验收中的主控项目和一般项目如下：

（1）模板与支架工程检验批

主控项目：模板、支架制作应符合设计图纸规定；安装质量（稳固牢靠、接缝严密，立柱基础有足够的支承面和排水、防冻融措施）。一般项目：不同模板长度和宽度、模板相邻两板表面高低差、平板模板表面最大局部不平、榫槽嵌接紧密度；钢模板的长度和宽度、肋高、面板端偏斜、连接配件的孔眼位置、板面局部不平、板面和板侧挠度。

允许偏差项目：相邻两板表面高低差；表面平整度；模板垂直度（墙、柱、墩及台均有相应允许值）；模内尺寸（基础、墩及台、梁板均有相应允许值）；轴线偏位（基础、墩及台、墙身、梁板等均有相应允许值）；支撑面高程；悬浇各梁段底面高程；预埋件位置；预留孔洞位置及孔径；梁底模拱度；板及墙身柱的对角线差、板、拱肋、桁架、柱、拱、梁的侧向弯曲；支架、拱架纵轴线的平面偏移；拱架高程等。

（2）钢筋原材料检验批

主控项目：钢筋力学性能和工艺性能试验、重量偏差检验；电焊条技术性能；抗震用钢筋强度实测值；化学成分等专项检验等。一般项目：外观质量检查。

（3）钢筋加工与安装工程检验批

主控项目：受力钢筋的弯钩和弯折；箍筋弯钩形式；钢筋调直后应进行力学性能和重量偏差检验；受力钢筋的品种、级别、规格和数量；受力钢筋的连接；钢筋接头位置；同一截面的接头数量、搭接长度；钢筋焊接接头质量等。一般项目：钢筋调直；钢筋加工的形状、尺寸；绑扎钢筋网尺寸及网眼大小、受力钢筋的间距、排距和保护层厚度；绑扎箍筋、横向钢筋间距；钢筋弯起点位置；预埋件位置和高差等。

（4）混凝土材料与配合比检验批

主控项目：水泥、外加剂等原材料检验；混凝土中氯化物、碱的总量控制；混凝土配合比设计。一般项目：矿物掺合料质量及掺量；粗细骨料的质量；拌制混凝土的用水质量；混凝土进场后的开盘鉴定、砂、石含水率调准配合等。

（5）混凝土施工检验批

主控项目：混凝土强度等级及试件的取样和留置、混凝土抗渗及试件的取样与留置；原材料每盘称量的偏差；混凝土初凝时间控制等。一般项目：板结合缝位置及处理；养护措施。允许偏差项目：混凝土墩台外观、混凝土墩台或混凝土柱的尺寸、顶面高程、轴线偏位、墙面垂直度和平整度；节段间错台、预埋件位置。

（6）砌体工程检验批

主控项目：砌体石材的质量；砌体砂浆的强度。一般项目：预留孔洞、伸缩间距等。允许偏差项目：墩台尺寸；顶面高程；轴线偏位；墙面垂直度和平整度；水平缝平直和墙面坡度。

3. 支座工程

墩台帽、盖梁上的支座由垫石、挡板和滑动的支座组成，一般有板式橡胶支座、盆式橡胶支座和球形支座。

主控项目：支座进场检验；支座安装位置、支座垫石顶面高程和平整度；支座与梁底及垫石间的间隙（达到设计要求）；支座锚栓的位置和外露长度；制作粘结灌浆和润滑材料质量检验。一般项目：支座高程、偏位。

4. 混凝土梁（板）工程

城市桥梁的混凝土梁板施工根据设计和施工工艺，有支架上浇筑（包括平桥和拱桥）、悬臂浇筑，造桥机施工，以及预制梁板的装配式梁（板）施工、悬臂拼装施工等。本书对最为常见的预制梁板的悬臂拼装施工工艺作一介绍。

预制梁板工程中涉及的模板与支架、钢筋原材料及加工安装、混凝土原材料、混凝土配合比、混凝土施工，养护等工序及检验批验收中的主控项目、一般项目和允许偏差项目相同。

这里重点介绍预制安装梁（板）分项工程质量检验中的主控项目和一般项目。

主控项目：现场预制或外购的预制梁板的质量应符合钢筋混凝土的质量要求；结构外表检验；安装时预制件结构强度；预应力孔道砂浆强度。一般项目：预制梁（板）的断面尺寸（宽、高尺寸，以及顶、底、腹板厚度）、预制梁（板）的长度、侧向弯曲、对角线长度差、平整度。允许偏差项目：梁、板的平面位置；焊接横隔梁相对位置；伸缩缝宽度；支座板情况；焊缝长度；相邻两构件支点处顶面高差；块体拼装立缝宽度；预制件垂直度。

5. 拱部与拱上结构

拱形桥在园林景观桥梁类型中较为多见，拱部结构由钢筋混凝土或砌石及混凝土预制块等材料砌筑而成。城市桥梁中常见的有钢管混凝土拱桥、钢制拱桥和砌石或混凝土预制块砌筑拱桥。同时，也分为单拱和多拱形桥梁等类型。上述各类型拱桥施工时先要进行拱圈结构的施工，然后再进行拱上结构的施工。

根据设计拱桥类型和拱桥施工工艺，拱圈包括石料拱圈、混凝土预制块砌筑拱圈、拱架上浇筑混凝土拱圈、线性骨架浇筑混凝土拱圈，预制件组装的装配式混凝土拱、钢管混凝土拱、大型转体等拱结构，然后再进行拱上结构立柱、横墙和梁板等施工。拱桥施工可以分为拱圈结构工程、拱上结构工程等分部分项工程，各分项工程及检验批验收中的质量控制如下：

（1）拱圈结构分项工程及检验批

拱桥结构施工中涉及的模板与支架、钢筋、混凝土、预应力混凝土等一般性施工工艺及检验批验收中的主控、一般项目与前述内容相同。下面就其主要内容作一介绍。

1）砌筑拱圈结构分项工程及检验批

主控项目：拱石材料或混凝土预制块强度；砂浆强度等级；块石料形状及规格尺寸；砌筑程序、方法等应符合设计要求。一般项目：拱圈轴线与砌体外平面偏差；拱圈厚度；镶面石表面错台；内弧线偏离设计弧线情况；拱圈轮廓线条等。

2）现浇混凝土拱圈分项工程及检验批

主控项目：混凝土施工浇筑顺序；拱圈不得出现超过设计规定的受力裂缝。一般项目：拱圈轴线偏位、内弧线偏离设计弧线、拱圈断面尺寸、拱肋间距、拱宽等；拱圈外观观察。

3）钢管内混凝土拱分项工程及检验批

主控项目：钢管拱肋制作、钢管质量、钢管内混凝土质量；钢管内混凝土与管壁结合度；钢管外防护涂料规格及层数。一般项目：钢管直径、钢管中距、内弧偏离设计弧线；拱肋内弧长；节段端部平面度、竖杆节间长度；轴线偏位；高程、对称点相对高差、拱肋接缝错边和钢管混凝土拱肋外观。允许偏差项目：轴线偏位、高程、对称点相对高差。

（2）拱上结构分项工程及检验批

拱上结构工程中涉及钢筋混凝土分项工程的检验批验收主控项目和一般项目同前述混凝土工程部分相同，此处省略。

6. 桥面系工程

桥梁的桥面系工程包括桥面排水设施、桥面防水层、桥面铺装层、桥面伸缩缝和地袱、地缘石、挂板、人行道以及桥面防护设施安装等分部分项工程。相应的工序及检验批的主控项目、一般项目为：

（1）桥面排水设施检验批

主控项目：排水设施的设置符合要求；泄水管畅通。一般项目：桥面泄水口应低于桥面铺装层；泄水管安装牢靠，与铺装层及防水层之间结合紧密无渗漏现象。允许偏差项目：泄水口高程、间距。

（2）桥面防水层施工检验批

主控项目：防水材料的品种、规格、性能、质量应符合设计和规范要求；防水层、粘结层与基层之间应紧贴且结合牢固。一般项目：防水材料铺装或涂刷外观质量（卷材防水层表面平整、无空鼓、脱层、翘边等）；涂层厚度一致达到要求；防水层与泄水口、汇水槽结合部应密封，不得有漏封处。允许偏差项目：卷材接茬搭接宽度；防水涂膜厚度；卷材粘结强度、抗剪强度、剥离强度；桥面粘结层厚度、粘结层与基层结合力；防水层总厚度等。

（3）桥面铺装层施工检验批

主控项目：铺装材料的品种、规格、性能等原材料质量；桥面混凝土铺装层强度或沥青混凝土铺装压实度；塑胶面层铺装的塑胶硬度、拉伸强度、扯断伸长率、回单值、压缩复原率及阻燃性。一般项目：一般外观检查；铺装层厚度、横坡、平整度；抗滑构造深度；人行道（天桥）塑胶桥面的厚度、平整度和坡度等。

（4）人行道施工检验批

主控项目：人行道结构材料的质量达到设计要求；铺装材料强度符合设计要求。一般项目：人行道边缘平面偏位、纵向高程、接缝两侧高差、横坡和平整度。

7. 附属结构工程

城市桥梁工程的附属工程包括隔声和防眩装置、桥梁梯道、桥头搭板和防冲刷结构，以及照明工程等分部分项工程，这里主要就桥头搭板作一介绍。桥头搭板主要在现浇和预制混凝土桥梁梁板与台身后上部面层连接中发挥作用，桥头搭板平整，与桥地梁、桥台接触面质量高，车辆行驶就会平稳。

主控项目：主要设计模板与支架、钢筋、混凝土、砌体等的质量检验要求。一般项目：桥头搭板外观质量；搭板与桥梁支撑处接触严密、稳固；相邻板之间的缝隙应嵌密实。允许偏差项目：顶面高程、表面平整度、坡度、厚度等。

8. 装饰与装修工程

桥梁的装饰与装修工程包括桥梁饰面装饰、涂装等分部分项工程，饰面还应包括灯光效果装饰施工内容。饰面装饰和装修工程涉及水泥砂浆抹面，腻子刮平，涂料涂装和装饰效果灯具安装等。

（1）抹面水泥砂浆抹面

主控项目：砂浆强度、砂浆面层质量（不得有裂缝、各抹面层之间及其与基层之间应粘结牢靠，无空鼓等现象）。一般项目：普通抹面表面质量；平整度、阴阳角方正度、墙面垂直度等。

（2）镶饰面板和贴饰面砖铺装

主控项目：饰面所用材料质量、规格、技术性能等符合设计及规范要求；饰面板镶安必须牢靠（镶安饰面板的预埋件、连接件的规格、位置）；连接方法和防腐应符合设计要求；饰面板的粘贴牢靠。一般项目：镶饰面板的墙（柱）表面平整度、石材表面不得起碱、有污痕，无裂纹和缺损，色泽一致；贴饰面砖的墙（柱）表面平整、洁净、色泽一致，镶贴无歪斜、翘曲、空鼓、掉角和裂纹等。允许偏差项目：平整度、垂直度、接缝平直；相邻板高差、接缝宽度、阳角方正。

（3）涂饰面层

主控项目：涂饰材料质量符合设计要求；涂料涂刷遍数、涂层厚度符合设计要求。一般项目：表面平整、光洁；无色差；无脱皮、漏刷、返锈、透底、流坠、皱纹等现象。

五、仿古建筑工程的分部分项工程及检验批

传统古建筑或现代仿古建筑工程可以划分为土方工程、地基与基础工程、木构架工程、砖石工程和钢筋混凝土工程、屋面工程、楼地面工程、木装修工程、装饰工程和彩画工程等分部工程。上述分部工程中的土方、地基与基础工程、砖石和钢筋混凝土工程中的各个分项工程的施工工序及其工作内容与普通房屋建筑工程一样，但是其余分部工程因古建筑建造工艺的特点，其施工工序与检验批划分有自身的特点，因而这些分项工程验收时的主控项目、一般项目有所差异。编者根据《古建筑修建工程施工及验收规范》JGJ 159—2008 中的相关内容，将这些分部工程的分项工程及检验批验收质量控制点整理如下。

1. 土方工程

仿古建筑中的土方工程包括基础、挡墙（石驳岸）基础等的开挖与回填作业。其分项工程及检验批，以及验收中的主控项目、一般项目与房屋建筑工程相同，在此省略。

2. 地基与基础工程

地基与基础工程包括砖砌基础、混凝土浇筑基础、石驳岸基础、台基基础工程等分项工程，检验批划分可以参考规范或以单体建筑为一个检验批。其中，砖砌基础、混凝土浇筑基础分项工程质量验收中的主控项目、一般项目省略，主要将石驳岸基础和台基基础分项工程在验收时需要严格控制的主控项目和一般项目列出：

主控项目：进场的砖料、石料的质量（包括品种及材质规格）；砂浆质量（品种与砂浆强度）；混凝土类型及强度。一般项目：石材表面平整度、色泽；边框直顺；砌块灰浆饱满。允许偏差项目：石驳岸砌筑地基的轴线位移、驳岸厚度、垂直度；表面平整度、水平灰缝平直；压顶石顶面标高等；台基露台的阶沿石的平整度、宽度和标高；侧塘石的垂直度、平整度；磉石的标高、中心线、平整度、平面尺寸；石级的平整度、级宽和级高等。

3. 木构架工程

木构架工程包括木柱制作、梁类构件制作、扁作梁类构件制作、枋类构件制作、桁（檩）类构件制作、承重梁（柁）搁栅类构件制作、板类构件制作、屋面木基层构件制作、斗栱制作等基础构件制作，各式木构架构造做法、木构架安装、木楼梯制作安装、垂屋等分项工程，其检验批划分参考规范 JGJ 159—2008 中的具体规定，验收与分项工程验收合并进行。

（1）木柱制作

主控项目：进场或选用的木料的品种和材质应符合设计要求；木构架材料的防火、防腐、防蛀虫、防白蚁、防潮、防震等各项要求符合国家《木结构工程施工质量验收规范》GB 50206—2012 要求；加工完成的柱构件质量符合设计要求。一般项目：断面尺寸、圆形柱收分率；柱头杆与柱、梁、枋类构件的基准线位置；柱头与各类相关构件结合的节点构造、连接方式符合设计要求。允许偏差项目：柱长、直径；柱圆度；榫卯内底面内壁平整度；榫眼宽度和高度；柱中线、升线位置等。

（2）梁类构件制作

主控项目：原材料质量控制同柱内容；梁类构件的断面应符合设计要求；梁类构件与柱顶端连接方式与原料大小一致。一般项目：梁类构件基面线（水平线）、构件中心线及各榫、眼、槽、胆线、柱中线等线条标注清晰、正确；梁构件在柱上两根梁联结的榫头做法；梁构件一段与柱构件相交处的榫卯与柱联结等；趴梁、抹角梁玉桁（檩）相交；挑尖梁、报头梁、角梁等梁与柱相交处过桁（檩）、柱中线的长度（符合设计要求）。允许偏差项目：梁类构件的长度、构件直径和圆度等；官式梁类的梁长度、构件截面尺寸。

（3）枋类构件制作

主控项目：原材料质量；枋类构件的断面尺寸、形状应符合设计要求。一般项目：枋类构件与柱类构件相交处的榫联结符合规范要求；弧形枋类构件的圆弧应按设计尺寸放样，并按样板制作。允许偏差项目：枋类构件截面尺寸、侧向弯曲、线脚清晰齐直。

（4）桁（檩）类构件制作

主控项目：桁类构件制作原材料质量；桁类构件断面尺寸应符合设计要求；两桁在同一高度直线联结的榫大小。一般项目：两桁条端口联结的榫形状符合设计或传统工艺要求；扶脊木制作及其直径不宜小于脊桁直径；二者的联结方式。允许偏差项目：圆形构件圆度、圆形构件截面；矩形构件截面、矩形构件侧向弯曲、胖势（同一建筑应一致）；帮脊木檐碗中距等。

（5）板类构件制作

主控项目：板材质量及防腐等要求满足设计要求；板与板之间联结的木构件用开槽联结；同一建筑、同一立面，瓦口板楞距应一致。一般项目：各类板的厚度符合设计要求；楼板在搁栅接头长度。允许偏差项目：板类构件的表面平整度；上、下口平直；表面光洁、与构件结合紧密、拼缝顺直紧密。

（6）屋面木基层构件制作

屋面木基层主要指的是各式椽类构件的制作，这类椽构件包括：方形椽、荷包形椽、筒（圆）形椽的脑椽、花架椽、出檐椽、飞椽、顶椽（弯椽）、翼角椽等构件。

主控项目：原材料质量；椽类构件制作尺寸应与样板一致；各式椽断面、椽背总高度（椽直径）应符合规范要求；椽在屋面放置位置、椽的搭接方式等符合设计和规范要求；翼角（戗角）构件做法与大样同、形状应符合法式要求或当地传统要求、官式做法的翼角起翘高度和冲出长度应遵照"冲三翘四"的原则。一般项目：大连椽（瞇椽）宽度、勒望厚度、小连椽宽度、望板厚度等符合规范要求。允许偏差项目：露明檐椽、飞椽直径与截面高度；椽背平直；椽侧向弯曲；草架椽的厚与宽；望板厚度；屋面基层的平整度（平直部位）。

（7）斗栱制作

主控项目：斗栱制作材料质量；制作斗栱的大样应符合设计要求并满足建筑时代特征和地区特点。一般项目：坐斗底榫与平板枋的联结方式；斗栱斗与翘等构件位置及其联结、挑尖梁头等悬挑受力构件与梁构件制作与联结等符合设计及传统做法；斗栱制作前应先做样品，样品检验合格后再展开斗栱制作及安装。

（8）各式木构架构造做法与安装

传统建筑木构件制作、安装广泛应用于庑殿式、歇山式、攒尖式屋顶制作，这些木构件的制作、安装应符合规范要求。

1) 穿斗式木构架制作

主控项目：材料符合设计与规范要求；制作应按设计要求或当地传统规定；木构架的穿（穿枋）与柱的联结（应用平插榫，如穿长度不够七接头应放在接头与柱交接处，中小件与柱联结或构件与构件之间受拉力时其联结应为燕尾榫，垛山架各穿枋相叠用销键固定）、木构架纵间之间的连接（应通过檐柱、步柱、脊柱之间的穿枋和桁、檩联结在一起，梁枋等横向构件与柱相交时，应设置雀替（或称梁垫））均应符合规范要求。一般项目：木构架的侧脚和升起应符合设计要求，如没有按柱高的 1%～2% 执行；升起应根据建筑物规模按 100～250mm 范围内取用。

2) 庑殿式木构架制作

主控项目：材料符合设计与规范要求；庑殿式木构架构造形式应符合设计要求；庑殿式建筑的两山面应用推山法，具体顺梁和趴梁做法及要求与建筑面积有关，其具体做法应与规范一致。一般项目：建筑面积超过 150m² 时，宜采用顺梁构造形式；当建筑面积小于 150m²，宜选用顺梁法或趴梁法构造形式。

3) 歇山式木构架制作

主控项目：材料符合设计和规范要求，歇山式建筑木构架应符合设计要求；顺梁和趴梁做法及要求与建筑面积有关，但其具体做法应与规范一致；歇山的收山位置有官式和地方两种做法，具体做法应满足设计要求；歇山式建筑木构架及各构件的制作、安装应符合规范的规定。一般项目：建筑面积超过 150m² 时，宜采用贴式屋架法或顺梁构造形式；建筑面积小于 80m²，宜选用抹角梁法（搭角梁法）、趴梁法、顺梁法构造形式。

4) 攒尖式建筑木构架制作安装

主控项目：材料符合设计与规范要求，木构架符合设计要求；具体的木构架有趴梁法、抹角梁法、双围柱法和井字梁法，其制作应符合规范要求；各式梁做法中的柱、枋、桁、梁架及其榫卯、节点做法应符合规范要求。一般项目：无。

木构架应在各构件制作结束且验收合格后方可进行各构件有序的会榫，会榫应符合规范的具体要求。其主控项目：各构件名称、方向及其相互联结的名称、方向、位置正确，不得会错；会榫时梁的基面线、枋夹底的底面与柱侧重线呈直角；有升起、侧脚的柱、梁、枋等构件会榫时应控制柱中线、垂直线、横向构件的基面线和侧脚、升起尺寸，梁、枋、夹底的底面或其背部的中线必须与柱端同方向中线重合；和榫卯联结应用硬木销串牢，销眼应在榫的中心位置，详细内容及其做法应满足规范要求。一般项目：面宽、进深的轴线偏移；垂直度；榫卯结构节点的间隙大小；梁底中线与梁背中线的错位；桁（檩）与连机垫板枋子迭置面间隙；桁条与桁碗之间的间隙；桁条底面搁支点高度；各桁中线齐直；桁与桁联结间隙；总进深；总开间等。

4. 砖石与砌筑工程

仿古建筑中的砖石工程包括砖（细）、石（细）的细部构造和漏窗的加工、砌筑、安装及修缮等内容。该部分一般在地基或基础验收合格后进行，采用传统砖、石材料施工的应按《古建筑修建工程施工及验收规范》JGJ 159—2008 的规定执行，如果采用现代材料施工应按《砌体结构工程施工质量验收规范》GB 50203—2011 的规定执行。

（1）砖细加工分项工程及检验批

主控项目：砖细用砖的品种、规格、质量符合设计要求；加工后的图案、线条、色泽符合设计要求（修复的砖应与原砖细的一致）。一般项目：砖表面平滑、表面不得有翘曲面、砖棱平直不得有缺棱掉角、转头肋平直；砍制的砖檐、屋脊、博缝等异型砖样板符合设计或传统做法且验收合格；花雕砖符合规范规定。允许偏差项目：干摆墙、丝缝墙、涡白墙以及方砖墁地的砖料加工质量的允许偏差值符合规范要求。

（2）砖墙砌筑分项工程及检验批

主控项目：砌筑砖墙的用砖、强度等级必须符合设计要求；砌筑砖砌体时普通砖、空心砖应提前浇水润湿，但修复古建筑用的石灰砂浆可以用于干砖；砖砌体的灰缝应横平竖直、灰浆饱满，砖砌体的砂浆稠度符合规范要求；古建筑墙体、山墙做法应符合规范做法要求；墙体飞砖做法、垛头做法应符合设计要求或传统做法；砖细线脚应符合设计或原样要求、砌筑应符合传统做法；门楼、垛头、包檐、抛方、博风、飞砖、地穴、月洞、门景等砖细做法应符合设计要求或传统做法；官式做法整砖墙外露砖的排列应符合规范的具体要求；墙砌体内的组砖应符合规范具体要求；干摆、丝缝墙的摆砌做法按规范做法执行；墙面上如有陡砌砖、石构件等装饰物，应采用拉结固定措施；里、外皮砌体的通缝时里、外皮交界处灌浆，砖券的砌筑应满铺灰浆。一般项目：整砖墙、碎砖墙的墙面应平整、整洁；琉璃砖的釉面无破损；干摆墙、丝缝墙露出砖本色；墙面灰缝应平直、严实、光洁、无裂缝和野灰且宽窄深浅应一致。

（3）漏窗分项工程及检验批

主控项目：制作漏窗（花墙洞、花窗）的砖、瓦、石、水泥、砂等材料的品种、规格、质量符合设计要求和传统做法；漏窗的图案、内容、风格应符合设计要求或传统做法；漏窗的安装应牢靠、稳定、外观线条应均匀、光滑流畅；修缮时所用材料与原漏窗使用材料基本相同；修补后的漏窗图案、内容、风格应符合设计要求并与原漏窗相同。一般项目：无。允许偏差项目及其具体偏差值参见规范表格内容。

（4）石作工程

主控项目：石砌体所用石材质地坚硬、无风化剥落和裂纹；强度符合设计要求；清水墙、柱、台基的石材和石细色泽均匀外观无缺陷；石料加工后表面清洁、无缺棱掉角；外观符合规范规定要求；砌体砂浆应符合设计要求或传统做法，其中石灰浆应用生石灰调制，水泥砂浆应为干硬性砂浆；对于不宜用硬灰浆稳固或联结的石活（如石桥、角柱、陡板、石牌楼等）应用铁件联结固定，石活勾缝宜用月白麻刀灰或油灰、切灰缝与石活勾平；普通廖石砌筑可参照普通砌筑工程内容。一般项目：料石宽度不宜小于20cm、长度不宜大于宽度的4倍；料石砌筑时的细石料和半细石料加工应符合规范规定要求；古建筑和仿古建筑中的磉石、石鼓墩、阶沿石、侧石、踏步、垂带、石栏杆、石柱、抱鼓石、石门窗等制作安装应符合规范的具体要求。

5. 屋面工程

屋面工程包括望砖、望瓦、苫背、冷摊瓦、小青瓦、合瓦、干槎瓦、仰瓦灰梗、筒瓦、玻璃瓦、青灰背、盝顶、屋脊及其饰件等分项工程的施工与验收。古建筑屋面施工还要包括防水工程，除按传统做法施工外，现在采用的是防水卷材或防水涂料的做法。所以，现代屋面工程施工中还要包括：屋面基层处理、防水、保温隔热施工等分项工程，其验收中的主控项目和一般项目的主要内容如下：

（1）基层处理和防水、节能工程

主控项目：屋面基层牢靠、表面平整；屋面坡度曲线符合设计要求；防水材料质量、保温节能材料质量达到规范要求，并符合设计要求。一般项目：防水施工后的产品保护；保温隔热层厚度、试件强度达到设计要求。

（2）望砖、望瓦工程

主控项目：各种望砖、望瓦的质量及储运符合规范标准；各种施工用灰浆的品种符合设计或规范要求标准，望砖的细作参考砖细加工内容；铺设望砖的基层椽条在屋面的每坡都应与檐口平行方向作肋望条（每隔一根桁条出设一根）；厅、堂、殿等建筑中的内外轩、草架等双层屋面下层屋面的望砖表面应遮盖隔离物（油毡、芦芭等）；铺设望瓦时分中号垄，合格后方准铺瓦、底瓦坐中且盖瓦之间接缝应密合。一般项目：磨细望砖纵向线条直顺且达到允许偏差值；磨细望砖纵向相邻二砖线条齐直；浇刷披线望砖纵向线条齐直，浇刷披线望砖纵向相邻二砖线条齐直；望瓦沿进深方向每线条齐直且满足允许偏差值，望瓦沿开间方向每排线条齐直且满足允许偏差值，上下两张底瓦间隙2mm。

（3）苦背

古建筑或仿古建筑中的苦背有护板灰、油毡，前两者之上有锡背和铅板，其上为泥背或焦渣背。苦背工程的主控项目：板厚达到设计要求、油毡搭接满足一般规范要求；泥背或油毡背做好后严禁用硬性物品损坏；苦背施工材料中应用生石灰不能用石膏。一般项目：灰背厚度不大于30mm；灰背最后一层宜在表面"拍麻刀"，如晾背后发现有开裂需重新补抹；如果屋面坡度大于50%时的苦灰背应按规范进行加强处理；如果设计没有明确要求应按规范作礓磋或做防滑条、铺设金属网并在前后坡沿屋面纵向放置钢筋，间距不大于1m。允许偏差项目：每层50mm泥背厚、每30mm层灰背厚、焦渣背厚符合规范要求，平整度达到要求。

（4）冷摊瓦（指底瓦直接搁置于椽条）屋面

主控项目：椽条净间距宜为瓦宽度的2/3；老头瓦伸入屋脊内长度不应小于瓦长的1/3且两坡老头瓦应碰头、脊瓦应坐中搭盖；滴水瓦挑出瓦口板的长度不得大于瓦长的1/3且不得小于50mm；斜沟底瓦搭盖不应小于150mm或不应小于一搭三；斜沟两侧的百斜头伸入沟内不应小于50mm；底瓦搭盖外露不应大于1/3瓦长；盖瓦搭盖外露不应大于1/4瓦长；突出屋面墙的侧面底瓦伸入泛水宽度不应小于50mm；天沟伸入瓦片下的长度不应小于100mm；盖瓦搭盖底瓦每侧不应小于1/3盖瓦宽；底瓦铺设大头应向上、盖瓦铺设大头应向下。一般项目：冷摊瓦的屋面坡度曲线应符合设计要求。允许偏差项目：老头瓦伸入脊内长度（10mm）、滴水瓦的挑出长度（5mm）、檐口滴水瓦头齐直（8mm）、瓦垄单面齐直（6mm）、相邻瓦垄档距差（8mm）、瓦面平整度（25mm）。

（5）小青瓦屋面（南方做法）

该做法是在望砖、望板、混凝土斜屋面为基层的小青瓦屋面施工。

主控项目：基层防水工程验收合格；瓦件的"审瓦"合格；小青瓦屋面施工时瓦的搭接符合要求（老头瓦伸入脊内长度、滴水瓦瓦头挑出瓦口板的长度、斜沟底瓦搭盖、斜沟两侧的百斜头伸入沟内、底瓦搭盖外露、盖瓦搭盖外露、突出屋面墙侧面的底瓦伸入泛水长度等符合规范要求，瓦铺设方向、瓦垄走向及其宽度、檐口瓦的搭接密度等符合规范规定要求）。一般项目：瓦在屋面铺设顺序中应分垄（号垄）且底瓦应压中，屋面坡度曲线符合设计要求。允许偏差项目：老头瓦伸入脊内长度（10mm）、滴水瓦的挑出长度

(5mm)、檐口滴水瓦头齐直（8mm）、瓦垄单面齐直（6mm）、相邻瓦垄档距差（8mm）、瓦面平整度（20mm）。

（6）合瓦屋面（北方做法）

该做法为北方大瓦、平瓦屋面做法，特点是底瓦、盖瓦均用板瓦，底、盖瓦一反一正，即"一阴一阳"进行铺瓦。这种屋面在北方小式建筑和民宅用之，在宫廷等大式建筑中不用合瓦。

主控项目：基层防水工程验收合格；瓦件进场"审瓦"合格，底瓦、盖瓦在铺设前先进行逐块"沾瓦"；瓦件的搭接应符合设计要求、若设计没有明确要求则应符合规范的具体要求；板瓦的铺设应符合规范的具体要求。一般项目：苫背合格、合瓦屋面的坡度曲线符合设计要求；铺设中的底瓦应按规范铺为"背瓦翅"施工、使瓦底泥填实，盖瓦与底瓦之间缝隙用灰（泥）塞满，瓦面刷浆符合规范要求。允许偏差项目：底瓦泥厚度40mm、盖瓦翘上棱至瓦高70mm、瓦垄直顺度、相邻瓦垄档距离、瓦面平整度和花边瓦出檐直顺度等不超过允许值。

（7）干槎瓦屋面

该做法也属于南方做法，与前述瓦屋面区别在于只用板瓦作底瓦，不用盖瓦、瓦垄间也不用会梗遮挡，直接用板瓦仰置密排编在一起，这种瓦屋面在我国西南地区多见。

主控项目：瓦件进场逐块"审瓦"合格，并进行"套瓦"（即将瓦宽相差在2mm内的瓦作为同一规格用瓦）、滴水瓦同样"套瓦"；干槎瓦铺设应符合规范具体要求、施工顺序符合规范要求。一般项目：干槎瓦屋面的坡度曲线符合设计要求；瓦铺设时的搭接应符合设计要求；瓦面刷浆符合规范要求。允许偏差项目：泥背厚度50mm、瓦瓦泥厚度40mm、同一垄内瓦的宽度、瓦垄直顺度、瓦面平整度、瓦檐出檐直顺度等满足允许偏差值。

（8）筒瓦屋面

筒瓦用于大式建筑的瓦屋面，制作瓦为半圆（或近似半圆），其底瓦为板瓦、盖瓦为筒瓦，一般用于清水、混水、放筒瓦屋面的施工。

主控项目：基层防水验收合格，瓦件进场逐件"审瓦"合格；铺设时底瓦集中"沾瓦"且符合规定要求；各式筒瓦屋面工程的搭接应符合设计要求，如设计无明确要求则应符合规范的具体条款要求（主要包括：老桩子瓦伸入脊内长度不应小于瓦长1/3，滴水瓦瓦头挑出瓦口板长度不大于瓦长的1/3且不小于20mm，斜沟底瓦搭盖不小于150mm、斜沟两侧的百斜头伸入沟内不小于50mm。突出屋面墙的侧面的底瓦深入泛水宽度不小于50mm，天沟深入瓦片下的长度不小于100mm，底瓦铺设大头向上，盖瓦上下两张接缝不大于3mm，当坡度大于50%时底瓦应固定、盖瓦每隔三四张加荷叶钉固定。筒瓦下角应高出底瓦瓦面一定高度，瓦垄的垄距的蚰蜒当宽度以瓦规格大小符合要求，瓦面出檐一致）。一般项目：筒瓦屋面的坡度曲线符合设计要求；低洼瓦垄应"背瓦翅"瓦底泥应填实；盖瓦瓦灰泥在蚰蜒当处用灰轧缝且严实；清水筒瓦屋面的捉节夹垄、混水筒瓦、仿筒瓦屋面的裹垄应符合规范规定要求。允许偏差项目：底瓦泥厚40mm、筒瓦至底瓦的高度（睁眼高度）、瓦垄直顺度、相邻瓦垄档距差、瓦面平直度、出檐齐直、混水瓦仿筒瓦细差、盖瓦相邻上下两张接缝、老桩子瓦伸入脊内、滴水瓦挑出长度等满足允许偏差值要求。

（9）琉璃瓦屋面

琉璃屋面常见于北方宫廷、宗教寺庙等大式建筑的屋面，这类建筑均拥有屋脊、脊上排列有吻兽，脊下方与瓦连接由压当条和正当沟完成。脊上及屋脊均用琉璃构配件组成。

主控项目：屋面基层防水工程已验收合格；瓦件运至现场应对瓦逐件"审瓦"，剔除不合格瓦件；琉璃瓦屋面搭接做法应符合设计要求，如设计无明确要求时应符合规范的规定（主要包括：桩子瓦伸入脊内长度不应小于瓦长 1/3、脊瓦应坐中，两坡老头瓦应碰头，滴水瓦瓦头挑出瓦口板长度不大于瓦长的 1/3 且不小于 20mm，斜沟底瓦搭盖不小于 150mm、斜沟两侧的百斜头伸入沟内不小于 50mm，突出屋面墙的侧面底瓦深入泛水宽度不小于 50mm，天沟深入瓦片下的长度不小于 100mm，底瓦铺设大头向上，琉璃瓦屋面盖瓦上下两张接缝不大于 3mm，当坡度大于 50% 时底瓦应固定、盖瓦每隔三四张加荷叶钉固定。琉璃瓦搭盖底瓦部分每侧不小于 2/5 盖瓦宽，瓦下角应高出底瓦瓦面一定高度，瓦垄的垄距的蚰蜒当宽度以瓦规格大小符合要求，瓦面出檐一致、琉璃瓦的出檐尺寸为 60～100mm）。一般项目：琉璃瓦中板瓦之间的搭盖应符合规范规定；瓦屋面的坡度曲线符合设计要求。低瓦垄应"背瓦翅"瓦底泥应填实；盖瓦瓦灰泥在蚰蜒当处用灰轧缝且严实；琉璃瓦屋面的捉节夹垄应符合规范规定；琉璃瓦的熊头灰应抹足挤严，不得采用"只捉节"不抹熊头灰的做法。允许偏差项目：底瓦泥厚 40mm、琉璃瓦睁眼高度、当沟灰缝 8mm、瓦垄直顺度、老头瓦伸入脊内、瓦面平整度、出檐齐整度、走水当均匀度、滴水瓦挑出长度等满足允许偏差值。

（10）屋脊及其饰件

主控项目：选用屋脊及其饰件材料的规格、品种、质量符合设计要求；瓦件运至现场对瓦件逐件"审瓦"和"套瓦"、剔除不合格瓦件；屋脊及饰件安装时采用铁件的材质、品种、规格符合设计要求；屋脊的砌筑位置正确、整体稳定；各式琉璃配件安装均应榫卯结合；构配件孔洞中宜用轻质泥（灰）、木炭填充；屋脊构件的分层做法、吻头形式符合设计要求或当地传统做法，吻兽、小跑及其他脊饰件的位置、尺度、数量等应符合设计要求或当地的传统做法，各式屋脊兽件安装中使用的木件、铁件连接应符合设计要求，当设计无明确要求时应符合规范具体规定；两坡铃铛排山脊交于脊间处的勾头瓦或滴水瓦的确定应符合规范规定；屋脊内灰浆饱满，屋脊之间或屋脊与山花板、圈脊板，屋脊与墙件等交接处应严实，交接处的脊件应随形砍制，灰缝宽度符合规范要求。一般项目：黑活屋脊刷浆应符合规范规定；屋脊的打点勾缝应符合规范规定；江浙地区屋脊做法中房屋用甘蔗头、雌毛脊、纹头脊，厅堂应用哺鸡脊、哺龙脊，庙宇、庑殿应用鱼龙吻脊或用龙吻脊，具体做法应符合规范规定。允许偏差项目：正脊、岔脊、博脊平直度，垂脊、岔脊、角脊直顺度，戗脊、吹脊顶部弧度，正脊、垂脊、戗脊等线条间距，正脊、垂脊、戗脊等线条宽深；每座建筑物的纹头标高、戗脊标高，正脊、垂脊、围脊、戗脊的垂直度；走兽、檐人等中心线位移；走兽、吻兽的垂直度；走兽、吻兽的平整度等均满足规范中允许偏差值。

6. 楼地面工程

古建筑或仿古建筑楼地面工程中有砖墁地面、焦渣地面与灰土地面、墁石地面、仿古地面、石子地面等地面工程，木楼地面等工程内容。其中，砖墁地面采用的砖有方砖、金砖之分，地面墁砖时南北方砖细墁做法有较大区别，具体做法应符合规范要求，木楼板上细墁方砖（金砖）做法符合规范规定，园林中的粗墁方砖地面应符合规范要求。墁石地面材料有大理石、花岗岩的条石和块石，细料加工和铺墁应符合规范规定要求。仿古地面、石子地面采用混凝土预制或现场浇制仿古砖，具体做法要符合规范规定。

主控项目：地面工程的基土、垫层、找平层施工符合《建筑地面工程施工质量验收规范》GB 50209—2010 要求；木楼地面工程的木搁栅（垫木）的质量与规格符合设计要求；进场材料、各层构造及其连接符合设计要求；砖墁或石墁地面材料的品种、质量、色泽、砖缝排列、图案等符合设计要求或传统要求；墁砖无空鼓、无松动现象，石墁表面无灰浆脏物、刮边宽度一致。一般项目（允许偏差）：砖墁地面中每块砖的对角线、平面尺寸，缝格平直、墁地表面平整度、灰缝宽度、接缝高低差等满足允许偏差值；石墁地面中每块料平面尺寸、对角线、表面平整度，接缝宽度、接缝高低差、格缝平直度等满足允许偏差值。

7. 木装修工程

木装修包括古建筑、仿古建筑中的各种木门、窗、上槛、下槛、抱柱、帘架、隔扇、板壁、栏杆、挂落、楣子、飞罩、落地罩、博古架、碧纱橱、坐槛、美人靠、裙板、天花板、棋盘顶、藻井等室内外木装修制作、维修和安装工程。

主控项目：使用木材料品质符合规范规定；木装修制品需做防腐、防潮、防白蚁、防火、防虫蛀处理；木装修制作、安装应符合设计要求及传统做法；文物古建筑修复修缮、制作及安装应按原工艺、原法式、原材料、原样制作安装；所有木构件制作都要符合设计要求或传统制作工艺，构件安装的平面位置、正反面正确，门、窗扇的外形尺寸，抱柱、槛的断面尺寸，木质饰件安装的垂直度、水平度，门、窗扇开启灵活度，天井、藻井、卷棚四周水平度及中间起拱百分率，相交部位结合紧密、牢靠等各项要求符合规范具体规定。一般项目：无。

8. 装饰工程、彩画工程、雕塑工程等

具体内容省略。

9. 防腐、防潮、防火、防虫、防震工程等

具体内容省略。

六、园林绿化工程的分部分项工程及检验批

根据《园林绿化工程施工及验收规范》CJJ 82—2012 规定，园林绿化工程作为建设工程中的单位工程（或单项工程），可以分为绿化工程、园林附属工程两个子单位工程。这样，绿化工程包括林木栽植基础工程，林木栽植工程，养护工程等分部工程。园林附属工程包括园路与广场铺装工程，假山、叠石、置石工程，园林理水工程和园林设施安装工程等分部（或子分部）工程。另外，还包括园林给水排水工程、园林供电照明工程，这两个分部工程中的分项工程及检验批验收的主控项目、一般项目等已在前述相关工程的专业施工内容中进行了介绍，园林绿化工程中的这些分部分项工程验收内容可以参照前述内容执行。本书仅对园林绿化工程中的绿化工程、园林附属工程中分部分项工程质量验收的主控项目和一般项目作一介绍。

（一）园林绿化工程

林木栽植基础工程包括栽植前土壤处理、土壤改良、设施顶层面栽植基层、坡面绿化防护栽植基层工程、水湿生植物栽植工程等子分部工程，在园林绿化实践中上述子分部工程应根据设计进行施工。其中，栽植前土壤处理子分部工程包括场地清理、栽植土回填及

塑土造型、栽植土施肥和表层土壤整理等分项工程，各分项工程检验批划分及其质量控制验收必须严格按规范标准执行。栽植土土壤改良子分部工程包括排盐碱的管沟开槽、管铺设，隔离层设置等分项工程。设施顶面层栽植基层工程包括耐穿刺防水层、排蓄水层、过滤层，栽植中障碍层基盘处理等分项工程。坡面绿化防护栽植子分部工程包括坡面整理、混凝土或砌石格架，固土网垫，格栅，土工合成材料，基质喷射等分项工程。水湿生植物栽植子分部工程包括水湿生植物栽植槽、栽植土分项工程。

林木栽植工程包括常规栽植、大树移栽、水湿生植物栽植、设施绿化栽植、坡面绿化栽植等子分部工程。其中，常规栽植包括植物材料、栽植穴（槽）、苗木运输和假植，苗木修剪、树木栽植、竹类栽植、草坪及草本地被植物栽种（栽植），运动场草坪及花木栽植等分项工程。大树移栽包括大树挖掘机包装、大树吊装运输、大树栽植及固定等分项工程。水湿生植物栽植包括湿生植物、挺水植物、浮水植物及其栽植分项工程。设施绿化栽植工程包括设施顶面栽植工程和设施顶面垂直绿化工程。坡面绿化栽植工程包括喷播、铺植和分栽。

养护工程子分部工程包括施工期养护，主要指施工期植物的支撑、浇灌水，树干缠裹，中耕除草，浇水、施肥、除虫等措施，以及修建抹芽等。

下面将园林绿化工程中分项工程质量验收的主控项目和一般项目作一整理，便于读者学习掌握。

1. 栽植土分项工程及检验批

一般检验批划分：每 500～2000m³ 为一个检验批，不足 500m³ 时按一个检验批对待。

主控项目：土壤 pH 值（符合本地栽植土标准或 pH 值 5.6～8.0）；土壤全盐含量（0.1%～0.3%）；土壤容重（1.0g/cm³～1.35g/cm³）。一般项目：一般栽植中乔木最低土层厚度；灌木最低土层厚度；棕榈类最低土层厚度；竹类最低土层厚度；草坪、花卉、草本地被最低土层厚度；设施顶面绿化中乔木，灌木，草坪、花卉、草本地被植物的最低土层厚度；土壤有机质含量，土壤块径大小等。

2. 栽植前场地清理分项工程及检验批

一般检验批划分：每 1000m² 为一个检验批，不足 1000m² 时按一个检验批对待。

主控项目：应将场地内渣土、工程废渣以及不符合栽植土理化标准的原装土等清除干净；场地标高及清理程度应符合设计和植物栽植要求。一般项目：回填土壤范围内不应有坑洼与积水；对软泥和不透水层应进行处理；设施顶面防水和治水处理合格。

3. 栽植土回填与塑形分项工程及检验批

一般检验批划分：每 1000m² 为一个检验批，不足 1000m² 时按一个检验批对待。

主控项目：回填及塑形的胎土、种植土应符合设计要求并有质量检测报告；回填土及地形塑造的范围、厚度、标高、造型及其坡度均应符合设计要求。一般项目：回填土应分层夯实或经自然沉降至稳定，地形造型应自然顺畅。允许偏差项目：造型边界位置、等高线位置符合要求，各测定点地形相对标高均满足允许偏差值。

4. 种植土施肥与表层处理分项工程及检验批

一般检验批划分：每 1000m² 为一个检验批，不足 1000m² 时按一个检验批对待。

主控项目：进场的商品肥料形式检验报告、有机肥充分腐熟。一般项目：土壤中所含大、中、小石砾符合规范要求，杂草等杂物不得超 10%。允许偏差项目：栽植大、中乔木，栽植小乔木、大中灌木、大藤本，栽植竹类、小灌木、宿根花卉、小藤本，种植草坪、草花、地被的土壤表层的土块粒径满足规范中的允许偏差值。

5. 栽植穴、槽分项工程及检验批

一般检验批划分：每 100 穴为一个检验批，不足 20 穴时逐穴检查不分检验批。

主控项目：栽植穴、槽定点放线应符合设计要求、位置准确并标记明显；栽植穴、槽的直径应大于土球或裸根苗根系展幅 40～60cm，穴深宜为穴径的 3/4～4/5，穴、槽应垂直下挖；栽植穴、槽底部不应有不透水层或重黏土层，设施顶部基层做防水、滤水处理。一般项目：栽植穴、槽挖出的表层土和底土应分层堆放，根底部应施基肥并回填表土或改良土；土壤干燥时应于栽植前灌水浸穴、槽，土壤密实度不达标或渗透系数小于 10^{-4} cm/s 时，应扩大树穴并疏松土壤。

6. 苗木运输和假植

一般检验批划分：苗木每 100 株为一个检验批，少于 20 株应全部检查不分检验批，草坪、地被、花卉按面积的 10% 划分检验批，面积小于 30m² 时全数检查。

主控项目：植物材料种类、品种及规格应符合设计要求，严禁带严重病虫害、非检疫对象的材料（外省购置及国外引进材料应有植物检疫证）；运输吊装苗木的机具及车辆的吨位应满足苗木吊装、运输需要，苗木运至栽植现场当天不能栽植时应及时假植。一般项目：裸根苗木运输时应进行覆盖、并保持根部湿润，运输时不得损伤苗木；带土球苗木装车和运输时苗木排列应合理、捆绑稳固，卸车轻取轻放不得损伤苗木及散球；假植地点、土壤要适宜，假植时间较长时苗木根系应用湿土埋严。

7. 树木栽植分项工程及检验批

树木栽植包括苗木修剪、栽植、浇灌水和支撑等工序，每个工序均按检验批进行报验形成验收资料。苗木修剪按 100 株为一个检验批、不足 20 株应全数检查不分检验批，树木栽植按 100 株为一格检验批，不足 20 株全数检查苗木及成活率。苗木支撑按 100 株为一个检验批、不足 50 株应全数检查不分检验批。

（1）苗木修剪

主控项目：苗木修剪整形应符合设计要求，当设计无明确要求时修剪整形应保持原树形；苗木应无损伤断肢、枯枝、严重病虫枝等。一般项目：落叶树木的枝条应从基部剪除，不留木橛，剪口平滑；枝条短截时应留外芽，剪口应距离芽位置上方 0.5cm，修剪直径 2cm 以上大枝及粗根时其截口应削平并涂防腐剂。

（2）树木栽植

主控项目：栽植的树木品种、规格、位置应符合设计规定，除特殊景观树外，树木栽植应保持直立不得倾斜；行道树或行列栽植的树木应在一条线上，相邻植株规格应合理搭配；栽植后树木成活率不应低于 95%，名贵树木栽植成活率应达到 100%。一般项目：带土球树木栽植前应除去土球不易降解的包装物，栽植时应注意观赏面的合理朝向，树木栽植深度应与原种植线持平，栽植时栽培土应分层踏实，绿篱及色块栽植时的株行距、苗木高度、冠幅大小应均匀搭配，并使树形丰满的一面向外；非季节栽植树木时，苗木可提前作环状断根处理或提前起苗冰作容器假植，落叶乔木或灌木类应适当剪枝但应保持树形，剪除侧枝、保留的侧枝作短截，可适当加大土球直径，可摘叶但不伤幼芽，夏季可采取遮阴、树干保湿、树冠喷雾等措施，掘根时根部可施生根激素、栽植时施加保水剂、树干上可注射营养剂等措施；干旱季节或干旱地区应大力推广抗蒸腾剂、防腐促根、免修剪、营养液滴注等新技术。

（3）浇灌水

主控项目：树木栽植后在树穴直径周围围筑 10～20cm 的围堰，浇灌水质应符合《农田灌溉水质标准》GB 5084—2005 之规定，每次浇灌水量应满足植物成活及生长需要。一般项目：浇水应在穴中放置缓冲垫，新栽树木应浇透水后及时封堰，以后根据情况及时补水，浇水后出现树木倾斜时及时扶正并加以固定。

（4）支撑

主控项目：支撑物的支柱应埋入土中不少于 30cm，支撑物、牵引物与地面连接点的连接应牢固，连接树木的连接点应在树木主干上。一般项目：支撑物、牵拉物的强度应确保支撑有效，软牵拉固定时应设置警示标志；针叶树的支撑高度不低于树木主干的 2/3、落叶树木的支撑高度不低于树干主干的 1/2。

8. 大树挖掘包装、运输分项工程及检验批

大树挖掘包装、吊装运输及移栽时均需要全数检查，不划分检验批。

（1）大树挖掘包装

主控项目：土球规格应为树木胸径的 6～10 倍、土球高度为直径的 2/3（其中土球底部直径为土球直径的 1/3，土台规格应上大下小、下部边长比上部边长少 1/10）；树根应用手锯锯断，锯口平滑无劈裂并不得露出土球表面。一般项目：土丘软质包装紧实无松动，土球直径 1m 以上应作封底处理；土台的箱板包装应立支柱；箱板包装应符合规范规定。

（2）大树吊装运输

主控项目：大树吊装、运输机具符合要求；吊装、运输时应对大树的树干、枝条、根部的土球、土台采取保护措施。一般项目：大树吊装就位时应注意选好主要观赏面的方向；大树就位后及时用软垫层支撑、固定树体。

9. 大树移栽分项工程及检验批

大树移栽不分检验批，需要全数检查并形成资料。

主控项目：大树的规格、种类、树形、树势应符合设计要求；定点放线应符合设计要求；大树栽植深度应保持土球下沉后原土痕和地面等高或略高，树干或树木的重心应与地面保持垂直。一般项目：种植穴根据根系或土球直径加大 60～80cm、深度增加 20～30cm；土球下沉后拆除包装物，大树修剪符合规范要求；回填土应用种植土并分层捣实，肥料应腐熟且与土混合均匀，然后设立支撑并进行裹干保湿、及时浇水，栽植后对新栽树木进行细致养护管理。

10. 草坪和地被植物播种分项工程及检验批

草坪以每 500m² 为一个检验批，不足 500m² 也要按一个检验批对待。

主控项目：草种作种子发芽试验和催芽处理，播前种床浇水使土壤湿润，对种子分级播种或进行弯化播种，播后进行覆土处理，播后及时喷水（干旱区或旱季每天喷水或无纺布覆盖）；播后成坪草的覆盖度大于 95%、单块裸露面积不大于 25cm²、杂草及病虫害面积不大于 5%。一般项目：种子纯净度达到 95% 以上，冷地型草坪种子发芽率达 85% 以上、暖地型草坪种子发芽率达 70% 以上；种子做消毒处理，土壤播种前处理到位。

11. 喷播种植分项工程及检验批

喷播种植时每 1000m² 为一个检验批，不足 1000m² 时按一个检验批对待。

主控项目：喷播前应检查锚固杆网片的固定情况，并清理坡面，喷播的种子覆盖料、土壤稳定剂的配合比应符合设计要求。一般项目：播种覆盖应均匀无漏、喷播厚度均匀一致；喷播应从上到下依次进行，在强降雨季节喷播时应注意覆盖。

12. 草坪和草本地被植物分栽分项工程及检验批

每 500m² 为一个检验批，不足 500m² 要按一个检验批对待。

主控项目：分栽的植物材料应注意保鲜、不萎蔫，干旱区或干旱季节栽前应先浇水浸地；分栽后的成坪草坪草盖度大于 95％、单块裸露面积不大于 25cm²、杂草及病虫害面积不大于 5％。一般项目：草坪分栽时的柱行距、每丛的单株数量应满足设计要求，如果没有要求时可按丛的柱行距（15cm～20cm）×（15cm～20cm）成品字形栽植，或 1m² 植物材料可按 1∶3～1∶4 的系数进行栽植，栽植后应平整地面、适度压实并立即浇水。

13. 铺设草块和草卷分项工程及检验批

每 500m² 为一个检验批，不足 500m² 也要按一个检验批对待。

主控项目：草卷、草块铺设前应先浇水浸地、种床细整找平，草卷、草块在铺设后应用滚筒进行镇压或拍打以使草块（草卷）与土壤密切接触，铺设后应及时浇透水、浸湿土壤厚度大于 10cm；铺设后的成坪草坪草盖度大于 95％、单块裸露面积不大于 25cm²、杂草及病虫害面积不大于 5％。一般项目：草地排水坡度适当，不应有坑洼积水；铺设草卷、草块应相互衔接不留缝，高度一致，间铺缝隙应均匀并填以栽植土。

14. 运动场草坪分项工程及检验批

每 500m² 为一个检验批，不足 500m² 也要按一个检验批对待。

主控项目：运动场草坪的土层结构排水层、渗水层、根系层、草坪层应符合设计要求；根系层的土壤应浇水沉降，利用浇水夯实土层，基质铺设细致均匀，根系层土壤的理化性质应符合规范规定；成坪草坪草盖度大于 95％、单块裸露面积不大于 25cm²、杂草及病虫害面积不大于 5％。一般项目：铺植草块的大小厚度应均匀，缝隙严密，草块与表层基质结合紧密；成坪后草坪层的覆盖度应均匀；草坪颜色无明显差异、无明显裸露斑块和杂草病虫害症状；草丛密度为 2 枚/cm²～4 枚/cm²。

15. 花卉栽植分项工程及检验批

每 500m² 为一个检验批，不足 500m² 也要按一个检验批对待。

主控项目：花苗的品种、规格、栽植放样、栽植密度、栽植图案等均应符合设计要求；花卉栽植土及表层土整理应符合规范标准；花卉应覆盖地面，成活率不应低于 95％。一般项目：株行距应适当，根部土壤应压实、花苗不得沾污泥。

16. 水湿生植物栽植槽分项工程及检验批

每 100m² 为一个检验批，不足 100m² 也要按一个检验批对待。

主控项目：栽植槽的材料、结构、防渗应符合设计要求；槽内不宜采用轻质土或栽培基质。一般项目：栽植槽土层厚度应符合设计要求，无设计要求的应大于 50cm。

17. 水湿生植物栽植分项工程及检验批

每 500m² 为一个检验批，不足 500m² 也要按一个检验批对待。

主控项目：水湿生植物栽植地的土壤质地不良时，应更换合格的栽植土，使用的栽植土和肥料不得污染水源；水湿生植物栽植的品种和单位面积栽植数应符合设计要求。一般项目：水湿生植物栽植后至长出新株期间应控制水位，严防新生苗（株）浸泡窒息死亡；水湿生植物栽植成活后单位面积内拥有成活苗（芽）数应符合规范中水湿生类、挺水类和浮水类相关植物每 m² 内成活苗（芽）数偏差值标准。

18. 竹类植物栽植分项工程及检验批

检验批划分每 100 株为一个检验批，不足 20 株则不分检验批、需全数检查。

主控项目：①散生竹母株挖掘时可根据最下盘枝杈生长方向确定来鞭、去鞭走向进行挖掘，母竹必须带鞭，其中中小型散生竹宜留来鞭 20～30cm、去鞭 30～40cm，切断竹鞭截面应光滑、不得劈裂，应沿竹鞭两侧深挖 40cm、截断母竹底根，挖出的母竹与竹鞭结合应良好、根系完整；②丛生竹母竹挖掘时应在母竹 25～30cm 的外围扒开表土，由远至近逐渐挖深，严防损伤竹竿基部芽眼、杆基部的须根应尽量保留。在母竹一侧应找准母竹竿柄与老竹竿基的连接点，切断母竹竿柄，连蔸一起挖起，切断时不得劈裂竿柄、竿基。每蔸分株根数应根据竹种特性及竹竿大小确定母竹竿数，即大竹种可单独挖蔸、小竹种可 3～5 株成墩挖掘。竹类栽植时，竹类材料品种、规格应符合设计要求，放样定位应准确，栽植地应选择土层深厚、肥沃、疏松、光照充足、排水良好的壤土，如黏性较重及盐碱土应进行换土或土壤改良；一般项目：竹类包装运输时竹苗采用软包装进行包扎、并应喷水保湿，竹苗长途运输应用篷布遮盖，中途应喷水或在根部放置保湿材料，竹苗装卸时应轻装轻放，不得损伤竹竿与竹鞭之间的着生点和鞭芽。竹类修剪应符合以下规定：①散生竹竹苗修剪时挖出的母竹宜留枝 5～7 盘，将顶梢剪去；不打尖修剪的竹苗栽植后应进行喷水保湿；②丛生竹竹苗修剪时竹竿应留枝 2～3 盘，应靠近节间斜向将顶梢截除（切口应平滑呈马耳形）。竹类栽植时的栽植穴的规格及间距可根据设计要求及竹蔸大小进行挖掘，丛生竹的栽植穴宜大于根蔸的 1～2 倍；中小型散生竹的栽植穴规格应比鞭根长 40～60cm、宽 40～50cm、深 20～40cm。竹类栽植时，应先将表土填在穴底且深浅适宜，拆除竹苗包装物将竹蔸放入穴，根鞭应舒展、竹鞭在土中深度宜 20～25cm，覆土深度宜比母竹原土痕高 3～5cm，进行踏实后及时浇水后覆土。竹类栽植后应立柱或横杆进行互连支撑，栽后及时浇水、发现露鞭时应进行覆土并及时除草松土，严禁踩踏根、鞭、芽。

19. 设施空间绿化子分部工程

建筑物、构筑物等设施的顶面、地面、立面及围栏等处的绿化均属于设施空间绿化，设施空间绿化可以独立作为园林绿化工程中的一个分部工程或子分部工程，它涉及房屋建筑、市政广场和道路等多个建设领域的建设内容。根据《园林绿化工程施工及验收规范》CJJ 82—2012 工程内容的划分，该工程分为设施顶面栽植工程和设施立面垂直绿化工程两个分项工程。根据工程实践，设施空间绿化工程包括：设施顶层防水及耐根穿刺防水层工程、排水及蓄水层工程、过滤层、设施障碍物面层栽植基盘工程、顶层植物栽植工程、设施立面垂直绿化工程、坡面绿化防护栽植层工程、排盐（渗水）管沟隔淋（渗水）层开槽、排盐（渗水）管敷设、隔淋（渗水）层施工、施工期植物养护等子分部或分项工程和设施顶层碎拼花岗岩面层铺装、卵石面层铺装等分项工程。本书根据施工特点对上述工程内容、检验批划分及验收中主控项目、一般项目作一介绍。

（1）顶层耐根穿刺防水层工程及检验批

检验批划分一般按延展长度划分，即每 50 延米为一个检验批，不足 50 延米按一个检验批对待。

主控项目：材料品种、规格、性能应符合设计及相关标准要求；卷材接缝应牢固、严密符合设计要求；施工完成后应进行蓄水或淋水试验，试验中 24h 内不得有渗漏或积水。一般项目：耐穿刺防水层材料进场取送样检测合格；防水层的细部构造、密封材料嵌填应密实饱满，粘结牢固无气泡、开裂等缺陷；立面防水层应收头入槽并封严；成品应注意保护、检查施工现场不得堵塞排水口。

（2）顶层排（蓄）水层工程及检验批

检验批划分一般按延展长度划分，即每 50 延米为一个检验批，不足 50 延米按一个检验批对待。

主控项目：凹凸性塑料排蓄水板厚度；顺槎搭接宽度应符合设计要求，设计无要求时搭接宽度应大于 15cm；采用卵石、陶粒等材料铺设排蓄水层的，其铺设厚度应符合设计要求。一般项目：顶层四周设置明沟的，其排蓄水层应铺至明沟边缘；挡土墙下设排水管的，排水管与天沟或落水口应合理搭接且坡度适当。

（3）顶层过滤层工程及检验批

检验批划分一般按延展长度划分，即每 50 延米为一个检验批，不足 50 延米按一个检验批对待。

主控项目：过滤层的材料规格、品种应符合设计要求。一般项目：采用单层卷状聚丙烯或聚酯无纺布材料，其单位面积质量必须大于 $150g/m^2$，搭接缝的有效宽度应达到 $10\sim20cm$；采用双层卷状材料（上层蓄水棉，其单位面积质量应达到 $200\sim300g/m^2$；下层无纺布材料，单位面积质量应达到 $100\sim150g/m^2$），卷材铺设在排水层上，向栽植地四周延伸；高度与种植层齐高、端部收头应用胶粘剂粘结，粘结宽度不得小于 5cm 或用金属条固定。

（4）设施障碍性面层栽植基盘工程及检验批

指在设施顶层不适合栽植植物的基层部位，按障碍性层面施工栽植盆、盘等设施，设施基部的施工项目，其检验批划分按每 $100m^2$ 为一个检验批，不足 $100m^2$ 按一个检验批对待。

主控项目：基盘应选取透水、排水、渗管等构造材料，且其品质应适合栽植要求；栽植土（基质）应符合栽植要求；施工做法应符合设计和规范要求。一般项目：障碍性层面栽植基盘的透水、透气系统或结构性能良好；浇灌后无积水，雨期无沥涝。

（5）设施顶层面栽植工程及检验批

检验批划分按每 $100m^2$ 为一个检验批，不足 $100m^2$ 按一个检验批对待。

主控项目：植物材料的种类、品种和植物配置方式应符合设计要求；自制或采用成套树木固定牵引装置、预埋件等应符合设计；支撑操作使栽植的树木牢固；树木栽植成活率及地被覆盖度应符合规范要求。一般项目：树木栽植定位符合设计要求；植物栽植后及时进行养护和管理，不得有严重枯黄死亡、植被裸露和明显病虫害。

（6）设施立面垂直绿化工程及检验批

检验批划分按 100 株为一个检验批，不足 20 株时应全数检查。

主控项目：低层建筑物、构筑物的外立面、围栏前为自然地面，符合栽植土标准时可进行整地栽植；垂直绿化栽植的品种、规格应符合设计要求。一般项目：建筑物、构筑物的外立面、围栏的立地条件较差，可以利用栽植槽栽植（槽的高度宜为 50～60cm，宽度宜为 50cm，种植槽应有排水孔）；栽植土壤应符合规范规定；建筑物、构筑物立面较光滑时，应加设载体后再进行栽植；植物材料栽植后应牵引、固定、浇水。

20. 坡面绿化防护栽植分项工程及检验批

检验批划分按每 500m² 为一个检验批，不足 500m² 按一个检验批对待。

主控项目：用于坡面栽植的栽植土（基质）理化性状应符合规范规定。一般项目：混凝土格构、固土网垫、格栅、土工合成材料、喷射基质等施工做法应符合设计和规范要求，喷射基质不应剥落；栽植土或基质表面无明显沟蚀、流失；栽植土（基质）的肥效不得少于 3 个月。

21. 盐碱地、重黏土等特殊地区的栽植工程

在盐碱地、南方重黏土区以及工厂污染重金属区的园林绿化时，由于土壤的理化性质不适合栽植植物，必须对这类土壤进行土壤改良或用工程的措施降低土壤中重金属含量，减少盐碱离子含量，特别严重地区还可能要进行换土。绿化工程中的工程措施类似于设施面层的绿化施工，所以可以作为特殊的分项工程施工，其工序属于重要工序需要报验并形成验收资料。

（1）排盐管沟（渗水管沟）层开槽及检验批

检验批划分以每 1000 m² 为一个检验批，不足 1000m² 按一个检验批对待。

主控项目：开槽范围、槽底高程应符合设计要求，槽底应高于地下水标高；槽底不得有淤泥、软土层。一般项目：槽底应找平和适度压实，槽底标高和平整度应满足规范中的允许偏差值。

（2）排盐管（渗水管）的铺设及检验批

检验批划分按 200m 为一个检验批，不足 200m 按一个检验批对待。

主控项目：排盐管（渗水管）敷设的走向、长度、间距及过路管的处理应符合设计要求；管材规格、性能符合设计和使用功能要求，并附有出厂合格证；排盐管（渗水管）连接应通顺有效，主排盐（渗水）管应与外界市政排水管网接通，且其终端管底标高应高于排水管管中 15cm 以上。一般项目：排盐（渗水）沟断面和填埋材料应符合设计要求；排盐（渗水）管的连接与观察井的连接末端排盐管的封堵应符合设计要求；排盐（渗水）管的坡度、水平移位、管底至排盐（渗水）沟底距离满足规范相应允许偏差值，观察井中主排盐（渗水）管入井管底标高、观察井至排盐（渗水）管底距离、井盖标高等满足规范相应允许偏差值。

（3）隔淋层施工及检验批

检验批划分以每 1000 m² 为一个检验批，不足 1000m² 按一个检验批对待。

主控项目：隔淋（渗水）层的材料及其铺设厚度应符合设计要求；铺设隔淋（渗水）层时不得损坏排盐（渗水）管。一般项目：石屑淋层材料中的石粉和泥土含量不得超过10％，其他淋（渗水）层材料中也不得掺杂黏土、石灰等粘结物；排盐（渗水）隔淋（渗水）层铺设厚度应满足规范厚度的运行偏差值。

22. 施工期的植物养护及检验批

检验批划分以每 1000 m² 为一个检验批，不足 1000m² 按一个检验批对待。

主控项目：根据植物习性和土壤墒情及时浇水；结合中耕除草、平整树台；加强病虫害观察，控制突发性病虫害发生，有病虫害应及时防治；树木应及时剥芽、去蘖、疏枝整形，草坪应适时进行修剪；对树木加强支撑、绑扎及裹干，做好防强风、干热、洪涝、越冬等工作。一般项目：根据植物生长情况及时追肥、施肥，花坛、花境应及时清除残花败叶，植物应生长健壮；绿地应保持整洁，做好维护管理工作，及时清理枯枝、落叶、杂草和垃圾；对生长不良、枯死、损坏、缺株的园林植物应及时更换或补栽，用于更换及补栽的植物材料应和原植物的种类、规格一致。

（二）园林附属工程

根据规范规定，园林附属工程包括园路与广场铺装工程，假山、叠石和置石工程，园林理水工程和园林设施安装工程四个分部工程。

园路与广场铺装工程包括基层、面层两个分项工程，其中根据铺装材料的不同，面层工程又可以分为碎拼花岗岩、卵石、嵌草、混凝土板块、大方砖、花街铺地、透水砖、小青砖、瓦、水洗石、透水混凝土面层等子分项工程。

假山、叠石和置石工程包括地基基础、山石拉底、石材主体安装，单独的置石等分项工程。

园林理水工程包括管道安装、潜水泵安装、水景喷头安装等分项工程。

园林设施安装工程包括座凳（椅）安装、标牌安装、果皮箱安装、喷灌设施安装等分项工程。

1. 园路与广场铺装基层分项工程

基层分项工程施工中的工序及检验批划分、验收中的主控项目、一般项目等内容与市政工程、房屋建筑工程中基层分项工程的内容相同，该部分内容省略。

2. 园路与广场铺装面层分项工程

园路与广场面层铺装工程根据铺装材料的不同、设计中材料应用的差异，其施工可以分为若干子分项工程，但施工工序基本相同。其工序均为垫层、面层基础层和材料铺装等，其检验批划分单位均为每 200m² 为一个检验批，不足 200m² 按一个检验批对待。施工及验收中的主控项目相同，一般项目也相近。

（1）碎拼花岗岩面层

主控项目：基层、面层施工中所用材料的品种、质量、规格等符合设计要求，各结构层纵横向坡度、厚度、标高和平整度等符合设计要求；面层与基层的结合（粘结）必须牢固，不得有空鼓、松动现象，面层成形后不得有积水；面层材料拼装花纹符合设计或当地传统拼装要求，园路走向及弯曲的弧度应顺畅自然。一般项目：碎拼花岗岩边缘碎裂形态基本相似，不宜出现尖锐角及规则形；色泽及大小搭配协调一致；表面洁净，地面不积水，其表面平整度允许偏差符合规范要求。

（2）卵石面层

主控项目：同碎拼花岗岩面层工程。一般项目：卵石材料铺装应按园路与广场排水方向调坡；铺贴前应对基础进行清理并刷素水泥砂浆一遍；水泥砂浆厚度不低于 4cm，砂浆强度等级不低于 M10；卵石的颜色搭配协调、大小均匀、卵石清洁且排列方向一致；露面卵石铺设应均匀，卵石窄面向上，无明显下沉颗粒，卵石嵌入砂浆厚度至少为卵石整体大小的 60%。砂浆强度达到设计强度的 70% 时应冲洗石子表面；园路铺装长度大于 6 延长米时应设伸缩缝；表面洁净地面不积水，与雨水箅子井结合平顺；其表面平整度、块料间隙宽度等允许偏差应满足规范要求。

（3）嵌草地面面层

主控项目：同碎拼花岗岩面层工程。一般项目：基层应采用透水混凝土垫层或直接用沙石垫层，嵌草地面砖块料不应有裂纹、断角等缺陷，块料铺设平稳且表面清洁；块料之间应填种植土，种植土厚度不宜小于 8cm，种植土填充面应低于块料表面；嵌草砖应按车距宽度设分割线，铺设后嵌草平整不积水；其园路与广场地面铺装的平整度、缝格平直、接缝高低差和板块间隙宽度等允许偏差值满足规范要求。

（4）水泥花砖、混凝土板块、花岗岩等面层

主控项目：同碎拼花岗岩面层工程。一般项目：铺贴前应对板块等的规格、尺寸、外观、色泽等进行预选，并进行浸水湿润；勾缝和压缝应采用同品种、同强度等级、同颜色的水泥，并做好养护和保护；面层的表面应洁净，图案清晰、色泽一致，接缝平整、深浅一致，周边顺直，表面与雨水箅子井边结合平顺；园路与广场地面铺装的平整度、缝格平直、接缝高低差和板块间隙宽度等允许偏差值满足规范要求。

（5）冰梅面层

主控项目：同碎拼花岗岩面层工程。一般项目：面层的色泽、质感、纹理、块体规格大小应符合设计要求；石质材料要求强度均匀，其抗压强度不小于 30MPa；软质面层材料要求细滑、耐磨；板块面宜呈五边以上为主，块体大小不宜均匀，铺设时符合一点三线原则，不得出现正多边形及阴角（内凹角）、直角；面层的表面应洁净，图案清晰、色泽一致，接缝平整，深浅一致，留缝宽度一致，块体周边顺直、大小适中；园路与广场地面铺装的平整度的允许偏差值应满足规范要求。

（6）花街铺地面层

主控项目：同碎拼花岗岩面层工程。一般项目：纹样、图案、线条大小长短规格应统一、对称；填充料宜色泽丰富，镶嵌应均匀，露面部分不应有明显的锋口和尖角；完成面的表面应洁净，图案清晰，色泽统一，接缝平整，深浅一致；园路与广场地面铺装的平整度、厚度、缝格平直、接缝高低差等允许偏差值应满足规范要求。

（7）大方砖面层

主控项目：同碎拼花岗岩面层工程。一般项目：大方砖色泽应一致，棱角齐全，不应有隐裂及明显气孔，规格尺寸符合设计要求；方砖铺设面四角应平整，合缝均匀，缝线通直，砖缝灰饱满；砖面桐油涂刷应均匀，涂刷遍数应符合设计规定，不得漏刷；园路与广场地面铺装的平整度、厚度、缝格平直、接缝高低差、板块间隙宽度等允许偏差值满足规范要求。

（8）透水砖面层

主控项目：同碎拼花岗岩面层工程。一般项目：透水砖面层下基层采用透水混凝土垫层，透水砖的规格及厚度应统一；铺设前必须按铺设范围排砖，边缘部位形成小粒砖时必须调整砖块间距或进行两边切割；面砖块间隙应均匀、砖块色泽一致，排列形式应符合设计要求，排列后的表层平整砖块不应松动；其园路与广场地面铺装的平整度、厚度、缝格平直及接缝高低差、砖块的间隙宽度等的允许偏差值满足规范要求。

（9）压模面层

主控项目：同碎拼花岗岩面层工程。一般项目：压模面层不得开裂，基层设计有要求的必须按设计进行处理，设计无要求时应采用双层双向钢筋混凝土浇筑；路面每隔 10m 应设伸缩缝；完成的面层应色泽均匀、平整、块体边缘清晰、无翘曲；其园路与广场地面铺装的平整度的允许偏差值满足规范要求。

（10）小青砖（黄道砖）面层

主控项目：同碎拼花岗岩面层工程。一般项目：小青砖规格、色泽应统一，厚薄一致不应缺棱掉角，铺设后青砖上面应四角通直均为直角；面砖块之间排列应紧密、色泽均匀，表面不应松动；园路与广场地面的平整度、厚度、缝格平直、接缝高低差、砖块间隙宽度等的允许偏差值满足规范要求。

（11）自然块石面层

主控项目：同碎拼花岗岩面层工程。一般项目：基层土应夯实、无沉陷，必要时需换土并夯实；铺设用的自然块石应选用具有较大平面的石块，块体间排列紧密、块体高度一致，踏面平整、无倾斜、翘动；园路与广场地面铺装的平整度和缝格平直度的允许偏差值应满足规范要求。

（12）水洗石面层

主控项目：同碎拼花岗岩面层。一般项目：水洗石铺装的细卵石应色泽统一、颗粒大小均匀，规格符合设计要求。路面的石子表面色泽应清晰，不应有水泥浆残留、开裂，路面每隔 10m 应设伸缩缝；铺设完成后面层用酸洗液彻底冲洗，不得残留腐蚀痕迹；园路与广场地面铺装中的平整度和接缝高差的允许偏差值应满足规范标准。

3. 假山、叠石和置石子分部或分项工程

假山分部工程包括假山基础工程，假山、叠石主体结构工程，假山、叠石工程，以及置石工程等分项工程。由于假山、叠石工程涉及较多的传统工艺施工过程，其中部分工程与假山、叠石石材的砌筑结构有关，所以其重要工序和涉及结构安全及使用功能的工序，在工序施工过程中必须进行验收（隐蔽验收），从而形成分项工程验收资料。

（1）假山、叠石模型制作

主控项目：石材质地一致、色泽相近，石料坚实耐压；峰石形态完美具有观赏价值。一般项目：模型制作要与实际比例为 1：25 或 1：50。

（2）假山、叠石基础工程

主控项目：基础工程及主体结构符合设计和安全规定，结构和主峰稳定性符合抗风和抗震强度要求；基础承载力应大于山石体总荷载的 1.5 倍，挖方面积应大于假山底面积，旱假山基础用 C20 以上混凝土浇筑，水假山用 C25 以上混凝土或采用桩基加混凝土基础。一般项目：灰土基础应低于地平面 20cm，基础外沿宽度比假山、叠石体宽度多出 50cm。

（3）假山石拉底施工

主控项目：假山石拉底施工应做到统筹向背、曲折错落、断续相间、连接互咬。一般项目：拉底石材应坚实、耐压，不得用风化石块做基石。

（4）假山砌筑工程

主控项目：山体石应错缝叠压放置，注意主面方向和重心；山体最外侧的峰石底部应灌注 1：2 水泥砂浆；假山山洞的洞壁凹凸面不得影响游人安全，洞内应有采光并不得积水；假山、叠石、山体布置临路侧、山洞洞顶和洞壁应圆润，不得带锐角。

一般项目：每块叠石的刹石不少于四个受力点，每层之间应补缝填陷并灌注 1∶2 水泥砂浆；砌筑时每个石块间缝隙应先填塞、连接和嵌实，然后用 1∶2 水泥砂浆进行勾缝；用于砌筑山洞、跌水的山石长度不应小于 150cm，整块大体量山石应稳定不得倾斜；悬挑叠石时横向挑出的山石的后部配重应大于悬挑部分山石重量的 2 倍；辅助加固的构件（银锭石、铁爬钉、铁扁担和各类吊架等）的承载力和数量应保证达到山体的结构安全及艺术效果要求，铁件表面应做防锈处理；假山登山道的走向应自然，踏步铺设应平整、牢固，高度以 14～16cm 为宜；溪流景石的自然驳岸应体现出溪流的自然感并与周围背景协调。汀步安置应稳固、汀步面平整，汀步边间距不大于 30cm，高差不大于 5cm；假山、叠石、外形艺术处理时布置不宜杂、石体纹理不宜乱、块不宜均匀、缝不宜多，保持自然完整；假山收顶时的山石应选用体量较大，且轮廓和体态富于变化特征的山石。

（5）置石施工工程

主控项目：选用石材、石种应统一、整体协调；材质、色泽、造型及其放置形式应符合设计要求。一般项目：特置山石应选择体量大、色泽纹理奇特、造型轮廓突出具有动势的山石；山石高度与观赏者距离保持在 1∶2～1∶3 之间；单块石高度大于 120cm 的山石应有混凝土窝脚基础或采用整形基座或坐落在自然山石面上；对置石山石间互相呼应；散置山石应疏密有致、遥相呼应，不可众石纷争；群置山石应石体大小不等、石之间距不等、高低山石放置，做到宾主分明、搭配适宜。

4. 理水水景工程

园林理水工程包括水景管道安装工程、水景潜水泵安装工程和水景喷泉的喷头安装工程等分项工程，其中的管道安装工程类似于市政给水排水管道安装工程。其检验批划分按管道的每 50 延米为一个检验批，不足 50 延米按一个检验批对待；潜水泵、喷泉等需要全数检查，不设检验批。

（1）水景管道安装分项工程

主控项目：水景水池预埋的各种管道预埋件应验收合格，管道安装顺序按先主管、后支管顺序（管道位置及标高应符合设计要求）；各种材质的管材连接应保证不渗漏；安装后管道水压试验合格。一般项目：配水管网管道水平安装应有 2‰～5‰ 的坡度坡向泄水点；管道下料时切口应平整，并与管中心垂直。

（2）水景潜水泵安装

主控项目：潜水泵功率满足设计扬程的需求，潜水泵与管道应采用法兰连接；潜水泵轴线应与总管轴线平行或垂直。一般项目：同组喷泉用的潜水泵应安装在同一高程；潜水泵淹没深度小于 50cm 时，在泵吸入口应加装防护网罩；潜水泵电缆应采用防水型电缆，控制开关应采用漏电保护开关。

（3）水景喷泉的喷头安装

主控项目：管网安装完成并试压合格验收、冲洗管道后方可安装喷头；喷头前应有不小于 10 倍喷头公称尺寸的单直线管段或设整流装置。一般项目：喷头安装与水池边缘的合理距离在喷头最大喷距之外（溅水不得至池外）；同组喷泉用喷头的安装形式宜相同；隐蔽安装的喷头，喷口出流方向的水流轨迹上不应有障碍物。

5. 园林设施安装工程

园林设施包括座椅（凳）、标牌、果皮箱等物品，它们在验收时不分检验批应全数检查。园林护栏按100延米为一个检验批、不足100延米按一个检验批对待。

（1）园林设施安装工程

主控项目：座椅（凳）、标牌、果皮箱的质量应符合相关产品标准的规定，进场材料应附有产品检验合格证书；座椅（凳）、标牌、果皮箱的材质、规格、形状、色彩、安装位置应符合设计要求，标牌的指示方向应准确无误；座椅（凳）、果皮箱安装应牢固无松动，标牌支柱安装应垂直，支柱表面无毛刺，标牌与支柱连接、支柱与基础连接应牢固无松动现象；所有金属部分及其连接件应做防锈处理。一般项目：座椅（凳）、标牌、果皮箱的安装方法应按照产品安装说明书或设计要求；安装基础应符合设计要求。

（2）园林护栏安装工程

主控项目：金属护栏和钢筋混凝土护栏基础及预埋件应符合设计要求，设计无明确要求时，按规范规定执行；基础采用的混凝土强度不应低于C20，现场加工的金属护栏应作防锈处理；栏杆之间、栏杆与基础之间的连接应紧实牢固，金属栏杆的焊接应符合国家现行相关标准的要求；竹木质护栏的主桩下埋深度不应小于50cm，下埋的主桩部分应做防腐处理，主柱之间的间距不应大于6m。一般项目：竹木质护栏、金属护栏、钢筋混凝土护栏、绳索护栏等均应属于维护绿地及具有一定观赏效果的隔栏；栏杆空隙应符合设计要求，设计无明确要求的宜为15cm以下，护栏整体应垂直、平顺。

第四节　市政与园林工程的竣工验收

建设工程的竣工验收一般是由建设单位组织，由参与建设的勘察、设计、设备供应、施工、监理等单位的项目负责人参加的验收活动。验收对象属于单位工程或单项工程，如果是项目组成比较复杂的建设工程，也可以对相关单位工程先行组织竣工（预）验收，并将已完成单位工程竣工验收的工程实体交付建设单位使用，使建设单位的投资发挥其应有的经济效益和社会效益。当全部单位工程完成后，可以由建设单位组织正式的竣工验收，先期已经完成竣工验收的单位工程可以不再参与此次的正式验收。

一、竣工验收的依据和标准

（一）建设工程竣工验收的依据

1. 竣工验收的法律、法规依据

1990年9月11日国家计委颁布的《建设项目（工程）竣工验收办法》(计建设[1990]1215号)规定了建设项目（工程）竣工验收的范围、依据、条件、程序，2000年6月30日建设部发布《房屋建筑工程和市政基础设施工程竣工验收暂行规定》(建建[2000]142号)明确了中华人民共和国境内新建、扩建、改建的各类房屋和市政基础设施工程的竣工验收的条件、程序及工程竣工验收报告的内容；2013年住房城乡建设部颁布了新的《房屋建筑和市政基础设施工程竣工验收规定》（建质［2013］171号）；并废止了原171号文；2013年国家住房城乡建设部又颁布实施了新的《建筑工程施工质量验收统一标准》GB 50300—2013；2001年12月27日国家环境保护总局发布《建设项目竣工环境保护验收管理办法》，规定了建设项目竣工环境保护验收范围、条件、程序等；2009年4月30

日公安部发布修订后的《建设工程消防监督管理规定》，明确了建设单位申请消防验收应当提供的相关材料。

现阶段《房屋建筑和市政基础设施工程竣工验收规定》、《建筑工程施工质量验收统一标准》GB 50300—2013、《城镇道路工程施工与质量验收规范》CJJ 1—2008、《园林绿化工程施工及验收规范》CJJ 82—2012 等相关专业工程施工与验收规范文件，从国家法规层面组成了市政与园林建设工程竣工验收的法律依据。

2. 其他依据

建设工程项目竣工验收的其他依据主要有：①上级主管部门审批的计划任务书、设计纲要、设计文件等；②招标投标文件和工程合同；③施工图纸和说明、设备技术说明书、图纸会审记录、设计变更签证、技术规范和材料订单；④有关施工记录及工程所用的材料、构件、设备质量合格证书及检验报告单；⑤承接施工单位提供的有关质量保证等文件；⑥国家颁布的有关竣工验收的文件；⑦引进技术或进口成套设备的项目还应该按照签订的合同和国外提供的设计文件等资料进行验收的验收结果。

（二）市政与园林工程竣工验收的标准

由于市政与园林建设工程项目涉及多个建设门类、多种专业，各专业施工及验收时要求的标准也各异，且有些专业目前尚未形成国家统一的标准，只有地方标准作为参考。因此市政与园林工程项目验收时，可以对其中的某一单位工程参考相应建筑工程或行业工程的施工和验收标准进行验收。

市政建设工程项目中的土方工程、路基、路床和路面工程、桥梁工程、照明工程等涉及我国城镇道路工程相关专业的分部工程或单位工程，地面建筑物或构筑物、市政广场、广播电视显示屏、喷泉等工程涉及安装专业工程的分部工程，这些工程在竣工验收时除了严格按《建筑工程施工质量统一验收标准》GB 50300—2013 和《城镇道路工程施工与质量验收规范》CJJ 1—2008/J 792—2008 中的规定外，还必须严格按上述相关专业的施工与质量验收规范进行验收。

园林建设工程中的土方工程、仿古建筑工程、园林绿化工程、道路或园路工程、桥梁工程等涉及园林绿化和仿古建筑工程的单位工程或分部工程，地面构筑物、喷泉、照明工程、广播系统、游乐设施安装等涉及设备安装专业的分部工程。这些工程除了严格按 GB 50300—2013 和《园林绿化工程施工及验收规范》CJJ 82—2012 等全国统一法规外，还可以参考《浙江省园林绿化工程施工质量验收规范》DB 33/1068—2010、《城市园林绿化工程施工及验收规范（北京市）》DB11/T 212—2009 和《园林绿化工程施工及验收规范（江苏省）》DGJ 32/TJ 201—2006 等地方性法规，以及相关服务设施及娱乐设施的使用指南及技术文件进行验收。

市政与园林建设工程达到竣工验收的标准，是工程中涉及的建筑工程或仿古建筑工程、道路与桥梁工程、园林绿化工程，以及照明工程与设备安装工程等单位工程或分部工程均已完成分部验收或阶段性单位工程验收，已安装的设备进行了设备的试运行。承包单位已完成合同中的施工图纸及设计变更中的所有工程量清单，其分部工程、单位工程的施工质量满足设计与相关规范要求，工程施工中形成的相关资料齐全。涉及安装工程的各项设备、电气、空调、仪器、通信等工程项目全部安装完毕，经过单机、联动无负荷试车，全部符合安装技术的质量要求，基本达到设计要求能力。绿化工程中相关树木的成活率、草坪铺设或播种后成坪质量达到标准，满足使用要求等。

二、竣工验收的程序

根据建设工程的规模大小和复杂程度，建设工程的竣工验收可分为初步验收和竣工验收两个阶段进行。规模较大、较复杂的建设工程，应先进行初步验收，然后进行全部建设工程的竣工验收。规模较小、较简单的工程，可以一次进行全部工程的竣工验收。

建设工程在竣工验收之前，承建单位的项目经理应组织项目经理部相关成员进行预验收，通过后以书面形式向公司提出竣工预验收申请，由施工单位组织职能部门对承建的单位工程进行竣工预验收，合格后公司总工程师签署工程预验收记录。

单位工程竣工自检合格并达到验收条件后，项目部经理向项目监理部递交申请工程竣工预验收报告。监理部检查认为达到验收标准后，总监理工程师建议业主单位组织承建单位、设计单位和监理单位的相关人员对工程进行检查验收，合格后由设计项目负责人、项目经理、总监理工程师分别签署单位工程竣工预验收报验表。

由建设单位负责进行建设项目的各类专项验收及有关专业系统验收，这些验收内容包括人民防空验收、消防验收、规划验收、环境保护检测验收、电梯验收、锅炉验收、智能建筑验收等。上述单位工程的竣工验收由建设单位组织监理、设计、施工等单位进行，验收合格通过后各方在单位工程质量竣工验收记录上签字。

建设工程全部完成，经过单项工程的验收，如果项目符合设计要求，并具备竣工图表、竣工决算、工程总结等必要文件资料，由建设项目主管部门或建设单位向地方政府负责项目竣工验收备案的单位提出竣工验收申请报告并完成相关备案工作。

三、竣工验收的分类

（一）单位工程竣工验收

以单位工程或某专业工程内容为对象，独立签订建设工程施工合同的，达到竣工条件后，承包人可单独进行交工，发包人根据竣工验收的依据和标准，按施工合同约定的工程内容组织竣工验收。按照现行建设工程项目划分标准，单位工程是单项工程的组成部分，有独立的施工图纸，承包人施工完毕，征得发包人同意，或原施工合同已有约定的，可进行分阶段验收。这种验收方式，在一些较大型的、群体式的、技术较复杂的建设工程项目中普遍存在。中国加入 WTO 后，建设工程领域利用外资或进行合作的建设项目越来越多，采用国际惯例的做法也日益增多。分段验收或中间验收的做法也符合国际惯例，它可以有效控制分项、分部和单位工程的质量，保证建设工程项目系统目标的实现。

（二）单项工程竣工验收

指在一个总体建设项目中，一个单项工程已按设计图纸规定的工程内容完成，能满足生产要求或具备使用条件，承建单位向监理单位提交"工程竣工报告"和"工程竣工报验单"，经监理工程师组织验收合格并签认后，应向建设单位发出"交付竣工验收通知书"，说明工程完工情况、竣工验收准备情况、设备无负荷单机试车情况，具体约定交付竣工验收的有关事宜。对于投标竞争承包的单项工程施工项目，则根据施工合同的约定，仍由承建单位向建设单位发出交工通知书，请建设单位予以组织验收。在单项工程项目竣工验收前，承建单位要按照国家规定，进行预验收并整理好相应的竣工资料，完成现场竣工验收的准备工作，明确提出交工要求，建设单位应及时组织正式验收。

（三）全部工程竣工验收

当建设项目已按设计要求全部建设完成，并已符合竣工验收标准时，通过承建单位组织的预验收后，经向建设单位提交正式验收申请报告书，由建设单位组织设计、施工、监理等单位和档案部门进行全部工程的竣工验收。全部工程的竣工验收，一般是在单位工程、单项工程竣工验收的基础上进行。对已经交付竣工验收的单位工程（中间交工）或单项工程并已办理了移交手续的，原则上不再重复办理验收手续，但应将单位工程或单项工程竣工验收报告作为全部工程竣工验收的附件加以说明。

四、竣工验收的过程

建设项目竣工验收前的准备工作，是竣工验收工作顺利进行的基础，承建施工单位、建设单位、设计单位和监理单位均应尽早做好准备工作，其中以承建施工单位和监理工程师的准备工作尤为重要。

（一）施工单位的准备工作

承建单位在完成项目施工后，首先应该整理汇总施工过程中的所有技术资料。在通过单位自检的基础上，对于存在的问题积极进行整改。绘制出施工项目的竣工图，对于相关的安装设备进行试车试验。最后向建设单位申请施工项目的竣工预验收工作，由监理工程师组织预验收，并对验收中查出的问题进行整改。

1. 工程档案资料的汇总整理

工程档案是市政与园林建设工程的永久性技术资料，是施工项目进行竣工验收的主要依据。因此，档案资料的准备必须符合有关规定及规范的要求，做到准确、齐全，能够满足建设工程今后进行维修、改造和扩建的需要。一般工程档案资料文件应包括：①上级主管部门对该工程的有关技术决定文件；②竣工工程项目一览表，包括竣工工程名称、位置、面积、特点等；③地质勘察资料；④工程竣工图、工程设计变更记录、施工变更洽商记录、设计图纸会审记录等；⑤永久性水准点位置坐标记录，建筑物、构筑物沉降观测记录；⑥新工艺、新材料、新技术、新设备的实验、验收和鉴定记录；⑦工程质量事故发生情况和处理记录；⑧建筑物、构筑物、设备使用注意事项文件；⑨竣工验收申请报告、竣工验收报告、工程竣工验收证明书、工程养护与保修证书等。

2. 竣工自检

竣工验收前，在施工项目部经理的组织领导下，由生产、技术、质量、预算、合同等部门成员和有关的工长或施工员组成预验收小组。根据国家或地区主管部门规定的竣工标准、施工图和设计要求、国家或地区规定的质量标准和要求，以及合同规定的质量和要求，对竣工项目按分段、分层、分项逐一地进行全面检查，预验收小组成员按照各自所主管的内容进行自检，并做好记录，对不符合要求的部位和项目要制定整改处理措施和标准，并限期进行整改。

施工单位在自检的基础上，对已查出的问题全部完成整改后，项目经理应申报公司质量、技术部门再进行复检，为正式验收做好充分准备。市政与园林建设工程项目竣工验收期间施工单位自检的主要内容有：①对建设工地区段内所有项目进行全面检查，重点检查在现场区段内有无遗漏的施工内容，尤其是重点检查休憩设施、运动设施和游戏设施的安装，设备有无污损或异常，油漆、设备与基础连接螺丝螺帽是否存在安全问题等，检查有无施工后剩余的建筑材料、有无残留的渣土、有无尚未竣工的工程项目等；②对场区内外连接道路进行全面地检查，重点检查道路、广场等施工区与外围道路路口连接处有无损伤或被污染的地方、施工道路上有无剩余的建筑材料或渣土；③临时设施工程拆除检查，所有施工场地的临时设施应该在竣工验收时予以拆除，现场进行恢复或进行绿化处理。临时设施拆除后的场地应确认无残存的物件、无残留的草皮或树根。同时，项目部应向电力部门、通信部门、给水排水部门等有关各方提交解除合同的申请，终止电力、给水、通信服务。

3. 编制竣工图

施工项目在竣工验收前，应及时组织有关人员根据施工情况对工程现状进行测定和绘制，以保证工程档案的完备和满足维修、管理养护、改造或扩建的需要。竣工图必须真实、准确地反映项目竣工时的实际情况，做到准确、完整，并符合长期归档保存的要求。

（1）竣工图编制的依据

设计施工图原图、施工图纸会审记录或交底记录、设计变更通知书、工程联系单，施工变更洽商记录、施工放样资料、隐蔽工程验收记录以及材料代换等签证记录，工程质量检查记录，质量事故报告及处理记录，建（构）筑物定位测量资料等原始资料。

（2）竣工图编制的具体内容

按图施工没有变动的，则由施工单位（包括总包和分包单位）负责绘制竣工图，在原施工图上加盖、签署"竣工图"印章标志后，即可作为竣工图。

施工中虽有一般性设计变更，但没有较大结构性的或者重要管线等方面设计变更的，可在原施工图上作补充，注明修改后的部分，并附议设计变更通知书、设计变更记录和施工说明等，并在原施工图上加盖"竣工图"标志后，作为竣工图。

施工过程中有重大变更的，如结构形式改变、标高改变、平面布置改变、工艺改变、项目改变或其他重大修改的，以及图面变更面积超过 35% 的，就不宜在原施工图上作修改、补充，应重新绘制实测变化后的现状图，在新图上加盖"竣工图"标志并附以有关记录和说明，作为竣工图。

重大的改建、扩建工程涉及原有工程项目变更时，应将相关项目的竣工图资料统一整理归档，并在原图案卷增补必要的说明。

附：建设项目竣工验收过程中加盖的竣工图章（图 7-1）和竣工图确认章（图 7-2）制作技术规格。

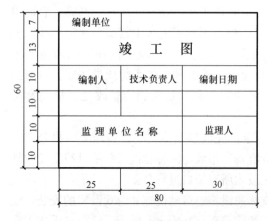

图 7-1　施工单位验收过程中竣工图加盖
的竣工图图章（单位为 mm）

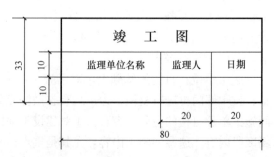

图 7-2　监理单位验收过程中竣工图
加盖的竣工图确认章（单位为 mm）

（二）监理工程师的准备工作

对于实行监理的市政与园林工程建设项目，在工程竣工验收阶段项目监理部专业监理工程师和总监理工程师应做好以下竣工验收的准备工作。

1. 编制竣工验收的工作计划

监理工程师是竣工验收的重要参与者，总监理工程师首先应该向建设单位提交验收计划，计划内容分竣工验收的准备、竣工验收、交接与收尾三个阶段，每个阶段都要明确竣工验收的具体时间、内容、标准。总监理工程师编制的竣工验收工作计划应事先征得建设单位、承建单位及设计单位的意见。

2. 整理、汇集各种经济与技术资料

总监理工程师在项目正式验收前，应指示监理部所属各专业监理工程师，按照原有的专业分工，对各自负责管理监督的项目的技术资料进行一次认真地清理，并对承建施工单位所编制的竣工技术资料进行复核、确认。

3. 拟定竣工验收条件，验收依据和验收必备技术资料

监理单位拟定的工程竣工验收必备的技术资料，包括工程概况、竣工图编制依据、工程项目施工技术、规范，施工图纸变更概况（包括建设单位工程通知单），单位工程、单项工程中有关质量、进度、安全控制技术文件、隐蔽工程及中间验收中能够反映工程施工量的表格，竣工验收中质量评定要求等。

大型市政与园林建设工程正式验收时，往往组成验收委员会来验收，验收委员会成员要事先审阅已完成的各类分部工程（或单位工程）的验收资料，以全面了解工程的建设情况。为此，监理工程师与承建施工单位需主动配合验收委员会进行验收工作，对验收委员会提出的质疑应给予解答，并需向验收委员会提交分项、分部工程、检验中间验收和预验收的资料及竣工图。

（三）竣工验收的组织

施工单位完成自检并且整改后，可以报请项目监理组组织进行施工项目的预验收。竣工预验收由监理工程师组织实施，监理部组织建设单位、设计、勘察和施工单位相关人员，按建设工程项目竣工验收要求和规范进行项目的预验收，通过预验收及时发现现场存在的问题，要求施工单位项目经理部整改，为项目的正式验收做好准备。

建设工程最终的竣工验收应该是由建设单位组织实施，设计单位、施工单位、监理单位、设备供应单位等项目负责人参加的综合验收过程。

（四）竣工验收

验收会议由建设单位组织并主持，验收时建设单位宣布工程竣工验收程序，并要求工程勘察、设计、施工、监理等单位分别汇报各自单位在工程中的合同履约情况和各自在工程建设中执行法律、法规和工程建设强制性标准情况。

验收委员审阅建设、勘察、设计、施工和监理单位的工程档案资料，验收委员会相关专家分别对工程勘察、设计、施工、设备安装和管理环节作全面评价，并形成工程竣工验收意见，填写《建设工程竣工验收报告》并签名、加盖公章，完成工程项目的竣工验收工作。

思 考 题

1. 为什么说检验批验收是工程施工验收的最基本单元？

2. 为什么在新的建设工程施工质量验收统一标准中强化了分项工程验收中主控项目和一般项目合格的控制？

3. 某 T 形预应力桥梁的梁板设计中混凝土强度为 C40，经对混凝土梁板进行钻心抽检，其样本量 n 为 20，试压件抗压强度的平均值 m 为 40.8MPa，经统计计算出的样本偏差值 s 为 3.65MPa。按规范标准，判定合格的置信度达 0.85 时，样本对总体的错判概率 α 为 0.05、漏判概率 β 为 0.10。试问该梁板施工质量是否合格？（提示：当 $n=20$，置信度 0.85 时，查出的混凝土强度推定区间上下限值系数分别为：$k_1=1.271$、$k_2=2.396$）。

4. 一般市政工程包含哪几个单位工程（或分部工程）？熟悉并掌握主要分部工程各分项工程验收的程序和资料整理。

5. 园林绿化工程包含哪些分部工程？其中园林绿化种植分部工程包含哪些分项工程内容，验收时如何判断检验批合格？

6. 在《建筑工程施工质量验收统一标准》GB 50300—2013 中检验批验收时为什么包括了二次抽检的内容？

第八章 市政与园林工程的竣工移交与备案管理

【本章主要内容】

1. 介绍了建设工程竣工验收移交和备案的基本知识。

2. 工程验收结束后的施工总结及文件编制的相关内容。

3. 介绍了市政与园林工程竣工备案中工程项目参与各方提交的相关资料；政府投资工程项目结束的标志。

【本章教学难点与实践内容】

1. 市政与园林工程验收备案中资料的整理、备案程序是本章需要掌握的内容；工程项目结束后工程项目的总结是本章重点。

2. 教学过程中可以利用多媒体手段将工程验收备案、工程项目总结报告编写中的主要内容以具体案例的形式进行讲解；读者应该通过案例具体学习体会工程相关验收备案资料制作和总结报告的编写。

工程项目验收后，市政与园林建设工程项目的投资建设已完成，项目可交付投入使用。在政府项目监督部门或社会中介组织的协助下，项目建设者与全部项目参与方之间进行项目所有权的移交。项目移交包括对工程项目实体和相关管理文件的移交，项目移交方与项目接受方在项目移交报告上签字，形成项目移交报告后即表明项目移交的完成。

《建设工程质量管理条例》和《房屋建筑和市政基础设施工程竣工验收备案管理办法》规定，建设单位应当自工程竣工验收合格之日起 15 日内，依法向工程所在地的县级以上地方人民政府建设主管部门备案。市政与园林工程完成竣工验收后，将建设工程竣工验收报告和规划、公安、消防、环境保护等部门出具的认可文件或者准许使用文件报建设行政主管部门审核后备案。

第一节 市政与园林工程移交与备案概述

一、工程移交与备案基本概念

1. 项目移交

项目移交是指项目建设全部完成合同收尾后，在政府建设监督部门或社会第三方中介组织协助下，项目业主与全部项目参与方之间进行项目所有权移交的过程。

2. 实体移交

项目实体移交指交付的一切项目实体或项目服务，包括建设工程实体也包括与实体相关联的设备及其他附属物等，它们也成为项目可交付的成果。

3. 文件移交

项目文件移交是指在整个项目寿命周期全过程中形成的所有管理文件，包括项目可行性研究报告、项目评估与决策报告、项目设计文件、项目招标投标文件、合同与项目变更文件、所有会议记录、项目进度和质量报告、项目验收质量报告、项目后评价资料、项目移交文档一览表、各款项结算清单和项目移交报告等。

4. 工程文件

工程文件是指工程在项目立项、勘察与设计、施工、验收过程中形成的有关管理文件，包括项目立项申报书与可行性研究报告，规划许可证、土地使用证，勘察设计图纸，开工许可证，施工期间的原材料、设备和构配件的质量证明文件，施工过程隐蔽和分项工程报验文件、质量检验报告文件，竣工验收文件等反映工程实体质量的文字、图片和声像等信息记录文件的总称，它们是工程项目质量的组成部分。

5. 项目回访

项目回访是指工程项目承包人在竣工验收后，对项目使用状况和质量问题向用户进行访问了解的活动，如果发现质量问题或其他问题应予以解释和解决。

6. 项目保修期

保修期是指承包商向业主移交工程项目后，根据合同约定对其移交工程项目因质量问题或设备出现故障时免费维修与保养的时间段。

7. 项目保修

项目保修是指承包人在项目使用期间的质量回访中发现质量问题时，按合同有关规定及"工程质量保修书"的约定，在保修期内对发生的质量问题进行修理并承担相应经济责任的过程。

8. 工程备案

工程备案是指工程建设单位在工程竣工验收后，将建设工程竣工验收报告和规划、公安、消防、环保等部门出具的认可文件或者准许使用文件报建设行政主管部门审核的行为。

二、市政与园林工程移交与备案基本知识

1. 市政与园林工程竣工验收及移交

施工单位按施工合同约定完成所承担的全部工程内容，经过初步验收、竣工验收后，在政府质量监督部门的监督见证下，建设单位组织项目所有参与主体单位对工程项目进行验收，并形成竣工验收会议纪要。竣工验收后的 15 日内，建设单位向政府主管部门办理工程竣工验收备案手续。而施工单位则要办理工程的相关移交手续，移交分为实物移交和资料移交两部分。

实物移交，施工单位负责将竣工验收合格的市政与园林产品移交给使用单位或建设单位委托的其他管理实体单位。移交时，交接双方要填写《××及设施验收单》、《市政项目公共部位验收单》、《房屋设施验收单》等移交凭证，在交接过程中发现产品存在质量缺陷的，应该由施工单位进行维修直至修复合格。对于部分复杂的设施项目还要移交设备及其附属零配件的使用方法说明书，必要时还要进行操作培训。

竣工需移交的资料包括报送城建档案馆的竣工工程项目的备案资料，主要是按档案馆要求报送的施工单位的竣工工程技术资料及竣工图、监理单位装订的监理资料等，经过城建档案馆审核认可后，取得《城建档案馆验收证明》；还有向建设单位或使用单位、市政物业管理公司等移交的竣工工程资料，如房屋的使用证明、其他专业设施的准用或使用证明等复印件、竣工图、设备验收合格证复印件、设备使用说明书、设备保修单等相关资料，交接双方审核并签字核查验收。

2. 建设工程验收备案时提交的材料

市政与园林工程项目竣工验收合格后，建设单位应在主体项目验收和消防、电梯等工程验收后 15 日内向质监站提供：工程竣工验收报告，施工初期办理的相关施工许可资料，竣工验收备案表、质量监督报告以及相关责任主体单位的评估或检查报告等资料，市政基础设施有关的质量检测和功能试验资料，规划、消防验收认可报告，由质检局出具的电梯验收准用证及分步验收文件，工程质量保修书、工程竣工结算书等法律法规规定的其他资料，从而办理竣工验收备案手续。

建设单位还要向造价站提供：①工程按时结算的相关资料，如委托书、工程类别核定书、工程中标通知书、合同、施工组织设计、图纸会审记录、开工报告，施工过程中的验收记录、施工期间设计变更、现场签证资料、竣工图等；②工程按合同双方约定的固定价格结算时的资料，如委托书、工程承包合同原件和竣工图等资料来完成项目竣工后结算备案手续。

3. 备案成果

工程项目主管部门在收到建设单位报送的竣工验收备案文件，且检查验收文件齐全后，应当在工程竣工验收备案表上签署文件收讫。工程竣工验收备案表一式两份，一份由建设单位保存，另一份则留备案机构存档。

4. 工程的回访

工程项目在竣工验收交付使用后，按照合同约定和有关规定，在工程的回访保修期内由项目经理部组织原项目人员主动对交付使用的竣工工程进行回访，听取用户对工程的质量意见，填写质量回访表，报有关技术与生产部门备案处理。在保修期内，属于施工过程中造成的质量问题，施工单位要负责维修，不留隐患。在我国工程项目竣工后，建设单位一般会保留工程款的 5% 左右作为保修金，按照合同约定于保修期满后退还施工单位。

第二节　市政与园林工程项目各阶段的资料

在项目的建设过程中，随着各项工作的陆续开展，从项目建议书，可行性研究，项目立项，征地、拆迁，勘察单位的勘察，设计单位的设计与图审部门的图审通过，招标投标过程、施工安装，到最后的竣工验收和交付使用，其间将产生不同的项目管理文件。这些文件是工程建设过程中不同阶段的文字记载，将最终与实体项目一道由施工单位交给建设单位入档，作为永久资料保存。

一、工程准备阶段的资料收集与整理

建设工程项目的准备阶段主要包括工程项目立项、建设用地的征地和拆迁、项目的勘察与设计、项目的招标投标及合同的签订等阶段。参与各阶段的项目主体单位虽然不同，但各主体单位均应该进行各自文件资料的整理，以最终形成该阶段的工程资料。

1. 工程项目立项阶段的工程资料

市政与园林工程项目由于其建设工程项目的公益性，导致这类项目一般都属于政府性项目或使用财政资金投资的项目，且一般会经历项目建议书、可行性研究报告阶段。其间，建设单位（或建设单位委托的设计院等）将形成项目的建议书、项目可行性研究报告，而国家和地方发展与改革委员会等权力机构将根据国民经济的发展、国家和地方中长期规划、地方产业政策、生产力布局，以及项目涉及产品的国内外市场，项目所在地内外部发展条件等，经相关部门组织人员进行论证，对项目立项与否作出判断。所以，有关部门对项目建议书和可行性研究报告批准后形成的立项报告等是建设工程项目获准立项的政策性文件。上述文件就构成了工程立项阶段的资料文件，它们是工程项目办理后期管理许可证等重要文件的基础，也是建设工程项目存档备案的最初资料。

我国对于重大项目和限制类项目一般都要进行核准的程序，这类项目所在的申报单位在投资建设前，必须编制项目申请报告并报项目核准机关核准，同意核准后由项目核准机关出具《项目核准决定书》。一般市政与园林工程在可行性研究阶段，还要进行项目的规划设计，并将规划方案报请城市规划行政主管部门，同时向国土资源行政主管部门申请土地资源的用地计划等，向环境保护行政主管部门申报项目的环境影响评估。只有上述各主管部门审核并批准后才能进入下一步的建设程序，由此在各部门审核或审批过程中形成的批准文件也是工程项目在立项阶段的工程资料。

2. 征地、拆迁阶段的资料

建设工程项目用地范围，应根据规划行政主管部门出具钉桩条件的桩位坐标范围进行征地和拆迁。其间，建设单位还需要完成建设项目用地审批的相关工作，并获得建设用地的规划许可证等建设用地批准文件。这些文件将在建设工程项目竣工后国有土地使用证办理中发挥重要的作用。

3. 勘察/测绘和设计阶段的资料

工程勘察中产生的文件主要包括工程测量、水文地质报告和工程地质勘察资料等，勘察中获得的地形地貌、地层土壤岩性、地质构造、水文条件等自然地质条件资料为工程项目的选址、设计和施工提供科学可靠的依据。

工程设计在市政与园林工程项目中一般可以划分为两个阶段，即初步设计阶段和施工图设计阶段。初步设计主要解决工程项目的规模、选址、建筑物形式、建设工期和总投资等技术问题，施工图设计则根据批准的初步设计和相关技术设计，绘制出正确、完整和尽可能详尽的建筑、安装施工图纸。施工图经主管部门的审查，主要是审查施工图中涉及公众利益、公共安全和工程建设强制性标准的符合性，审查机构的图纸审查报告也成为该阶段重要的图纸资料。

4. 招标、投标和签订合同阶段的资料

工程的招标、投标是工程项目管理中其他主体单位获得参与权的必要过程，建设单位通过招标，选定勘察、设计、工程监理和施工单位，并发放相应的中标通知书，中标单位与建设单位签订工程合同，明确双方的权利和义务。所以，该阶段的招标投标文件、评标委员会评标文件、建设单位发放的中标通知书、建设单位与中标单位签订的工程承包合同均是工程管理的资料，最后都要整理后进入工程档案。

5. 开工审批阶段的资料

建设单位在建设项目具备开工条件后，应当在工程开工前向工程项目所在地县级以上人民政府建设行政主管部门申请办理并领取项目的施工许可证，在办理该许可证之前建设单位也应以完成建设用地批准证明、建设工程规划许可证和建设用地规划许可证等资料文件。上述资料均包含在建设单位收集整理的建设工程资料中。

二、工程施工阶段的资料收集整理

当建设工程承包方按合同要求进驻施工现场，完成施工前的所有准备工作，由驻地监理总工程师签署工程开工令,工程施工正式开始,之后工程实施过程中会产生大量施工阶段的资料。这些资料绝大多数在施工环节和过程中,由施工承包单位收集产生的;监理单位在施工现场管理中也会形成监理文件,同时在施工过程中因发生各类施工变更,会形成一些设计变更和工程量变更文件;在施工的阶段性验收中产生隐蔽验收、分部分项工程验收、材料进场的验收资料等。下面,编者分别从施工单位角度和监理单位角度对施工阶段形成的资料作简单梳理,便于让读者系统掌握。

1. 施工单位资料

首先,施工单位项目部技术负责人或项目经理要编制工程项目的施工组织设计和专项施工方案、重大安全施工项目的施工方案,并由资料员报送监理部监理工程师审核与修订。完成后交由总监理工程师签署同意按施工组织设计和方案进行施工的意见,最后报建设单位项目负责人同意执行。

施工阶段的资料主要由项目部资料员负责收集整理,资料员密切关注施工过程中发生的所有施工活动,积极配合项目部工程师(施工员和质检员)的工作,对施工期间发生的所有工序、分项工程验收和相关隐蔽验收资料进行整理,并及时提供给质检员报请监理工程师验收。期间对所有进场的施工材料所附的质量证明文件、送检的检验报告等整理成资料报请监理工程师进行施工材料进场的报验。

当分部工程或重要的子分部工程施工完成后,经项目部自检合格后,形成分部验收资料并报请监理部进行分部或子分部工程验收。

当承包单位按合同内容完成全部施工任务后,项目部对其施工的工作内容进行全面检查,完成整改项目内容、竣工图的绘制和相关资料的整理后,报请公司内部进行工程项目的自检验收。合格后再次向监理部申请组织一次工程项目的预备验收,根据验收结果完成整改后由监理部总监理工程师向建设单位申请组织正式验收。

在施工过程中,施工项目部总工或项目经理要编制施工日志,记录施工期间发生的重大事件。工程师也要在各自的施工日志中记录各自负责领域的施工事宜。

施工阶段形成的所有施工报验资料,基本上都是由项目部资料员利用项目管理软件将施工过程中形成的数据资料,录入软件后生成并打印的相关报验文件。这类项目管理软件非常多,如在江苏、安徽等被广泛使用的"品茗"工程项目管理软件、"PKPM"工程系列管理软件等。

2. 监理单位资料

施工阶段监理单位的资料包括,项目开工准备阶段监理公司编制的项目管理监理规划、总监理工程师编制的监理大纲和各专业监理工程师编制的各专业监理细则、节能保温施工专项实施大纲和监理实施细则、见证取送样方法等管理文件。

在施工阶段,监理资料还包括监理工程师对施工单位发布的"监理工作联系单",与安全、质量和工期相关的"监理通知单",工地例会会议纪要和报送建设单位的进度报表等文件。在施工单位的分部工程验收时,监理单位还要撰写重要分部工程质量评估报告等。

在建设工程竣工验收中,监理工程师要撰写监理单位对工程的质量评估报告等,并编写验收纪要文件。

此外,在施工过程中对于重要工序的施工,监理员还必须填写好旁站监理资料,监理工程师要及时填写监理日志。这些资料也是工程竣工验收与工程项目档案管理中的重要文件资料。

三、工程项目施工管理其他主体单位的资料

在工程项目管理过程中，项目管理的其他主体单位除了完成施工现场必要的工作外，其项目管理资料主要是在工程竣工验收阶段，对验收中的质量检查、评定、设备的试车运转等提出意见，指出施工是否符合设计要求，是否达到确定的质量目标和水平等。

在施工质量和确保工程安全与使用功能的判定方面，具有相应资质的建设工程质量检测检验单位，对项目实体在各阶段出具的工程质量检测报告，施工中对建筑材料、建筑构配件和设备的质量检测报告等也是施工和验收阶段非常重要的文件资料。

综上所述，在建设工程项目实施的各个阶段产生的工程项目许可证书、施工场地具备施工条件的有关证明，建设工程施工合同及备案证明，施工图审查证明文件，施工质量和安全监督手续，建设工程监理合同及备案证明和其他资料；项目部和监理部行车的事故质量管理文件、安全与文明施工管理文件、施工进度管理文件，在隐蔽工程验收、阶段性分部工程验收和竣工验收中形成的各类资料和相关设备安装调试中积累的完整技术档案；政府相关主管部门，如规划行政主管部门、公安、消防、环境保护主管部门、人民防空办公室以及气象局等，在特殊项目验收中出具的相关认可文件或准许使用文件都是建设工程项目在项目管理生命周期中必要的文件资料，最终都需要进行整理和归档，录入工程档案馆作永久保存。这些文件资料是一个城市发展的见证，也是使用过程中对建筑实体进行维修、设备管理的重要参考资料。

第三节 市政与园林工程项目的移交与回访保修

一、工程项目的实体移交

工程项目竣工和交接是两个不同的概念。所谓竣工是针对承包单位而言，它有以下几层含义：第一，承包单位按合同要求完成了工作内容；第二，承包单位按质量要求进行了自检；第三，项目的工期、进度和质量均满足合同的要求。工程项目交接则是由监理工程师（或建设单位技术负责人）对工程的质量进行验收之后，协助承包单位与建设单位进行移交项目所有权的过程。项目能否交接取决于承包单位所承包的工程项目是否通过了竣工验收。因此，交接是建立在竣工验收通过的基础上。

市政与园林工程项目由于是国家投资建设的基础设施项目，在我国，这类基础设施属于生产资料范畴，它们属于国家所有，其工程的移交应通过政府层面上的竣工验收与工程的交接。在我国，凡是属于国家投资或国家参股投资的建设工程项目原则上均需通过国家的验收与交接，此外随着建设领域改革开放进程的不断深入，建设领域项目的投资主体也逐渐呈现多元化的趋势。国家投资单一模式逐步破除，以及投资渠道的多元化背景下，我国工程项目的竣工验收与交接已经发生了变化，编者将目前我国多种投资模式下，工程项目的竣工验收与交接作了整理，它们主要有以下三类：

1. 个人投资的项目

项目投资主体为个人或民营资本，这类投资项目一般在工业项目、商业项目等领域较多，以及目前国家大力提倡的PPP项目中占大多数。此外，外商投资项目也具有这种特性。这类项目竣工验收合格后，监理工程师在通过验收之后，协助承包单位与投资者进行交接即可。

2. 企业投资的项目

项目投资主体为企业法人，法人以其自有资金或融资投资项目的开发，或对企业进行技改的投资项目，例如建设工程领域的房地产开发，生产性企业的产品开发与技术改造等均属这类项目。这类项目竣工验收合格后，是由企业法人代表参与验收与交接的。

3. 国家投资的项目

国家投资行为分为由地方政府的某个部门担任建设单位的角色或以地方政府投资成立的城建有限公司作为企业法人；或中央政府委托地方政府的某个部门担任建设单位的角色，但项目建成后的项目所有权属于中央政府。

前者投资的项目一般包括由当地建委、城建局或其他单位作为业主的一般市政与园林项目，其验收与交接是发生在承建单位与业主之间的。而由中央政府投资或国资委下属企业投资的大型项目的验收与交接通常是在建设单位接收竣工的项目并使用一年之后，由国家有关部委组成验收工作小组进驻项目所在地，在全面检查项目的质量和使用情况之后进行验收，并履行项目移交的手续。因而该类项目的验收与交接是在国家有关部委与当地的建设单位之间进行的。

市政与园林工程项目一般属于国家或地方政府投资的中、小型基础建设项目，这类工程项目在通过建设单位组织的竣工验收后，对于在验收过程中发现并提出整改的一些漏项内容或存在的工程质量方面的问题，由监理工程师督促施工单位进行收尾整改。整改完成后，最终由施工单位向建设单位正式办理移交手续，将相关工程实体、在建时期形成的技术资料、工程设备使用说明与配件等资料向建设单位正式移交。

市政与园林工程项目竣工后，为发挥工程项目的投资效益和社会效益，往往会向社会公众开放使用，所以这类工程的移交不能占用很长的时间。这就要求施工单位在完成合同约定的所有施工任务后，便办理竣工验收的准备工作，完善相关资料并进行工程项目的移交，使建设单位（或使用单位）的接管工作更加简便。

在办理移交工作后，监理工程师一般会签发工程竣工移交证书。签发的工程移交证书一式三份，建设单位、承建施工单位、监理单位各一份，该移交证书格式见表8-1。

另外需要指出的是施工单位在办理工程交接前，要编制竣工结算书，以此作为向建设单位结算和最终拨付工程款的依据。而竣工结算书需通过监理工程师审核、并经审计师审核确认后，建设单位才能进行工程价款的相关拨付手续。

建设工程竣工移交证书　　　　　　　　　　表 8-1

工程名称：　　　　　　　　　　合同号：　　　　　　　　　　监理单位：

致建设单位＿＿＿＿＿＿＿＿＿： 　　兹证明＿＿＿＿＿＿＿＿号竣工报验单所报＿＿＿＿＿＿＿＿＿工程已按合同和监理工程师的指示完成，从＿＿＿＿＿＿＿＿开始，该工程进入保修阶段。 附注：（工程缺陷和未完工程） 　　　　　　　　　　　　　　　　　　监理工程师：　　　　　日期：
总监理工程师的意见： 　　　　　　　　　　　　　　　　　　签名：　　　　　　日期：

本表格一式三份，建设单位、施工单位、监理单位各一份。

二、市政与园林工程技术资料的移交

建设工程技术档案是工程档案的重要组成部分，因此在正式验收时就应该提供完整的工程技术档案。工程技术档案一般有严格的要求，涉及的单位主体和内容也很多。但是，施工单位提供的工程技术档案是技术档案的核心部分，在竣工验收结束后整个工程档案的归档、装订，由建设单位、施工单位和监理工程师共同完成。在整理工程技术档案时，一般由建设单位与监理工程师将保存的资料交给施工单位来完成，最后由监理工程师校对审阅，确认符合要求后，再由施工单位按要求装订成册，统一验收保存。所以在工程项目交接时，施工单位应将所有施工资料和安装的成套工程技术资料进行分类整理、编目建档后移交给建设单位，同时施工单位还应将在施工中所占用的房屋设施进行维修清理，连同房门钥匙一并予以移交。

建设工程竣工验收合格后，在工程交接过程中有关技术材料移交的建档资料及在工程建设各阶段相应的材料内容参见表8-2。

建设工程验收合格后移交的技术材料内容一览表　　　　　表 8-2

工程阶段	移交档案资料内容
项目准备及施工准备	1. 申请报告，批准文件 2. 有关建设项目的决议，批示及会议记录 3. 可行性研究，方案论证资料 4. 征用土地、拆迁、补偿等文件 5. 工程地质（含水文、气象）勘察报告 6. 概、预算 7. 承包合同、协议书、招标文件 8. 企业执照及规划、消防、环保、劳动等部门审核文件
项目施工	1. 开工报告 2. 工程测量定位记录 3. 图纸会审、技术交底 4. 施工组织设计等 5. 基础处理、基础工程施工文件；隐蔽工程验收记录 6. 施工成本管理的有关资料 7. 工程变更通知单、技术核定单及材料代用单 8. 建筑材料、构件、设备质量保证单及进场试验记录 9. 栽植的植物材料名录、栽植地点及数量清单 10. 各类植物材料已采取的养护措施及方法 11. 假山石等工程的养护措施及方法 12. 古树名木的栽植地点、数量、已采取的保护措施等 13. 水、电、暖、气等管线及设备安装施工纪录和检验记录 14. 工程质量事故的调查报告及所采取处理措施的记录 15. 分项、单项工程质量检验评定记录 16. 项目工程质量检验评定及当地工程质量监督站核定的记录 17. 其他（如施工日志等）等 18. 竣工验收申请报告

工程阶段	移交档案资料内容
竣工验收	1. 竣工项目的验收报告 2. 竣工决算及审核文件 3. 竣工验收的会议文件、会议决定 4. 竣工验收质量评价 5. 工程建设中的照片、录像以及领导、名人的题词等 6. 竣工图（含土建、设备、水、电、暖、绿化种植等）

三、市政与园林工程的其他移交工作

为确保工程在生产或使用过程中保持正常的运行，监理工程师在施工项目竣工移交时，还应督促承建施工单位做好以下各项移交工作。

（一）使用保养提示书

在整个市政与园林项目施工过程中，由于施工单位和监理工程师已经经历了建设过程各个环节，对市政与园林工程项目施工中涉及的某些新设备、新设施和新材料等使用情况和性能已经积累了不少经验，施工单位和监理工程师应把这方面的知识，编写成"使用保养提示书"，以便使用建设项目的主体能够掌握和正确操作。

（二）各类使用说明书

市政与园林建设工程项目还涉及各类设施的安装和使用，以及园林绿化工程中园林植物的管理、保护等技术指导资料。所以移交时各类设备的使用说明书以及有关装配图纸是管理者必备的技术资料，施工单位应在竣工验收后，及时收集列表汇编，并于交工时移交给建设单位，移交中也应办理交接手续。

（三）交接附属工具零配件及备用材料

市政与园林建设工程项目中的部分设备及易损件和材料，其供应商都会附有一些专门的维修工具和附属零件，并对容易损坏的配件及材料提供一定数量的备品、备件，如喷泉、喷灌设施等。这些材料对于今后使用过程中设备的正常运行和维护都是十分重要的。监理工程师在竣工后应协助施工单位全部交还给建设单位，如果发生遗失损坏，应按合同规定给予赔偿。

（四）设备供应及总、分包施工单位明细表

在市政与园林工程项目的使用过程中，管理者有时对工程项目中的许多设备、产品使用的技术问题并不了解，因此在使用期间需要向总、分包施工单位，设备生产厂家进行咨询或购买专用的零配件，这些零配件对维持正常的生产使用十分必要。为此，在移交时，监理工程师与施工单位应将材料、设备的供应、生产厂家及分包单位列出明细表，以便在日后使用中遇到问题时能够及时得到相关维修或技术帮助。

（五）抄表

工程交接中，监理工程师还应协助建设单位与施工单位做好水表、电表及机电设备内存油料等数据的交接工作，以便双方进行财务往来结算。

四、工程项目的回访与保修

工程项目在竣工验收并交付使用后，按照合同和国家有关规定，在回访保修期内由项

目经理部和项目监理部组织原项目人员主动对交付使用的竣工工程进行回访，充分听取用户对工程的质量意见。

本着建筑企业与监理公司"质量第一，顾客至上"的宗旨，通过回访可以了解建设单位在工程交付使用后，有关业主的需求及使用情况，对于回访中发现的问题可由监理工程师或建筑企业技术人员及时指导并解决。对因施工造成的使用问题，应由施工单位负责修理，直至达到能正常使用为止。回访制度是我国建设市场的一项根本制度。项目负责人应组织填写质量回访表，报有关技术与生产部门备案处理。

（一）回访的组织与安排

回访一般由企业技术负责人担任回访小组组长或由原项目经理负责，带领生产、技术、质量及有关方面人员组成的回访小组，必要时邀请监理人员参加，回访时由建设单位组织座谈会或意见听取会，听取各方的使用意见，认真记录存在的问题，并察看现场，落实情况，做好回访记录或回访纪要。

回访维修小组的任务是根据回访维修计划，对承建的竣工项目进行定期回访和日常维修，对用户的维修要求及时给予满足，使用户满意。同时，总结工程中出现的质量问题，为提高日后的建筑工程质量服务。

（二）回访的形式

1. 以回访的时限划分

工程验收后在不同的时间段对移交工程项目进行定期回访，这种回访可以分为：

（1）工程竣工后回访

竣工交付使用六个月后，回访维修小组进户回访，了解用户对工程质量的满意程度，并及时将回访情况进行整理，分析原因，制定对策，以防类似情况再发生。

（2）一年后回访

回访小组主要对工程的重点部分进行回访与维护，如房建工程中对水电设备、屋面、室内地坪、外墙的质量进行回访；市政工程中对桥梁工程、地下通道等质量进行回访；园林工程中对仿古建筑、水体驳岸、大树或古树移栽成活情况等进行回访。了解工程重点部位的细部结构是否渗漏、设备运转情况和树木长势情况等，发现问题并分析原因，制定对策，及时处理。

（3）三年后回访

回访重点是对建筑的耐久性进行回访，如重点了解房屋建筑的刚性屋面有无起砂、裂缝，柔性防水是否有张口、油毡是否脆裂，外墙涂料是否完好，面砖有无脱落，玻璃幕墙是否完好等；桥梁桥头是否有沉降或桥梁桥面装饰情况等。针对存在问题制定预防措施，供今后工程参考。

2. 以回访内容和维护方式划分

（1）季节性回访

这种回访主要用于回访项目使用者屋面、墙面的防水情况，地面排水情况和园林绿化工程中树木的生长情况等。如园林工程在冬季回访建筑物防寒措施、池壁驳岸工程有无冻裂等现象；雨季后回访房屋建筑屋面、墙面的防水情况，冬季回访采暖系统的情况，发现问题，采取有效措施及时加以解决。

（2）技术性回访

主要了解子工程施工过程中已采用的新材料、新技术、新工艺、新设备等技术性能和使用后的效果，市政与园林绿化工程中大树移栽成活保养情况，游乐设施使用情况等。对于发现的问题及时加以补救和解决，同时也便于施工单位总结经验、获取科学依据，为将来改进、完善和推广自身创造条件。

（3）保修期满前的回访

保修期满前的回访是在保修期即将结束之前进行的回访。保修期内，属于施工过程中造成的质量问题，施工单位要负责维修，不留隐患。如果属于设计原因造成的质量问题，在征得建设单位和设计单位认可后，协助修补，但费用由设计单位承担。

对在工程使用期间反馈的有关质量问题和投诉等，施工单位应立即组织力量进行维修，发现影响安全的质量问题应紧急处理。项目经理应针对回访中发现的质量问题，及时分析总结，制定解决措施，作为进一步改进和提高质量的依据。

保修期满前对市政与园林绿化工程应进行日常管理养护，这种维护与回访可以拉近使用者与承建者之间的亲和度，维修组与使用者保持长期联系，对用户提出的问题和保修期养护中暴露的问题，可以随时解决，且尽量不影响使用者的正常使用，实现按时保质完成维修任务，直到使用者满意为止。对于市政广场和园林绿化工程而言，保修期满之前，承建者在保修期内随时更换中有色差、破损等问题砖；对于植物材料的浇水、修剪、施药、施肥、搭建风障、间苗、补植等维护应经常进行，直至树木、草坪成活和生长成型。

对所有的回访和保修都必须予以记录，回访小组填写回访维修记录表，并提交书面报告，作为技术质量的存档文件。由公司质量、技术部门验收，用户填写意见书，及时完成验收手续。回访维修小组还应撰写总结报告，为将来工程的维修积累经验。工程回访、保修记录登记表、监理单位工程回访保修记录表等见表8-3～表8-5。

××工程回访、保修记录 表8-3

工程名称		竣工验收日期		项目负责人	
单项工程	保修内容	用户意见			用户签名	用户联系方式
		满意	基本满意	不满意		
回访负责人		联系电话			回访日期	
验收结论　　　　　　　　　　验证人：　　　　　年　　月　　日						

注：用户意见栏和用户签名均由用户选择和签名，回访人不得代签；土建部分由项目经理部组织回访，水、暖、电、门窗等分项由各自专业负责人回访并分别做记录。

××建筑工程回访、保修回执单　　　　　表 8-4

工程名称		项目负责人	
回访、保修的主要内容： 　　　　　　　　　　　　回访负责人：　　　　　　年　　月　　日			
使用单位意见 　　　　　　　签名　　　　　（盖章）　　　年　　月　　日			
建设单位意见： 　　　　　　　签名　　　　　（盖章）　　　年　　月　　日			

注：本表适用于公共建筑、抗震加固工程、房屋修缮工程的回访、保修；

　　建设单位与使用单位为同一单位时，就填写建设单位意见。

××监理公司工程回访与业主满意度调查控制程序工程回访记录　　表 8-5

建设单位		工程名称	
建筑规模		建筑类型	
工程造价		质量等级	
开工日期		竣工日期	
设计单位		咨询单位	
监理单位		总监理工程师	
建设单位意见	 　　　　　　　　　　　　　　　　　　　　　年　　月　　日		
回访时间			年　　月　　日
回访人员：（签名） 工程负责人：（签名）			

（三）保修的范围和时间

根据住房城乡建设部颁发的《建设工程质量管理条例》的有关规定，建筑工程中主体结构的保修期是设计文件规定的合理使用年限，屋面防水工程保修期为 5 年，电气管线、给排水管道、设备安装和装修工程的保修期为 2 年，供热与供冷系统的保修期为 2 个采暖期、供冷期。而特种工程安装项目的保修期则由业主和承建商根据具体情况在施工合同中作出约定。由于市政与园林绿化工程中有关工程的保修期国家没有具体规定，所以其一般采用当地园林管理部门自定的规范和园林施工单位的经验值，与建设单位协商后在合同的专用条款中作具体规定。即自竣工验收完毕的次日算起，绿化工程的保修期一般为一年，因为植物是否成活是需要至少一个生长年份来确定的；市政与园林建设工程中涉及结构主体工程的保修期参照住房城乡建设部关于建筑工程的保修期规定应为永久；土建工程和水、电、卫生、通风等工程一般保修期为一年，园林建筑中的采暖工程为一个采暖期。

五、工程维修中有关费用的处理

根据《中华人民共和国建筑法》、《建设工程质量管理条例》、《建设工程质量保证金管理办法》等文件规定，所有建设工程在竣工验收、交付使用时应在支付给施工单位的工程款项中预留建设工程质量保证金。保证金由政府建设行政主管部门监管，用于承包人在缺陷责任期内对建设工程质量不符合工程建设强制性标准、设计文件以及承包合同中有关建设工程质量标准的约定维修的资金。保证金的金额按工程价款总额的 3%～5% 的比例预留，具体数额由发、承包双方在施工合同中确定。

保证金一般分两次返还，第一次返还时间为竣工验收合格后满 2 年，返还预留保证金的 70%，第二次返还时间为竣工验收合格满 5 年，返还预留金的 30%。对于工程质量评为省、市级优质工程的，其预留金的返还时间可以缩短，且返还金额比例可以提高。

园林建设工程一般比较复杂，涉及的工程项目多，竣工后的维修或返工往往由多种原因造成。所以，在竣工维护期间产生的工程维修、维护或返工行为与诸多内、外部因素有关。对于因维修或维护而形成的费用及相对应的经济责任必须根据维修项目的性质、内容和修理原因等做深入细致地分析，找出产生问题的原因，并由建设单位、施工单位和监理单位共同协商来处理由此产生的额外费用。一般在园林建设项目竣工交付使用后，出现的维修或维护费用及其处理原则可以分以下几种情况：

（1）养护、修理项目确实因施工单位施工责任或施工质量不良遗留的隐患引起，应由施工单位承担全部检修费用；

（2）养护、修理项目是由建设单位的设备、材料、成品、半成品等的不良原因造成的，则维护或返工费用应由建设单位全部承担；

（3）养护、修理项目是由建设单位和施工单位双方的责任造成的，双方应实事求是地共同商定各自承担的维修费用；

（4）养护、修理项目是由于用户管理使用不当，造成建筑物、构筑物等功能不良或苗木损伤死亡或失去观赏价值，由此而进行维护或返工产生的费用应由建设单位全部承担。

工程养护期间发生的维修、养护或修理费用可以通过相应定额制定出维修工程预算造价，作为维修或维护发生费用的依据，交施工单位、监理单位和建设单位进行资金预算的基础依据。但也有例外情况，如某些项目在招标投标时已经对这部分费用进行过计算，即工程造价中已包含了这部分内容。

所谓维修工程造价，是指根据工程承包合同的约定，施工单位为完成工程维修施工任务所发生的费用总和。它是对建设工程竣工交付使用期间因故进行维修所发生的价值的货币表现，是由建设工程项目在维修中所消耗的社会必要劳动量决定的。维修工程的工程预算造价是指发生在维修工程施工阶段的全部费用，它们构成了工程在维修施工中的预算造价。维修工程的全部费用是根据维修施工设计图、维修工程预算定额和取费标准等确定的，是完成该项维修工程生产过程中所应支付的各种费用的总和。按照国家现行规定，维修工程费用也是由直接工程费、间接费、计划利润、其他费用和税金五个部分构成。各省、市、自治区可以根据国家主管部门的规定，结合本地区的实际情况制定本地区的维修工程费用构成与取费标准。其工程的预算及造价完全与建设工程预算及造价内容相同，其编制可以参照建设工程项目工程预算的编制方法进行。

第四节　市政与园林工程项目竣工后备案

根据住房城乡建设部《建设工程质量管理条例》和《房屋建筑和市政基础设施工程竣工验收备案管理办法》规定，自 2000 年 4 月 7 日起在我国境内新建、扩建、改建的各类房屋建筑工程和市政基础设施工程都要进行工程的竣工验收备案。《建筑工程竣工验收备案表》相当于建筑工程、市政基础设施工程的"合格证"，所有交付使用的工程项目若没有该表，既会使使用者无法办理房产证，也会增加潜在的质量问题。建设单位应当在工程竣工验收合格之日起 15 日内，向工程所在地的县级以上地方人民政府建设行政主管部门备案。

一、工程项目竣工验收备案应提交的文件

1. 工程竣工验收备案表

工程竣工验收表经申请由工程所在地县级以上人民政府建设行政主管单位出具，建设行政主管部门在收到所有竣工备案登记资料，并审核合格后将核发《建筑工程竣工验收备案表》。

2. 工程竣工验收报告

市政与园林工程项目竣工验收报告的内容包括工程报建的日期，施工许可证号，施工图设计文件审查意见，勘察、设计、施工、监理等单位分别签署的质量合格文件及验收签署的竣工验收原始文件，市政基础设施的有关质量检测和功能性能试验资料以及备案机关认为需要提供的有关资料。

3. 法律、行政法规规定的相关文件

法律、行政法规规定的备案文件主要包括规划、环保等部门出具的认可文件或者准许使用的文件，对于高层房屋建筑工程、大型商场或公共服务建筑还需要由质检部门、人民防空部门等出具的分部工程验收合格文件以及设备准许使用的文件。

国家特别增加了由公安消防部门出具的对大型人员密集场所和其他特殊建设工程验收合格的证明文件。

4. 施工单位签署的工程质量保修书

根据施工合同规定，施工单位必须签署工程质量保修书。在保修书中对质量保修项目的内容及范围、质量保修期、质量保修责任和质量保修金的支付方法作出详细规定。

5. 法律、规章规定的其他文件

二、市政与园林工程竣工验收备案资料

（一）工程竣工验收必备的技术资料

大型市政与园林建设工程正式验收时，往往组成验收委员会，验收委员会成员经常要事先审阅已完成的各类分部工程（或单位工程）的验收资料，以全面了解工程的建设情况。为此，施工单位与监理单位需主动配合验收委员会进行验收工作，对验收委员会提出的质疑应给予解答，并需向验收委员会提交分项、分部工程、检验中间验收和预验收的资料，及其评价和竣工图。这些资料主要包括：

1. 工程的综合资料

主要有项目建设批复、建设用地规划许可证、建设工程规划许可证、工程中标通知、施工许可证、施工图设计文件审查报告、工程地质勘察报告、工程勘察合同、工程设计合同、工程监理合同、工程施工合同等文件，施工单位、监理单位资质，工程安全条件备案表、工程质量申报表，以及消防审查审核意见书、建筑节能质量监督备案表、建筑物防雷装置设计审核意见书、人民防空人防函、建筑工程防震设防审批确认表、建设项目环境影响登记表等外部环境资料的审核材料。

此外，还包括建设项目规划验收合格证书、施工单位编制的施工组织设计、特殊工程组织设计（如脚手架施工组织设计、模板施工组织设计、临时用电施工组织设计）、施工人员上岗证、各单位工程基础验收报告、主体验收报告、竣工报告等。

2. 工程施工物资资料

主要包括相关材料见证取送样及试验资料，如钢材合格证及复试报告汇总记录表、水泥合格证及复试报告汇总记录表、粗细骨料试验报告单汇总记录表、砖块合格证及复试报告单汇总记录表、防水材料合格证及复试报告单汇总记录表、混凝土试块强度试验报告单汇总记录表、砂浆强度试块的试验报告单汇总记录表，以及上述各类材料检测检验报告单及评定表。

此外，还包括施工中部分设备、物资的合格证及检验试验报告单，如焊条（焊剂）合格证、电线及 PVC 套管合格证、镀锌管或铸铁管合格证、内墙及地面砖合格证、烧结空心砖砌块合格证、配电箱（柜）合格证、部分电气设备合格证、各类门窗合格证等。

3. 监理资料

主要有开工报告、单位工程质量保证体系审查资料、施工组织方案报审材料、监理规划、监理实施细则和旁站监理方案及记录等。

4. 隐蔽工程验收记录

主要包括基础和主体工程隐蔽验收记录、砌体拉结筋隐蔽验收记录、暗配管敷设隐蔽验收记录、屋面工程隐蔽验收记录和其他隐蔽验收记录，节能施工专项资料等。还包括施工单位施工管理日志、混凝土施工日志等管理资料。

5. 其他检验资料

包括管道强度试验记录，给、排水管道灌水实验记录，卫生器具通水、满水试验记录，低压电器、线路绝缘电阻试验记录，线路、插座设备接地检查记录和沉降观察记录等。

（二）市政与园林工程竣工备案资料

工程竣工报告主要由施工单位填写并提交给建设单位，施工单位填写的有工程竣工报告、单位工程所含分部工程检验汇总表（或子单位工程所含分部工程检验汇总表）、市政与园林工程项目中的路基分部工程质量验收记录表、道路基层分部工程质量验收记录表、道路面层分部工程质量验收记录表、广场与停车场面层分部工程质量验收记录表、人行道面层分部工程质量验收记录表、人行地道结构部工程质量验收记录表、道路附属构筑物分部工程质量验收记录表；桥梁地基与基础分部工程质量验收记录表，桥梁墩台分部工程质量验收记录表，桥梁盖梁分部工程质量验收记录表；管道土方分部工程质量验收记录表，管道主体分部工程质量验收记录表，管道附属构筑物分部工程质量验收记录表；仿古建筑分部工程质量验收记录表，大树移栽分部工程质量验收记录表等，以及施工单位的竣工总结报告。

由监理单位填写的工程竣工备案报告有单位（子单位）工程质量控制资料核查记录，单位（子单位）工程安全和功能检验资料核查及主要功能抽查记录，单位（子单位）工程观感检查记录和工程质量评估报告。

由勘察单位填写的市政与园林工程勘察质量检查报告，由设计单位填写的市政与园林工程设计文件质量检查报告。

鉴于上述竣工备案资料中的相关资料已在前述章节内容进行了阐述，此处省略。在此仅对工程质量保修书资料以案例形式列出，供读者学习参考。

【案例一】市政与园林工程质量保修书

市政与园林工程质量保修书

发包人（全称）：＿＿＿略＿＿＿

承包人（全称）：＿＿＿略＿＿＿

发包人、承包人根据《中华人民共和国建筑法》、《建设工程质量管理条例》和《房屋建筑工程质量保修办法》，经协商一致，对＿＿＿略＿＿＿（工程名称）签订工程质量保修书。

一、工程质量保修范围和内容

承包人在质量保修期内，按照有关法律、法规、规章规定和双方约定，承担本工程质量保修责任。质量保修范围包括：地基基础工程、主体结构工程，屋面防水工程、有防水要求的卫生间、房间和外墙面的防渗漏，供热与供冷系统，电气管线、给水排水管道、设备安装，装修工程，市政道路、桥涵、隧道、给水、排水、燃气与集中供热、路灯、园林绿化，以及双方约定的其他项目。

二、质量保修期

双方根据《建设工程质量管理条例》及有关规定，约定本工程的质量保修期如下：

1. 地基基础工程和主体结构工程为设计文件规定的该工程合理使用年限；

2. 屋面防水工程、有防水要求的卫生间、房间和外墙面的防渗漏为5年；

3. 装修工程为2年；

4. 电气管线、给排水管道、设备安装工程为2年；

5. 供热与供冷系统为2个采暖期、供冷期；

6. 小区内的给排水设施、道路等配套工程为2年；

7. 其他工程保修期限约定如下：＿＿＿/＿＿＿

质量保修期自工程竣工验收合格之日起计算。

三、质量保修责任

1. 属于保修范围、内容的项目，承包人应当在接到保修通知之日起 7 天内派人保修。承包人不在约定期限内派人保修的，发包人可以委托他人修理。

2. 发生紧急抢修事故的，承包人在接到事故通知后，应当立即到达事故现场抢修。

3. 对于涉及结构安全的质量问题，应当按照《房屋建筑工程质量保修办法》的规定，立即向当地建设行政主管部门报告，采取安全防范措施；由原设计单位或者具有相应资质等级的设计单位提出保修方案，承包人实施保修。

4. 质量保修完成后，由发包人组织验收。

四、保修费用

保修费用由造成质量缺陷的责任方承担。

五、质量保证金

质量保证金的使用、约定和支付与本合同第二部分《通用条款》第 65 条赋予的规定一致。

六、其他

双方约定的其他工程质量保修事项：

本工程质量保修书，由施工合同发包人、承包人双方共同签署，作为施工合同附件，其有效期限至保修期满。

发包人：＿＿＿＿＿＿＿＿（签字盖章）　　　承包人：＿＿＿＿＿＿＿＿（签字盖章）

地　　址：＿＿＿＿＿＿＿＿　　　　　　　地　　址：＿＿＿＿＿＿＿＿

联系人：＿＿＿＿＿＿＿＿　　　　　　　联系人：＿＿＿＿＿＿＿＿

电　　话：＿＿＿＿＿＿＿＿　　　　　　　电　　话：＿＿＿＿＿＿＿＿

＿＿＿年＿＿＿月＿＿＿日

三、市政与园林工程备案程序与成果

市政与园林工程通过竣工验收，经建设单位整理完成备案文件后，15 日内应完成工程竣工验收后的备案工作。

（一）工程备案程序

工程备案的主要程序有：

1. 经施工单位自检合格后，并且符合《房屋建筑工程和市政基础设施工程竣工验收暂行规定》的要求方可进行竣工验收；

2. 由施工单位在工程完工后向建设单位提交工程竣工报告，申请竣工验收，并经总监理工程师签署意见；

3. 对符合竣工验收要求的工程，建设单位负责组织勘察、设计、监理等单位组成的专家组实施验收；

4. 建设单位必须在竣工验收 7 个工作日前将验收的时间、地点及验收组名单书面通知负责监督该工程的工程质量监督机构；

5. 工程竣工验收合格之日起 15 个工作日内，建设单位应及时提出竣工验收报告，向

工程所在地县级以上地方人民政府建设行政主管部门（及备案机关）备案；

6. 工程质量监督机构，应在竣工验收之日起 5 工作日内，向备案机关提交工程质量监督报告；

7. 城建档案管理部门对工程档案资料按国家法律法规要求进行预验收，并签署验收意见；

8. 备案机关在验证竣工验收备案文件齐全后，在竣工验收备案表上签署验收备案意见并签章。工程竣工验收备案表一式两份，一份由建设单位保存，一份留备案机关存档。

（二）工程备案成果

备案机关收到建设单位报送的竣工验收备案文件，验证文件齐全后，应当在工程竣工验收备案表上签署文件收讫，从而完成工程备案工作。至此，建设工程项目的管理就完成了其项目寿命周期范围内的所有工作。

四、建设工程档案资料知识简介

（一）工程文件档案资料的概念

工程文件档案资料包括工程文件资料、工程档案资料、工程文件档案资料三部分，这三种文件都是工程项目备案后留档案馆存档的文件资料。

工程文件资料是指在建设工程的勘察、设计、施工、验收等阶段形成的有关项目管理文件、设计文件、原材料、设备和建筑构配件的质量证明文件、施工过程检验验收文件、竣工验收文件等全面反映工程实体质量的文字、图片和声像等信息记录的总称，它们是工程质量验收的组成部分。

工程档案资料是指在工程勘察、设计、施工、验收等建设活动中直接形成的反映工程管理和工程实体质量，具有归档保存价值的文字、图表、声像等各种形式的历史资料。

工程文件资料和工程档案资料共同组成工程文件档案资料。

（二）工程文件档案资料特征

从档案学的观点看，工程文件档案资料具有复杂性和随机性、时效性和继承性、多专业和综合性、全面性和真实性、资料表现形式和物质载体多样性等特征。

其中，复杂性和随机性表现在工程建设活动具有参与主体多、建设周期长、使用材料种类多和工艺复杂的特点，而且工程项目实施过程中还表现为阶段性强、季节性强和影响因素多的特点。而且，影响工程建设活动的因素随时会发生变化，也会导致随机出现一些事件而产生一些特定的文件档案资料。

工程管理中的文件档案资料一经生成就必须传达报送至有关部门，否则有关部门将不予认可，这就反映了工程文件档案资料的时效性。施工过程中产生的文件具有较强的时间和工作程序要求，施工单位自检合格后，应提前 48 小时通知监理工程师参加隐蔽验收，监理工程师应根据规范操作要求及时参与验收，如特殊情况延期也不能超过 48 小时，否则视为认同施工单位的隐蔽验收结论。而且前期通过验收后，后期工程是在前期验收合格的基础上进行的作业，由此形成的后期工程文件档案资料都是前期档案资料的延续，具有继承性。

工程项目管理是一个系统工程，涉及多单位、多专业、多工种的协调，过程中形成的工程文件档案资料兼具综合性与集成性。

工程文件档案资料只有全面真实地反映工程项目建设活动的各类信息，包括发生的事故和存在隐患，才具有实用价值，否则会起到一定的误导作用，造成难以想象的后果。

工程文件档案资料的表现形式有纸质文字、图像文件，磁介质的声像和电子文件等，还有感光材料和光介质的图像资料等。

（三）工程文件档案资料的分类及编号

了解工程文件档案资料的分类及编号，可以使施工单位项目部的资料员和监理单位的监理员，合理分类和整理工程项目实施过程中形成的资料，并使工程文件档案资料管理实现计算机化。

目前常用的工程文件档案资料标准有《建设工程文件归档整理规范》GB/T 50328—2001、《建筑工程资料管理规程》JGJ/T 185—2009 和《房屋建筑和市政基础设施工程档案资料管理规范》DGJ32/TJ 143—2012 等，在上述规范中将建筑工程的文件档案分为建设单位的文件资料（A 类）、监理单位的文件资料（B 类）、施工单位的文件资料（C 类）和竣工图资料（D 类）四大类文件，在 JGJ/T 185—2009 中又增加了一类，即工程竣工文件（E 类），使得工程文件档案资料共可以分为五大类。

其中，建设单位的文件资料 A 类中的文件又划分为二级编号。即立项文件为 A1、建设规划用地文件为 A2、勘察设计文件为 A3、工程招标投标及合同文件为 A4、工程开工文件 A5、商务文件 A6、工程竣工验收及备案文件为 A7 和其他文件为 A8 八小类；将监理单位的文件资料（B 类）划分为监理管理资料 B1、监理质量控制资料 B2、监理进度控制资料 B3、监理造价控制资料 B4 四小类；施工单位的文件资料（C 类）划分为施工管理资料 C1、施工技术资料 C2、施工物资资料 C3、施工测量资料 C4、施工记录 C5、施工隐蔽工程检查验收记录 C6、施工质量检验资料 C7、施工质量验收记录 C8、竣工验收资料 C9 九小类；竣工图资料（D 类）划分为综合竣工图 D1、室外专业竣工图 D2、专业竣工图 D3 三小类；工程竣工文件（E 类）分为竣工验收文件 E1、竣工决算文件 E2、竣工交档文件 E3、竣工总结文件 E4 四小类。

上述工程文件小类又可以进一步细分为若干类，它们一般按类别和形成文件的时间顺序进行编号。其中施工资料可以按分部、子分部、分类和顺序号 4 组代号来命名，组与组之间用横线隔开，如 XX—XX—XX—XXX 编码；也可以在同一大类按文件形成的顺序以时间进行编号，编号以年—月—日—产生的时间完成，如 B1（XXXX—XX—XX—XXX）。对属于某单位工程整体管理内容的文件资料，编号中的分部、子分部工程代号可用"00"代替；对于进场材料、构配件、设备等采用同一厂家、同一品种、同一批次的施工物资用在两个分部、子分部工程中时，其资料编号中的分部、子分部工程代号可按主要使用部分进行编码。

第五节 市政与园林工程施工总结

现代管理十分重视总结分析，把总结看作比其他管理阶段更为重要的工作内容，其原因是总结中获得的信息和经验对以后的项目实施管理和企业信息反馈起着十分重要的作用，符合管理中的封闭原理和信息反馈原理。通过总结项目经理部在施工过程中对于施工进度、质量、安全和成本的控制方式，出现的问题及其解决方法，能够提高企业在今后施工中的项目管理与控制水平，使企业走向良性发展道路。

企业施工总结的内容包括施工技术总结、质量总结、施工管理总结、施工阶段性总结和竣工总结等，但在整个施工总结中，施工工期、施工质量和施工成本控制总结最为重要。

一、施工项目进度控制总结

施工项目进度控制总结主要是根据工程项目承包合同和施工组织设计中制订的施工总进度计划，从以下几方面进行总结分析：

（1）通过对工程项目建设总工期、单位工程工期、分部工程工期和分项工程工期，以及计划工期与实际完成工期进行对比分析，找出项目管理中项目进度控制方法的得与失。也可以对各项关键工程的工期控制进行分析，为今后类似工程施工积累经验。

（2）通过对工期进度控制的总结，检查项目经理部编制的施工方案是否先进、合理、经济，是否有效地保证了施工工期。

（3）分析检查工程项目的均衡施工情况、各分项工程的协作及各主要工种之间的衔接情况。

（4）分析工期控制或调整中采用的劳动力组织情况、工种结构改变等劳动力计划、材料供应计划，各种施工机械的配置是否合理，是否达到定额水平。

（5）在工期控制中采取的各项技术措施和安全措施的实施情况，是否能满足施工的需要。

（6）施工期间各种原材料、预制件、设备、各类管线加工订货的实际供应情况。

（7）关于新工艺、新技术、新结构、新材料和新设备的应用情况及效果评价。

（一）进度控制总结的依据

进度控制总结的依据主要有施工进度计划、施工进度计划实际执行的记录、施工进度计划检查结果、施工进度计划调整的有关资料。这些资料都是项目经理部在项目管理进度控制中形成的，所以项目经理部在平时的施工管理中就必须注意积累，这样在项目总结时就不难得到进度控制的相关数据。

（二）进度控制总结的内容

施工进度控制总结应包括下列内容：合同工期目标及计划工期目标完成情况，施工进度控制经验，施工进度控制中存在的问题及分析，施工进度控制方法的应用情况，施工进度控制的改进意见。

1. 进度目标完成情况

（1）施工过程时间目标完成情况

时间目标完成情况，可以通过计算以下指标进行分析。即：

$$合同工期节约值＝合同工期－实际工期$$
$$指令工期节约值＝指令工期－实际工期$$
$$定额工期节约值＝定额工期－实际工期$$
$$计划工期提前率＝\frac{计划工期－实际工期}{计划工期}×100\%$$

$$缩短工期的经济效益＝缩短一天产生的经济效益×缩短工期天数$$

缩短工期的主要原因有：计划编制积极可靠；进度计划执行认真、控制得力；项目经理部对进度控制中产生的问题协调及时有效；企业劳动效率高等，这些都可以在总结中使用。

（2）资源利用情况

资源的控制情况和利用方法总结中所使用的指标主要有：

$$单方用工＝总用工数/建筑面积$$

$$劳动力不均衡系数＝最高日用工数/平均日用工数$$

$$节约工日数＝计划用功工日－实际用功工日$$

$$主要材料节约量＝计划材料用量－实际材料用量$$

$$主要机械台班节约量＝计划主要机械台班数－实际主要机械台班数$$

$$主要大型机械费用节约率＝\frac{各种大型机械计划费之和－实际费之和}{各种大型机械计划费之和}×100\%$$

资源节约的主要原因有：施工计划积极可靠；施工中各种资源的优化效果好；按材料和设备计划得到保证供应；项目经理部认真制定并实施了节约措施；对施工中的各方面因素协调及时且得力。

（3）成本情况

成本控制主要是通过降低施工成本，充分利用新材料、新工艺、新方法和新技术等得到实现，其指标有：

$$降低成本额＝计划成本－实际成本$$

$$降低成本额＝\frac{降低成本额}{计划成本额}×100\%$$

节约成本的原因主要有：计划积极可靠；成本优化效果好；认真制定并执行了节约成本措施；工期缩短；成本核算及成本分析工作效果好。

2. 进度控制中问题的总结

对施工进度计划执行中出现的某些问题如某些进度控制目标没有实现，或在计划执行中存在缺陷进行总结。总结时，这种目标值可以定量地计算，指标与前项相同，也可以定性地分析。对产生问题的原因也要从编制和执行计划的过程中去寻找，问题要找够，原因要摆透，不能文过饰非。进度控制中发现并遗留的问题应反馈到下道工序控制循环中解决。

进度控制中出现的问题种类大致有以下几种：工期拖后、资源浪费、成本浪费、计划变化太大等。出现上述问题的原因大致是：计划本身的原因、资源供应和使用中的原因、协调方面的原因、环境方面的原因等。

3. 进度控制中经验的总结

经验是指对成绩及其取得的原因进行分析后，归纳出来的可以为后续进度控制提供借鉴的、本质的、规律性的认识。总结进度控制的经验可以从以下几方面进行：

（1）进度控制中，指出项目经理部是如何编制工期计划，编制过程中如何根据项目特点实施计划等内容，目的是使计划取得更大效益。计划的编制方法包括准备、绘图、计算等。

（2）在施工过程中是如何优化计划的，包括优化目标的确定、优化方法的选择、优化计算、优化结果的评审、电子计算机应用等。

（3）怎样实施、调整与控制计划，包括组织保证、宣传、培训、建立责任制、信息反馈、调度、统计、记录、检查、调整、修改、成本控制方法、资源节约措施等。

（4）进度控制工作的新创造。总结出来的经验应有应用价值，通过企业有关部门领导审查批准，形成规程、标准或制度，作为以后工作必须遵守或参照执行的文件。

4. 提出今后提高施工进度控制水平的措施

措施即办法，是在总结进度控制中的问题及其产生原因的基础上，有针对性地提出解决遗留问题的办法。这类措施包括编制出更加符合项目特点的施工进度计划，更好地执行工期计划，过程中更加有效地控制工期计划。这些措施要体现出对以前已总结经验的采用，和今后在进度控制中应使用的一些方法。

二、施工项目质量控制总结

施工项目质量控制总结主要根据设计要求和国家规定的质量检验标准，从以下几方面进行总结分析：

（1）按国家规定的标准，评定工程质量达到的等级。

（2）对各分项工程进行质量评定分析。

（3）对重大质量事故进行总结分析。

（4）各项质量保证措施的实际情况，及质量责任制的执行情况。

（一）质量控制总结的依据

项目部总结施工质量控制的依据主要有：《工程质量监督工作守则》、《××省工程质量监督工作细则》和××市有关工程质量监督管理相关规定等。同时，施工企业内部也应建立一系列施工质量控制和管理实施细则，并使它成为指导每个项目经理部进行施工质量控制和竣工后质量控制总结的主要参考依据。在施工过程中采用的"新技术、新工艺、新材料和新方法"实施细则，施工单位的施工组织计划和质量控制计划，以及项目经理部在进驻施工现场后编制的施工计划也是施工质量控制总结的依据。

（二）质量控制总结的内容

主要包括严格质量管理制度落实情况、建立健全企业质量管理机构和人员配置，严格检查施工中质量实际控制工作和措施的落实情况。企业和施工项目部都要建立工程的质量目标和质量管理保证体系等，从而保证施工质量目标的实现。

1. 工程质量责任制度的制定与落实情况

项目部建立以项目经理为核心的质量保证体系，明确各部室工作职能与工作责任人。并且，工程重点部位重点控制，各主要工序均有专人负责质量管理与控制，做到责任到岗、责任到人和责任到工序。施工企业一般都实行以公司总工程师或副总工程师为主要责任人的施工质量、进度责任制，项目经理则是现场责任主体，项目部总工程师是现场第一负责人。现场检查发现问题后，应第一时间制订解决方案，如属于重大问题则必须上报公司责任人，会商后提出对策并马上实施纠错工作。

对于各主要分项工程及工序的施工实行严格的技术交底制度，在项目开工前对所有施工及管理人员进行技术交底，明确施工程序、工艺流程、操作要点、质量标准等。

施工队推行质量责任制和质量检查制度，班组建立质量责任卡，明确责任人，实行质量终身负责制；施工队严格自检、项目部复检，并报请监理工程师总检查的制度；施工中班组、工序之间严格"交接班"制度，并要求班组质量员做好记录和班组间的交接班记录；项目部实行技术人员的 24 小时值班制。

2. 建立健全质量管理机构及人员配备

现代企业质量管理制度和 ISO 质量管理体系要求企业建立健全"质量管理机构"，建立以公司主要技术负责人为领导的部门管理体系，各部门由专人负责。做到质量管理责任到人，企业分工明确的质量管理体系。而项目部则要根据工程项目特点设立相应的管理机构，并指定负责人。项目总结时要重点阐述各管理主体中相应责任划分、措施执行中的经验教训。

3. 质量控制目标和措施

质量控制目标一般会在施工合同中有明确的要求，所以按照招标文件要求和现行规范标准的规定，在施工过程中项目经理部应科学组织、精心施工，确保工程质量一次验收合格率达到 100％，优良率 90％。

质量控制的措施主要有：加强企业管理人员及全体职工的质量意识，牢固树立"质量第一"的思想；建立强有力的工程质量保证体系，实行由项目经理主管工程技术的质量管理责任制，各级管理人员质量职责、岗位责任明确，管理体系中的主观要素清楚，抓好质量教育和培训工作，做好技术交底。项目部应根据《质量、职业健康安全、环境管理计划》，做到分工明确。对于各分部分项工程，要建立质量控制点，对施工中已出现的质量问题加以控制，编制专项方案或作业指导书，对关键过程或特殊过程进行严格地监督和控制。

对于质量管理保证体系的具体执行，项目部要重点总结在施工准备阶段技术交底活动中的经验教训。技术交底包括图纸交底、施工组织设计交底、设计变更交底、对班组的分项工程技术交底等，总结项目部对于施工材料的选购、材料进场中严把材料质量关，做到不合格的材料、半成品、成品严禁运进施工现场。施工中应按照专业施工和验收规范，做好施工中工序、分项工程的各项检验工作。为保证质量施工员的操作无误，工程技术人员应跟班作业，随时解决施工中出现的技术难题；质检人员有工程质量的否决权，发现有违背施工程序、使用不合格材料时，质检人员有权制止，必要时要求暂停施工，真正做到上道工序不合格，下道工序绝不施工。项目经理部定期组织质量大检查，发现问题及时纠正和制定预防措施，尤其在施工期间对于重大质量事故的处理方法要重点进行分析和总结。

4. 质量检查记录及质量工作的反馈

在现场作业中，为了保证质检工作落实到位，做好施工现场的质量检查记录及反馈工作，通过每日检查与每月抽查及季度大检查的形式强化质量控制程序，在一系列作业的实施与不断改进中，形成以下质检工作内容：

（1）为了加强现场质量工作的管理力度，保证"当日发现的问题当日解决"，工程部采用"现场管理通知单"的形式将现场检查中发现的问题第一时间下达到施工队或班组，督促其三日内务必落实。

（2）对于施工中容易出现技术问题的工序或分项工程的施工，如钢筋工程、混凝土工程、防水及衬砌工程和大树移栽、草坪种植等分项工程实现现场技术值班工程师制度，要求现场检查指导班组工作，工程师做好相应工程的检查记录与检查表的填写。

（3）规范现场施工行为，加强对现场的控制，加强企业文明施工形象，工程部、安质部坚持组织相关部门进行"工程质量、文明施工及安全季度大检查"。通过每季度不同主题和不同侧重方向的检查，消除质量与安全隐患，整改现场不规范工序操作，强化"工完料尽场地清"的文明施工形象。

5. 制定与劳务队伍之间的工程质量管理协议

施工中存在非企业内部的施工劳务队伍时，与劳务队伍签订的合同中要明确有关质量条款。合同中应明确的有关质量条款主要有：

（1）本合同工程质量控制应达到一次验收合格率100％，优良率90％以上，创优质工程时给予奖励。

（2）乙方必须严格按照施工图纸、技术交底、甲方的创优规划及有关施工技术规范施工，并接受甲方人员的监控。

（3）乙方应按照甲方贯标工作的要求及时准确地报送有关资料，积极配合甲方完成与此有关的各项工作。

（4）在施工中发生质量事故时，乙方应及时书面报告，并承担相应责任和费用。

（5）质量的奖惩执行甲方制定的《工程质量管理办法》。

（6）甲方对工程质量实行一票否决权，工程质量不合格，一律不予计价。因质量不合格而发生返工费用及造成的工期延误均由乙方自负。

（7）保修期间，乙方应积极主动承担维修作业，并负责一切费用支出。并做到：乙方在接到甲方通知后7天内，应立即派出人员进行维修；甲方保留自行维修的权利，但在维修前首先通知乙方及时派人前来共同确认；如乙方未能在规定时间内派人确认，甲方有权单方面确认维修工程量和费用，该费用从乙方的保留金中扣除。

三、施工项目成本控制总结

主要根据承包合同、国家和企业有关成本核算及管理办法，从以下几方面进行对比分析：

（1）总收入和总支出的对比分析。

（2）计划成本和实际成本的对比分析。

（3）人工成本和劳动生产率；材料、物资耗用量和定额预算的对比分析。

（4）施工机械利用率及其他各类费用的收支情况。

（一）施工项目成本控制总结的依据

施工项目成本控制总结编写的依据主要是项目设计预算、项目投标文件中的报价书、施工预算、施工组织设计或施工方案；公司材料管理部制定的施工材料指导价，公司对机械台班指导价和劳动力价格，机械设备租赁价格和耗损标准；与建设单位签订的施工合同或分包合同价格，半成品或产品加工计划及合同价格，企业财务成本核算制度，项目经理部与公司签订的内部承包合同等。项目部在项目成本控制总结中主要就是将上述各类价格作为施工项目成本控制的指导价格，与施工过程中实际发生的价格进行对比分析，并找出成本价格差距产生的原因，提出今后在项目管理中需要注意的事项，以达到施工项目成本控制的目的。

（二）施工项目成本控制总结的内容

项目经理部以项目计划指导价格为控制蓝本，通过对项目成本的预测、决策，在项目施工的不同阶段对预测成本和计划成本进行控制，处理施工检查中发现的问题，加强对材料、机械台班的管理。通过编制的设计预算、施工预算、人工费的目标成本和材料费、构件费的目标成本、项目其他费用的目标成本等来预测施工成本，并通过相应实际成本的检测，分析实际成本与目标成本之间的差异及其原因，经过进一步的成本核算以及加强对施工的进度、质量控制措施的落实，达到改善项目成本对象的目的。从而保证施工过程中成本控制目标的实现，为企业创造更大的经济效益。

1. 建立项目经理部项目成本控制制度

总结在项目施工不同阶段的目标成本控制过程中，计划的施工成本预算与施工阶段根据工期调整和质量控制而实际发生的材料、设备的使用和施工机械的利用成本等形成的控制成本差距，分析原因并提出改进的措施。通过上述过程更好地在工程项目成本控制中，以施工图预算中的周转材料费为依据，按施工方案要求，建立人工费用成本控制目标、材料费和构件费使用成本控制目标，制定施工中周转材料费用控制的目标；以施工图预算中的机械费为依据，制定机械合理使用台班数、机械进出场费用和机械使用的各项费用控制的目标。

对于施工间接费和其他直接费用则要以施工图预算中项目管理费和其他直接费为依据，按施工图纸中的工程量制定实际间接管理费用和有关场地费、材料的二次搬运费、检验试验费等费用的控制目标。

对于上述各项成本控制分析和控制目标制度，项目经理部核算员应进行汇总审核，在综合分析的基础上，编制出施工项目《目标成本预算项目费用表》，见表 8-6。经公司相关部门会审签字后，由项目部组织落实。

目标成本预算项目费用表 表 8-6

序号	项目名称	说明及计算式	费率	金额	备注
一	定额直接费用（即定额基价）	指概、预算定额的基价			
二	直接费用（即工、料、机）	按编制年所在地的预算价格计算			
三	其他直接费用	（一）×其他直接费用综合费率			
	1. 冬期施工增加费				
	2. 雨期施工增加费				
	3. 夜间施工增加费				
	4. 高原地区施工增加费				
	5. 沿海地区工程施工增加费				
	6. 行车干扰工程施工增加费				
	7. 施工辅助费				
四	现场经费	（一）×现场经费综合费率			一类地区
	1. 临时设施费				
	2. 现场管理费				
	3. 现场管理其他单项费用				
	a. 主副食运费补贴费				综合里程按市区×公里计算

续表

序号	项目名称	说明及计算式	费率	金额	备注
	b. 职工探亲路费				一般省区
	c. 职工取暖补贴费				
	4. 工地转移费				按中标单位距离取定
五	定额直接工程费用	（一）＋（三）＋（四）			
六	直接工程费用	（二）＋（三）＋（四）			
七	间接费用	（五）×间接费用综合费率			
	1. 企业管理费				
	2. 财务费				
八	施工技术装备费	（五＋七）×施工技术装备费率			
九	计划利润	（五＋七）×计划利润费率			
十	税金	（六＋七＋九）×综合税率			
十一	建筑安装工程费	（六＋七＋八＋九＋十）			
	其中：项目部现场经费				
	税金				
	利润和管理费				

2. 工程施工各阶段成本分析与控制

在项目施工的各阶段，项目经理部要根据编制的目标成本及控制利润，对施工过程中产生的各种实际成本进行成本差异原因分析、成本反馈等工作，不断校正产生的偏差，使项目施工进行得更加合理、经济，并且实现质量稳定和保证施工过程的安全。

（1）揭示成本差异，分析差异产生的原因

将目标成本、预算成本与实际成本比较，计算出成本差异，确定是超支还是节约，并分析原因和确定责任归属，为今后更好地进行成本控制奠定基础。

（2）成本反馈机制

将产生成本差异的原因反馈到有关责任部门，使其能采取措施控制成本，确保成本目标的实现。

（3）施工各阶段成本控制的实施

对建设完成的工程项目的成本控制作全面总结，各阶段总结的成本控制内容如下。

工程投标阶段：根据工程概况和招标文件，以及竞争对手情况进行项目成本预测，并提出投标决策意见；中标后及时总结投标过程中项目成本预测及投标过程中的得失；同时将中标价格作为总的成本控制目标下达给项目经理部。

施工准备阶段：根据设计图纸和建设单位提供的有关技术资料，对施工方案、设备选型等进行组织管理，运用价值工程原理制订出先进、经济合理的施工方案；依据施工方案建立分部分项工程成本目标，以各分部分项工程工程量为基础，结合劳动定额、材料消耗定额和技术措施制订节约计划和优化的成本计划；指导部门、班组分解成本，为成本控制做好准备。

施工期间：主要是加强施工任务单和领料单的管理、各工序验收以及人工、材料实际消耗等方面数据的记录和核对审核，计算分部分项工程成本产生差异，采取纠偏的措施等；按月或按季度进行成本原始记录的收集和整理，正确计算月度或季度预算成本与实际成本的差异，尤其是注意不利差异产生的原因分析，防止后续作业和今后类似工程中产生因不利影响或质量低劣造成返工损失；在月度成本核算的基础上，形成按责任部门或责任者归集的成本费用，每月结算一次，并与责任成本进行对比分析；经常检查对外经济合同履约情况，使供货方顺利提供货物，如出现拖期或质量不符合要求时，根据合同规定进行索赔；对缺乏履约能力的供货方采取中止合同的措施，另找可靠的单位，以免影响施工造成更大的经济损失。

验收阶段：精心安排完成工程竣工验收，使工程顺利交付使用并办理工程结算；在办理工程结算前，项目预算员应全面核对结算书，避免出现不必要的遗漏，从而保障企业应有的收入。

3. 施工项目成本控制总结结论

全面总结在项目施工的各阶段，项目经理部如何与企业管理部门以改进工作为手段，降低成本为目标，通过加强项目成本控制，促使企业管理水平的全面提高。此外，通过逐步完善管理制度，总结确立较好的成本控制理念，对于项目成本控制在企业管理中的核心地位作出评述，使成本控制向着规范化、合理化、国际化的方向健康发展。最后总结出今后的工作重点，即如何使成本控制进一步规范化、科学化地发展，与国际接轨，更好地发挥投资效益，减少浪费，实现可持续发展，从而提高企业的竞争力。

思 考 题

1. 园林工程竣工验收的依据是什么？
2. 在建设工程竣工验收中哪些情况才可以报请验收？哪些情况下的工程不能参与验收？
3. 施工单位在隐蔽工程验收中应该准备哪些资料，监理工程师的处理准则是什么？
4. 竣工图产生的依据和方法有哪些？
5. 建设工程的质量检查评定标准中合格率的产生方法是什么？
6. 市政与园林工程验收备案需要提供哪些资料？

第九章 市政与园林工程其他项目管理

【本章主要内容】

1. 市政与园林工程项目管理的特点。

2. 建设工程项目管理的主要内容及案例介绍。

【本章教学难点与实践教学内容】

1. 市政与园林工程项目管理中编制的各项管理计划关于信息采集、动态变化与计划之间的差距分析，通过管理措施纠正差距和修正现状中的方法与措施。其中单位（单项）工程及分部工程的进度计划、质量整改、安全事故处理等是项目管理的重点。

2. 实践课内容：在熟悉建设工程项目管理的基础上，通过视频或案例，找到项目管理中各信息点，采集并与计划进行对比，利用预案或措施解决工程项目管理中发现的问题。

项目管理知识被引入我国工程领域后，PMI 管理体系在建设工程的质量、进度和成本控制等管理中发挥了积极的作用。在建设工程的项目管理中，由于建设工程项目的特点，参与工程管理的主体单位不同，他们对项目管理的侧重点和管理方式也有差异。从 PMI 项目管理系统角度出发，前述几章内容已对建设工程各阶段项目管理在微观领域的具体管理内涵和方法做了详细论述。本章从 PMI 项目管理的宏观角度论述建设工程领域内各参与主体发挥的作用。

第一节 市政与园林工程项目管理特点

市政与园林工程因其国家或地方政府投资和公益性的特点，在其工程项目生命周期中，各阶段参与的主体单位众多，建设单位因自身技术力量缺陷将许多管理工作外包给具有资质的服务公司或机构实质完成，因而建设单位具有繁重的项目资料的管理任务。市政与园林工程与房屋建筑工程不同，其往往包含诸多工程内容，涉及房建、道路、给水排水、园林工程等，使得工程项目周期较长，具有单项工程（或单位工程）之间交叉施工、前面已完成工程是后续工程的前道工程等特点。市政与园林工程总系统中又包含若干子系统，工程中各参与主体工作面相互重叠、相互影响，这种特性更加凸显出建设单位或建设工程项目总承包单位宏观层面上的管理能力和项目管理的重要性。

根据工程项目的特点，以及建设单位对项目管理主体的要求不同，项目管理分为工程总承包方的项目管理，业主方的项目管理，监理单位、设计单位和施工单位的项目管理等类型。项目决策阶段与项目运营阶段的项目管理相对单一，管理主体简单；但是具体实施阶段的项目管理内容复杂，相关主体单位在不同的阶段，其管理内容各有侧重。但建设单位的项目管理仍是整个建设工程项目管理的核心，其他工程项目管理企业只是通过合同约定为业主提供项目管理服务的主体。

一、建设单位的项目管理

建设单位的项目管理在项目寿命周期的开始阶段，即决策立项阶段就已经开始，并且贯穿于整个项目的寿命周期中。建设单位的项目管理的特点体现在，除利用自己的项目管理团队对项目进行管理外，还通过合同约定的形式将其项目管理的一部分或全部管理内容承包给各专业承包企业，利用承包方项目管理团队的技术和管理力量对项目进行管理，建设单位通过对承包方工程项目管理能力的监督达到对项目管理的目的。

根据合同约定，建设单位在决策阶段的初期将工程项目的可行性研究承包给项目管理公司或规划设计研究院，利用承包方的智力完成对拟建工程项目的申请报告的撰写、项目地的选定、项目可行性研究报告和规划设计方案的确定等工作内容。经建设单位审核同意后，相关报告和方案会上报国家发改委或地方发改部门、相关项目投资机构等，最终获得项目的立项。在项目实施阶段，建设单位通过招标方式确定项目的招标代理、施工图设计单位，完成对工程施工承包单位和监理单位的招标工作，同时利用合同约定将招标投标工作、设计图纸的工作、施工领域的其他管理工作等分解给各专业单位完成。建设单位主要实施对各承包单位项目管理能力的监督，必要时对承包单位的项目管理提出整改工作要求，以实现自己的管理目标。

二、建设工程项目总承包管理

项目的总承包管理一般是指具备建设工程一级及以上项目总承包资质的集团公司，通过项目总承包的方式，依据与建设单位签订的合同，在工程项目的整个周期内，除完成工程决策阶段的项目可行性研究报告、可行性分析和项目策划，在工程项目的实施阶段为业主提供招标代理、设计管理、采购管理、施工管理和试运行（竣工验收）等服务外，还要负责工程初步设计等工作。在整个项目管理过程中，总承包方都要代表业主对工程项目进行质量、安全、进度、费用、合同、信息等的管理和控制。

具备建设工程项目总承包能力的企业，一般应当按照合同约定承担一定的管理风险和经济责任。这就要求这类企业强化管理技术团队实力、资金运作能力，积累丰厚的项目管理经验。

1. 工程项目总承包管理的主要任务

在项目策划决策阶段，项目总承包管理单位主要完成项目的可行性研究工作，包括对工程项目的前期市场调研、投资估算、项目的经济效益分析、环境影响评价等项目立项的相关工作。此外，还要完成对项目执行中的厂址选择、工艺的选择与确定，依据与工程项目运行相关的专利技术商提供的技术资料，考虑项目实施的技术路线、选择专利技术，进行工艺设计。实现筹措项目所需的资金，代表业主向贷款机构提供相应证明和说明材料，并与贷款机构、商业银行进行贷款协议的谈判等工作。

在项目的实施阶段，项目总承包管理单位要准备招标文件、主持招标活动，提出备选的设备供应商名单，并协助业主与中标单位签订合同；对项目的勘察、设计和施工过程进行监督、协调和控制；对设备安装完成后的组织启动试车、运行负责性能考核等检验工作。在工程达到竣工验收标准后负责组织验收以及工程的移交等工作。有时候业主还会就总承包商的综合管理能力，将委托工作的范围延伸到项目运行、维修阶段，至永久工程设备第一次大修为止。该阶段的工作包括项目运行的培训，项目投产经营后的管理机构组建、管理制度的建立，设备维修管理制度和维修、大修计划的制定等。

2. 建设工项目总承包的模式

工程项目总承包模式，是指工程总承包单位接受建设单位委托，依据合同约定对工程项目的勘察、设计、采购、施工、试运行（竣工验收）等过程实行全过程或若干阶段的承包。

设计采购—施工总承包，是指对设计、施工进行工程项目管理，待工程完工，验收合格后交钥匙的承包方式。根据工程项目的不同规模、类型和业主要求，工程总承包还可以采用设计—采购总承包、采购—施工总承包等方式。

三、建设工程各主体单位的阶段性项目管理

根据项目特点和业主的管理能力等，工程项目管理还包括其他管理模式。最常见的就是项目运行各阶段根据承包合同约定，各专业承包企业进行的专业项目管理，如设计单位的项目管理、施工企业的项目管理和监理单位的项目管理等。这些内容在本书中已有大量的篇幅作专业介绍与论述。此外，还包括"一体化项目管理"模式、"工程代建"管理模式等，它们也成为当前我国工程项目建设及项目管理的重要组成部分。

工程的一体化项目管理是指业主与其聘用的项目管理企业分别派出管理人员组成一体化项目管理机构，共同负责整个项目的管理工作。项目管理机构的成员只有管理职责之分，而不管管理主体来自于哪一方。采用一体化管理模式，业主既可以对项目的实施过程进行严格控制，又可较充分地利用项目管理企业的人才优势和管理技术，有利于项目全过程管理决策指挥的科学化。

工程代建模式是根据《国务院关于投资体制改革的确定》（国发［2004］20号），实行的对于非经营性政府投资项目或PPP项目，通过招标等方式，选择专业化的项目管理单位负责建设实施，严格控制项目投资、质量和工期，竣工验收后再移交给相关使用单位的模式。

第二节　市政与园林工程其他项目管理主要内容

根据《建设工程项目管理规范》GB/T 50326—2006中关于建设工程项目管理的内涵，工程项目管理包括工程项目的范围管理、项目管理规范、项目管理组织、项目经理责任制、项目合同管理、项目采购管理、项目进度管理、项目质量管理、项目职业健康与安全管理、项目的环境管理、项目的成本管理、项目的资源管理、项目的信息管理、项目的风险管理、项目的沟通管理和项目的收尾管理等。本书已经在前述章节中对市政与园林工程项目管理的主要内容作了阐述，本节仅从PMI宏观管理角度，全面论述市政与园林工程其他项目管理内容，并将侧重点放在了宏观管理中的信息采集、分析，对方案的调整和整改等方面，强化了管理方法论。

一、项目的范围管理

项目的范围管理就是对项目应该包含什么与不包含什么的定义与控制的过程，项目范围管理的主要过程包括启动、范围计划、范围定义、范围变更控制等。项目的范围管理界定主体主要是项目建设单位，其他主体应该为从属的地位。

1. 项目的启动

项目的启动就是承认一个新项目的存在或一个已有项目进入下一个阶段的过程。建设工程项目的启动从项目的立项开始，拟建项目的可行性研究和初步规划设计通过之后，项目进入启动阶段。项目启动时必须有该项目的投资估算额度、产品的说明报告、项目计划等内容，通过对产品效益的度量选择适宜的规划方案，经过专家的合理判断来对方案进行评价，最终表明项目能否成功启动。项目启动的结果一般是给拟建项目颁发"项目许可证"，或通过招标投标过程后（对于承建单位而言，此刻即为承包项目的启动），承包单位选定项目经理部经理，并通过与建设单位签订合同的形式约束项目经理及管理小组的管理范围等。

2. 项目范围的计划

项目范围计划是编写项目范围说明书的过程，一份正式的范围说明书对于项目及其子项目都是必要的。建设单位通过项目可行性研究报告、招标文件等对工程项目的建设内容进行正式说明，或对欲招标的承包企业的工作范围进行明确说明。例如，通过项目可行性研究报告，建设单位确定了项目的主要交付成果形式，而项目许可证则定义了项目的目标。

3. 项目范围的定义

项目范围的定义就是通过对项目的分解，把项目的可交付成果划分为较小的、更容易管理的组成部分，直到可交付成果的定义足够详细，足以支持项目的将来活动，如计划、实施、控制等。建设工程项目的范围定义，就是建设单位通过招标投标活动将工程项目的内容划分为工程项目的勘察设计、施工、监理以及设备的供应和安装，必要时还可以将项目投资来源进行分解或转移到保险等金融机构中。通过分解和签订相关工程承包合同，其他项目参与主体可分担项目风险和管理职责。

4. 项目范围的核实

项目范围核实就是项目的相关利益者，对项目范围进行最终的确认和接受的过程。在合同履约过程中，参与各方各自检查项目的产品状况和最后的成果。项目范围核实的主要方式就是对项目结果是否符合要求而进行的检查，最终实现对各自承包范围核实的结果——正式验收的实现。

5. 项目范围变更的控制

项目范围变更控制包括：对造成范围变化的因素施加影响，以保证变化是有益于项目进行的；判断范围变化已经发生；当实际变化发生时对变化进行管理。在建设工程的项目管理中这种范围变更一般要与其他控制过程结合起来进行。建设工程中的其他控制包括工期控制（时间控制）、成本控制、质量控制等，这类因素控制中包含的项目管理范围可能涉及一个或多个管理主体的变更。

通过项目不同管理主体的范围变更，实现整个项目对投资费用、时间工期、工程质量和工程数量等的修改或修订。项目管理的范围变化可以通过计划过程进行反馈，必要时可及时更新项目计划文件，并及时通知项目的有关利益主体。

二、项目的合同管理

项目管理各方主体都应建立合同管理制度，设立专门机构或人员负责项目的合同管理工作。发包人与承包人均应根据国家合同法律法规和建设工程施工质量管理的相关规范进行项目合同的管理工作。合同管理的一般程序为：①合同评审；②合同订立；③合同实施计划；④合同实施控制；⑤合同综合评价；⑥有关知识产权的合法使用。

1. 项目合同的评审

项目合同的评审在合同签订之前进行，主要评审招标文件和合同条件是否符合国家相关法律和政策规定，部分条款是否有利于合同顺利进行。尤其是对专项合同条款内容的设定要进行严格地审查、认定和评定。

发包人项目合同评审的目的是审查承包人有无能力完成合同，合同评审的一般内容为：招标文件内容和合同条款是否合法、完备，合同双方当事人责任、权利和项目范围的认定，工程项目施工过程有关要求是否合理，合同执行风险评估等。承包人如果发现问题应与发包人及时澄清，并以书面方式确定。

2. 项目合同的实施控制

项目合同实施控制包括合同交底、合同实施过程的跟踪与诊断、合同变更管理和索赔管理等内容。

合同实施前，参与合同谈判及签订的承包人相关人员应就合同内容对项目经理等管理人员进行合同交底，交底的重点是合同主要内容、合同主要风险、合同实施中的责任分配等。

合同实施过程的跟踪与诊断，包括项目管理人员在合同执行过程对合同实施信息进行收集与分析，将合同实施情况与合同计划进行对比，找出其中的偏差并进行诊断、对偏差的实施趋势进行预测，将结果及时通报当事人，并提出有关建议、督促责任人采取相应措施。

合同变更包括产生变更的协商、变更处理程序、制定并落实变更措施、修改与变更有关的资料并检查落实情况等。

合同索赔包括承包人索赔和发包人索赔两个方面，其中承包人对发包人、分包人、设备与材料供应单位之间的索赔工作包括预测、寻找和发现索赔的机会，收集索赔的证据和理由，分析、调查合同执行的影响因素和计算索赔值，以书面形式向当事人提出索赔意向和报告。同时，承包人也会对发包人、分包人、设备和材料供应单位提出的索赔进行审查分析，提出反驳索赔的理由和证据，复核索赔值，起草并提出反索赔报告。

发包人与承包人之间也存在合同索赔和反索赔，其特征和运行方式与承包人与发包人、分包人、设备和材料供应单位之间的索赔、反索赔方式相同。

3. 项目合同的终止和评价

当合同履行结束后合同即告终止，当事人应及时进行合同评价，总结合同签订和执行过程中的经验教训，并编制总结报告。

4. 施工阶段的合同管理

在项目施工阶段，项目管理的主体主要是建设单位、承包单位、材料和构配件及设备供货单位、监理单位等。本阶段的材料、设备等招标一般都是由施工总承包单位组织实施，建设单位与监理单位会参与招标工程量清单、设备清单的数量与质量方面的管理，总承包单位负责与供货单位签订合同，并负责这类合同的管理。监理单位与建设单位可能会对合同的执行情况进行监督，必要时通过总承包单位对合同的另一主体进行间接地管理，其手段包括因违反合同中关于供货时间、供货质量等规定，采取罚款、退货等方式，以此使总承包单位更好地管理合同。

此外，有关建设单位自行采购的部分设备和构配件的合同管理，可根据建设单位授权由监理工程师行使，项目经营部配合参与。

三、项目进度管理

项目的进度管理是承包人按期完成合同约定项目的首要任务，为此承包人及其项目经理部要制定项目管理的进度目标。承包人通过项目进度管理，实现对项目经理部施工管理状况的动态管理；项目经理部制订工程项目实施的进度计划，对分包人或施工班组进行进度计划交底，通过责任制来落实责任。通过实施进度计划的制订、跟踪与检查，对进度计划中存在的问题分析原因并纠正偏差，必要时对进度计划进行调整，达到进度管理的目的。项目经理部编制的进度报告可单独以项目进度计划形式，或在编制的施工组织设计和专项方案中体现出来，项目经理部编制的进度计划或施工组织设计要报送组织管理部门审查通过后方能实施。

（一）项目进度计划的编制

项目进度计划要依据项目合同文件、项目管理规划大纲和实施规划、工程项目资源条件和环境约束条件等进行编制，这类进度计划分为承包人进度计划和项目经理部进度计划。其中，承包人编制的进度计划属于项目控制型的计划，具有宏观指导性。其内容包括：①整个项目的总进度计划；②分阶段进度计划；③子项目进度计划或单位工程进度计划；④项目实施周期的年（季）度进度计划等。

项目经理部编制的进度计划属于施工过程作业性的进度计划，其内容包括：①分部分项工程进度计划；②施工周期的月（旬）作业计划等。有时候业主等项目管理主体为确保工程进度，还要求项目部编制周作业计划，以便在工地的周例会中对项目进度进行干预和指导。

进度计划一般用文字说明、工作量表、计划的横道图或网络计划图等形式表示。

（二）项目进度计划的监督落实

建设单位、现场代表、监理工程师和项目经理从各自管理角度对施工承包单位项目部编制的施工进度计划（已批准）进行项目进度计划的监督，在例行进度检查和其他检查中，如果发现进度有迟缓或因质量、安全等事宜将对施工进度产生影响时，会及时以通知单、例会等形式要求项目部经理对迟缓的施工进度进行必要的纠偏，要求通过增加施工班组人员或延长工作时间、增加材料供给和施工机械设备的方式，将落后的工期赶回来以不影响总工期目标的实现。

根据业主代表或监理工程师提出的进度计划要求及其执行情况，每月（旬）提出进度报表，对进度执行情况，进度计划执行对工程质量、安全和成本的影响等进行描述与分析。计划调整应主要体现在工程量变化、施工起止时间变化、资源提供情况和计划目标调整方面。

四、项目质量管理

项目的质量管理应该坚持以预防为主，按照策划、实施、检查、处置的循环方式进行系统运作，根据《建设工程质量管理条例》，工程管理各主体应该设立专职质量管理部门或专职人员。建设单位可以设置专业工程师监督承包人施工过程的质量动态，总监理工程师和专业监理工程师是工程施工过程中对施工质量进行动态管理的责任人，且总监理工程师对工程项目质量实行终身责任制。项目经理部技术负责人或工程师，技术员、质检员属于专职人员，他们对项目经理负责，同时也对施工人员、机具、设备、材料、施工方法和环境等要素进行过程管理。

一般而言，项目质量管理的程序是进行质量策划、确定质量目标、编制质量计划、实施质量计划、总结项目质量管理工作，提出持续改进的要求。

1. 项目管理质量策划

项目管理质量策划编制的依据为：①合同对于施工项目的质量要求，除非施工合同中对某单位工程或所有工程有"优质"工程的明确要求，一般工程施工质量要求均为"合格"；②合同专项合同条款对于产品的其他要求；③项目质量管理体系文件；④当事人针对项目的其他要求。

项目管理主体编制的项目质量计划包括"质量目标和要求"、"质量管理组织和职责"、"过程中质量控制文件和资源应用"、"产品（或过程）要求的质量评审、验证、确认、监视、检验和试验活动，以及产品的接受"、"保证质量所采取的措施"等内容。

2. 项目质量控制计划的编制

项目质量管理中的质量策划、质量目标、质量计划等可以是单独的文件，也可以在施工组织设计中作为独立的章节提出，监理人编制的监理大纲、监理实施细则等文件中的质量控制计划也是以专门章节的形式体现。

在施工组织设计中，项目部技术负责人针对各分部工程的施工特点和施工工序提出质量控制计划和控制要点，尤其是对于各分部分项工程施工中检验批划分、质量检验程序等制订详细的计划方案，对于隐蔽工程的隐蔽方式等作出规定，项目部将施工组织设计报送监理工程师审核通过。

项目监理部在审核施工组织设计的基础上，也会在其监理文件中对进场材料的质量控制，重点工序、重要工作的质量控制作为其监控的要点，以 GB 50300—2013 关于工程质量控制中主控项目的施工质量作为控制重点，明确施工单位分项工程各工序的质量报验和隐蔽验收的方法及质量控制方法。

3. 项目质量控制

项目质量控制就是在质量控制计划部分，将工程施工过程中工序的重点（关键）工作标记出来，作为质量工程的控制点，依照《建筑工程施工质量验收统一标准》GB 50300—2013 和其他相关专业工程施工及验收规范对工程质量控制点的主控项目、一般项目和允许偏差项目的具体要求进行质量状况的跟踪、收集，并将收集数据与质量标准和目标值进行比较，分析偏差，并采取措施予以纠正和处置，必要时对处置效果和影响进行复查。

工程施工中的质量控制策划及控制就是对关键工作进行的质量管理。施工过程中，项目部质检员对施工质量进行的自检和工程师进行互检非常重要，自检合格后报请监理工程师进行隐蔽、分部分项工程验收。对于自检、验收过程中发现的质量问题，相关责任主体要及时整改，项目经理、监理工程师均对项目质量状况具有检查、分析、考核的责任，并就质量状况向发包人等提出质量报告。发包人及其他相关方对项目质量的满意程度、产品满足设计要求的情况提出意见，项目经理部针对各方质量意见，制定改进目标，采取相应措施并检查落实。

案例一和二简要描述了施工阶段,施工单位项目部对于工程施工质量控制的方式,以及其他项目管理主体的质量管理内容。

【案例一】 不合格产品导致的质量问题及其处理

某市政工程中,路基基层施工采用搅拌站场拌石灰土的方式,施工前报审的施工组织设计和相关专项方案均已获工程师通过审核并批准施工。开工前工程师已经对搅拌站储备的材料进行过取样检验,在试验段施工期间,施工单位技术员、监理单位监理员均在施工现场,施工第5天已经完成600m的石灰土施工,其中的100m因监理工程师原因拖延了验收时间,该段施工中的后期养护也没能及时跟进,导致养护作业不好。后来在监理工程师会同项目部技术负责人现场巡视中发现部分路段的石灰土面层出现松散情况,而且面层上面有机械压迫的痕迹。监理工程师发现石灰土基层施工质量存在质量问题,及时采用机械方法挖出部分石灰土进行检查,发现虽然已经经过5天的石灰土养护,但是石灰土并没有形成强度。监理工程师及时向总监理工程师作汇报,总监会同专业监理工程师在现场察看,并请试验工程师现场作石灰土压实度试验和对石灰土基层的钻芯取样以便做进一步强度试验。试验结果表明压实度合格,但是问题段石灰土强度不达标,扩大到其他路段做钻芯取样,发现在养护较好的部位也存在强度不够的情况。说明其施工中使用的石灰土存在质量问题,总监理工程师及时下达暂停试验段施工的指令,召开专题例会做质量施工会诊,会前请试验工程师会同专业监理工程师察看石灰土拌合站生产情况,发现拌合土颜色正常,不像石灰掺入量过少的问题,经查看生产纪录证明含灰配合比正确,生产过程也没有异常且压实度合格。最后将产生质量问题的矛头放到生石灰质量方面,经检查拌合站拌合机械进料口有几袋生石灰的包装袋上面无商标、无生产厂家标记,属于"三无"产品,经对"三无"产品的生石灰现场取样做生石灰有效钙镁含量的滴定实验发现其含量极低,生石灰为不合格产品。试验段中石灰土施工段部分路段质量事故的原因是因拌合站使用的生石灰原材料质量问题所致。

事故处理:①所有不合格生石灰全部退场,购置合格生石灰,材料进场后重新作见证取样检验,合格后方可使用;②对底基层约300m质量不合格路段的石灰土,全部铲除重新施工;③整改完成后,施工条件具备经申请同意后才能复工。因停工造成的工期损失由项目部调整进度计划,将损失的工期补上。

【案例二】 某绿化工程质量控制计划

某开发区森林公园绿化工程占地面积3345公顷,工程主要由土方、地形整理塑造、栽植土工程、盐碱地排盐工程、绿化栽植工程,土建工程、给水排水工程和电气工程等部分组成。工程合同工期为187日历天,质量控制目标为优良(建设单位要求本工程必须达到城市绿化建设工程一等奖)。

施工单位项目部和监理单位监理部签订合同后,各自分别进驻施工现场。根据工地例会通过的项目部施工组织设计要求和监理大纲要求,项目部编制了施工组织设计和大树栽植专项施工方案,监理部也编制了相应监理实施细则。监理工程师编制的实施细则中,对于本工程主要施工项目的施工工艺的质量控制列出了质量控制计划表,见案例二表9-1。

某森林公园工程主要项目施工工艺过程质量控制计划　　案例二表 9-1

序号	工程项目		具体工程量	质量控制点	控制手段
1	土方、地形整理、栽植土工程		机械挖方 4.89 万 m³；栽植土换土 57.95 万 m³；改良肥 1.85t	1. 挖方及回填土范围及边线控制 2. 地形整理标高控制、塑形 3. 重植土 pH 值、含盐量控制 4. 重植土搅拌质量、土壤改良	1. 测量 2. 测量 3. 实验室化验 4. 测量
2	灌溉给水工程		灌溉管道 3882m；过路管道 390m；排水管道 470m	1. 给水管开槽机器标高、路由 2. 给水管铺设热熔连接 3. 灌溉井及电磁阀安装	1. 测量 2. 水准仪、直线拉线测量
3	排盐工程		淋水层铺设 7.3 万 m³；盲管铺设 4.17 万 m	1. 排盐管网开槽标高 2. 盲管敷设后沙石垫层 3. 沙石沉降井设施	1. 量测 2. 现场检查 3. 现场检查
4	栽植工程		栽植乔、灌木，藤本 114800 株；花卉草坪 9.2 万 m²	1. 栽植地面平整度及江水边坡控制 2. 栽植乔木、大灌木容器外形尺寸 3. 栽植、建植、配置苗木的位置，草坪覆盖度 4. 栽植、建植养护 5. 植物材料种子成活率 6. 灌溉水质量监控	1. 现场检查 2. 现场检查、测量 3. 现场检查、测量 4. 现场检查 5. 现场检查 6. 检查化验报告
5	土建工程	园路工程	碎拼石板园路 3860² m；混凝土路面 1600m²	1. 路基、路面层施工高程控制、坡度控制；交接层搭接处理 2. 面层材料、铺设水平度、材料颜色、规格、花样、成品图案花样 3. 表面平整度	1. 测量 2. 测量 3. 外观观察、测量
		管理用房	139m²	1. 基础施工中轴线位置与外形尺寸 2. 钢筋质量及加工、绑扎质量 3. 混凝土强度 4. 砌筑工程中砂浆强度 5. 砖砌中灰浆饱满度；留槎处理 6. 预埋件及埋设管外墙面装修 7. 室内外抹灰	1. 测量 2. 现场检查 3. 先查制作试件，并送检 4. 现场检查 5. 现场检查
6	电气工程			1. 电缆直埋路由及质量 2. 电缆电阻测试与调试 3. 接地保护检查	1. 现场检查 2. 现场测试 3. 现场检查

4. 项目质量控制的总结

项目管理主体在对质量问题或事故，进行及时整改的同时，还需进行总结，以明确质量事故对工程项目的安全与使用功能的影响。分析产生问题或事故的原因，对相关责任人进行处罚，提出防止后期的施工活动中再次发生的措施。

【案例三】　某道路工程安全事故控制分析

某道路路基工程在土方施工中出现塌方，造成5人死亡事故，进而对该事故进行处理与原因分析。2004年3月2日，××省某土建工程施工公司违法将公司资质租借给非本单位人员，并承包了某道路工程××标段的路基挡土墙工程。承包人以该土建公司名义进场进行施工，4月7日正式开始挡土墙基础开挖，10日机械挖土基本完成。15日在南部施工区基槽修整边坡时突然发生塌方，将7名工人埋在土下，在场其他民工立即进行抢救工作，但是半小时后土方再次坍塌，抢救工作受阻。在20名公安消防干警的协助下，历时3小时抢救工作结束，被埋人员中5人死亡，两人被成功求出。

事故发生后，各方在积极配合处理事故的同时，对本次事故进行了总结，处理小组从技术、现场管理和事故结论与教训等方面，对事故总结如下：

一、事故原因分析

（1）技术方面

事故处理小组检查发现，施工单位在没有编制基槽开挖支护方案的情况下，擅自施工，在施工过程中既没有采取有效的基槽支护，也没有按规定进行放坡。更为严重的是边坡修理中没有按照自上而下的顺序施工，存在机械掏挖现象，扰动了土体结构，从而导致事故发生。这是此次事故的主要原因。

（2）管理方面

首先存在违法承包和发包情况，承包人员在没有技术保障和资质的情况下，在市场上私自招工作业。其次，施工现场生产指挥和技术负责人均不具备相应资格，属于违法组织施工，该工程现场负责人汪某、李某和技术负责人刘某未取得相应职业资格，不具备土建施工专业技术资格，违法组织施工生产活动，违章指挥，导致此次事故发生，是此次事故发生的重要管理原因。

二、事故的结论与教训

事故定性为：严重的安全生产责任事故。表面看事故直接原因是土方施工过程中没有根据基槽周边的土质制订施工技术方案、施工中土方开挖的放坡系数没有设置到位，也没有采取有效的基槽坡支护措施。但是实质上无论是建设单位，还是施工企业或者现场监理人员如果能够严格履行管理职责，都可以避免此次事故的发生。

建筑施工企业经营管理存在严重缺陷。《建筑法》第二十六条明确规定：承包建筑工程的单位应当持有依法取得的资质证书，并在其资质等级许可的业务范围内承揽工程……，禁止建筑企业以任何形式允许其他单位或个人使用本企业的资质证书、营业执照，以本企业的名义承揽工程。该施工企业违反《建筑法》规定，允许他人以单位名义承揽工程，同时也没有对其行使安全生产管理职能。如果该公司能够认真落实《建筑法》，严格执行企业经营管理的规章制度，拒绝提供企业施工资质，就可能终止汪某等人此次违法施工的行为。建设单位也未进行有效的监督，监理单位也没有进行有效的监督管理。

此次事故在施工技术管理方面存在明显的漏洞。土方坍塌是一个渐变的过程，由于土体密度较低，当土体受到外力作用时会产生切变，极易导致土方发生位移最终致坍塌。若在施工过程中现场采取了正确的放坡系数，并设定沉降观测点定期观察，就会预先发现基槽壁变形，从而避免坍塌发生。

因此，该工程承包现场负责人汪某等人对此次事故负有直接责任，应当依法追究刑事责任，建设单位和施工单位也负有行政管理责任。

三、今后类似事故的预防对策

1. 加强和规范建筑市场的招标投标管理。招标投标应该严格依法进行，本着公开、公正、公平的原则，增加建设工程招标投标的透明度，就可以减少其中的一些违法行为。

2. 依法建立健全企业生产经营管理制度，加强企业经营管理。通过完善建筑企业资质管理等手段，强化企业自我保护意识，维护企业利益，充分保护作业人员的身体健康和生命安全。

3. 加强土方施工的技术管理。土方工程应该根据工程特点，依照相关地质资料，经勘察和计算编制施工方案，制定土方边坡的支护措施，确定土方边坡的观测点，定期进行边坡稳定性的观察记录和对检测结果进行分析，及时预报、提出建议和措施。

四、工程管理各主体单位的责任

1. 建设单位对施工单位的施工资质和相关手续没有逐项认真审查，在缺少施工企业法人委托书的情况下，即对工程进行发包，未对工程施工单位执业资格进行严格审查。

2. 某施工公司违反《建筑法》的规定，允许他人以本公司名义承揽工程，对参与招标投标的过程不闻不问。同时对其组织施工生产疏于管理，既没有施工现场设立安全生产管理机构，也没有对承接的工程项目派出专职安全生产管理人员。

3. 现场负责人汪某等人未取得建筑施工执业资格证书，不具备建筑施工专业技术资格，因此在组织施工生产过程中严重违反了《建筑法》和建筑技术规范要求。

4. 监理单位应当对施工单位的施工方案进行审查，并按照工程监理规范监督安全技术措施实施，发现生产安全事故隐患时果断行使监理职责，要求停工整改。此次事故中，工程监理存在事实不作为情况。

五、项目成本管理

项目的成本管理主要由项目责任主体各方实施，其中项目建设单位的成本管理一般贯穿于项目立项阶段到项目验收后使用的全过程。在整个项目周期内建设单位的成本管理通过对项目概算、招标控制价、合同价，以及对因设计变更和工程量变更引起的工程项目造价变化的控制来实现。监理单位造价专业工程师根据监理合同中的成本控制目标值，负责施工阶段的项目成本管理，监理单位通过对施工单位已完成工程的跟踪，审核施工阶段设计变更与工程量变更的合理性、实际发生的工程量变化等，在项目验收后形成的结算和决算阶段严格审核相关费用，从而实现项目投资控制目标。

承包人是施工阶段的主要项目管理责任主体，承包单位通过建立健全项目的成本管理体系，落实分工和职责等方式，把项目成本管理目标分解到各项技术工作和管理工作中。承包人管理层负责项目成本管理的决策、项目成本计划目标的制定、实施与发包人之间确定的合同价格，确定项目管理层的成本目标，并将目标分解到项目经理部、技术部门和材料购置供应部门，与部门签订成本控制目标责任书，将目标分解到位。

项目经理部负责施工现场的项目成本管理，旨在实现项目管理目标责任书中的成本目标。为此，项目经理部需要制订详细的单位工程施工成本管理方案，根据方案对施工过程进行成本控制，成本管理方案应包括成本计划、成本控制、成本核算、管理过程中的成本分析和考核等。

六、项目职业健康与安全管理

项目施工管理中应坚持安全第一、预防为主和防治结合的方针，建立并持续改进施工现场人员的职业健康与安全管理体系。项目经理是工地职业健康与安全管理的主要责任人。根据招标文件、合同和《建设工程安全生产管理条例》及《职业健康安全管理体系要求》GB/T 28001—2011，项目经理部应根据工地风险预防要求和项目的特点，制订职业健康与安全生产技术措施计划，确定职业健康及安全生产事故应急救援预案，完善应急准备措施，在工地现场建立相关安全防护组织。如果发生事故，应按照国家有关规定，向有关部门报告。在处理事故时，应预防二次伤害的发生。

针对重大施工安全源可能出现安全责任事故的情况，安全预案应该成为施工组织设计的重要内容。由于近年来大型或超大型的桥梁、地铁、高层建筑工程数量逐渐增多，伴随着技术进步，新工艺、新设备等大量应用于建设工程实践，期间的重大安全节点也日益增多，对这些安全隐患的认识和防范是施工单位项目部必须面对的课题。如在地铁工程施工中，针对地铁工程的常见险情，项目经理部要编制出施工险情应急预案，并在施工方案中提出审核与落实应急预案的措施，其他项目管理主体也应该就重大险情进行日常管理，一旦发生险情及时按预案进行处置。

【案例四】　某地铁区间隧道工程施工

某地铁项目区间隧道工程安全应急预案。根据其工程特点与地质条件，施工单位采用暗挖法进行施工。由于暗挖法和盾构法施工，容易导致施工段出现区间隧道的较大渗漏水问题，从而使外围道路出现地面下沉、地面陷洞、管线破裂等现象，为此施工单位制定了险情观察与应急预案及处理措施。

一、典型险情的主要工程特征

施工掌子面与附近塌方预兆及观察——（1）包括开挖后顶部为支护部位的围岩掉块不停、掌子面突然涌水或涌水压力增大、掌子面正面坍塌并向内发展；（2）支护变形或破坏，包括喷射混凝土大面积开裂、脱落甚至坍塌，锚杆垫板松动、钢支撑承受较大压力后发出响声等；（3）穿越既有轨道交通造成变形过大，在隧道开挖过程中特别是仰拱封闭前是变形较大的阶段；（4）道路坍塌，一般发生在隧道开挖施工阶段，当隧道出现坍塌、同时对坍塌控制不力时，坍塌会扩大至地面；（5）盾构始发与到达时突发风险事件；（6）隧道进水风险事件，因灾害性气候、市政上水管道/污水管道崩裂等突发事故引起突然性质的隧道外部水涌入隧道等。

二、施工中险情应急预案及审核、落实

地铁工程建设中不同管理主体单位均要设有相应的应急预案，如北京市制定的《北京地铁施工突发事故应急预案》中将地铁突发事故分为3级。其中的一级事故是对社会和居民安全造成严重损失的险情；二级是对施工的地上环境产生重大隐患的险情；三级是在地下施工面发生事故，并未对社会产生影响的事故。应急预案要求，无论发生何级事故，事故单位都必须及时向有关部门报告，其中一级事故的报告时间不得超过1小时。

应急预案的编制应包括：编制依据、工程概况、工程环境条件、应急抢险组织机构、危险源辨识及评价、危险源预防、应急措施、主要技术措施、抢救应急措施、事故应急救援程序、应急抢修物资表和抢险救援电话等内容。

应急准备与响应的程序如案例四图9-1所示。

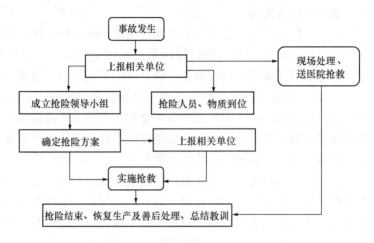

案例四图 9-1　险情事故发生处理应急程序

三、施工险情应急处理程序

1. 险情信息报告

地铁建设工地一旦发生质量、安全事设，或可能发生重大突发风险事件时，要求事故单位必须在第一时间内逐级上报（一般事故 4 小时内，重大事故不得超过半小时，特大、特殊事故在第一时间）。监理单位应向建设单位汇报，报告或汇报内容包括发生险情的时间、地点、规模、部位、发生原因的初步判断，发生后采取的救援安排等情况。

2. 应急处理程序

将现场人员撤出后，事故现场积极展开救援工作。处理小组立即组织施工单位分析原因，并审批施工单位报送的事故预警处理措施，审查消除警报建议报告，并报建设单位。监理单位负责检查措施执行情况。对于突发风险事件现场监理工程师及时上报建设单位，并通知相关职能部门，启动应急处置程序。抢险队伍立即赶赴现场，待抢险方案确定后以最快速度处理险情。处理抢险指挥部，并听取事故单位事故的简要汇报，听取救援单位和有关技术专家的抢救方案设想，确定抢险方案。

现场救援行动步骤：（1）判断现场情况，展开对人员的抢救；（2）进行应急抢险，防止事故扩大；（3）进行封锁警戒与交通管制，同时进行人员疏散；（4）迅速联系医疗单位救护单位，准备抢救场地和交通车辆；（5）将事故情况逐级上报给相关上级单位。

1. 项目职业健康与安全管理的程序

工程项目职业健康与安全管理的程序是：①识别并评价危险源及风险，如土方开挖中可能遇到的战争遗留物品、深基坑边坡垮塌、危险气体、火灾等；②确定工地职业健康安全管理目标；③编制并实施项目职业健康安全技术措施计划；④施工期间有关的职业健康安全技术措施计划的落实、检查、评估；⑤持续改善相关措施和绩效。

2. 项目职业健康安全技术措施计划的编制内容

项目职业健康与安全技术措施计划应包括工程概况，职业健康安全技术控制目标，控制程序，组织结构，责任人职责权限，相关规章制度，资源配置，安全措施，检查评价和奖惩制度，以及对分包人的安全管理等内容。

对结构复杂、施工周期长、外界环境干扰多，实施难度大和专业性强的项目，应制订专项方案，或制定项目总体、单位工程或分部、分项工程的安全措施。如超过 5m 的深基坑开挖，混凝土模板支撑工程中搭设高度超过 5m、跨度超过 10m 的工程，或施工面总荷载超过 10kN/m²、集中线荷载超过 15kN/m 的工程，塔吊作业、人货电梯等涉及垂直作业的工作，临街脚手架、交通道口、邻近高压电缆处的安全防护等涉及危险的工作内容都需要编制专项方案，对于超过一定规模的危险性较大的分部工程的施工，除编制专项施工方案外，还需要经专家会议论证方案。

3. 项目职业健康安全技术措施计划的实施

项目经理部应建立职业健康与安全生产责任制，并将责任目标分解到相关班组（人），建立职业健康安全生产教育制度，未经教育的人员不得上岗作业。

工程开工前，对于超过 5m 的深基坑开挖与支护方案、混凝土构件模板支撑高度超过 8m 或跨径超过 18m 施工总载荷大于 15kN/m² 或集中线载荷大于 20kN/m 的模板支撑系统等必须制订施工专项方案，且需经过专家论证会论证，并按专家审核意见修改、经公司技术负责人签字后报总监理工程师审核通过。对于结构复杂的分部分项工程，施工前，项目经理部技术负责人应向有关人员进行安全技术交底。施工过程中承包人、发包人及监理人责任主体定期对项目进行职业健康安全管理检查，分析影响职业健康或不安全行为与隐患的存在部位和危险程度，将检查结果与项目经理交流和协商，并督促制定控制措施，以降低相关的风险。

4. 项目安全隐患和事故的处理

一般程序是按照不同的职业健康安全隐患，制定相应整改措施并在实施前进行风险评价，对检查出的隐患及时发出职业健康隐患整改通知单，并限期纠正违章指挥和作业行为。

如果发生职业健康与安全事故，项目经理部应报告安全事故，并及时处理事故。相关责任人进行事故调查、处理事故责任者，向上级主管部门提交调查报告。

5. 项目的安全安保措施

工地现场应设置消防车出入口和通道，所有消防安保设施应保持完好的备用状态。项目现场的通道、消防出入口、紧急疏散通道等符合消防要求，设置明显标志。项目现场和职工生活区、管理区等应有用火管理制度，对于明火使用应配备专人监管并制定安全防火措施。土石方工程中涉及爆破作业的应事先向当地公安部门办理批准手续，并由具备爆破资质的专业机构进行作业。

工地现场应设立门卫，建立相关门卫制度，管理人员在施工现场佩戴标示牌标明身份，严格现场人员的进出管理。

【案例五】某施工项目职业健康与安全管理事故分析

某高大模板支撑系统坍塌事故：某地某演播中心工程大演播厅总高 38m（其中地下 8.7m、地上 29.3m），面积达到 624m²。该模板支撑系统由某劳务公司组织朱×工程队进行搭设，在大厅顶部混凝土浇筑到主次梁交叉点区域时，该区域的 1m² 理论钢管支撑中由于缺少水平连系杆，6 根支撑杆中实际仅 3 根实际立杆受力，使得梁下中间立杆的受荷过大，个别立杆承受的荷载最大达 4t 多，纵横立杆底部又缺少扫地杆连接、杆的布高达 2.6m 等。以上原因加之混凝土浇筑中模板支撑系统受混凝土管道的冲击和震动等影响，使支撑节点区域的中间单立杆失去稳定并随之带动周围相邻立杆失稳，最终导致大厅内模板支架系统整体坍塌。屋顶模板上正在浇筑混凝土的工人纷纷从坍落的支架和模板处坠落，部分工人被塌落的支架、模板和混凝土浆掩埋。

事故专家组现场取证进行了分析，对本次事故原因做出了判断，并对相关责任人提出处罚意见：

一、事故的直接原因

1. 模板支架搭设不合理，特别是水平连系杆搭设数量严重不足，导致三维尺寸过大以及底部未设扫地杆，从而主次梁交叉区域单杆受荷过大，引起立杆局部失稳。

2. 梁底模的木枋放置位置方向不妥，导致大梁的主要荷载传至梁底中央排立杆，且该排立杆的水平连系杆不够，承载力不足，因而加剧了局部失稳。

3. 屋盖下模板支架与周围结构固定与连系不足，加大了顶部晃动。

二、事故的间接原因

1. 施工组织管理混乱，安全管理失去有效控制，模板支架搭设无设计图纸、无专项施工技术交底，项目部在施工中无自检、互检等手续，搭架施工完成后没有组织验收。搭设前无施工方案、有方案后施工又未按方案要求搭设，导致搭设严重脱离原设计方案的要求，致使支架承载力和稳定性不足，模板支架体系空间强度和刚度不足等是造成本次事故的主要原因。

2. 施工现场技术管理混乱，对大型或复杂重要的混凝土结构工程的模板施工未按程序进行，支架搭设开始后送交工地的施工方案中有关模板支架搭设方案过于简单，缺乏必要的细部构造大样和相关的详细说明，且无计算书。支架施工方案传递无记录，导致支架搭设时无章可循，是造成这起事故的重要原因。

3. 监理工程师对支架搭设过程没有严格把关，在没有对模板支撑系统的施工方案审查认可的情况下即同意施工，没有监督模板支撑系统的验收，就签发了浇筑令，工作严重失职，导致工人在存在重大事故隐患的模板支撑系统上进行混凝土浇筑施工，是造成这起事故的重要原因。

4. 在上部浇筑屋盖混凝土情况下，民工在模板支撑下部进行支架加固是造成事故伤亡人员扩大的原因之一。

5. 承包公司领导安全生产意识淡漠，个别领导不深入基层，对各项规章制度执行情况监督管理不力，对重点部位的施工技术管理不严，有法有规不依。施工现场用工管理混乱，部分特种作业人员无证上岗作业，对民工未认真进行三级安全教育。

6. 施工现场支架钢管和扣件在采购、租赁过程中质量管理把关不严，部分钢管和扣件不符合质量标准。

7. 建筑管理部门对该建筑工程执法监督和检查指导不力，建设管理部门对监理公司的监督管理不到位。

三、事故结论

综合以上原因，调查组认为这起事故是施工过程中的重大责任事故。建议按建筑法和相关法律法规对相关责任人进行处罚，对事故发生应负主要责任者建议司法机关追究其刑事责任，其他人员按规范进行相应处罚。

七、项目环境管理

项目相关主体单位应根据批准的建设项目环境影响报告，按照《环境管理体系要求及使用指南》GB/T 24000 的要求，建立并完善环境管理体系。在项目施工期间，通过对环境因素的识别和评估，确定环境管理目标和主要指标，并在施工阶段贯彻实施。

项目经理负责工地现场环境管理工作的策划和部署，项目经理部应建立环境管理组织机构，制定相应的制度和措施，定期进行检查，发现环境问题隐患及时整改。当出现环境事故时，应及时消除污染，制定相应措施，防止二次污染的发生。

在现场管理中，项目经理部应在进场施工前，了解经过工地现场的各类地下管线的位置并加以保护。施工时如发现文物、古迹、爆炸物、电缆等时，应停止施工并保护好现场，及时向有关部门报告，按规定处理。

项目经理部应对施工现场的环境因素进行分析，对可能产生的污水、废气、噪声、固体废弃物等污染源进行分析、排查，采取措施进行控制。对于施工中产生的建筑垃圾或渣土等堆放在指定地点，并定期清理外运。

八、项目资源管理

项目资源管理包括人力资源管理、材料管理、施工机械设备管理、技术管理和资金管理等内容。承包人应根据投标文件的承诺和合同要求，建立并持续改进项目资源管理体系，完善管理制度，明确管理责任，规范管理程序。对涉及项目全过程的项目资源的计划、配置、控制和处置进行动态管理，编制合理的资源配置计划，确定投入资源的数量和时间，根据配置计划做好各种资源的供应工作。

1. 项目资源管理计划

项目资源管理计划应包括资源管理制度的建立，资源使用计划、资源供应计划和处置计划的编制，资源利用控制程序和相关责任体系的建立等。

项目资源管理计划应按照施工不同阶段、分部分项工程实施中对资源的需求、资源供应条件、现场条件和项目管理实施规划进行编制。其中，人力资源管理计划包括人力资源需求计划、人力资源配置计划和人力资源培训计划；材料管理计划包括材料需求计划、材料使用计划和分阶段材料计划；机械管理计划包括机械需求计划、机械使用计划和机械保养计划；技术管理计划包括技术开发计划、设计技术计划和工艺技术计划；资金管理计划包括资金流动计划和财务用款计划等，该项计划可以按工程项目规模、周期等编制年、季、月度资金管理计划。

2. 项目资源管理控制

项目资源管理控制应按照资源管理计划进行各类资源的选择、组织和管理。人力资源的管理控制包括各阶段按需求进行的人力资源的选择，订立劳务分包合同，对分包商人力资源进行教育培训和考核等；材料的管理控制包括材料供应单位的选择，与供应商订立材料供应合同，对材料的出场或进场进行验收、储存，以及材料使用过程中对不合格品的处置等；机械设备的管理控制包括不同阶段，按施工工程特点进行的机械设备购置与租赁管理，使用管理和操作人员管理，设备的维修和报废及进出场管理；技术管理控制主要指技术开发管理，新产品、新材料、新工艺的应用管理，项目管理中的技术档案的归档管理，测试仪器的管理等；资金管理控制主要包括资金收入与支出管理、资金使用成本管理和资金风险管理等。

3. 项目资源管理考核

通过对资源的投入、使用、调整，以及对比分析计划与实际使用状态从而找出管理中存在的问题，并对其进行评价，来实现项目资源管理的考核。其中，对人力资源管理方法、组织规划、制度建设、团队建设、使用效率和成本管理等内容，进行人力资源管理的考核；对材料计划、使用、回收利用，以及相关制度执行力度、效果评价等，进行材料资源管理的考核；对项目机械设备的配置、使用效率，机械设备使用维护成本，技术安全措施等内容，进行机械设备资源管理的考核；对技术管理工作计划的执行、技术方案和措施的实施情况，对技术问题的处置，技术资料收集、整理和归档情况，以及新技术开发和新工艺应用情况等内容，进行技术资源管理的考核；对资金使用分析，计划收支与实际收支对比，找出差异、分析原因，进行资金管理考核。在项目竣工后，结合项目的承包核算与分析，进行项目总的资金收支情况和经济效益分析，并上报企业财务主管部门备案等完成考核，对于考核情况依据合同和承包人对项目经理的要求进行奖惩。

九、项目信息管理

项目信息管理应具有时效性和针对性，以实现信息管理效益的最大化。施工现场信息管理应包含各类工程资料和工程实际进展信息的管理，根据目前工地档案信息化管理要求，所有资料宜采用计算机辅助管理，项目经理部应配备熟悉工程管理业务、精干培训的人员担任信息管理工作，其工作内容是项目信息的收集、处理、运用和评价。随着项目信息化管理广泛的应用，目前已经实现了项目管理信息收集的规范化、电子化、网络化、政府主管部门信息的检索化和项目主体信息利用的科学化，大量传统的手工的处理信息的作业方式已经被信息处理软件所替代。

在施工现场的科学管理领域，基于互联网的项目责任人网络出勤打卡系统，施工原材料的见证取送样、信息监测系统，施工现场摄像监视系统，沉降观测点的自动监测控制系统，施工资料管理系统等已得到广泛应用，并取得了较好的成效。项目信息化管理极大地加快了项目信息交流的速度，加快实现了项目信息共享和协同，使施工现场的相关信息得到及时采集和处理，有助于各渠道对信息的存储和分析，促进了项目风险管理水平的提高。项目信息管理应包括信息收集、加工、传输、检索、输出和反馈等。未来随着计算机信息管理技术的不断普及，我国建设项目信息管理一定会实现计算机信息的分级管理、分类管理。

目前信息技术在建设工程项目管理中的应用主要体现为以下几点：

（1）基于互联网数据库（大数据技术）技术的应用方面，利用大数据将各地工程施工联系起来，对材料、人力资源等的利用率进行分析，达到提高项目管理水平的目的。

（2）应用诸如 Oraxle，DB2 等数据库，开发建设工程项目管理信息系统，对工程项目进展中产生的海量信息，包括文字、图形文档和影像资料实行有效的存储和快速查询。

（3）项目信息门户 PIP（Project Information Portal）的应用。通过 PIP 系统对工程项目管理中的大部分信息进行分类管理，如项目编码、权限管理、费用管理、进度管理、质量管理等，使用单位只要在互联网平台上注册并缴费，就可以在其各自管理范围内对数据进行调用和处理。

（4）先进的工地管理监测系统。利用摄像监视系统，覆盖整个施工现场，用于对施工现场重要观测点数据的监控和记录；用于监视施工现场施工、消防等工作。

（5）虚拟现实技术（VR 和 AR）的应用。通过虚拟现实技术建立建设工程项目的多维信息感知模型，创造特定的工作方式和环境，来解决需要花费大量人力、财力和精力才能解决的工程项目管理领域的诸多难题。

（6）对建设工程费用、进度、质量影响因素进行量化，将系统行为和形态、数学模型、物理模型及时空表现模式有机结合起来，建立系统仿真模型并求解，然后进行纠偏校正，从而实现工程建设目标的有效控制。

十、项目风险管理

在工地项目管理中，风险管理也是非常重要的内容。由于整个工程项目在施工阶段受到各种风险因素的干扰或影响，因此项目经理应对风险的识别、评估，风险产生后的响应和风险控制有足够的认识。项目风险管理一般包括各类责任内或责任外（不可抗力）的风险导致的安全责任事故，工程实施中的工期损失风险，成本控制风险，质量事故风险和施工人员处置不当引发的火灾风险，员工的个人安全风险，以及不可抗力风险等。所以，项目管理主体尤其是项目部经理应具备风险评估、处置能力，对发生风险后各种费用损失的预测能力，以及对工程质量、功能、使用效果等方面影响的估计能力。

承包人、发包人和监理人在项目管理中应从各自的角度对上述风险因素发生的概率、因风险导致的损失、风险等级评估等作评价并制定预案，以降低风险造成的损失。项目经理通过收集与项目风险有关的信息，分析并确定风险因素，预先编制项目风险识别报告。

（一）建设工程风险管理的核心内容

1. 组织风险管理

建设工程风险管理的核心任务就是对影响工程建设的各种风险目标的预先确认和控制，如对项目管理主体单位组织风险的识别与控制，建设单位通过招标活动预先对工程设计人员和监理工程师的能力的判断，对承包方管理人员和一般技术人员能力的判断；监理工程师对施工机械操作人员技能的审核，对项目部编制的施工组织设计中项目管理机构人员组成及其资质的审核。以上行为均属于各责任主体对组织风险的识别与把控。

2. 经济风险管理

建设单位对承包单位资信的考察，合同约定对承包商材料供应能力的考核，以及承包单位对建设单位资金筹措和支付能力的识别等均属于相关主体经济方面的风险管控。

在项目施工阶段，监理工程师对承包单位的现场施工平面图的审核，对施工组织方案尤其是重大危险点的施工专项施工方案的审核，施工过程是否严格按规范与施工组织设计进行，施工现场有关部位防火设施的布置及数量，事故发生时应急预案及事故防范措施，施工人员施工保险和人身安全控制计划等的审核与监督均属于项目管理主体进行风险管理的过程。

3. 施工环境风险管理

施工阶段相关项目管理主体对地质勘察报告的应用、自然灾害规律的掌握，施工地段岩土条件和水文地质条件的了解，施工期间气象条件及气象变化，施工地外部社会条件的掌握和外界条件对施工过程干扰因素的排除等属于环境风险管理。

4. 技术风险管理

施工技术风险主要来自于设计单位施工图纸的供应情况，施工单位施工组织设计和专项施工方案的科学合理，以及设计、方案的执行力度，建设单位或施工单位工程物资的供应情况等。项目部使用施工机械、设备的供应情况，机械与设备状况等引发的施工事故均属于工程项目技术风险的管理范畴。

通过对上述四种工程风险的识别和把控，将相关风险进行分解并列出风险清单，对项目风险进行分析评价，就可以将上述风险事项的发生概率降低，为工程项目的顺利进行奠定基础。

（二）风险管理方法

1. 风险的识别

在项目风险管理中，项目管理主体依靠对其他项目主体与客体的调查及相关数据的收集、专家咨询和实验论证等方式实现对风险的识别。

在项目的开始阶段、施工阶段和验收阶段都存在风险的识别，通过对项目风险的识别，判断项目风险的种类及产生根源，通过对项目风险因素的分解找出引起风险的原因以及判定是否还会有由此引发的次生风险，对风险因素引发风险事件及其后果作出评估，以防止风险发生。如项目经理部针对施工中重大风险源进行识别，从而制定风险处置措施；安全工程师在深基坑开挖支护中对观测点的定期观测和记录，安全监理工程师对模板支撑系统中重要节点的巡视观察等都是对项目风险的识别。承包单位根据进度申请阶段性施工费用，考察建设单位是否按约定审计与支付，就是对建设单位经济风险的识别。

2. 建立风险清单

通过对工程项目风险的识别、分解和判断，项目管理主体将采集到的风险进行编码，对风险事件后果进行分析，从而建立项目风险清单，为风险的分析与评价提供数据。

【案例六】某项目管理风险清单的建立

某项目管理公司在对深圳地铁三号线的风险管理中，经过对地铁施工中常见事故和深圳地区地质水文条件的分析，采取风险识别和风险分解的方法，建立了深圳地铁三号线初始风险的清单，见案例六表9-1。

深圳地铁三号线初始风险清单　　　　　　　　　　　　　　　案例六表 9-1

项目	风险事件	风险情况
1	碰撞（施工车辆，地铁运行车辆，障碍物引发，……）	
1.1	车辆和轨道上异物的碰撞	
1.2	车辆和轨道设备或者结构体碰撞	
1.3	车辆和人体碰撞（施工人员、维修人员、其他人员）	
1.4	车辆和非铁道用车碰撞（道路车辆，……）	
1.5	由于车辆从高架道轨坠落导致的碰撞	
1.6	车辆追尾	
1.7	行进方向异常引起的碰撞	
1.8	道岔区域碰撞	
2	脱轨	
2.1	导向系统故障导致脱轨	
2.2	因超速而脱轨	
2.3	因碰撞而脱轨	
3	乘客生存空间的降级	
3.1	由于有毒物质的存在导致车辆内窒息	

项目	风险事件	风险情况
3.2	由于有毒物质的存在导致撤离隧道过程中的窒息	
4	爆炸	
4.1	车辆爆炸	
4.2	车辆之外的爆炸	
5	火灾	
5.1	轨道/隧道火灾	
5.2	车站火灾	
6	电击（高中低压）	
6.1	站台异常电流导致的电击	
6.2	车辆异常电流导致的电击	
6.3	列车外部电流导致的电击	
6.4	轨道导电	
6.5	人员在检修坑触电	
7	坠落、拖拽，乘客/人员被碰撞	
8	自然环境现象导致的风险	
8.1	异常气候状况产生的脱轨，碰撞导致系统破损	
8.2	山崩/滑坡/地震产生的脱轨，碰撞导致系统破损	
8.3	基础结构由于腐蚀而坍塌	

3. 风险的分析与评价

通过收集与各类风险有关的资料，整理导致风险产生的主观和客观资料，采用科学合理的计算方法对风险的产生及其发展趋势进行衡量，从而对项目风险的潜在因素、各类风险发生的概率大小与分布进行估计，完成对项目风险的评价。

4. 防范风险的措施

通过项目风险评估、对风险等级的响应来确定风险对策，通过制订风险管理计划来确定风险响应程序，并采取措施实现对项目风险的管理。风险控制一般通过风险管理目标的确定、风险管理方法的使用和信息资源的收集，对风险进行分类与排序，尤其是对重大风险因素进行跟踪检查、制订预案等来实现。

十一、项目沟通管理

在项目的沟通管理中，管理主体尤其是项目经理和监理工程师之间的沟通与交流十分重要。承包人、发包人以及监理人等管理主体通过建立项目沟通管理体系，健全管理制度，并采用适当的方法完成与相关各方之间的有效沟通和协调。项目沟通所涉及的相关组织有建设单位、勘察与设计单位、承包单位、监理单位、审计与咨询服务等单位或组织。

沟通管理的基础和实质是，根据项目的实际情况预见在项目实施过程中可能会出现的矛盾和问题，制订出针对矛盾和问题的沟通与协调计划，明确沟通原则、方式、途径和目标。根据现代管理的要求，所有在沟通和协调中产生的书面资料都要归档，以备后期查验。

项目沟通管理计划由项目经理组织编制，项目沟通计划的编制依据为：合同文件，项目各管理主体对信息的需求，项目实际进展情况，沟通过程中可能出现的各种约束、不利条件和适用的沟通技巧等。

项目部的内部沟通包括项目经理部与组织管理层、项目经理部内部各部门和相关成员之间的沟通和协调，这种沟通可以采取授权、会议、文件、培训、监察、项目进展汇报、相关考核与鼓励等方式。项目外部沟通一般应由建设单位、承包单位与相关部门进行沟通，或由建设单位同意、并经承包人授权的项目经理与各相关部门进行沟通。这种沟通应依据项目沟通计划、有关合同和变更资料、相关法律法规、项目具体情况等进行，沟通的方式有电话、传真、召开专项会议、项目主体的联合检查、外部媒体宣传和项目进展报告等。

为减少沟通协调中出现的冲突和障碍对项目管理的影响，项目经理部要制定预案，以保持沟通与协调途径的畅通、信息的真实有效。管理者要了解冲突的性质，寻找解决冲突的途径并保留有关记录。

十二、项目收尾管理

项目收尾阶段是项目管理全过程的最后阶段，包括竣工收尾、验收、结算、决算、回访保修、管理考核评价等方面。

1. 项目竣工收尾

当项目完成合同及工程量清单中的全部工作后，项目即进入竣工收尾阶段。项目经理需编制项目竣工计划，并在内部完成项目竣工的梳理，报上级主管部门批准后进入工程的收尾阶段。竣工计划要包括竣工项目收尾的具体内容、项目质量的要求、竣工项目验收前的进度计划、相关项目文件档案资料等内容。项目经理要及时组织项目部内部竣工验收，并协助项目业主等进行工程项目的竣工验收工作。

2. 项目竣工验收

项目完成后，项目承包人应自行组织有关人员进行检查评定，合格后再向发包人提交工程竣工报告。对于规模比较小且比较简单的项目，可以进行一次性项目竣工验收。规模较大且比较复杂的项目，可以分阶段验收。

竣工验收应依据有关法规，且须符合国家的相关规定，即所有分部工程验收均合格，相关法律法规要求的单项工程验收合格，项目达到设计使用功能且能发挥项目的价值。竣工验收需要的有文件应符合国家有关法规、标准的规定，移交的工程档案符合档案管理的有关规定。

3. 项目竣工结算

项目的竣工结算报告由承包人编制，由发包人或发包人聘请的审计人审查。承包人编制竣工结算的依据是：合同文件，竣工图纸和工程变更文件，有关技术标准资料和材料的使用核算资料，工程计价文件，工程量清单，取费标准及有关调价的规定，双方确认的有关签证和工程索赔资料。

工程竣工验收后，承包人应按合同中约定的项目竣工验收程序向发包人进行工程项目的移交和办理项目竣工结算，在约定的期限内向发包人递交项目竣工结算报告及完整的结算资料，经双方确认后按规定进行竣工结算。

4. 项目竣工决算

项目竣工决算由承包人组织编制，承包人需要收集、整理项目竣工决算的依据，清理项目账务、债务和结算物资，并编写项目竣工决算报告、项目竣工财务决算报表和说明书，将竣工决算报告报上级审查。

承包人竣工决算的编制依据是：项目计划书和有关文件，项目总概算和单项工程综合概算书，项目设计图纸和说明书，设计交底、图纸会审资料，合同文件，项目竣工结算书，各种设计变更、经济签证，设备、材料调价文件及记录，竣工档案资料和相关的项目资料，财务决算及批复文件。

5. 项目回访保修

承包人应根据合同和有关规定要求，编制项目回访保修计划，确定回访保修的部门，进行回访保修工作的单位，进行回访保修的时间、主要内容和方式。

回访可以采用电话询问、登门座谈、例行回访等方式，在回访中征求业主对项目质量的反馈意见，尤其是工程中采用的新技术、新材料、新设备、新工艺等的应用情况应作为重点进行回访。同时，承包人应签发工程质量保修书。

发包人在项目结束后，对项目的总体情况和各专业设备进行考核评价。考核评价的定量指标包括工期、质量、成本、职业健康与安全、环境保护等，考核的定性指标有项目经营管理理念、项目管理策划、管理制度及方法，新工艺、新技术推广情况，工程项目的社会效益及评价等。

思 考 题

1. 如何保证项目能按计划完成？
2. 常见项目成本估算的方法有哪些？
3. 在项目的质量管理中，一般常见的 PDCA 循环过程包含哪些内容？
4. 项目经理对项目风险管理中相关的信息收集通常通过哪些环节完成？其对项目风险的分析、评级方法有哪些？
5. 合同谈判在项目的采购管理中有什么作用？
6. 优秀的项目管理团队应该具备哪些特征？

参 考 文 献

[1] 舒森，方竹根. PMP 项目管理精化读本[M]. 合肥：安徽人民出版社，2002.

[2] 王慧忠. 园林建设工程总论[M]. 合肥：合肥工业大学出版社，2012.

[3] 江苏省建设教育协会. 资料员专业管理实务[M]. 北京：中国建筑工业出版社，2014.

[4] 中华人民共和国行政许可法. 北京：中国法制出版社，2007.

[5] 中华人民共和国行政许可法——案例注释版. 北京：中国法制出版社，2010.

[6] 国务院对确需保留的行政审批项目设定行政许可的决定(国务院令第 412 号). http://www. gov. cn/zwgk/2005-06/20.

[7] 国务院关于投资体制改革的决定(国发[2004]20 号). http://www. gov. cn/zwgk/2005-08/12.

[8] 中华人民共和国环境保护法. 北京：中国法制出版社，2014.

[9] 建设项目环境影响评价分类管理名录(环保部令[2015]第 33 号). http://www. zhb. gov. cn.

[10] 中华人民共和国环境影响评价法. 北京：中国民主法制出版社，2016.

[11] 中华人民共和国招标投标法. 北京：中国民主法制出版社. 2001.

[12] 国务院法制办. 中华人民共和国招标投标法(注释与配套). 北京：中国法制出版社，2008.

[13] 中华人民共和国招标投标法实施条例. 北京：中国法制出版社，2012.

[14] 中华人民共和国简明标准施工招标文件(2012 版). www. docin. com/p-543745251. html.

[15] 工程建设项目招标范围和规模标准规定. www. gov. cn/gongbao/content/2000/content_60519. htm.

[16] 中华人民共和国合同法. 北京：中国法制出版社，2005.

[17] 中华人民共和国住房和城乡建设部，国家工商行政管理总局. 建设工程施工合同(示范文本)(GF-2013-0201)使用指南(修订版). 2014.

[18] 中华人民共和国住房和城乡建设部. 建设工程工程量清单计价规范 GB 50500—2013. 北京：中国计划出版社，2013.

[19] 中华人民共和国住房和城乡建设部. 市政工程计量规范 GB 500857—2013. 北京：中国计划出版社，2013.

[20] 中华人民共和国住房和城乡建设部. 园林绿化工程工程量计算规范 GB 50858—2013. 北京：中国计划出版社，2014.

[21] 中华人民共和国住房和城乡建设部. 仿古建筑工程工程量计算规范 GB 50855—2013. 北京：中国计划出版社，2013.

[22] 住房城乡建设部，财政部. 关于印发《建筑安装工程费用项目组成》的通知(建标[2013]44 号). /http:www. gov. cn/zwgk/20B-04/01/content-2367610. htm.

[23] 安徽省工程建设标准定额总站. 安徽省建设工程工程量清单计价规范—市政工程 DBJ 34/T—206—2005. 北京：中国计划出版社，2005.

[24] 安徽省工程建设标准定额总站. 安徽省建设工程工程量清单计价规范—园林绿化及仿古建筑工程 DBJ 34/T—206—2005. 北京：中国计划出版社，2005.

[25] 李玉芬. 建筑工程概预算[M]. 北京：机械工业出版社，2010.

[26] 中华人民共和国建设部. 建设工程项目管理规范 GB/T 50326—2006. 北京：中国建筑工业出版

社，2006.

[27] 中华人民共和国住房和城乡建设部. 建设工程文件归档整理规范 GB/T 50328—2014. 北京：中国建筑工业出版社，2014.

[28] 中华人民共和国住房和城乡建设部. 建设工程监理规范 GB/T 50319—2013. 北京：中国建筑工业出版社，2013.

[29] 中华人民共和国住房和城乡建设部. 建筑工程施工质量验收统一标准 GB 50300—2013. 北京：中国建筑工业出版社，2013.

[30] 中华人民共和国住房和城乡建设部. 城市桥梁工程施工与质量验收规范 CJJ 2—2008. 北京：中国建筑工业出版社，2008.

[31] 中华人民共和国住房和城乡建设部. 城市道路工程施工与质量验收规范 CJJ 1—2008. 北京：中国建筑工业出版社，2008.

[32] 中华人民共和国住房和城乡建设部. 城市道路照明工程施工及验收规程 CJJ 89—2012. 北京：中国建筑工业出版社，2012.

[33] 中华人民共和国住房和城乡建设部. 园林绿化工程施工及验收规范 CJJ 82—2012. 北京：中国建筑工业出版社，2012.

[34] 中华人民共和国住房和城乡建设部. 古建筑修建工程施工与质量验收规范 JGJ 159—2008. 北京：中国建筑工业出版社，2008.

[35] 中华人民共和国住房和城乡建设部. 给水排水管道工程施工及验收规范 GB 50268—2008. 北京：中国建筑工业出版社，2008.

[36] 中华人民共和国住房和城乡建设部. 混凝土结构工程施工质量验收规范 GB 50204—2002(2011 年版). 北京：中国建筑工业出版社，2002.

[37] 《建设工程质量管理条例》(国务院令[2000]279 号). www. gov. cn/ziliao/flfg/2005-08/06/content_20998. htm.

[38] 住房和城乡建设部关于修改《房屋建筑工程和市政基础设施工程竣工验收备案管理暂行办法》的决定(国务院令[2009]第 2 号). http://www. gov. cn/flfg/2009-10/21/content_1445477. htm.

[39] 唐菁菁. 建筑工程施工项目成本管理[M]. 北京：机械工业出版社，2009.

[40] 国家质检总局，中国国家标准化管理委员会. 环境管理体系要求及使用指南 GB/T 24001—2016). 北京：中国标准出版社，2016.